백점 수학 무료 스마트러닝

첫째 QR코드 스캔하여 1초 만에 바로 강의 시청

둘째 최적화된 강의 커리큘럼으로 학습 효과 UP!

❶ **단원별 핵심 개념 강의**로 빈틈없는 개념 완성

❷ 응용 학습 **문제 풀이 강의**로 실력 향상

#백점 #초등수학 #무료

백점 **초등수학 6학년** 강의 목록

백점 수학
초등수학 6학년
학습 계획표

학습 계획표를 따라
차근차근 수학 공부를
시작해 보세요.
백점 수학과 함께라면
수학 공부, 어렵지 않습니다.

단원	교재 쪽수	학습한 날		단원	교재 쪽수	학습한 날	
1. 분수의 나눗셈	6~11쪽	1일차	월 일	4. 비례식과 비례배분	96~99쪽	19일차	월 일
	12~17쪽	2일차	월 일		100~103쪽	20일차	월 일
	18~23쪽	3일차	월 일		104~107쪽	21일차	월 일
	24~26쪽	4일차	월 일		108~109쪽	22일차	월 일
	27~29쪽	5일차	월 일		110~111쪽	23일차	월 일
	30~33쪽	6일차	월 일		112~115쪽	24일차	월 일
2. 소수의 나눗셈	36~41쪽	7일차	월 일	5. 원의 넓이	118~121쪽	25일차	월 일
	42~47쪽	8일차	월 일		122~125쪽	26일차	월 일
	48~53쪽	9일차	월 일		126~129쪽	27일차	월 일
	54~56쪽	10일차	월 일		130~131쪽	28일차	월 일
	57~59쪽	11일차	월 일		132~133쪽	29일차	월 일
	60~63쪽	12일차	월 일		134~137쪽	30일차	월 일
3. 공간과 입체	66~71쪽	13일차	월 일	6. 원기둥, 원뿔, 구	140~143쪽	31일차	월 일
	72~77쪽	14일차	월 일		144~147쪽	32일차	월 일
	78~83쪽	15일차	월 일		148~151쪽	33일차	월 일
	84~86쪽	16일차	월 일		152~153쪽	34일차	월 일
	87~89쪽	17일차	월 일		154~155쪽	35일차	월 일
	90~93쪽	18일차	월 일		156~159쪽	36일차	월 일

백점

BOOK 1 개념북

수학 6·2

구성과 특징

BOOK 1 개념북 문제를 통한 3단계 개념 학습

초등수학에서 가장 중요한 **개념 이해**와 **응용력 높이기**, 두 마리 토끼를 잡을 수 있도록 구성하였습니다. **개념 학습**에서는 한 단원의 개념을 끊김없이 한번에 익힐 수 있도록 4～6개의 개념으로 제시하여 드릴형 문제와 함께 빠르고 쉽게 학습할 수 있습니다. **문제 학습**에서는 개념별로 다양한 유형의 문제를 제시하여 개념 이해 정도를 확인하고 실력을 다질 수 있습니다. **응용 학습**에서는 각 단원의 개념과 이전 학습의 개념이 통합된 문제까지 해결할 수 있도록 자주 제시되는 주제별로 문제를 구성하여 응용력을 높일 수 있습니다.

1 개념 학습

핵심 개념과 드릴형 문제로 쉽고 빠르게 개념을 익힐 수 있습니다. QR을 통해 원리 이해를 돕는 **개념 강의**가 제공됩니다.

2 문제 학습

교과서 공통 핵심 문제로 여러 출판사의 핵심 유형 문제를 풀면서 실력을 쌓을 수 있습니다.

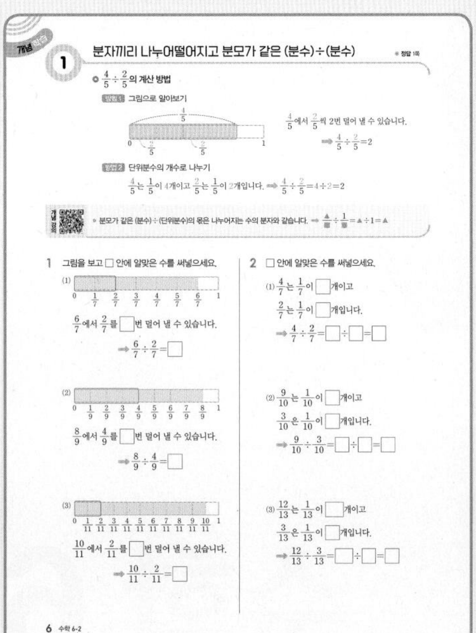
1 분자끼리 나누어떨어지고 분모가 같은 (분수)÷(분수)

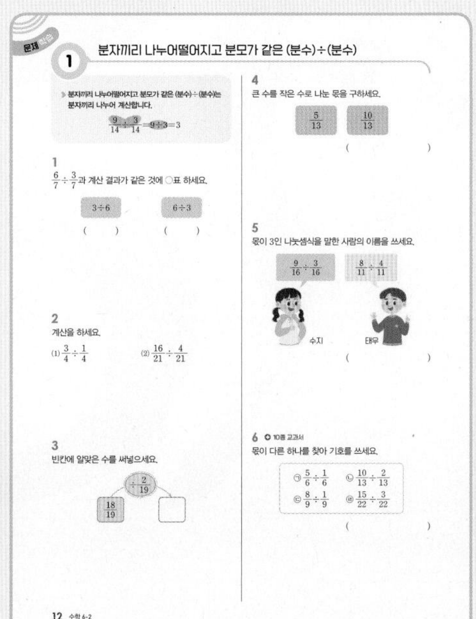
1 분자끼리 나누어떨어지고 분모가 같은 (분수)÷(분수)

3 응용 학습

응용력을 높일 수 있는 문제를 유형으로 묶어 구성하여 실력을 쌓을 수 있습니다. QR을 통해 **문제 풀이 강의**가 제공됩니다.

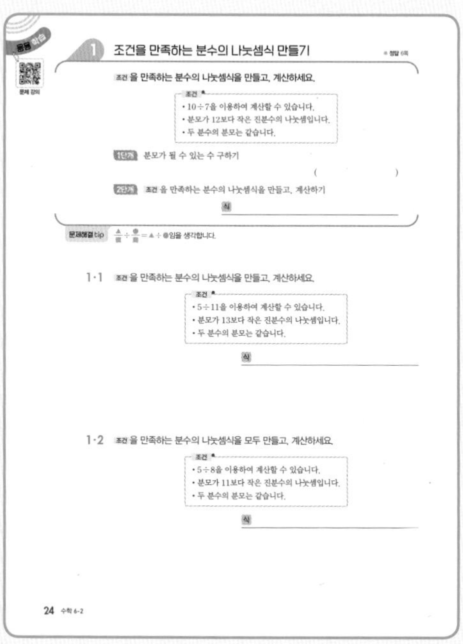

BOOK ② 평가북

학교 시험에 딱 맞춘 평가대비

단원 평가

단원 학습의 성취도를 확인하는 단원 평가에 대비할 수 있도록 기본/심화 2가지 수준의 평가로 구성하였습니다.

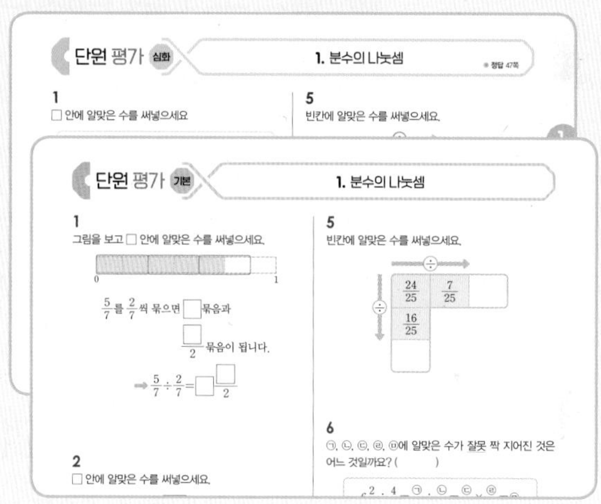

수행 평가

수시로 치러지는 수행 평가에 대비할 수 있도록 주제별로 구성하였습니다.

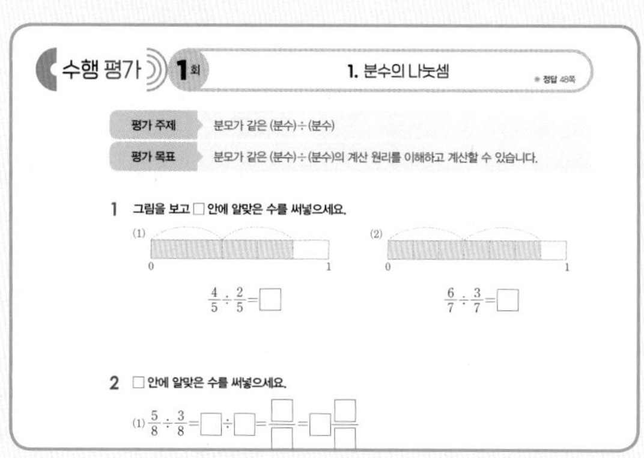

차례

1

분수의 나눗셈

▶ 학습을 완료하면 V표를 하면서 학습 진도를 체크해요.

	개념학습						문제학습
백점 쪽수	6	7	8	9	10	11	12
확인							

	문제학습						
백점 쪽수	13	14	15	16	17	18	19
확인							

	문제학습				응용학습		
백점 쪽수	20	21	22	23	24	25	26
확인							

	응용학습			단원평가			
백점 쪽수	27	28	29	30	31	32	33
확인							

개념 학습

1 분자끼리 나누어떨어지고 분모가 같은 (분수)÷(분수)

● 정답 1쪽

◎ $\frac{4}{5}\div\frac{2}{5}$의 계산 방법

방법 1 그림으로 알아보기

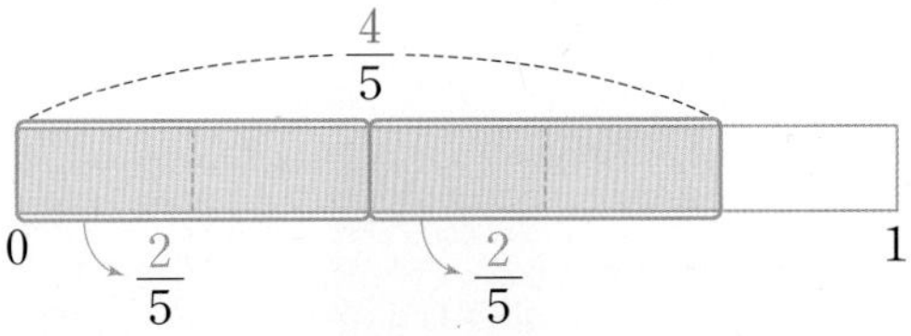

$\frac{4}{5}$에서 $\frac{2}{5}$씩 2번 덜어 낼 수 있습니다.

➡ $\frac{4}{5}\div\frac{2}{5}=2$

방법 2 단위분수의 개수로 나누기

$\frac{4}{5}$는 $\frac{1}{5}$이 4개이고 $\frac{2}{5}$는 $\frac{1}{5}$이 2개입니다. ➡ $\frac{4}{5}\div\frac{2}{5}=4\div2=2$

개념 강의

• 분모가 같은 (분수)÷(단위분수)의 몫은 나누어지는 수의 분자와 같습니다. ➡ $\frac{▲}{■}\div\frac{1}{■}=▲\div1=▲$

1 그림을 보고 □ 안에 알맞은 수를 써넣으세요.

(1)

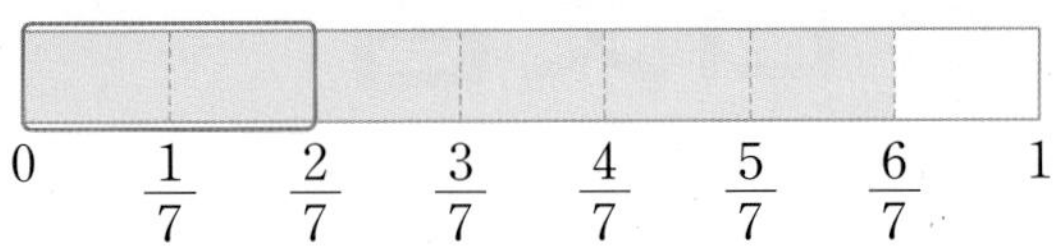

$\frac{6}{7}$에서 $\frac{2}{7}$를 □번 덜어 낼 수 있습니다.

➡ $\frac{6}{7}\div\frac{2}{7}=$□

(2)

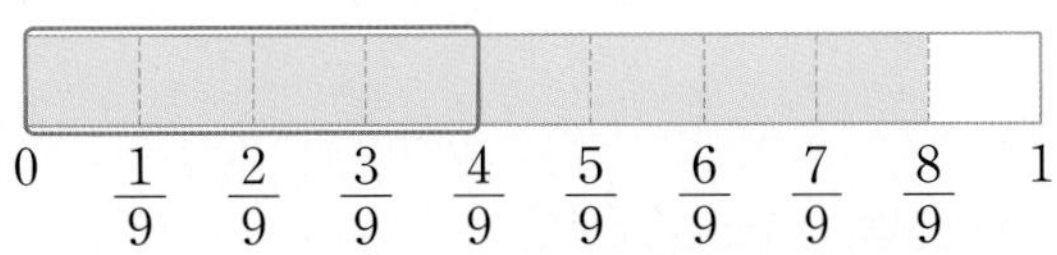

$\frac{8}{9}$에서 $\frac{4}{9}$를 □번 덜어 낼 수 있습니다.

➡ $\frac{8}{9}\div\frac{4}{9}=$□

(3)

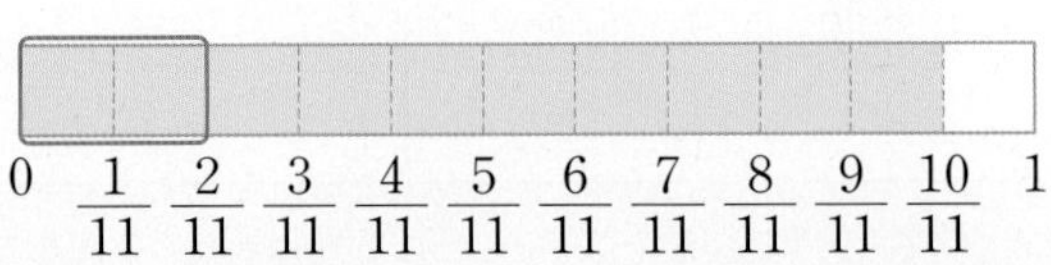

$\frac{10}{11}$에서 $\frac{2}{11}$를 □번 덜어 낼 수 있습니다.

➡ $\frac{10}{11}\div\frac{2}{11}=$□

2 □ 안에 알맞은 수를 써넣으세요.

(1) $\frac{4}{7}$는 $\frac{1}{7}$이 □개이고

$\frac{2}{7}$는 $\frac{1}{7}$이 □개입니다.

➡ $\frac{4}{7}\div\frac{2}{7}=$□÷□=□

(2) $\frac{9}{10}$는 $\frac{1}{10}$이 □개이고

$\frac{3}{10}$은 $\frac{1}{10}$이 □개입니다.

➡ $\frac{9}{10}\div\frac{3}{10}=$□÷□=□

(3) $\frac{12}{13}$는 $\frac{1}{13}$이 □개이고

$\frac{3}{13}$은 $\frac{1}{13}$이 □개입니다.

➡ $\frac{12}{13}\div\frac{3}{13}=$□÷□=□

2 분자끼리 나누어떨어지지 않고 분모가 같은 (분수)÷(분수)

● 정답 1쪽

● $\frac{5}{6} \div \frac{3}{6}$의 계산 방법

방법 1 그림으로 알아보기

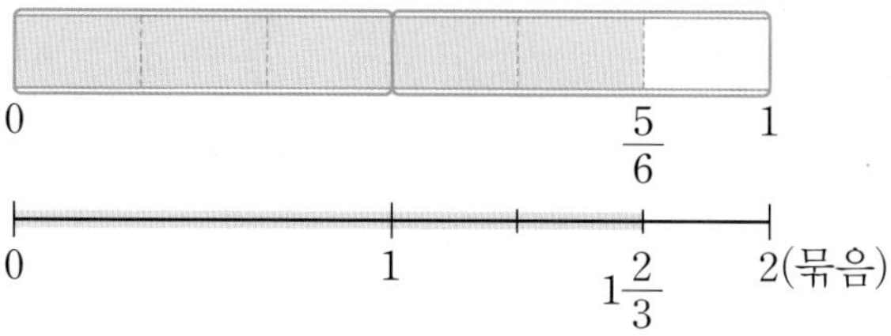

$\frac{5}{6}$를 $\frac{3}{6}$씩 묶으면 1묶음과 $\frac{2}{3}$묶음이 됩니다.

3칸 중 2칸에 색칠되어 있어요.

➡ $\frac{5}{6} \div \frac{3}{6} = 1\frac{2}{3}$

방법 2 단위분수의 개수로 나누기

$\frac{5}{6}$는 $\frac{1}{6}$이 5개이고 $\frac{3}{6}$은 $\frac{1}{6}$이 3개이므로 5개를 3개로 나누는 것과 같습니다.

➡ $\frac{5}{6} \div \frac{3}{6} = 5 \div 3 = \frac{5}{3} = 1\frac{2}{3}$

개념 강의

• 분모가 같은 (분수)÷(분수)의 몫을 구할 때 분자끼리 나누어떨어지지 않으면 몫을 분수로 나타냅니다. ➡ $\frac{▲}{■} \div \frac{●}{■} = ▲ \div ● = \frac{▲}{●}$

1 그림을 보고 □ 안에 알맞은 수를 써넣으세요.

(1)

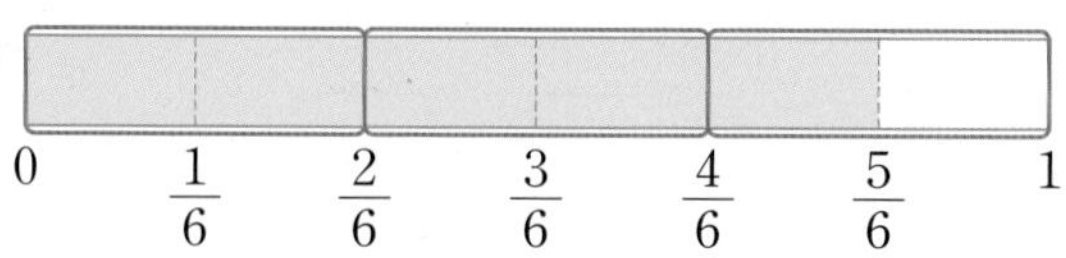

$\frac{5}{6}$를 $\frac{2}{6}$씩 묶으면 □묶음과 $\frac{□}{2}$묶음이 됩니다.

➡ $\frac{5}{6} \div \frac{2}{6} = □\frac{□}{□}$

(2)

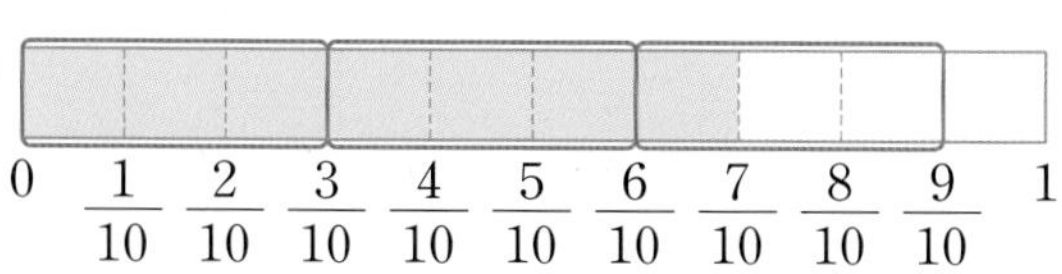

$\frac{7}{10}$을 $\frac{3}{10}$씩 묶으면 □묶음과 $\frac{□}{3}$묶음이 됩니다.

➡ $\frac{7}{10} \div \frac{3}{10} = □\frac{□}{□}$

2 □ 안에 알맞은 수를 써넣으세요.

(1) $\frac{4}{5}$는 $\frac{1}{5}$이 □개이고

$\frac{3}{5}$은 $\frac{1}{5}$이 □개입니다.

➡ $\frac{4}{5} \div \frac{3}{5} = □ \div □ = \frac{□}{□} = □\frac{□}{□}$

(2) $\frac{7}{8}$은 $\frac{1}{8}$이 □개이고

$\frac{5}{8}$는 $\frac{1}{8}$이 □개입니다.

➡ $\frac{7}{8} \div \frac{5}{8} = □ \div □ = \frac{□}{□} = □\frac{□}{□}$

개념 학습

3 분모가 다른 (분수)÷(분수)

정답 1쪽

분수를 통분한 다음 분자끼리 나누어 계산합니다.

• 통분하여 분자끼리 나누어떨어지는 경우

$$\frac{2}{3} \div \frac{2}{9} = \frac{6}{9} \div \frac{2}{9} = 6 \div 2 = 3$$

통분

• 통분하여 분자끼리 나누어떨어지지 않는 경우

$$\frac{3}{4} \div \frac{2}{7} = \frac{21}{28} \div \frac{8}{28} = 21 \div 8 = \frac{21}{8} = 2\frac{5}{8}$$

통분

개념 강의

• 두 분수를 통분할 때에는 두 분모의 곱 또는 두 분모의 최소공배수를 공통분모로 하여 통분합니다.

1 그림을 보고 □ 안에 알맞은 수를 써넣으세요.

(1)

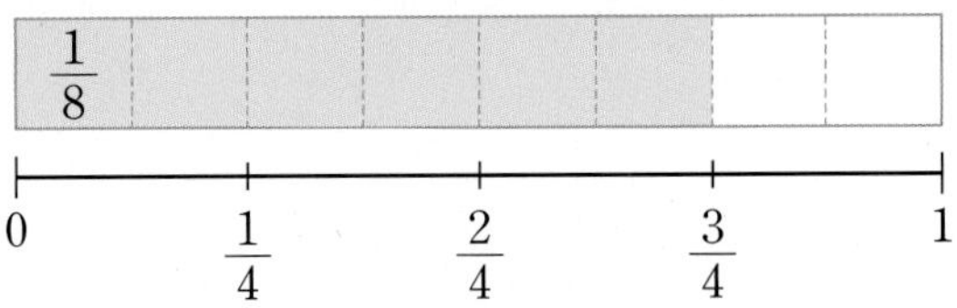

$\frac{3}{4} \div \frac{1}{8} =$ □

(2)

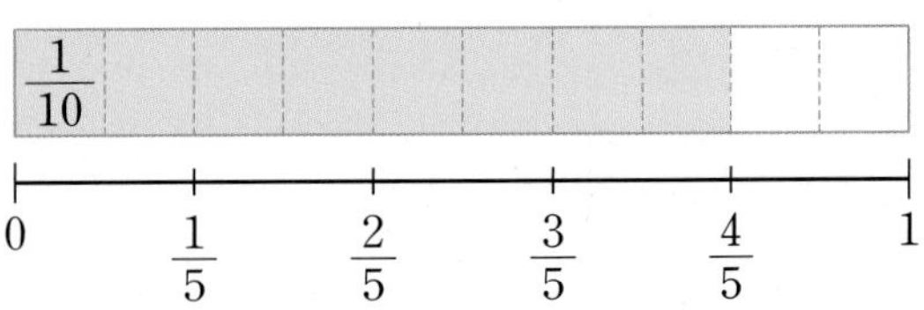

$\frac{4}{5} \div \frac{1}{10} =$ □

(3)

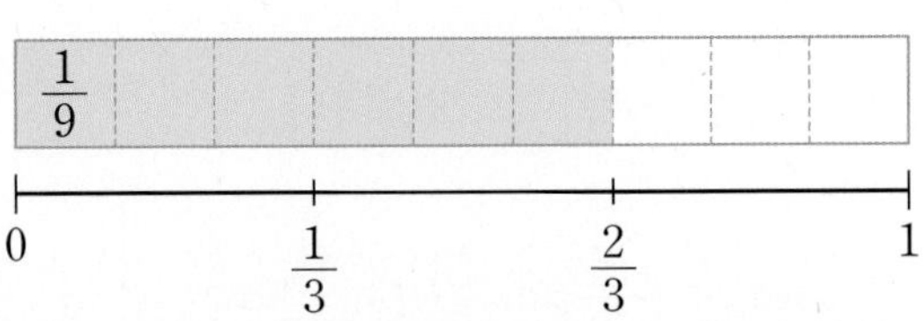

$\frac{2}{3} \div \frac{1}{9} =$ □

2 □ 안에 알맞은 수를 써넣으세요.

(1) $\frac{2}{3} \div \frac{3}{5} = \frac{□}{15} \div \frac{9}{15} = □ \div 9$

$= \frac{□}{□} = □\frac{□}{□}$

(2) $\frac{4}{7} \div \frac{5}{6} = \frac{□}{42} \div \frac{□}{42} = □ \div □$

$= \frac{□}{□}$

(3) $\frac{5}{6} \div \frac{2}{9} = \frac{□}{18} \div \frac{4}{18} = □ \div 4$

$= \frac{□}{□} = □\frac{□}{□}$

(4) $\frac{5}{8} \div \frac{5}{6} = \frac{□}{24} \div \frac{□}{24} = □ \div □$

$= \frac{□}{□}$

7 10종 교과서

몫이 진분수인 나눗셈을 찾아 기호를 쓰세요.

㉠ $\frac{3}{5} \div \frac{2}{5}$　　㉡ $\frac{8}{9} \div \frac{5}{9}$　　㉢ $\frac{5}{12} \div \frac{7}{12}$

(　　　　　　　　)

8

대화를 읽고 바르게 말한 사람의 이름을 쓰세요.

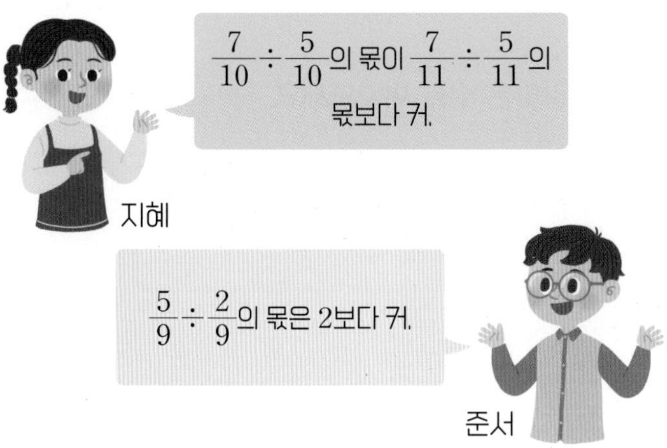

(　　　　　　　　)

9

양치할 때 사용하는 물의 양을 재었더니 효진이는 $\frac{7}{8}$ L, 재우는 $\frac{5}{8}$ L를 사용했습니다. 효진이가 사용한 물의 양은 재우가 사용한 물의 양의 몇 배인지 구하세요.

(　　　　　　　　)

10

□ 안에 들어갈 수 있는 자연수를 모두 구하세요.

$\square < \frac{9}{11} \div \frac{4}{11}$

(　　　　　　　　)

11

수연이는 리본을 $\frac{21}{25}$ m 가지고 있습니다. 그중 동생에게 $\frac{8}{25}$ m를 주었습니다. 남은 리본의 길이는 동생에게 준 리본의 길이의 몇 배인지 구하세요.

(　　　　　　　　)

12

마름모의 넓이가 $\frac{3}{13}$ cm²입니다. 한 대각선의 길이가 $\frac{9}{13}$ cm일 때, 다른 대각선의 길이는 몇 cm인지 구하세요.

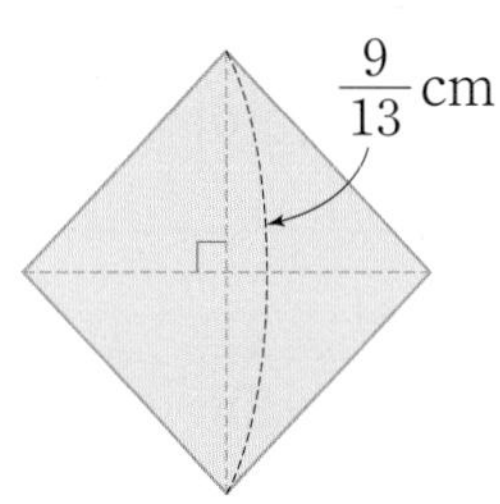

(　　　　　　　　)

3 분모가 다른 (분수)÷(분수)

› 분모가 다른 (분수)÷(분수)는 분수를 통분한 다음 분자끼리 나누어 계산합니다.

$$\frac{3}{5}\div\frac{1}{2}=\frac{6}{10}\div\frac{5}{10}=6\div5=\frac{6}{5}=1\frac{1}{5}$$

1

$\frac{2}{3}\div\frac{5}{6}$를 계산하는 과정입니다. ㉠과 ㉡에 알맞은 분수를 각각 구하세요.

$$\frac{2}{3}\div\frac{5}{6}=\boxed{㉠}\div\frac{5}{6}=4\div5=\boxed{㉡}$$

㉠ (　　　　　　　　)

㉡ (　　　　　　　　)

2

계산을 하세요.

(1) $\frac{6}{7}\div\frac{2}{21}$　　　　(2) $\frac{5}{12}\div\frac{7}{18}$

3

보기 와 같은 방법으로 계산하세요.

보기

$$\frac{2}{7}\div\frac{3}{4}=\frac{8}{28}\div\frac{21}{28}=8\div21=\frac{8}{21}$$

$\frac{1}{5}\div\frac{2}{3}$

4 ⊕ 10종 교과서

$\frac{8}{9}\div\frac{4}{7}$의 계산에서 잘못된 부분을 찾아 바르게 계산하세요.

틀린 계산

$$\frac{8}{9}\div\frac{4}{7}=8\div4=2$$

바른 계산

5

빈칸에 알맞은 수를 써넣으세요.

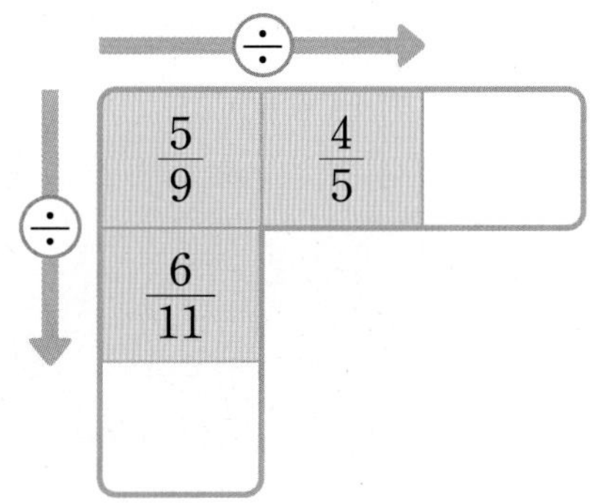

6

몫이 자연수인 나눗셈식을 말한 사람의 이름을 쓰세요.

(　　　　　　　　)

7

설명하는 수를 $\frac{2}{5}$로 나눈 몫을 구하세요.

$\frac{1}{6}$이 5개인 수

(　　　　　　　　　)

8

몫이 큰 것부터 차례로 기호를 쓰세요.

㉠ $\frac{3}{4}\div\frac{6}{7}$　㉡ $\frac{5}{12}\div\frac{2}{3}$　㉢ $\frac{15}{24}\div\frac{5}{8}$

(　　　　　　　　　)

9

어머니께서 파이 한 판을 구워 주셨습니다. 파이 한 판 중 민지는 전체의 $\frac{1}{4}$을 먹었고, 동생은 전체의 $\frac{3}{8}$을 먹었습니다. 동생이 먹은 파이의 양은 민지가 먹은 파이의 양의 몇 배인지 구하세요.

(　　　　　　　　　)

10

나눗셈의 몫의 합을 구하세요.

$\frac{2}{3}\div\frac{1}{2}$　　$\frac{8}{9}\div\frac{3}{7}$

(　　　　　　　　　)

11 10종 교과서

□ 안에 알맞은 수를 구하세요.

$\square\times\frac{2}{45}=\frac{4}{9}$

(　　　　　　　　　)

12

㉮ 자동차는 $\frac{4}{15}$ km를 가는 데 $\frac{2}{5}$분이 걸렸고, ㉯ 자동차는 $\frac{2}{9}$ km를 가는 데 $\frac{1}{4}$분이 걸렸습니다. 두 자동차가 각각 일정한 빠르기로 간다면 1분 동안 갈 수 있는 거리가 더 긴 자동차는 어느 것인지 구하세요.

(　　　　　　　　　)

문제 학습

4 (자연수)÷(분수)

> (자연수)÷(분수)는 자연수를 분자로 나눈 다음 분모를 곱하여 계산합니다.
>
> $6\div\frac{2}{7}=(6\div2)\times7=21$

1

그림을 보고 □ 안에 알맞은 수를 써넣으세요.

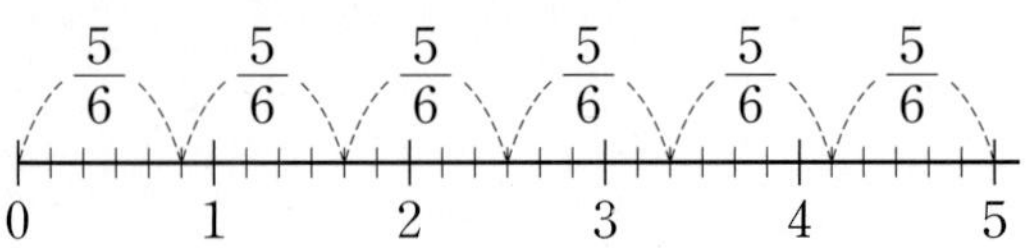

$5\div\frac{5}{6}=\square$

2

$14\div\frac{2}{7}$의 계산 과정으로 옳은 것에 색칠하세요.

$(14\div7)\times2$ $(14\div2)\times7$

3

계산을 하세요.

(1) $4\div\frac{2}{9}$ (2) $6\div\frac{3}{7}$

4

빈칸에 알맞은 수를 써넣으세요.

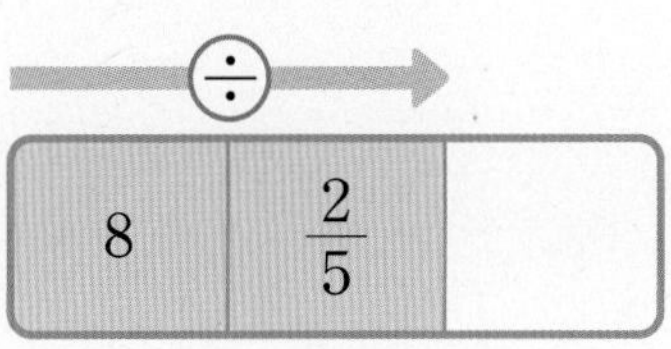

5

자연수는 분수의 몇 배인지 구하세요.

8 $\frac{4}{11}$

(　　　　　　　　)

6 ⊕ 10종 교과서

나눗셈의 몫을 찾아 이으세요.

$18\div\frac{6}{7}$ • • 8

$7\div\frac{7}{8}$ • • 21

$12\div\frac{4}{9}$ • • 27

7 ⊕ 10종 교과서

□ 안에 알맞은 기약분수를 구하세요.

$40\div\square=(40\div4)\times5$

(　　　　　　　　)

8

몫이 다른 하나를 찾아 ○표 하세요.

$8 \div \frac{2}{3}$	$10 \div \frac{5}{6}$	$15 \div \frac{5}{9}$
(　　)	(　　)	(　　)

9

몫이 가장 작은 나눗셈을 찾아 기호를 쓰세요.

㉠ $16 \div \frac{2}{3}$　　㉡ $24 \div \frac{4}{7}$　　㉢ $18 \div \frac{3}{5}$

(　　　　　　)

10

10종 교과서

리본 $\frac{4}{5}$ m를 이용하여 꽃 모양 한 개를 만들 수 있습니다. 길이가 16 m인 리본으로 만들 수 있는 꽃 모양은 몇 개일까요?

(　　　　　　)

11

㉠을 ㉡으로 나눈 몫을 구하세요.

㉠ $35 \div \frac{5}{6}$　　㉡ $9 : \frac{3}{7}$

(　　　　　　)

12

어떤 수에 $\frac{7}{8}$을 곱했더니 21이 되었습니다. 어떤 수를 구하세요.

(　　　　　　)

13

한 통에 2 L씩 들어 있는 참기름이 7통 있습니다. 이 참기름을 한 병에 $\frac{7}{10}$ L씩 모두 나누어 담으려고 합니다. 참기름을 몇 병에 담을 수 있는지 구하세요.

(　　　　　　)

14

$6 \div \frac{1}{\square} < 30$일 때, □ 안에 들어갈 수 있는 수를 보기에서 모두 찾아 쓰세요.

보기

2　3　4　5　6

(　　　　　　)

1 단원

문제 학습

5 (분수)÷(분수)를 분수의 곱셈으로 나타내기

> (분수)÷(분수)는 나눗셈을 곱셈으로 바꾸고 나누는 분수의 분모와 분자를 바꾸어 분수의 곱셈으로 나타내어 계산합니다.
>
> $\frac{5}{6}\div\frac{4}{9}=\frac{5}{\cancel{6}_{2}}\times\frac{\cancel{9}^{3}}{4}=\frac{15}{8}=1\frac{7}{8}$

1 10종 교과서

분수의 나눗셈식을 계산할 수 있는 곱셈식을 찾아 이으세요.

$\frac{2}{5}\div\frac{5}{6}$ •	• $\frac{7}{10}\times\frac{3}{2}$
$\frac{4}{9}\div\frac{1}{2}$ •	• $\frac{4}{9}\times 2$
$\frac{7}{10}\div\frac{2}{3}$ •	• $\frac{2}{5}\times\frac{6}{5}$

2

나눗셈식을 곱셈식으로 나타내어 계산하세요.

(1) $\frac{3}{8}\div\frac{4}{5}$

(2) $\frac{3}{4}\div\frac{5}{7}$

3

□ 안에 알맞은 수를 써넣으세요.

$\frac{4}{9}$ ➡ $\div\frac{3}{4}$ ➡ □

4

바르게 계산한 것에 ○표 하세요.

$\frac{6}{11}\div\frac{2}{7}=\frac{6}{11}\times\frac{2}{7}=\frac{12}{77}$ (　　　)

$\frac{7}{8}\div\frac{5}{9}=\frac{7}{8}\times\frac{9}{5}=\frac{63}{40}=1\frac{23}{40}$ (　　　)

5

빈칸에 알맞은 수를 써넣으세요.

(→ ÷, ↓ ÷)

$\frac{5}{13}$	$\frac{1}{8}$	
$\frac{3}{7}$	$\frac{2}{3}$	

6

몫의 크기를 비교하여 ○ 안에 >, =, <를 알맞게 써넣으세요.

$\frac{8}{11}\div\frac{3}{5}$ ○ $\frac{7}{15}\div\frac{10}{21}$

7 10종 교과서

두께가 일정한 철근 $\frac{2}{5}$ m의 무게는 $\frac{9}{10}$ kg입니다. 이 철근 1 m의 무게는 몇 kg인지 구하세요.

(　　　　　　　)

8

$\frac{5}{24}$로 나누었을 때 몫이 자연수가 되는 수를 모두 찾아 쓰세요.

$\frac{4}{5}$ $\frac{5}{6}$ $\frac{3}{8}$ $\frac{15}{24}$

( )

9

넓이가 $\frac{16}{25}$ m^2인 직사각형이 있습니다. 이 직사각형의 세로가 $\frac{3}{5}$ m일 때, 가로는 몇 m인지 구하세요.

( )

10

들이가 $\frac{5}{6}$ L인 물통에 물이 가득 들어 있습니다. 이 물통의 물을 덜어서 다른 그릇으로 모두 옮기려고 합니다. 들이가 $\frac{3}{8}$ L인 컵으로 적어도 몇 번 덜어 내야 하는지 구하세요.

( )

11

㉠과 ㉡에 알맞은 수의 합을 구하세요.

㉠$\times\frac{5}{7}=\frac{7}{12}$ $\frac{1}{3}\div\frac{4}{5}=$㉡

( )

12

50분 동안 $\frac{7}{15}$ L의 물을 일정하게 뿜어내는 가습기가 있습니다. 이 가습기를 1시간 동안 틀어 놓았을 때 뿜어내는 물은 몇 L인지 구하세요.

( )

13

□ 안에 들어갈 수 있는 가장 큰 자연수를 구하세요.

$\square<\frac{8}{9}\div\frac{3}{11}$

( )

6 여러 가지 (분수)÷(분수)

- 분수를 통분하여 분자끼리 나누어 계산하거나 분수의 나눗셈을 분수의 곱셈으로 나타내어 계산합니다. 이때, 대분수는 먼저 가분수로 바꿉니다.

• $1\frac{2}{5} \div \frac{2}{3} = \frac{7}{5} \div \frac{2}{3} = \frac{21}{15} \div \frac{10}{15} = 21 \div 10$
$= \frac{21}{10} = 2\frac{1}{10}$

• $1\frac{2}{5} \div \frac{2}{3} = \frac{7}{5} \div \frac{2}{3} = \frac{7}{5} \times \frac{3}{2} = \frac{21}{10} = 2\frac{1}{10}$

1

$2\frac{1}{4} \div \frac{5}{8}$의 계산에서 가장 먼저 해야 할 것에 ○표 하세요.

약분하여 간단하게 나타냅니다.	(　　　)
대분수를 가분수로 바꿉니다.	(　　　)

2

계산을 하세요.

(1) $\frac{10}{9} \div \frac{3}{4}$　　(2) $1\frac{1}{5} \div \frac{5}{6}$

3

보기 와 같은 방법으로 계산하세요.

보기

$1\frac{3}{8} \div \frac{2}{7} = \frac{11}{8} \div \frac{2}{7} = \frac{77}{56} \div \frac{16}{56}$
$= 77 \div 16 = \frac{77}{16} = 4\frac{13}{16}$

$2\frac{1}{2} \div \frac{2}{3}$

4 10종 교과서

$\frac{7}{2} \div \frac{2}{5}$를 두 가지 방법으로 계산하세요.

방법 1

방법 2

5

대분수를 진분수로 나눈 몫을 빈칸에 써넣으세요.

$\frac{3}{7}$	$2\frac{1}{10}$

6

$\frac{15}{4} \div \frac{5}{6}$의 몫을 바르게 구한 사람의 이름을 쓰세요.

태우　　수지　　강우

(　　　　　　　　)

7

몫이 가장 큰 나눗셈을 찾아 기호를 쓰세요.

㉠ $\frac{5}{3} \div \frac{6}{7}$　㉡ $1\frac{4}{5} \div \frac{5}{8}$　㉢ $2\frac{1}{6} \div 1\frac{1}{3}$

(　　　　　　)

8

초콜릿 음료 한 잔을 만드는 데 코코아 가루 $\frac{2}{15}$컵이 필요합니다. 코코아 가루 $\frac{12}{5}$컵으로 만들 수 있는 초콜릿 음료는 몇 잔인지 구하세요.

(　　　　　　)

9 10종 교과서

$2\frac{1}{4} \div \frac{5}{7}$의 계산에서 잘못된 부분을 찾아 바르게 계산하고, 잘못 계산한 이유를 쓰세요.

틀린 계산

$2\frac{1}{4} \div \frac{5}{7} = 2\frac{1}{4} \times \frac{7}{5} = 2\frac{7}{20}$

바른 계산

이유

10

□ 안에 알맞은 수를 구하세요.

$\square \times \frac{2}{3} = 2\frac{4}{5} \div \frac{7}{8}$

(　　　　　　)

11

길이가 $8\frac{1}{4}$ m인 철사를 겹치지 않게 모두 사용하여 정다각형을 한 개 만들었습니다. 만든 정다각형의 한 변의 길이가 $1\frac{3}{8}$ m라면 이 정다각형의 이름은 무엇인지 구하세요.

(　　　　　　)

12

두께가 일정한 나무 막대 $\frac{15}{16}$ m의 무게는 $6\frac{1}{4}$ kg입니다. 이 나무 막대 $2\frac{9}{10}$ m의 무게는 몇 kg인지 구하세요.

(　　　　　　)

문제 강의

1 조건을 만족하는 분수의 나눗셈식 만들기

정답 6쪽

조건 을 만족하는 분수의 나눗셈식을 만들고, 계산하세요.

조건
- 10÷7을 이용하여 계산할 수 있습니다.
- 분모가 12보다 작은 진분수의 나눗셈입니다.
- 두 분수의 분모는 같습니다.

1단계 분모가 될 수 있는 수 구하기

( )

2단계 조건 을 만족하는 분수의 나눗셈식을 만들고, 계산하기

식

문제해결 tip $\frac{▲}{■} \div \frac{●}{■}$ = ▲÷●임을 생각합니다.

1·1 조건 을 만족하는 분수의 나눗셈식을 만들고, 계산하세요.

조건
- 5÷11을 이용하여 계산할 수 있습니다.
- 분모가 13보다 작은 진분수의 나눗셈입니다.
- 두 분수의 분모는 같습니다.

식

1·2 조건 을 만족하는 분수의 나눗셈식을 모두 만들고, 계산하세요.

조건
- 5÷8을 이용하여 계산할 수 있습니다.
- 분모가 11보다 작은 진분수의 나눗셈입니다.
- 두 분수의 분모는 같습니다.

식

2 몫이 가장 큰(작은) 나눗셈식 만들기

● 정답 6쪽

수 카드 3장을 □ 안에 한 번씩만 써넣어 몫이 가장 큰 (대분수)÷(진분수)의 나눗셈식을 만들고, 몫을 구하세요.

3 5 6 ➡ $\square\frac{\square}{\square} \div \frac{3}{4}$

1단계 몫이 가장 큰 나눗셈식 만들기

$\square\frac{\square}{\square} \div \frac{3}{4}$

2단계 만든 나눗셈식의 몫 구하기

(　　　　　　　)

문제해결 tip 몫이 가장 큰 나눗셈식은 나누는 수는 가장 작게, 나누어지는 수는 가장 크게 하여 만듭니다.
몫이 가장 작은 나눗셈식은 나누는 수는 가장 크게, 나누어지는 수는 가장 작게 하여 만듭니다.

2·1 수 카드 3장을 □ 안에 한 번씩만 써넣어 몫이 가장 작은 (대분수)÷(진분수)의 나눗셈식을 만들고, 몫을 구하세요.

4 7 8 ➡ $\square\frac{\square}{\square} \div \frac{13}{20}$

(　　　　　　　)

2·2 수 카드 3장 중 2장을 □ 안에 한 번씩만 써넣어 몫이 가장 작은 (진분수)÷(진분수)의 나눗셈식을 만들고, 몫을 구하세요.

6 7 8 ➡ $\frac{3}{\square} \div \frac{5}{\square}$

(　　　　　　　)

1 단원

문제 강의

3 바르게 계산한 몫 구하기

정답 7쪽

어떤 수를 $\frac{3}{4}$으로 나누어야 할 것을 잘못하여 $\frac{4}{3}$로 나누었더니 몫이 $1\frac{7}{8}$이 되었습니다. 바르게 계산한 몫을 구하세요.

1단계 어떤 수 구하기

( )

2단계 바르게 계산한 몫 구하기

( )

문제해결 tip 조건에 맞는 식을 만들고 곱셈과 나눗셈의 관계를 이용하여 어떤 수를 구합니다.

3-1 어떤 수를 $\frac{5}{7}$로 나누어야 할 것을 잘못하여 $1\frac{5}{7}$로 나누었더니 몫이 $4\frac{3}{8}$이 되었습니다. 바르게 계산한 몫을 구하세요.

( )

3-2 어떤 수를 $\frac{2}{9}$로 나누어야 할 것을 잘못하여 곱했더니 $\frac{4}{27}$가 되었습니다. 바르게 계산한 몫을 구하세요.

( )

4 처음에 있던 양 구하기

정답 7쪽

시후가 바구니에 있던 귤의 $\frac{4}{7}$를 먹었더니 12개가 남았습니다. 처음 바구니에 있던 귤은 몇 개인지 구하세요.

1단계 남은 귤은 처음 바구니에 있던 귤의 몇 분의 몇인지 구하기

( )

2단계 처음 바구니에 있던 귤의 수 구하기

( )

문제해결 tip 처음 바구니에 있던 귤 전체를 1이라 생각합니다.

1 단원

4·1 채아가 가지고 있던 색 테이프의 $\frac{4}{9}$를 동생에게 주었더니 20 m가 남았습니다. 처음에 채아가 가지고 있던 색 테이프는 몇 m인지 구하세요.

( )

4·2 상자에 빨간색, 파란색, 노란색 구슬이 들어 있습니다. 빨간색 구슬은 전체의 $\frac{2}{9}$, 파란색 구슬은 전체의 $\frac{5}{12}$, 노란색 구슬은 26개일 때 상자에 들어 있는 구슬은 모두 몇 개인지 구하세요.

( )

문제 강의

5 칠할 수 있는 벽의 넓이 구하기

정답 7쪽

가로가 $\frac{8}{9}$ m, 세로가 $\frac{4}{5}$ m인 직사각형 모양의 벽을 칠하는 데 페인트를 $\frac{2}{3}$ L 사용했습니다. 페인트 1 L로 칠할 수 있는 벽의 넓이는 몇 m^2인지 구하세요.

1단계 직사각형 모양 벽의 넓이 구하기

( )

2단계 페인트 1 L로 칠할 수 있는 벽의 넓이 구하기

( )

문제해결 tip 먼저 직사각형 모양의 벽의 넓이를 구하고, (1 L로 칠할 수 있는 벽의 넓이)=(● L로 칠한 벽의 넓이)÷●를 이용합니다.

5-1 가로가 4 m, 세로가 $\frac{4}{7}$ m인 직사각형 모양의 벽을 칠하는 데 페인트를 $\frac{4}{9}$ L 사용했습니다. 페인트 1 L로 칠할 수 있는 벽의 넓이는 몇 m^2인지 구하세요.

( )

5-2 가로가 $\frac{9}{10}$ m, 세로가 $\frac{1}{2}$ m인 직사각형 모양의 벽을 칠하는 데 페인트를 $\frac{3}{5}$ L 사용했습니다. 페인트 12 L로 칠할 수 있는 벽의 넓이는 몇 m^2인지 구하세요.

( )

6 처음 공을 떨어뜨린 높이 구하기

● 정답 8쪽

떨어뜨린 높이의 $\frac{1}{2}$만큼 튀어 오르는 공이 있습니다. 이 공을 떨어뜨린 후 두 번째로 튀어 오른 높이가 $\frac{5}{8}$ m였다면 처음 공을 떨어뜨린 높이는 몇 m인지 구하세요.

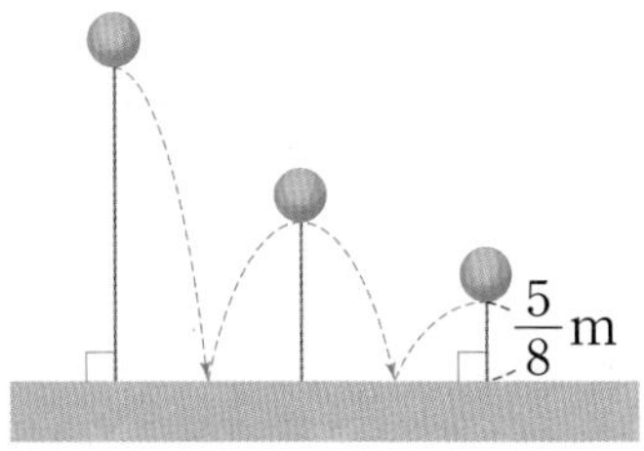

1단계 처음 공을 떨어뜨린 높이를 ■m라 할 때, 두 번째로 튀어 오른 공의 높이를 구하는 식 세우기

$$■\times\frac{□}{□}\times\frac{□}{□}=\frac{5}{8}$$

2단계 처음 공을 떨어뜨린 높이 구하기

( )

문제해결 tip 처음 공을 떨어뜨린 높이를 ■m라 하여 두 번째로 튀어 오른 공의 높이를 구하는 식을 세우고 거꾸로 생각하여 처음 공을 떨어뜨린 높이를 구합니다.

6·1 떨어뜨린 높이의 $\frac{3}{4}$만큼 튀어 오르는 공이 있습니다. 이 공을 떨어뜨린 후 두 번째로 튀어 오른 높이가 $5\frac{1}{7}$ m였다면 처음 공을 떨어뜨린 높이는 몇 m인지 구하세요.

( )

6·2 떨어뜨린 높이의 $\frac{2}{3}$만큼 튀어 오르는 공이 있습니다. 이 공을 떨어뜨린 후 세 번째로 튀어 오른 높이가 16 m였다면 처음 공을 떨어뜨린 높이는 몇 m인지 구하세요.

( )

1 분수의 나눗셈

정답 8쪽

분모가 같은 (분수)÷(분수)는 분자끼리 나누어 계산합니다.

$\frac{▲}{■} \div \frac{●}{■} = ▲ \div ●$

① (진분수)÷(진분수)

• 분모가 같은 (진분수)÷(진분수)

$\frac{6}{9} \div \frac{2}{9} = 6 \div \square = \square$

$\frac{8}{10} \div \frac{3}{10} = \square \div 3 = \frac{\square}{3} = \square\frac{\square}{3}$ → 분자끼리 나누어떨어지지 않으면 몫을 분수로 나타내요.

• 분모가 다른 (진분수)÷(진분수)

$\frac{2}{5} \div \frac{3}{7} = \frac{\square}{35} \div \frac{\square}{35} = \square \div 15 = \frac{\square}{15}$

통분하기

(자연수)÷(분수)는 자연수를 분수의 분자로 나눈 다음 분모를 곱하여 계산합니다.

$● \div \frac{▲}{■} = (● \div ▲) \times ■$

② (자연수)÷(분수)

$8 \div \frac{4}{5} = (8 \div \square) \times 5 = \square$

나눗셈을 곱셈으로 바꾸고 나누는 분수의 분모와 분자를 바꿉니다.

$\frac{▲}{■} \div \frac{●}{★} = \frac{▲}{■} \times \frac{★}{●}$

③ (분수)÷(분수)를 분수의 곱셈으로 나타내기

$\frac{3}{8} \div \frac{4}{9} = \frac{3}{8} \times \frac{\square}{\square} = \frac{\square}{\square}$

(대분수)÷(분수)를 계산할 때에는 반드시 대분수를 가분수로 바꾼 다음 계산해야 합니다.

④ (대분수)÷(분수)

방법 1 통분하여 계산하기

$2\frac{1}{4} \div \frac{2}{3} = \frac{\square}{4} \div \frac{2}{3} = \frac{\square}{12} \div \frac{8}{12}$

가분수로 바꾸기

$= \square \div 8 = \frac{\square}{8} = \square\frac{\square}{8}$

방법 2 분수의 곱셈으로 나타내어 계산하기

$2\frac{1}{4} \div \frac{2}{3} = \frac{\square}{4} \div \frac{2}{3} = \frac{\square}{4} \times \frac{\square}{\square} = \frac{\square}{8} = \square\frac{\square}{8}$

가분수로 바꾸기

1. 분수의 나눗셈

정답 8쪽

1

그림을 보고 □ 안에 알맞은 수를 써넣으세요.

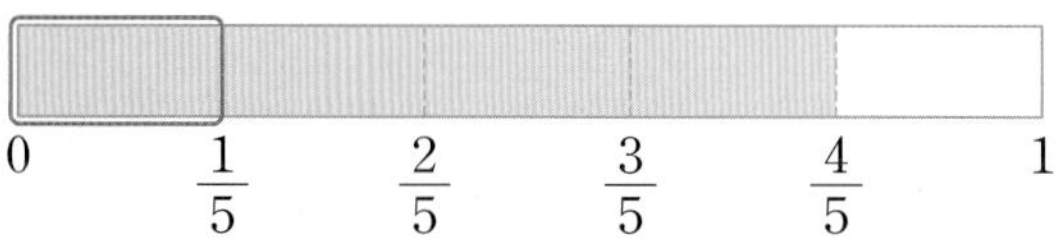

$\frac{4}{5}$에서 $\frac{1}{5}$을 □번 덜어 낼 수 있습니다.

➡ $\frac{4}{5} \div \frac{1}{5} = □$

2

□ 안에 알맞은 수를 써넣으세요.

$6 \div \frac{2}{7} = (6 \div □) \times □ = □$

3

$\frac{8}{9} \div \frac{2}{7}$를 분수의 곱셈으로 바르게 나타낸 것에 ○표 하세요.

$\frac{9}{8} \times \frac{2}{7}$ ( )　　$\frac{8}{9} \times \frac{7}{2}$ ( )

4

계산을 하세요.

$\frac{16}{17} \div \frac{5}{17}$

5

보기 와 같은 방법으로 계산하세요.

보기

$\frac{7}{5} \div \frac{2}{3} = \frac{21}{15} \div \frac{10}{15} = 21 \div 10 = \frac{21}{10} = 2\frac{1}{10}$

$\frac{11}{6} \div \frac{5}{7}$

6

빈칸에 알맞은 수를 써넣으세요.

÷ →		
$\frac{5}{6}$	$\frac{3}{4}$	

7

몫을 찾아 이으세요.

$3\frac{3}{4} \div \frac{5}{6}$ •　　• $1\frac{1}{2}$

$1\frac{1}{3} \div \frac{8}{9}$ •　　• $4\frac{1}{2}$

8

몫이 자연수가 아닌 것을 찾아 ×표 하세요.

$5 \div \frac{1}{3}$ ( )　　$15 \div \frac{9}{11}$ ( )　　$30 \div \frac{5}{7}$ ( )

9 서술형

몫이 더 큰 것의 기호를 쓰려고 합니다. 해결 과정을 쓰고, 답을 구하세요.

㉠ $\frac{9}{11} \div \frac{2}{11}$　　㉡ $\frac{18}{23} \div \frac{5}{23}$

( )

10

몫이 다른 하나는 어느 것일까요? ( )

① $\frac{3}{5} \div \frac{1}{5}$　　② $\frac{6}{7} \div \frac{2}{7}$

③ $\frac{9}{11} \div \frac{3}{11}$　　④ $\frac{8}{13} \div \frac{4}{13}$

⑤ $\frac{15}{16} \div \frac{5}{16}$

11

도넛 한 개를 만드는 데 설탕이 $\frac{3}{14}$컵 필요합니다. 설탕 $\frac{6}{7}$컵으로 만들 수 있는 도넛은 몇 개인지 구하세요.

( )

12

몫이 큰 것부터 차례로 기호를 쓰세요.

㉠ $\frac{15}{2} \div \frac{5}{8}$　　㉡ $4\frac{8}{9} \div \frac{11}{15}$　　㉢ $\frac{4}{5} \div \frac{5}{6}$

( )

13 서술형

다음은 세 사람의 가방 무게를 나타낸 것입니다. 가장 무거운 가방 무게는 가장 가벼운 가방 무게의 몇 배인지 해결 과정을 쓰고, 답을 구하세요.

슬기: $\frac{21}{5}$ kg, 혁진: $\frac{3}{4}$ kg, 민우: $3\frac{1}{8}$ kg

( )

14

책 한 권을 포장하는 데 노끈이 $\frac{3}{8}$ m 필요합니다. 노끈 $12\frac{1}{4}$ m로 포장할 수 있는 책은 몇 권인지 구하세요.

( )

15

□ 안에 알맞은 수를 구하세요.

$$\square \times \frac{2}{25} = \frac{4}{5}$$

(　　　　　　　　)

16

□ 안에 들어갈 수 있는 자연수는 모두 몇 개인지 구하세요.

$$\frac{15}{19} \div \frac{3}{19} > \square$$

(　　　　　　　　)

17

콩 $4\frac{1}{6}$ kg은 한 봉지에 $\frac{5}{18}$ kg씩 나누어 담고, 팥 3 kg은 한 봉지에 $\frac{1}{4}$ kg씩 나누어 담았습니다. 콩과 팥 중 어느 것을 담은 봉지 수가 더 많은지 구하세요.

(　　　　　　　　)

18

$\frac{1}{3}$분 동안 $\frac{7}{9}$ kg의 모래가 일정하게 흘러 나오는 주머니가 있습니다. 이 주머니에서 4분 동안 흘러 나오는 모래는 모두 몇 kg인지 구하세요.

(　　　　　　　　)

19 서술형

어떤 수를 $\frac{3}{4}$으로 나누어야 할 것을 잘못하여 곱했더니 $1\frac{4}{5}$가 되었습니다. 바르게 계산한 몫은 얼마인지 해결 과정을 쓰고, 답을 구하세요.

____

____

____

____

(　　　　　　　　)

20

가로가 3 m, 세로가 $\frac{7}{8}$ m인 직사각형 모양의 담을 칠하는 데 페인트를 $\frac{3}{4}$ L 사용했습니다. 페인트 1 L로 칠할 수 있는 담의 넓이는 몇 m^2인지 구하세요.

(　　　　　　　　)

미로를 따라 길을 찾아보세요.

정답 45쪽

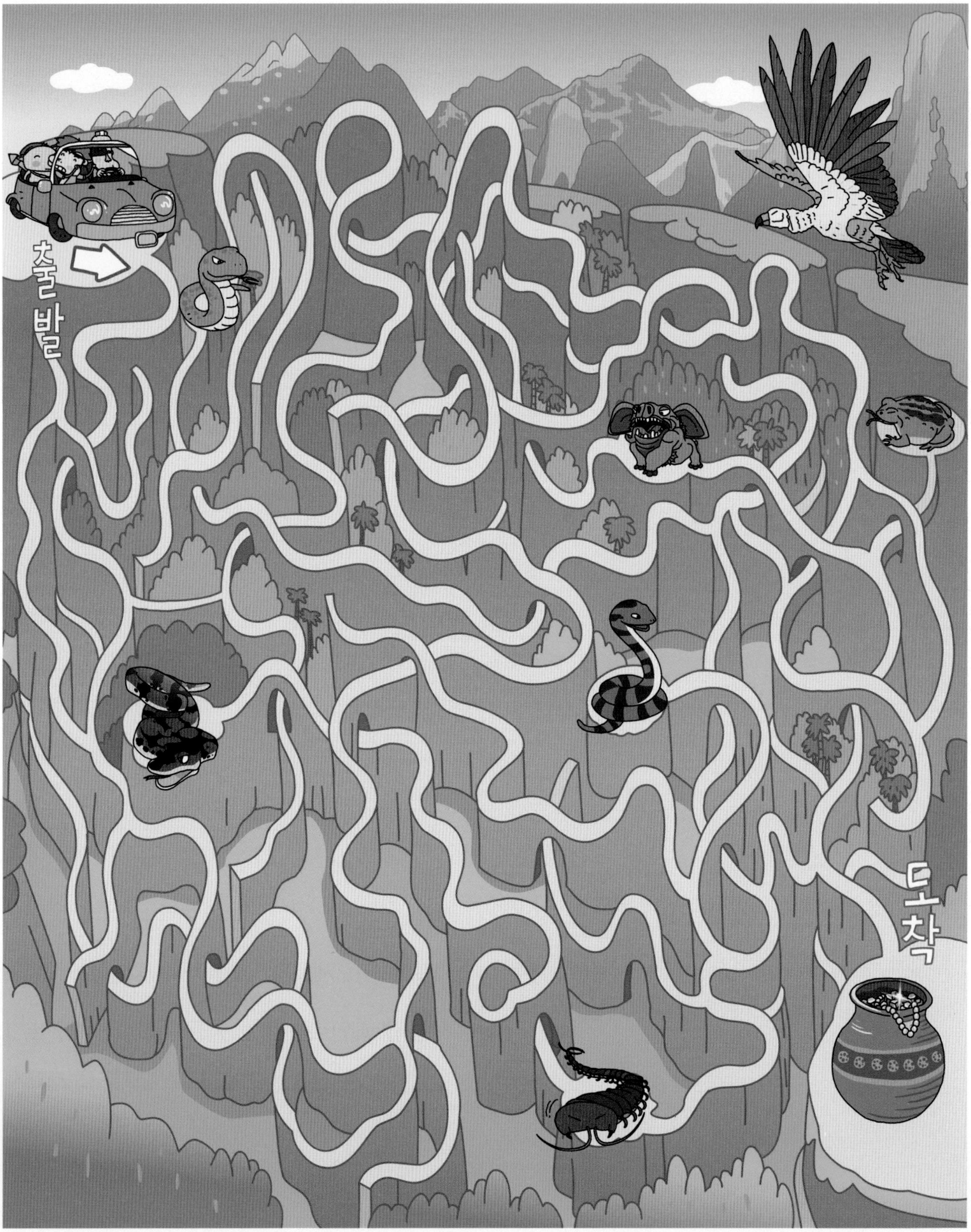

2

소수의 나눗셈

▶ 학습을 완료하면 V표를 하면서 학습 진도를 체크해요.

	개념 학습						문제 학습
백점 쪽수	36	37	38	39	40	41	42
확인							

	문제 학습						
백점 쪽수	43	44	45	46	47	48	49
확인							

	문제 학습				응용 학습		
백점 쪽수	50	51	52	53	54	55	56
확인							

	응용 학습			단원 평가			
백점 쪽수	57	58	59	60	61	62	63
확인							

개념 학습

1 자릿수가 같은 (소수)÷(소수) (1)

● 정답 10쪽

○ 자릿수가 같은 (소수)÷(소수)의 계산 방법

방법 1 자연수의 나눗셈을 이용하여 계산하기

(소수 한 자리 수)÷(소수 한 자리 수) → 16.4 ÷ 0.4

10배 ↓ 10배 ↓

164 ÷ 4 = 41

16.4 ÷ 0.4 = 41

2.24 ÷ 0.07 ← (소수 두 자리 수)÷(소수 두 자리 수)

100배 ↓ 100배 ↓

224 ÷ 7 = 32

2.24 ÷ 0.07 = 32

방법 2 분수의 나눗셈으로 바꾸어 계산하기

$16.4 \div 0.4 = \frac{164}{10} \div \frac{4}{10} = 164 \div 4 = 41$

$2.24 \div 0.07 = \frac{224}{100} \div \frac{7}{100} = 224 \div 7 = 32$

개념 강의

• 나눗셈에서 나누어지는 수와 나누는 수에 같은 수를 곱하면 몫은 변하지 않으므로 (소수)÷(소수)에서 나누어지는 수와 나누는 수를 똑같이 10배 또는 100배 하여 (자연수)÷(자연수)로 계산합니다.

1 소수의 나눗셈을 자연수의 나눗셈을 이용하여 계산하려고 합니다. □ 안에 알맞은 수를 써넣으세요.

(1) 18.8÷0.4

10배 ↓ 10배 ↓

□ ÷ □ = □

➡ 18.8÷0.4=□

(2) 16.2÷0.6

□배 ↓ □배 ↓

□ ÷6 = □

➡ 16.2÷0.6=□

(3) 8.32÷0.52

□배 ↓ □배 ↓

□ ÷52 = □

➡ 8.32÷0.52=□

2 □ 안에 알맞은 수를 써넣으세요.

(1) $10.5 \div 0.7 = \frac{□}{10} \div \frac{□}{10}$
$= □ \div □ = □$

(2) $14.4 \div 0.2 = \frac{□}{10} \div \frac{□}{10}$
$= □ \div □ = □$

(3) $5.32 \div 0.38 = \frac{□}{100} \div \frac{□}{100}$
$= □ \div □ = □$

(4) $6.96 \div 0.24 = \frac{□}{100} \div \frac{□}{100}$
$= □ \div □ = □$

 정답 12쪽

7

나눗셈의 몫이 더 큰 것의 기호를 쓰세요.

㉠ 8.76÷7.3　　㉡ 0.84÷0.6

(　　　　　　　　)

8 10종 교과서

집에서 학교까지의 거리는 1.5 km이고, 집에서 은행까지의 거리는 3.45 km입니다. 집에서 은행까지의 거리는 집에서 학교까지의 거리의 몇 배일까요?

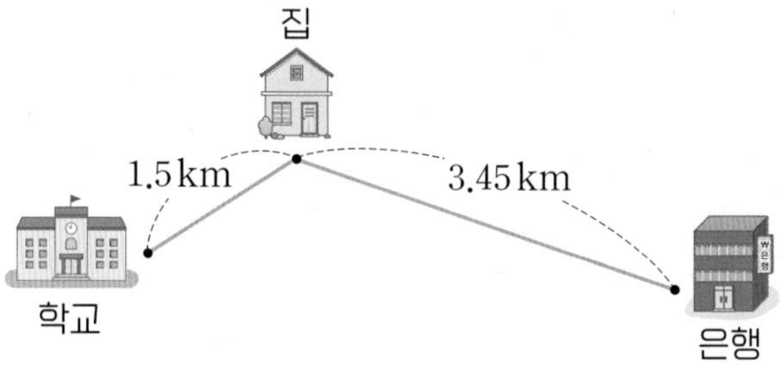

(　　　　　　　　)

9 10종 교과서

나눗셈을 하고, 나눗셈의 몫이 큰 것부터 차례로 ○ 안에 1, 2, 3을 써넣으세요.

6.7$\overline{)8.04}$　　2.7$\overline{)2.97}$　　4.9$\overline{)7.35}$

○　　○　　○

10

빈칸에 알맞은 수를 써넣으세요.

÷ →

1.96	0.7	
8.58		3.3

11

㉠의 몫은 ㉡의 몫의 몇 배인지 구하세요.

㉠ 45.24÷8.7　　㉡ 4.42÷3.4

(　　　　　　　　)

12

감자밭에서 감자를 민아는 3.8 kg, 준영이는 5.38 kg, 윤지는 2.7 kg 캤습니다. 민아와 준영이가 캔 감자의 양의 합은 윤지가 캔 감자의 양의 몇 배일까요?

(　　　　　　　　)

2 단원

문제 학습

4 (자연수)÷(소수)

> 나누는 수가 자연수가 되도록 나누어지는 수와 나누는 수의 소수점을 똑같이 옮겨 계산합니다.

$14 \div 3.5$

$= \frac{140}{10} \div \frac{35}{10}$

$= 140 \div 35$

$= 4$

$$\begin{array}{r} 4 \\ 3.5\overline{)\,14.0} \\ 140 \\ \hline 0 \end{array}$$

1

보기 와 같은 방법으로 계산하세요.

보기

$18 \div 4.5 = \frac{180}{10} \div \frac{45}{10} = 180 \div 45 = 4$

$11 \div 2.2$

2

계산을 하세요.

(1) $2.5\overline{)\,35}$

(2) $1.56\overline{)\,39}$

3

10종 교과서

□ 안에 알맞은 수를 써넣으세요.

$35 \div 7 = □$

$35 \div 0.7 = □$

$35 \div 0.07 = □$

4

빈칸에 알맞은 수를 써넣으세요.

$\div 5.25$

42	□
63	□

5

몫이 다른 나눗셈식을 찾아 ○표 하세요.

$56 \div 3.5$	$18 \div 1.5$	$20 \div 1.25$
( )	( )	( )

6

계산이 틀린 것은 어느 것일까요? ( )

① $17 \div 3.4 = 170 \div 34 = 5$

② $21 \div 1.75 = 2100 \div 175 = 12$

③ $39 \div 2.6 = \frac{390}{10} \div \frac{26}{10} = 390 \div 26 = 15$

④ $48 \div 0.32 = \frac{480}{100} \div \frac{32}{100} = 480 \div 32 = 15$

⑤ $16 \div 0.64 = \frac{1600}{100} \div \frac{64}{100} = 1600 \div 64 = 25$

7

나눗셈의 몫의 크기를 비교하여 ○ 안에 >, =, <를 알맞게 써넣으세요.

$378 \div 8.4$ ○ $204 \div 4.25$

8

$546 \div 8.4 = 65$를 이용하여 계산한 식입니다. 바르게 계산한 것을 찾아 기호를 쓰세요.

㉠ $546 \div 84 = 65$	㉡ $54.6 \div 8.4 = 0.65$
㉢ $5.46 \div 8.4 = 6.5$	㉣ $546 \div 0.84 = 650$

( )

9

딸기잼 한 병을 만드는 데 딸기 0.6 kg이 필요합니다. 딸기 9 kg으로 딸기잼을 몇 병 만들 수 있는지 구하세요.

( )

10

어떤 수에 3.75를 곱했더니 60이 되었습니다. 어떤 수를 구하세요.

( )

11

둘레가 27 cm인 원의 둘레에 4.5 cm 간격으로 점을 찍으려고 합니다. 찍을 수 있는 점은 몇 개일까요?

(단, 점의 두께는 생각하지 않습니다.)

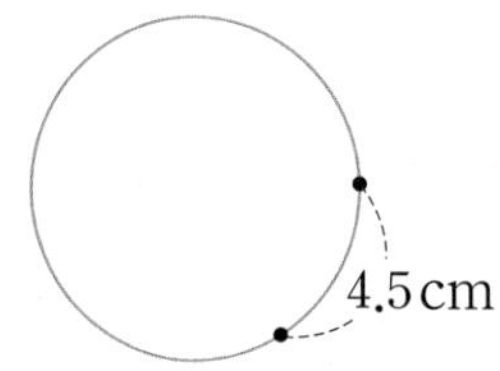

( )

2
단원

12 10종 교과서

수 카드 중 3장을 골라 한 번씩만 사용하여 가장 작은 소수 두 자리 수를 만들었습니다. 남은 수 카드의 수를 만든 소수 두 자리 수로 나누었을 때의 몫을 구하세요.

0 1 8 9

( )

13

싱싱 가게에서 파는 오렌지주스는 0.8 L당 1500원이고, 햇살 가게에서 파는 오렌지주스는 1.2 L당 2340원입니다. 같은 양의 오렌지주스를 산다면 어느 가게가 더 저렴한지 구하세요.

( )

문제 학습

5 몫을 반올림하여 나타내기

> 나눗셈의 몫이 간단한 소수로 구해지지 않을 경우에는 몫을 반올림하여 나타낼 수 있습니다.

```
        3.5 7
2.1)7.5 0 0
    6 3
    1 2 0
    1 0 5
        1 5 0
        1 4 7
            3
```

• 반올림하여 일의 자리까지 나타내기: 4

• 반올림하여 소수 첫째 자리까지 나타내기: 3.6

[1-2] 식의 몫을 반올림하여 나타내려고 합니다. 물음에 답하세요.

1

23÷7의 몫을 소수 셋째 자리까지 계산하세요.

$7\overline{)23}$

2

23÷7의 몫을 주어진 자리까지 반올림하여 나타내세요.

일의 자리	
소수 첫째 자리	
소수 둘째 자리	

3 10종 교과서

몫을 반올림하여 소수 첫째 자리까지 나타내세요.

(1) $9\overline{)13.4}$ (2) $6\overline{)2.5}$

( ) ( )

4

□ 안에 몫을 반올림하여 소수 둘째 자리까지 나타낸 수를 써넣으세요.

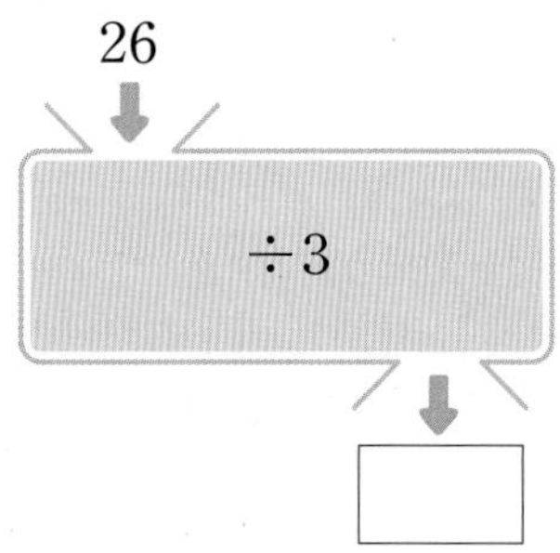

5

3.3÷1.8의 몫을 반올림하여 나타내려고 합니다. 잘못 나타낸 사람의 이름을 쓰세요.

3.3÷1.8의 몫을 반올림하여 일의 자리까지 나타내면 1이에요.

지혜

3.3÷1.8의 몫을 반올림하여 소수 첫째 자리까지 나타내면 1.8이에요.

준서

( )

6 10종 교과서

계산 결과를 비교하여 ○ 안에 >, =, <를 알맞게 써넣으세요.

63÷11의 몫을 반올림하여 일의 자리까지 나타낸 수	○	63÷11

7

몫을 반올림하여 일의 자리까지 나타낸 수가 4인 것을 모두 찾아 색칠하세요.

32÷9.2	28.5÷7
23÷6	9.7÷3.1

8

몫을 소수 첫째 자리까지 구한 값과 몫을 반올림하여 소수 첫째 자리까지 나타낸 값이 같은 것의 기호를 쓰세요.

㉠ 22÷1.5　　㉡ 4.2÷1.9

(　　　　　　)

9

몫을 반올림하여 소수 둘째 자리까지 나타낸 값이 큰 것부터 차례로 기호를 쓰세요.

㉠ 13÷3　　㉡ 31÷6
㉢ 47÷9　　㉣ 57÷11

(　　　　　　)

10

어느 장거리 달리기 선수가 21.1 km를 1.2시간 만에 완주했습니다. 이 선수가 일정한 빠르기로 달렸다면 1시간 동안 달린 거리는 몇 km인지 반올림하여 일의 자리까지 나타내세요.

(　　　　　　)

11

굵기가 일정한 통나무 2 m 30 cm의 무게가 8 kg입니다. 이 통나무 1 m의 무게는 몇 kg인지 반올림하여 소수 첫째 자리까지 나타내세요.

(　　　　　　)

12

몫을 반올림하여 소수 첫째 자리까지 나타낸 수와 반올림하여 소수 둘째 자리까지 나타낸 수의 차를 구하세요.

1.7÷0.3

(　　　　　　)

6 나누어 주고 남는 양 알아보기

> 구하려는 값을 소수로 나타낼 수 없는 경우에는 몫을 자연수까지만 구하고, 남는 양을 알아볼 수 있습니다.

쌀 20.3 kg을 한 사람에게 4 kg씩 나누어 줄 때 나누어 줄 수 있는 사람 수와 남는 쌀의 양 구하기

```
       5
  4 ) 2 0.3
      2 0
      ----
        0.3
```

→ 나누어 줄 수 있는 사람 수: 5명

→ 남는 쌀의 양: 0.3 kg

1

간장 13.8 L를 한 병에 3 L씩 나누어 담으려고 합니다. □ 안에 알맞은 수를 써넣어 간장을 몇 병에 나누어 담을 수 있고, 남는 간장은 몇 L인지 구하세요.

13.8−□−□−□−□=□

간장을 □병에 나누어 담을 수 있고

남는 간장은 □ L입니다.

2

주말 농장으로 사용할 수 있는 밭 $38.6\,m^2$를 한 사람이 $9\,m^2$씩 사용하려고 합니다. □ 안에 알맞은 수를 써넣어 이 밭을 몇 명이 사용할 수 있고, 남는 밭의 넓이는 몇 m^2인지 구하세요.

```
        □
  9 ) 3 8.6
      □
      -----
        □
```

사용할 수 있는 사람 수 (　　　　)

남는 밭의 넓이 (　　　　)

3

나눗셈의 몫을 자연수까지 구하여 □ 안에 쓰고, 남는 수를 ○ 안에 써넣으세요.

÷ → | 18.5 | 8 | □ | — ○

4 ⊕ 10종 교과서

흙 14.3 kg을 봉지 한 개에 7 kg씩 나누어 담을 때 담을 수 있는 봉지 수와 남는 흙의 양을 구하려고 합니다. 바르게 구한 사람의 이름을 쓰세요.

현호

```
       2
  7 ) 1 4.3
      1 4
      -----
        0.3
```

봉지 수: 2개

남는 흙의 양: 0.3 kg

지석

```
       2
  7 ) 1 4.3
      1 4
      -----
          3
```

봉지 수: 2개

남는 흙의 양: 3 kg

(　　　　)

5

몫을 자연수까지 구했을 때 1.2가 남는 나눗셈식을 찾아 ○표 하세요.

25.2÷5	17.2÷2	10.2÷4
(　　)	(　　)	(　　)

6 10종 교과서

털실 16.8 m를 한 도막이 4 m가 되도록 자르려고 합니다. 자를 수 있는 도막 수와 남는 털실의 길이를 두 가지 방법으로 구하세요.

방법 1

• 자를 수 있는 도막 수
: ☐ 도막

• 남는 털실의 길이
: ☐ m

방법 2

• 자를 수 있는 도막 수
: ☐ 도막

• 남는 털실의 길이
: ☐ m

7

몫을 자연수까지 구했을 때 남는 수가 가장 작은 것을 찾아 기호를 쓰세요.

㉠ 12.5÷3	㉡ 23.1÷7
㉢ 14.3÷6	㉣ 21.5÷5

( )

8

어느 떡집에서 시루떡을 12.7 kg 만들었습니다. 이 시루떡을 한 상자에 2 kg씩 담아서 판다면 몇 상자까지 팔 수 있는지 구하세요.

( )

9

소금 32.7 kg을 한 개에 6 kg까지 담을 수 있는 그릇에 모두 나누어 담으려고 합니다. 그릇은 적어도 몇 개 필요할까요?

( )

10 10종 교과서

향수 42.4 mL를 한 병에 8 mL씩 담아 친구들에게 나누어 주려고 합니다. 줄 수 있는 친구 수와 남는 향수의 양을 알기 위해 다음과 같이 계산했습니다. 잘못 계산한 이유를 쓰세요.

```
      5.3
8 ) 4 2.4
    4 0
    ----
      2 4
      2 4
      ---
        0
```

• 줄 수 있는 친구 수: 5명

• 남는 향수의 양: 0.3 mL

이유

11

태우는 수수깡 20.8 cm를 한 도막의 길이가 5 cm가 되도록 자르고, 수민이는 수수깡 19.3 cm를 한 도막이 3 cm가 되도록 자르려고 합니다. 자를 수 있는 만큼 모두 자르고 남는 수수깡의 길이가 더 긴 사람은 누구인지 구하세요.

( )

문제 강의

1 둘레가 주어진 도형의 변의 길이 비교하기

정답 15쪽

둘레가 11.2 m이고, 가로가 4 m인 직사각형이 있습니다. 이 직사각형의 가로는 세로의 몇 배인지 구하세요.

1단계 직사각형의 세로 구하기

( )

2단계 직사각형의 가로는 세로의 몇 배인지 구하기

( )

문제해결 tip (직사각형의 둘레)=(가로+세로)×2입니다.

1·1 둘레가 19.2 cm이고, 짧은 변의 길이가 3.2 cm인 평행사변형이 있습니다. 이 평행사변형의 긴 변의 길이는 짧은 변의 길이의 몇 배인지 구하세요.

( )

1·2 다음과 같이 둘레가 13.44 m이고, 짧은 변의 길이가 2.8 m인 이등변삼각형이 있습니다. 이 이등변삼각형의 긴 변 1개의 길이는 짧은 변의 길이의 몇 배인지 구하세요.

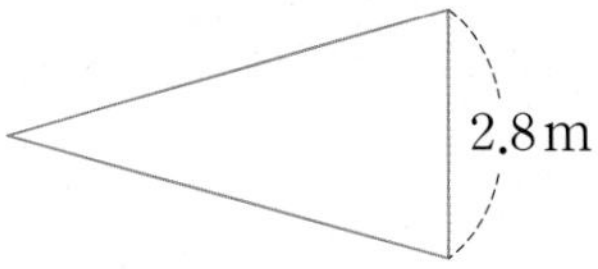

( )

2 더 필요한 양 구하기

● 정답 15쪽

어느 정육점에 돼지고기 25.6 kg이 있습니다. 이 돼지고기를 한 봉지에 3 kg씩 남김없이 모두 나누어 포장하려고 합니다. 돼지고기는 적어도 몇 kg 더 필요한지 구하세요.

1단계 돼지고기 25.6 kg을 몇 봉지에 포장할 수 있고, 몇 kg이 남는지 구하기

포장할 수 있는 봉지 수 (　　　　　　　)

남는 돼지고기의 양 (　　　　　　　)

2단계 돼지고기는 적어도 몇 kg 더 필요한지 구하기

(　　　　　　　)

2 단원

문제해결 tip 돼지고기를 남김없이 모두 포장하려면 3 kg씩 포장하고 남는 양도 포장해야 합니다.

2·1 철사 45.7 m를 한 사람에게 6 m씩 남김없이 모두 나누어 주려고 합니다. 철사는 적어도 몇 m 더 필요한지 구하세요.

(　　　　　　　)

2·2 우유가 0.4 L씩 48병이 있습니다. 이 우유를 한 통에 3 L씩 남김없이 모두 나누어 담으려고 합니다. 우유는 적어도 몇 L 더 필요한지 구하세요.

(　　　　　　　)

응용 학습

문제 강의

3 어떤 수를 구하여 계산하기

정답 15쪽

어떤 수를 1.3으로 나누어 몫을 자연수까지 구했을 때 몫이 5이고, 0.8이 남았습니다. 어떤 수를 0.9로 나누어 몫을 자연수까지 구하고 남는 수를 구하세요.

1단계 어떤 수 구하기

( )

2단계 어떤 수를 0.9로 나누어 몫을 자연수까지 구하고 남는 수 구하기

몫 ( )

남는 수 ( )

문제해결 tip 남는 수가 있는 소수의 나눗셈에서 (나누어지는 수)=(나누는 수)×(몫)+(남는 수)입니다.

3-1 어떤 수를 4.2로 나누어 몫을 자연수까지 구했을 때 몫이 7이고, 0.6이 남았습니다. 어떤 수를 2.7로 나누어 몫을 자연수까지 구하고 남는 수를 구하세요.

몫 ( )

남는 수 ( )

3-2 어떤 수를 2.8로 나누어 몫을 자연수까지 구했을 때 몫이 12이고, 1.9가 남았습니다. 어떤 수를 11로 나눈 몫을 반올림하여 소수 첫째 자리까지 나타내세요.

( )

4 몫의 소수 ■째 자리 숫자 구하기

● 정답 16쪽

몫의 소수 12째 자리 숫자를 구하세요.

$75 \div 55$

1단계 $75 \div 55$의 몫의 소수점 아래 숫자들의 규칙 쓰기

규칙 ______________________________

2단계 몫의 소수 12째 자리 숫자 구하기

(   )

문제해결 tip 몫의 소수점 아래 숫자들이 반복되는 규칙을 찾습니다.

2 단원

4·1 몫의 소수 15째 자리 숫자를 구하세요.

$6 \div 2.2$

(   )

4·2 몫의 소수 20째 자리 숫자가 더 큰 것의 기호를 쓰세요.

㉠ $1.2 \div 1.8$ ㉡ $4 \div 22$

(   )

문제 강의

5 꺼낸 물건의 수 구하기

정답 16쪽

한 권의 무게가 $0.46\,\mathrm{kg}$인 책 9권이 들어 있는 상자가 있습니다. 이 상자의 처음 무게는 $4.37\,\mathrm{kg}$이었는데, 책 몇 권을 꺼냈더니 $3.45\,\mathrm{kg}$이 되었습니다. 상자에서 꺼낸 책은 몇 권인지 구하세요.

1단계 꺼낸 책의 무게의 합 구하기

( )

2단계 상자에서 꺼낸 책의 수 구하기

( )

문제해결 tip (꺼낸 책의 무게의 합)=(책을 꺼내기 전 상자의 무게)−(책을 꺼낸 후 상자의 무게)임을 이용합니다.

5·1 한 개의 무게가 $30.1\,\mathrm{g}$인 공 14개가 들어 있는 주머니가 있습니다. 이 주머니의 처음 무게는 $571.4\,\mathrm{g}$이었는데, 공 몇 개를 꺼냈더니 $420.9\,\mathrm{g}$이 되었습니다. 주머니에서 꺼낸 공은 몇 개인지 구하세요.

( )

5·2 무게가 $84.6\,\mathrm{g}$인 빈 통에 무게가 똑같은 사탕 10개를 넣었습니다. 사탕을 넣은 통의 처음 무게는 $158.6\,\mathrm{g}$이었는데, 사탕 몇 개를 꺼내 먹었더니 $136.4\,\mathrm{g}$이 되었습니다. 통에서 꺼내 먹은 사탕은 몇 개인지 구하세요.

( )

6 사용하는 휘발유의 가격 구하기

● 정답 16쪽

휘발유 1.4 L로 17.64 km를 갈 수 있는 자동차가 있습니다. 이 자동차를 타고 집에서 75.6 km 떨어진 목장에 가려고 합니다. 휘발유 1 L의 가격이 1980원일 때, 집에서 목장까지 가는 데 사용하는 휘발유의 가격은 얼마인지 구하세요.

1단계 휘발유 1 L로 갈 수 있는 거리 구하기

( )

2단계 집에서 목장까지 가는 데 사용하는 휘발유의 양 구하기

( )

3단계 집에서 목장까지 가는 데 사용하는 휘발유의 가격 구하기

( )

문제해결 tip (휘발유 1 L로 갈 수 있는 거리)=(이동한 거리)÷(사용한 휘발유의 양)입니다.

6·1 휘발유 1.2 L로 13.68 km를 갈 수 있는 자동차가 있습니다. 이 자동차를 타고 집에서 148.2 km 떨어진 할머니 댁에 가려고 합니다. 휘발유 1 L의 가격이 2020원일 때, 집에서 할머니 댁까지 가는 데 사용하는 휘발유의 가격은 얼마인지 구하세요.

( )

6·2 휘발유 2.3 L로 22.08 km를 갈 수 있는 자동차가 있습니다. 이 자동차를 타고 집에서 휴게소를 거쳐 해수욕장에 가려고 합니다. 휘발유 1 L의 가격이 1890원일 때, 집에서 휴게소를 거쳐 해수욕장에 가는 데 사용하는 휘발유의 가격은 얼마인지 구하세요.

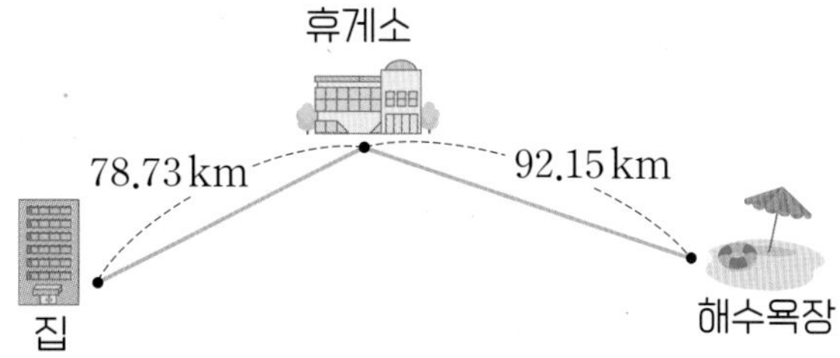

( )

2 단원

2 소수의 나눗셈

정답 16쪽

나누는 수와 나누어지는 수의 소수점을 각각 오른쪽으로 같은 자리씩 옮겨 계산합니다.
이때 몫의 소수점은 나누어지는 수의 옮긴 소수점 위치에 맞추어 찍습니다.

❶ (소수)÷(소수), (자연수)÷(소수)

방법 1 자연수의 나눗셈을 이용하여 계산하기

$4.42 \div 3.4 = 442 \div 340 = \square$

$4 \div 0.8 = 40 \div 8 = \square$

방법 2 분수의 나눗셈으로 계산하기

$4.42 \div 3.4 = \dfrac{\square}{100} \div \dfrac{340}{100} = \square \div 340 = \square$

$4 \div 0.8 = \dfrac{\square}{10} \div \dfrac{8}{10} = \square \div 8 = \square$

방법 3 세로로 계산하기

```
          □
 3.4 ) 4.4 2
       3 4
       □
       □
         0
```

```
        □
 0.8 ) 4.0
       □
        0
```

나눗셈의 몫을 반올림하여 나타낼 때에는 구하려는 자리보다 한 자리 아래까지 몫을 구한 후 반올림합니다.

❷ 몫을 반올림하여 나타내기

```
       2.2 8
 0.7 ) 1.6 0 0
       1 4
         2 0
         1 4
           6 0
           5 6
             4
```

• 일의 자리까지 나타내기
➡ □

• 소수 첫째 자리까지 나타내기
➡ □

사람 수는 소수로 나타낼 수 없으므로 몫을 자연수까지 구합니다.

❸ 나누어 주고 남는 양 알아보기

물 14.7 L를 한 사람에게 3 L씩 나누어 줄 때,
나누어 줄 수 있는 사람 수와 남는 물의 양 구하기

```
     4
 3 ) 1 4.7
     1 2
       2.7
```

➡ 나누어 줄 수 있는 사람 수: □명
남는 물의 양: □ L

2. 소수의 나눗셈

정답 17쪽

1

43.4÷0.7을 자연수의 나눗셈을 이용하여 계산하세요.

$43.4 \div 0.7$

□배 　　□배

$434 \div \square = \square$

$43.4 \div 0.7 = \square$

2

□ 안에 알맞은 수를 써넣으세요.

$5.51 \div 0.29 = \dfrac{\square}{100} \div \dfrac{\square}{100}$

$= \square \div \square = \square$

3

보기 와 같이 분수의 나눗셈으로 계산하세요.

보기

$17.48 \div 4.6 = \dfrac{1748}{100} \div \dfrac{460}{100}$

$= 1748 \div 460 = 3.8$

$34.04 \div 3.7$

4

계산을 하세요.

$1.96 \div 0.28$

5

50.1÷6의 몫을 자연수까지 구하고 얼마가 남는지 알아보려고 합니다. □ 안에 알맞은 수를 써넣으세요.

```
      □
6 ) 5 0 . 1
    □
  ―――――――
      □
```

6

□ 안에 알맞은 수를 써넣으세요.

$1.53 \div 0.03 = \square$

$15.3 \div 0.03 = \square$

$153 \div 0.03 = \square$

7

몫을 반올림하여 소수 첫째 자리까지 나타내세요.

$74.5 \div 6$

(　　　　　　)

8

다음 나눗셈과 몫이 같은 것은 어느 것일까요? (　　　)

$15 \div 2.5$

① $1500 \div 2500$ ② $1.5 \div 2.5$
③ $150 \div 25$ ④ $150 \div 2.5$
⑤ $0.15 \div 0.25$

9

빈칸에 알맞은 수를 써넣으세요.

(→ ÷, ↓ ÷)

17.28	3.6	
2.4	0.6	

10

나눗셈의 몫이 더 작은 것의 기호를 쓰세요.

㉠ $65.6 \div 8.2$ ㉡ $4.55 \div 0.65$

( )

11 서술형

$34 \div 1.36$의 계산에서 잘못된 부분을 찾아 바르게 계산하고, 잘못 계산한 이유를 쓰세요.

틀린 계산

```
       0.2 5
1.3 6) 3 4
       2 7 2
         6 8 0
         6 8 0
             0
```

➡ 바른 계산

```
1.3 6) 3 4
```

이유

12

참기름 48.8 L를 한 병에 3 L씩 나누어 담으려고 합니다. 참기름을 몇 병에 나누어 담을 수 있고, 남는 참기름은 몇 L인지 구하세요.

나누어 담을 수 있는 병 수 ( )

남는 참기름의 양 ( )

13

선물 상자 한 개를 포장하는 데 리본 1.75 m가 필요합니다. 리본 40.25 m로는 똑같은 선물 상자를 몇 개 포장할 수 있는지 구하세요.

( )

14

집에서 체육관까지의 거리는 12.5 km이고 집에서 시청까지의 거리는 6 km입니다. 집에서 체육관까지의 거리는 집에서 시청까지의 거리의 몇 배인지 반올림하여 소수 첫째 자리까지 나타내세요.

( )

15

□ 안에 알맞은 수가 더 큰 것의 기호를 쓰세요.

㉠ $\square \times 0.42 = 2.94$
㉡ $3.6 \times \square = 21.6$

(　　　　　　　　)

16 서술형

어느 자동차가 2시간 45분 동안 일정한 빠르기로 209 km를 달렸습니다. 이 자동차가 한 시간 동안 달린 거리는 몇 km인지 해결 과정을 쓰고, 답을 구하세요.

(　　　　　　　　)

17

같은 모양은 같은 수를 나타냅니다. ★에 알맞은 수를 구하세요.

$26 \div 3.25 = ▲$
$▲ \div 0.5 = ★$

(　　　　　　　　)

18

어떤 수를 5.4로 나누어야 할 것을 잘못하여 곱했더니 87.48이 되었습니다. 바르게 계산한 몫을 구하세요.

(　　　　　　　　)

19 서술형

둘레가 8.16 m이고, 가로가 1.2 m인 직사각형이 있습니다. 이 직사각형의 세로는 가로의 몇 배인지 해결 과정을 쓰고, 답을 구하세요.

(　　　　　　　　)

20

몫의 소수 9째 자리 숫자를 구하세요.

$1.5 \div 3.3$

(　　　　　　　　)

2 단원

다른 그림을 찾아보세요.

정답 45쪽

다른 곳이 15군데 있어요.

3

공간과 입체

▶ 학습을 완료하면 V표를 하면서 학습 진도를 체크해요.

	개념학습						문제학습
백점 쪽수	66	67	68	69	70	71	72
확인							

	문제학습						
백점 쪽수	73	74	75	76	77	78	79
확인							

	문제학습				응용학습		
백점 쪽수	80	81	82	83	84	85	86
확인							

	응용학습			단원평가			
백점 쪽수	87	88	89	90	91	92	93
확인							

개념 학습

1 어느 방향에서 본 것인지 알아보기

● 정답 18쪽

보는 위치와 방향에 따라 보이는 모습이 다르므로 그림에 있는 물체의 방향과 위치, 모양에 따라 어느 방향에서 본 것인지 알 수 있습니다.

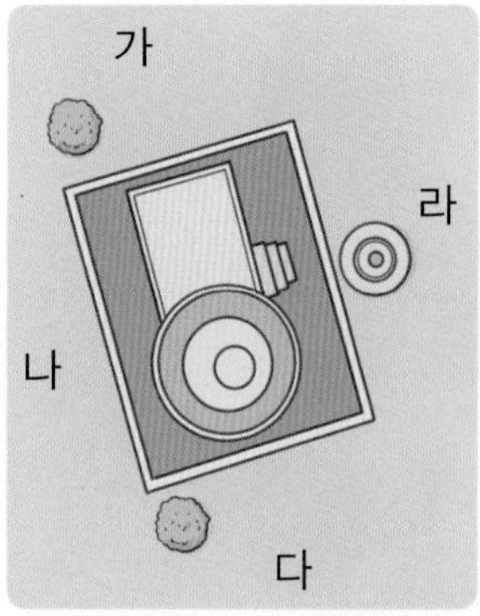

가

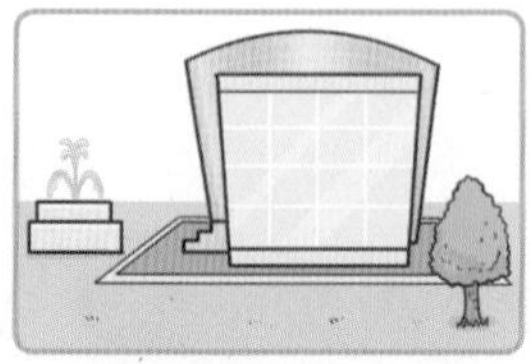

건물의 네모난 부분이 앞에, 분수가 왼쪽에 보여요.

나

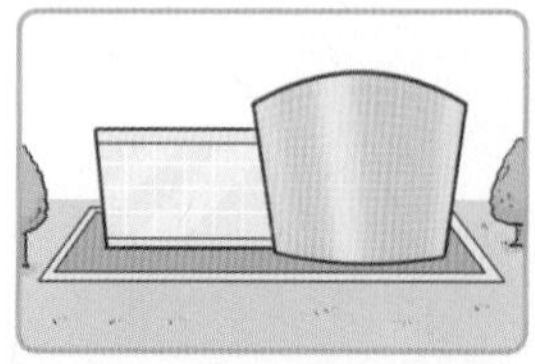

건물의 네모난 부분이 왼쪽에, 둥근 부분이 오른쪽에 보여요.

다

건물의 둥근 부분이 앞에, 분수가 오른쪽에 보여요.

라

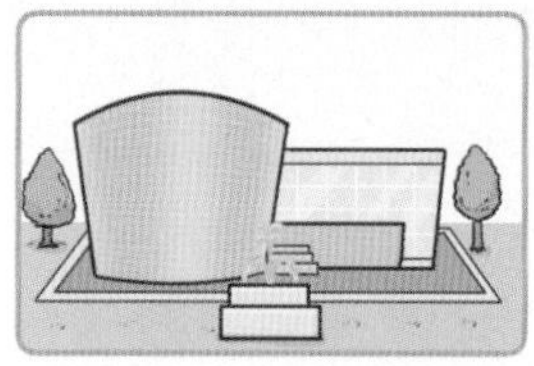

건물의 둥근 부분이 왼쪽에, 네모난 부분이 오른쪽에 보여요.

개념 강의

● 왼쪽과 오른쪽을 제시할 때에는 기준과 함께 이야기해야 합니다.

1 집의 정면에서 찍은 사진입니다. 다른 방향에서 찍은 사진을 보고 어느 방향에서 찍은 사진인지 □ 안에 알맞은 기호를 써넣으세요.

(1) 

굴뚝이 앞에 보이므로 □에서 찍은 사진입니다.

(2) 

지붕 위의 창문이 앞에 보이므로 □에서 찍은 사진입니다.

2 트럭을 위에서 본 모양입니다. 각 방향에서 본 모양에 ○표 하세요.

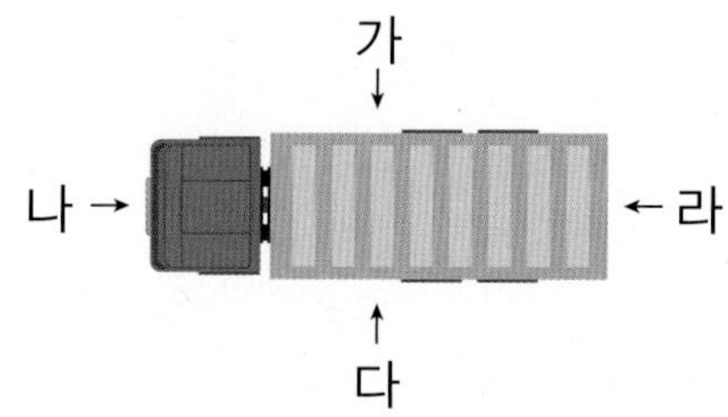

(1) 다 방향

 (　　　)

 (　　　)

(2) 라 방향

 (　　　)

 (　　　)

2 쌓기나무를 위에서 본 모양

● 정답 18쪽

○ 쌓기나무로 쌓은 모양과 위에서 본 모양을 보고 쌓기나무의 개수 알아보기

• 숨겨진 쌓기나무가 **없는** 경우

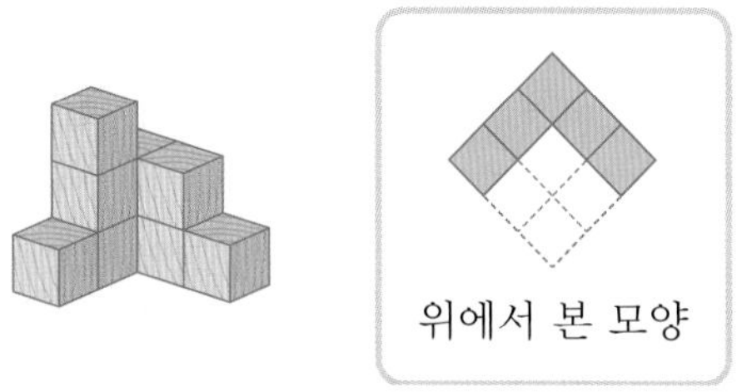

보이는 위의 면과 위에서 본 모양이 같으므로 보이지 않는 부분에 숨겨진 쌓기나무가 없습니다.

➡ (쌓기나무의 개수)$=\underset{1층}{5}+\underset{2층}{3}+\underset{3층}{1}=9$(개)

• 숨겨진 쌓기나무가 **있는** 경우

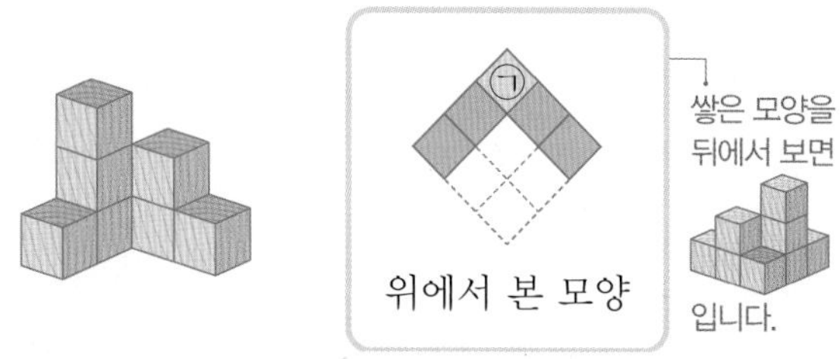

위에서 본 모양의 ㉠ 부분에 쌓기나무가 있어야 하므로 보이지 않는 부분에 숨겨진 쌓기나무가 있습니다.

➡ (쌓기나무의 개수)$=\underset{1층}{5}+\underset{2층}{2}+\underset{3층}{1}=8$(개)

개념 강의

• 쌓인 모양에서 보이는 위의 면과 위에서 본 모양이 같으면 숨겨진 쌓기나무가 없고, 같지 않으면 숨겨진 쌓기나무가 있습니다.

1 보이지 않는 부분에 숨겨진 쌓기나무가 있으면 ○표, 없으면 ×표 하세요.

(1)

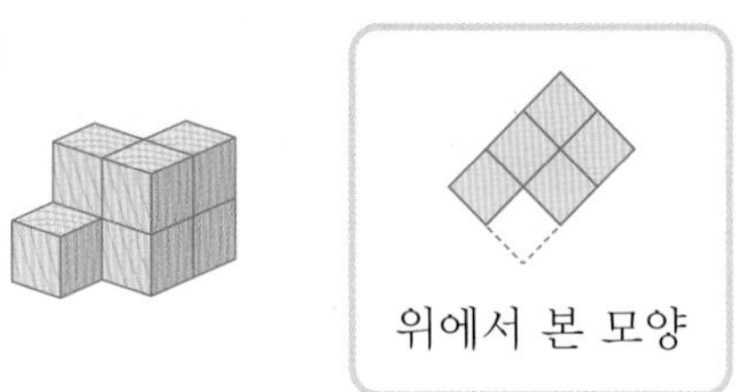

(　　　　　　　　)

(2)

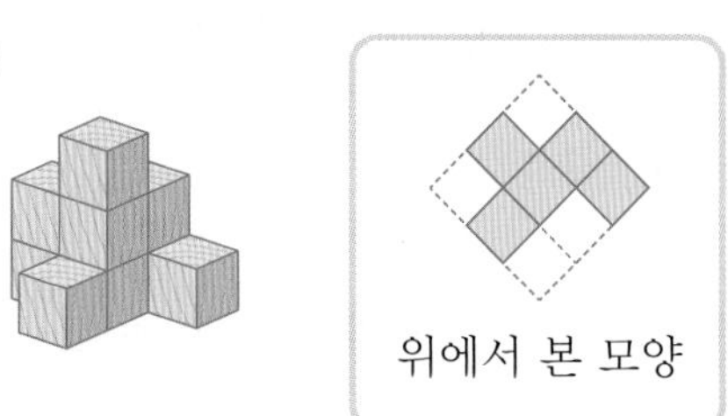

(　　　　　　　　)

2 쌓기나무로 쌓은 모양과 위에서 본 모양입니다. □ 안에 알맞은 수를 써넣어 똑같이 쌓는 데 필요한 쌓기나무의 개수를 구하세요.

(1)

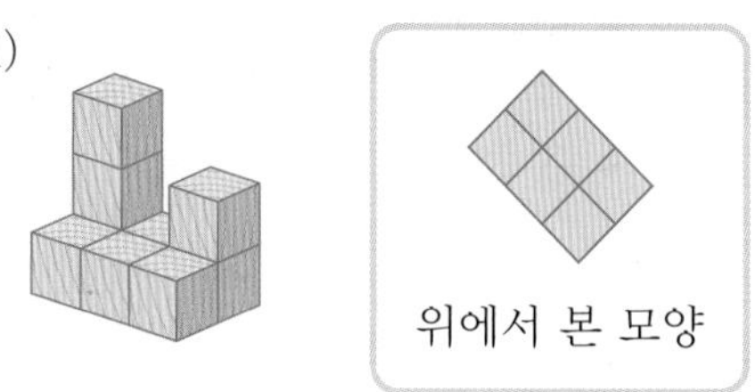

1층: 6개, 2층: □개, 3층: □개

➡ 6+□+□=□(개)

(2)

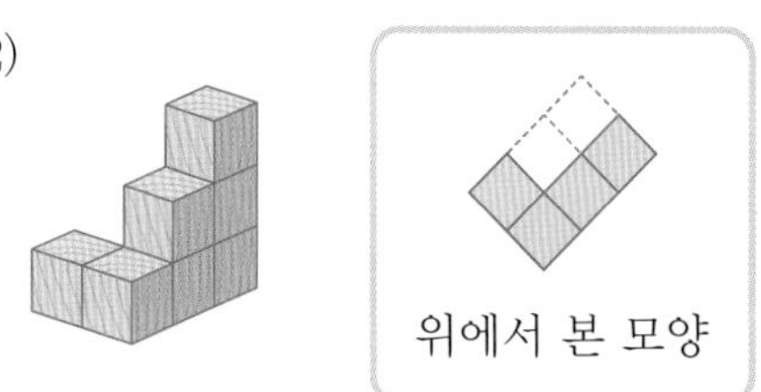

1층: 4개, 2층: □개, 3층: □개

➡ 4+□+□=□(개)

3 쌓기나무를 위, 앞, 옆에서 본 모양

정답 18쪽

쌓기나무로 쌓은 모양을 보고 위, 앞, 옆에서 본 모양 그리기

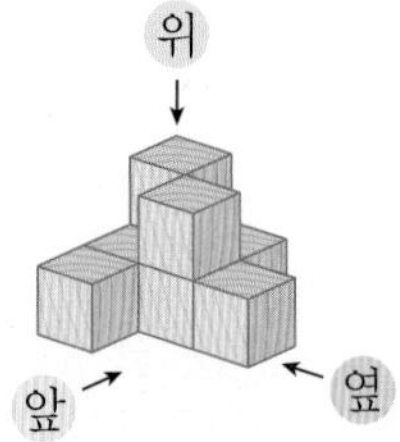

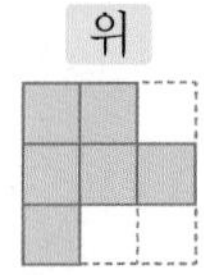

1층에 쌓은 모양과 같게 그립니다.

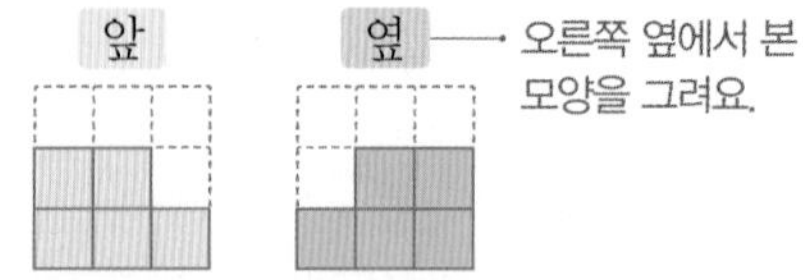

각 방향에서 보았을 때 각 줄에서 가장 높은 층의 모양과 같게 그립니다.

위, 앞, 옆에서 본 모양을 보고 쌓은 모양과 쌓기나무의 개수를 알아보기

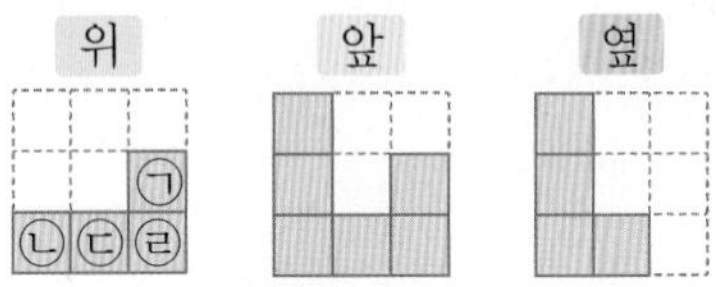

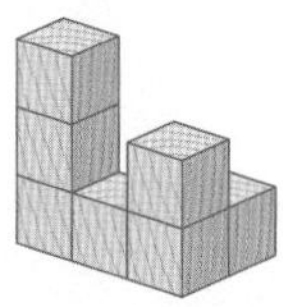

- 앞 에서 본 모양을 보면 ㉡ 부분은 쌓기나무가 3개, ㉢ 부분은 쌓기나무가 1개입니다.
- 옆 에서 본 모양을 보면 ㉠ 부분은 쌓기나무가 1개입니다.
- 앞 , 옆 에서 본 모양을 보면 ㉣ 부분은 쌓기나무가 2개입니다.

➡ (쌓기나무의 개수)$=\underset{㉠}{1}+\underset{㉡}{3}+\underset{㉢}{1}+\underset{㉣}{2}=7$(개)

개념 강의

- 앞에서 본 모양과 뒤에서 본 모양, 왼쪽에서 본 모양과 오른쪽에서 본 모양은 뒤집었을 때 서로 같은 모양이 되므로 세 방향(위, 앞, 오른쪽 옆)에서 본 모양만 나타냅니다.

1 쌓기나무로 쌓은 모양을 보고 어느 방향에서 본 모양인지 알맞은 방향에 ○표 하세요.

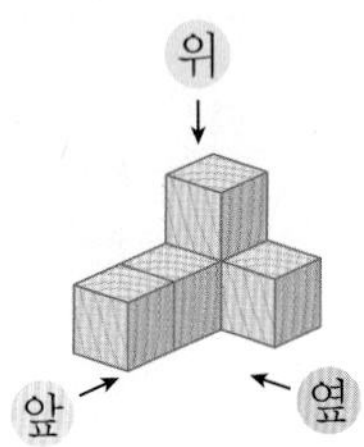

(1) 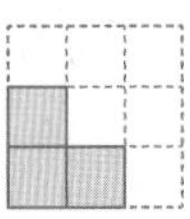 (위 , 앞 , 옆)

(2) 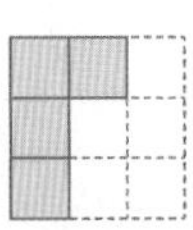 (위 , 앞 , 옆)

(3) 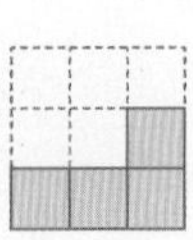 (위 , 앞 , 옆)

2 쌓기나무로 쌓은 모양을 위, 앞, 옆에서 본 모양입니다. □ 안에 알맞은 수를 써넣으세요.

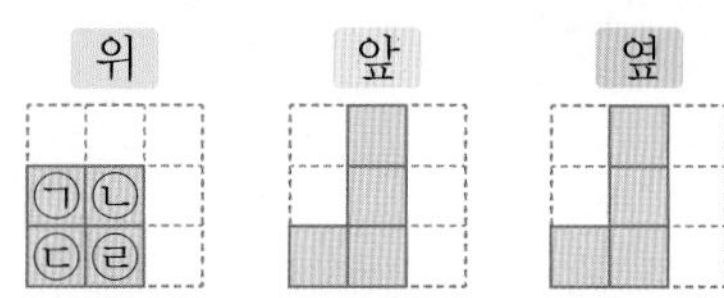

(1) 앞에서 본 모양을 보면 ㉠ 부분과 ㉢ 부분은 쌓기나무가 각각 □개씩입니다.

(2) 옆에서 본 모양을 보면 ㉣ 부분은 쌓기나무가 □개입니다.

(3) 앞과 옆에서 본 모양을 보면 ㉡ 부분은 쌓기나무가 □개입니다.

(4) 똑같은 모양으로 쌓는 데 필요한 쌓기나무는 □개입니다.

4 위에서 본 모양에 수 쓰기

● 정답 18쪽

◎ 쌓기나무로 쌓은 모양을 위에서 본 모양에 수를 쓰는 방법으로 나타내기

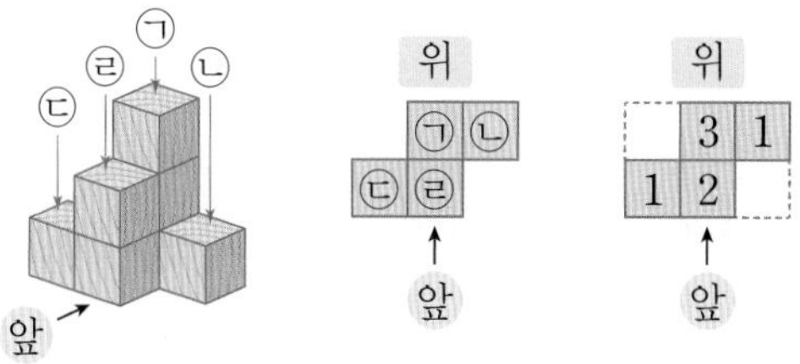

위에서 본 모양의 각 자리에 기호를 붙인 후 각 기호에 쌓인 쌓기나무의 개수를 씁니다.

➡ (쌓기나무의 개수)=$\underset{㉠}{3}+\underset{㉡}{1}+\underset{㉢}{1}+\underset{㉣}{2}=7$(개)

◎ 위에서 본 모양에 수를 쓴 것을 보고 쌓은 모양 알아보기

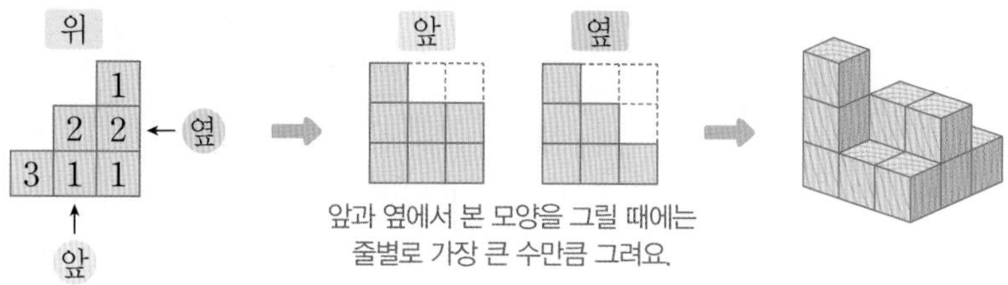

앞과 옆에서 본 모양을 그릴 때에는 줄별로 가장 큰 수만큼 그려요.

개념 강의

- 위에서 본 모양에 수를 쓰는 방법으로 나타내면 쌓은 모양을 정확하게 알 수 있습니다.
- 똑같은 모양으로 쌓는 데 필요한 쌓기나무의 개수는 위에서 본 모양에 쓰인 수를 모두 더하여 구합니다.

1 쌓기나무로 쌓은 모양과 위에서 본 모양입니다. □ 안에 알맞은 수를 써넣어 똑같이 쌓는 데 필요한 쌓기나무의 개수를 구하세요.

(1)

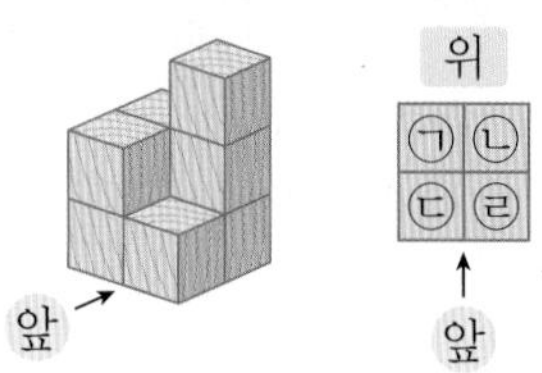

㉠: 2개, ㉡: 3개, ㉢: □개, ㉣: □개

➡ 2+3+□+□=□(개)

(2)

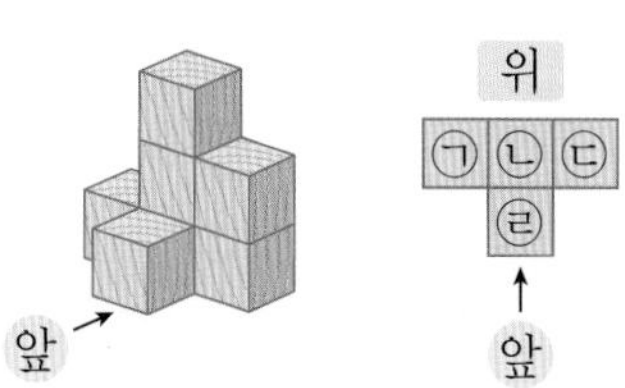

㉠: 1개, ㉡: 3개, ㉢: □개, ㉣: □개

➡ 1+3+□+□=□(개)

2 쌓기나무로 쌓은 모양을 보고 위에서 본 모양에 수를 썼습니다. 앞에서 본 모양에 ○표 하세요.

(1)

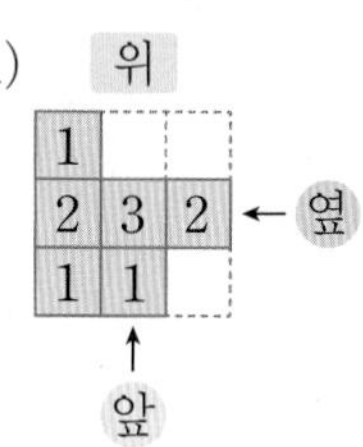

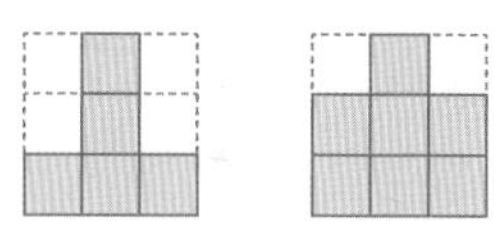

(　　　) (　　　)

(2)

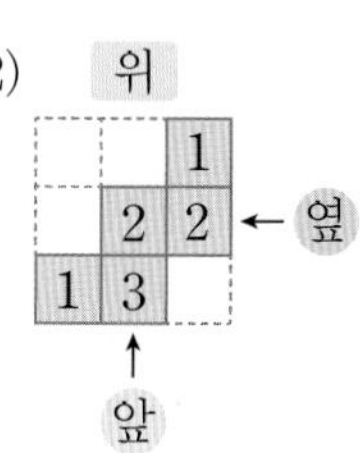

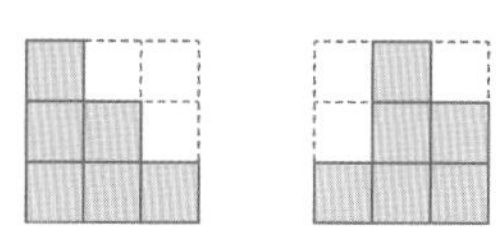

(　　　) (　　　)

(3)

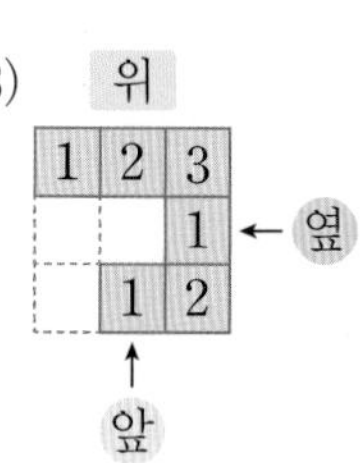

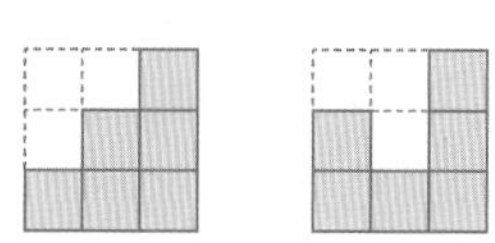

(　　　) (　　　)

5 쌓기나무를 층별로 나타낸 모양

정답 18쪽

쌓기나무로 쌓은 모양을 보고 층별로 나타낸 모양 그리기

층별로 나타낸 모양에서 같은 위치에 쌓은 쌓기나무는 같은 위치의 칸에 그립니다.

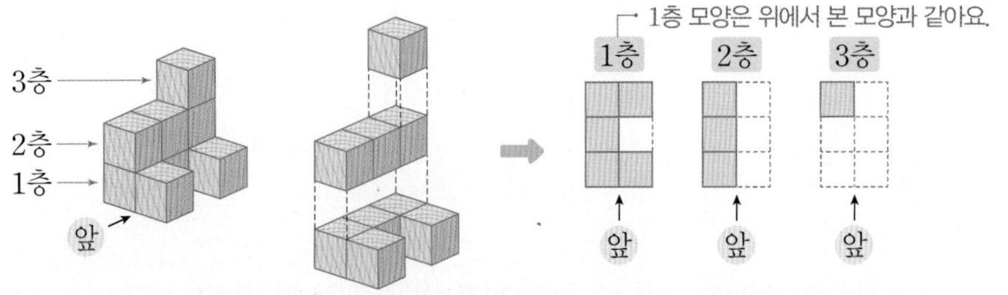

층별로 나타낸 모양을 보고 쌓은 모양과 쌓기나무의 개수 알아보기

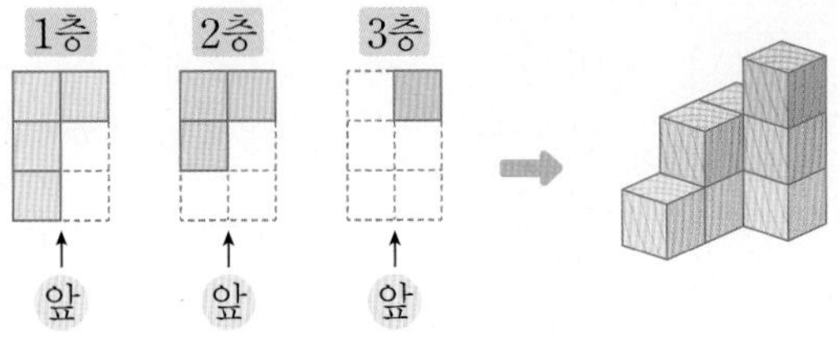

층별로 나타낸 모양에서 칠해진 칸의 수는 각 층의 쌓기나무의 수와 같습니다.

➡ (쌓기나무의 개수)$=\underset{1층}{4}+\underset{2층}{3}+\underset{3층}{1}=8$(개)

개념 강의

• 낮은 층에 쌓기나무가 없으면 그 위의 층에 쌓기나무를 쌓을 수 없습니다.

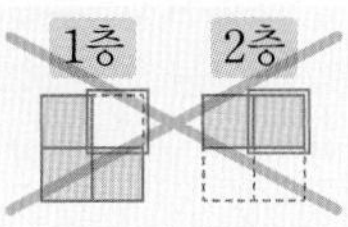

1 쌓기나무로 쌓은 모양과 층별로 나타낸 모양입니다. 1층, 2층, 3층 중 어떤 모양을 나타낸 것인지 ○표 하세요.

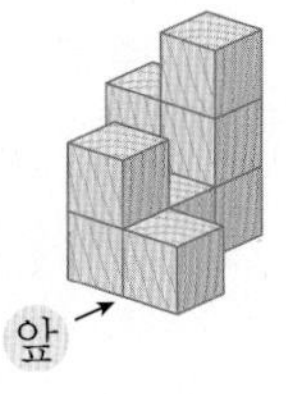

(1) 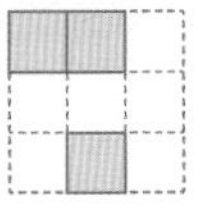 (1층 , 2층 , 3층)

(2) 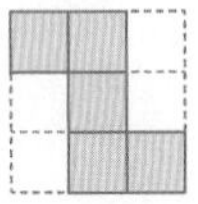 (1층 , 2층 , 3층)

(3) 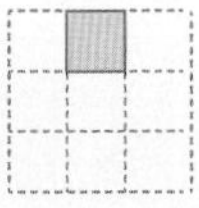 (1층 , 2층 , 3층)

2 쌓기나무로 쌓은 모양을 층별로 나타낸 모양입니다. □ 안에 알맞은 수를 써넣어 똑같이 쌓는 데 필요한 쌓기나무의 개수를 구하세요.

(1)

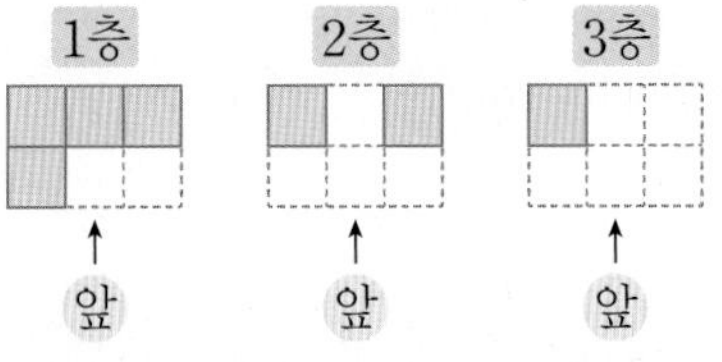

1층: 4개, 2층: □개, 3층: □개

➡ 4+□+□=□(개)

(2)

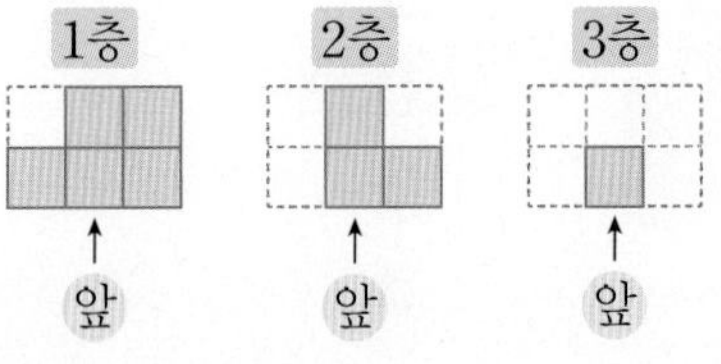

1층: 5개, 2층: □개, 3층: □개

➡ 5+□+□=□(개)

6 여러 가지 모양 만들기

정답 18쪽

◎ 쌓기나무 4개로 만들 수 있는 서로 다른 모양 찾기

쌓기나무 3개로 만들 수 있는 모양에 쌓기나무 1개를 더 붙여 가면서 찾습니다.

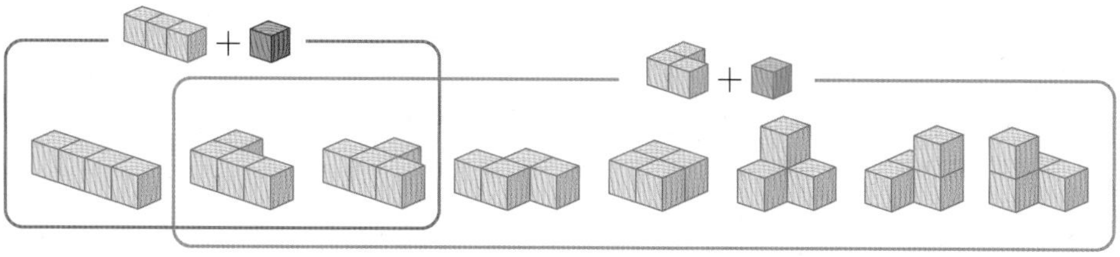

➡ 쌓기나무 4개로 만들 수 있는 서로 다른 모양은 모두 8가지입니다.

◎ 두 가지 모양을 사용하여 여러 가지 모양 만들기

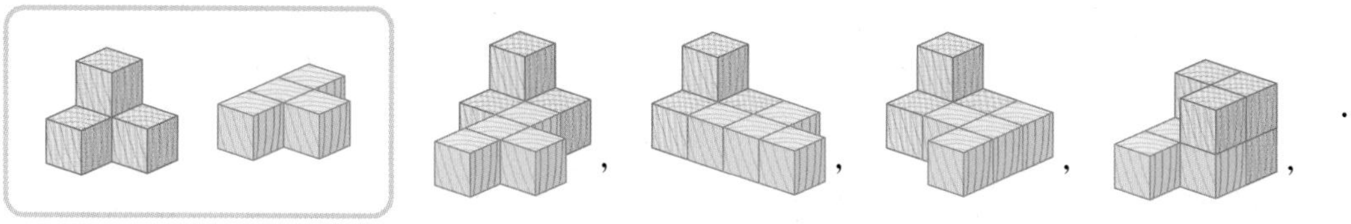

모양을 그대로 이어 붙이거나 돌리거나 뒤집어 연결하여 새로운 모양을 만들 수 있습니다.

개념 강의

- 뒤집거나 돌렸을 때 모양이 같으면 같은 모양입니다. 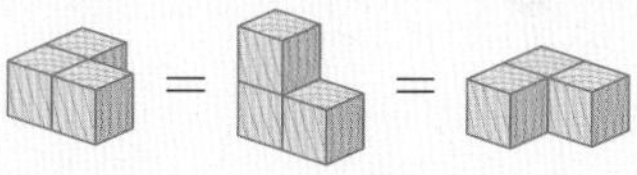

1 주어진 모양에 쌓기나무 1개를 더 붙여서 만들 수 있는 모양에 ○표 하세요.

(1) 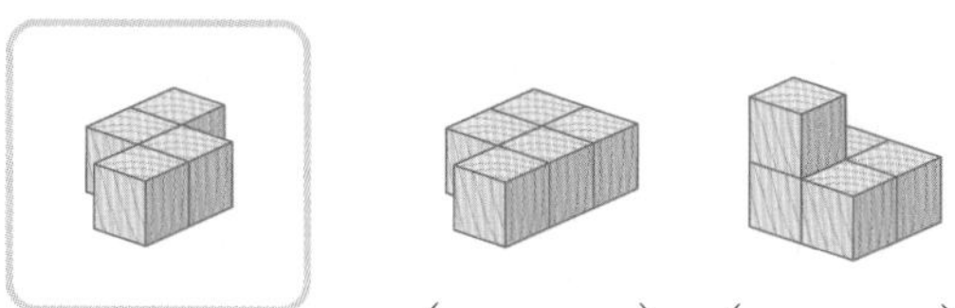

(　　　) (　　　)

(2) 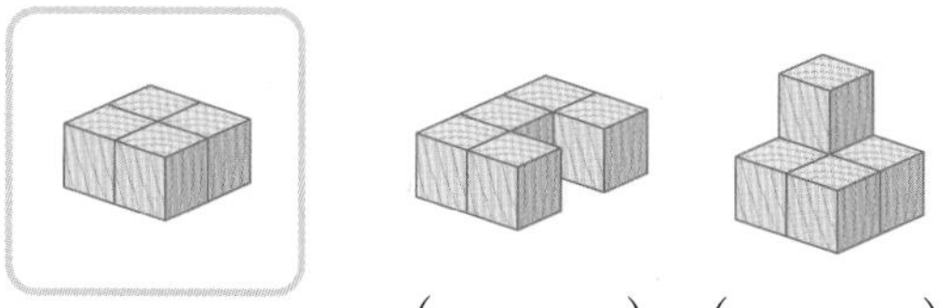

(　　　) (　　　)

(3) 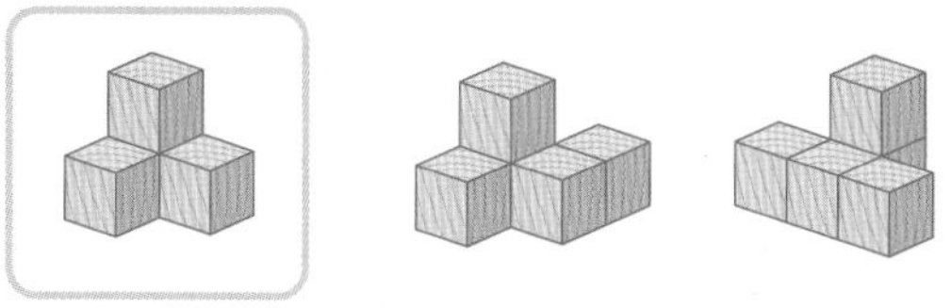

(　　　) (　　　)

2 쌓기나무를 4개씩 붙여서 만든 두 가지 모양을 사용하여 만들 수 있는 모양이면 ○표, 아니면 ×표 하세요.

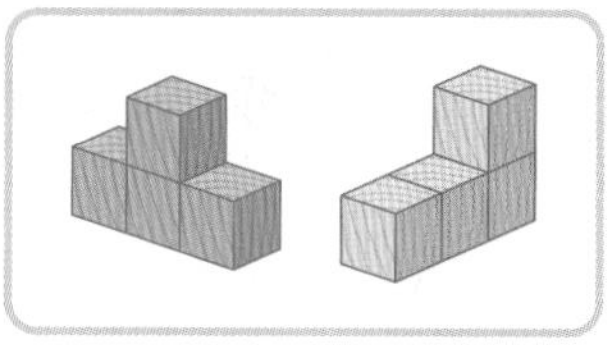

(1) 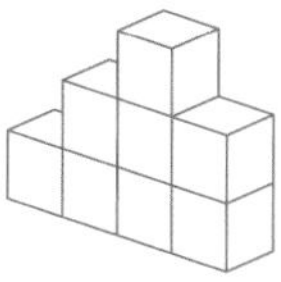 (　　　　　　　　)

(2) 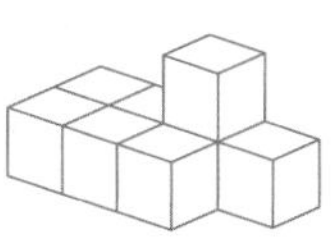 (　　　　　　　　)

문제 학습

1 어느 방향에서 본 것인지 알아보기

> 사진을 보고 찍은 장소를 알아볼 때에는 사진의 왼쪽과 오른쪽에 각각 어떤 것이 있는지 확인합니다.

1

오른쪽 사진은 어느 방향에서 찍은 사진인지 찾아 기호를 쓰세요.

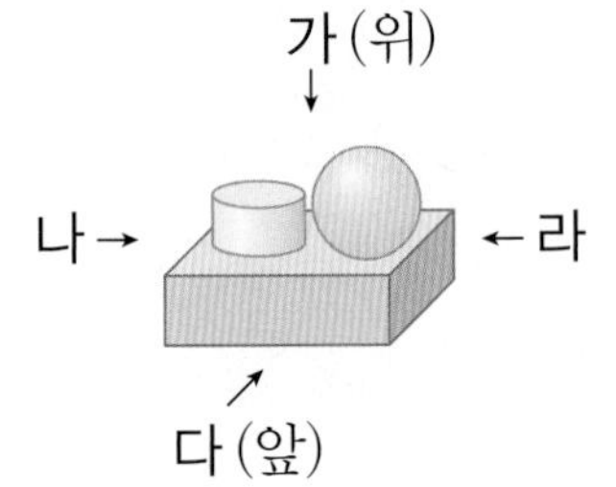

(　　　　　　　　)

2

배를 타고 여러 방향에서 사진을 찍었습니다. 각 사진은 어느 배에서 찍은 것인지 찾아 기호를 쓰세요.

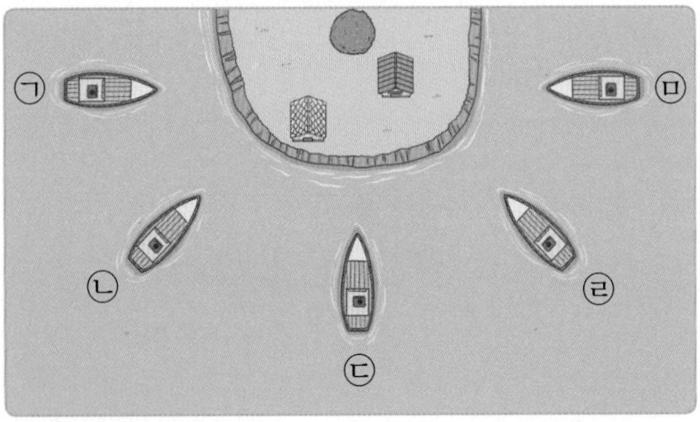

(1)

(　　　)

(2)

(　　　)

(3)

(　　　)

(4)

(　　　)

3

미술관에 있는 작품을 여러 방향에서 찍었습니다. 오른쪽 사진을 찍은 위치를 찾아 기호를 쓰세요.

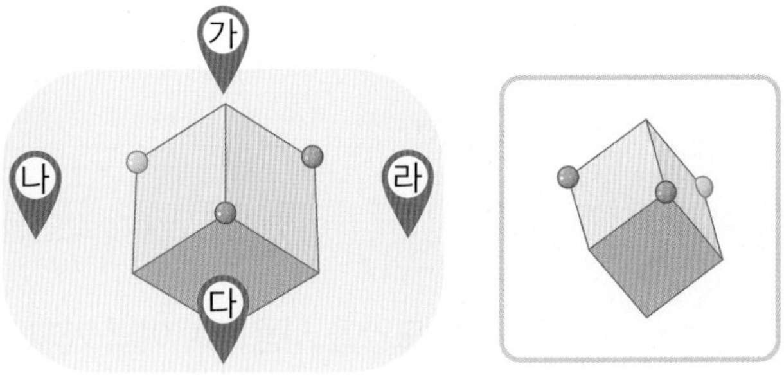

(　　　　　　　　)

4

정민이와 친구들이 공원에 있는 조형물의 사진을 여러 방향에서 찍었습니다. 정민이가 찍은 사진을 찾아 기호를 쓰세요.

가

나

다

라

(　　　　　　　　)

5

각 사진은 미끄럼틀을 어느 방향에서 찍은 것인지 보기 에서 찾아 쓰세요.

보기			
위	앞	뒤	오른쪽

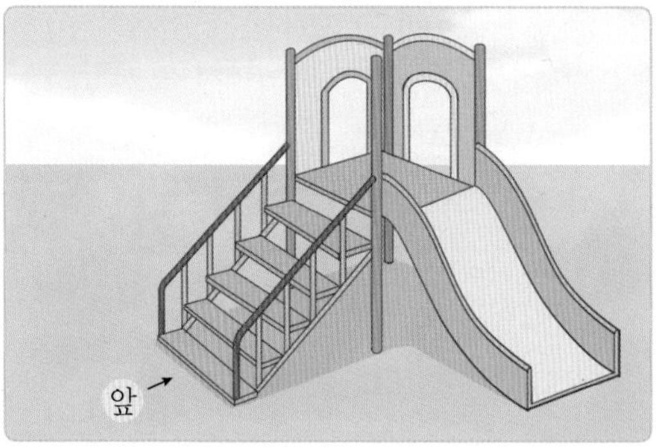

(1) 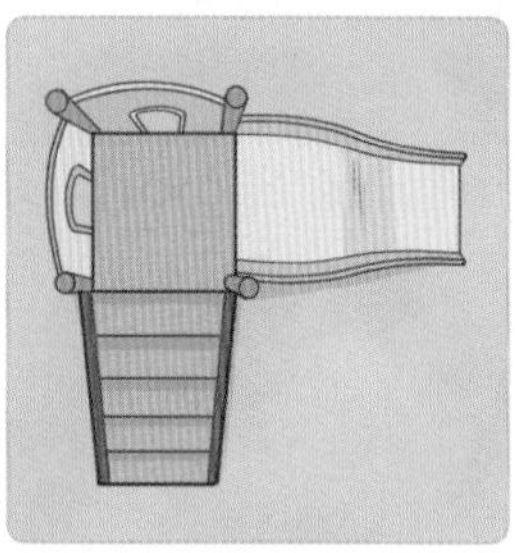

( )

(2) 

( )

6 10종 교과서

오른쪽과 같이 컵을 놓았을 때 찍을 수 없는 사진을 찾아 기호를 쓰세요.

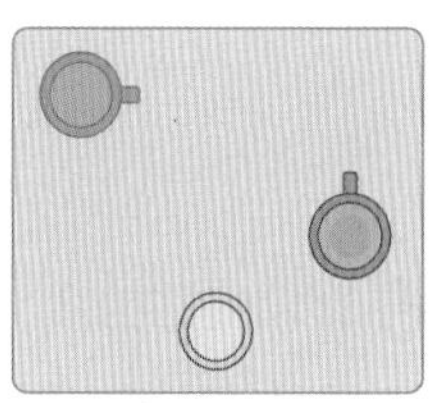

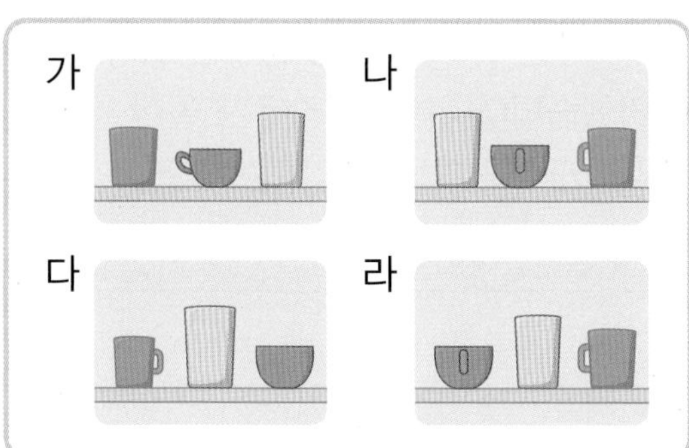

( )

7 10종 교과서

발레 동작을 촬영하고 있습니다. 각 장면을 촬영하고 있는 카메라를 찾아 □ 안에 알맞은 번호를 써넣으세요.

(1) 

□번 카메라

(2) 

□번 카메라

8

혜수가 아빠에게 보낸 사진을 보고 지도에서 혜수의 위치를 찾아 기호를 쓰세요.

( )

문제 학습

2 쌓기나무를 위에서 본 모양

쌓기나무로 쌓은 모양에서 보이는 위의 면과 위에서 본 모양이 같으면 보이지 않는 부분에 숨겨진 쌓기나무가 없습니다.

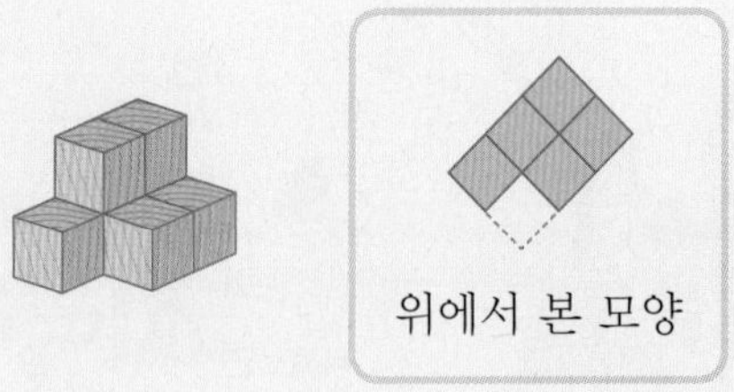

똑같이 쌓는 데 필요한 쌓기나무는 $\underbrace{5}_{\text{1층}}+\underbrace{2}_{\text{2층}}=7$(개)입니다.

1

쌓기나무를 오른쪽과 같은 모양으로 쌓았습니다. 돌렸을 때 오른쪽과 같은 모양을 만들 수 없는 경우를 찾아 기호를 쓰세요.

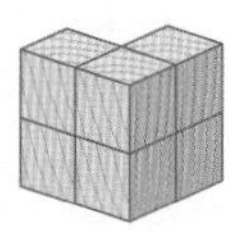

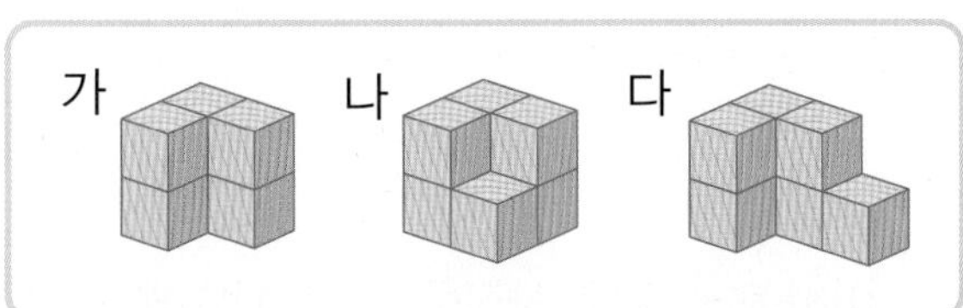

( )

2

쌓기나무로 쌓은 모양을 보고 위에서 본 모양을 그렸습니다. 관계있는 것끼리 이으세요.

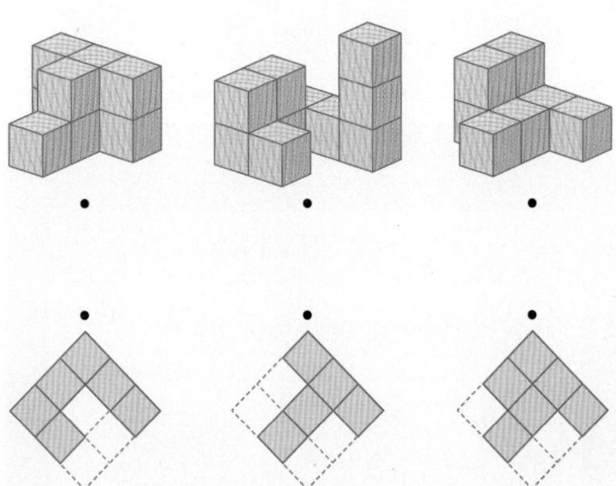

3

주어진 모양과 똑같이 쌓는 데 필요한 쌓기나무의 개수를 구하세요.

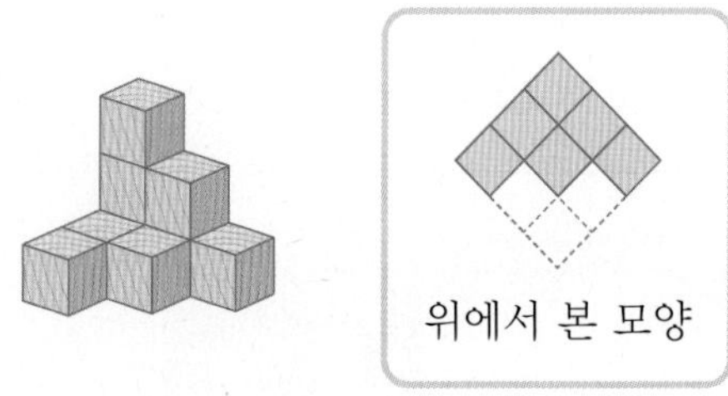

( )

4

왼쪽 모양을 위에서 내려다보면 어떤 모양인지 찾아 ○표 하세요.

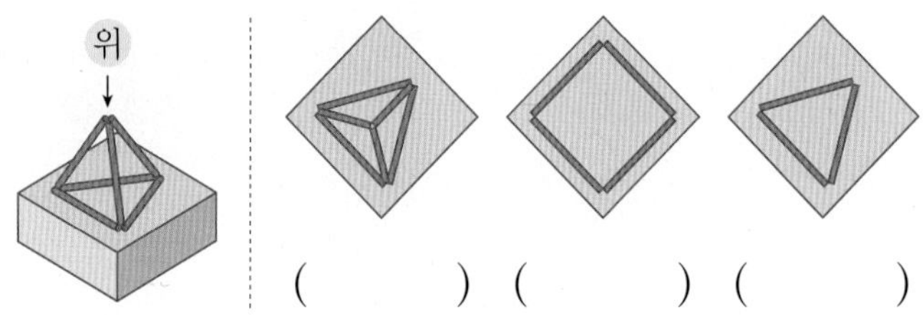

( ) ( ) ( )

5 10종 교과서

오른쪽 모양과 똑같이 쌓을 때 필요한 쌓기나무의 개수를 수지는 9개, 강우는 10개라고 말했습니다. 수지와 강우가 말한 쌓기나무의 개수가 다른 이유를 쓰세요.

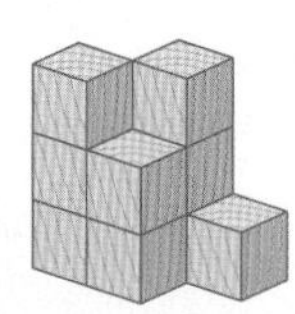

이유

6

쌓기나무 11개로 쌓은 모양입니다. 위에서 본 모양을 그리세요.

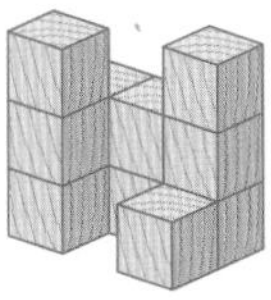

7

오른쪽은 지혜와 준서가 각각 쌓기나무로 쌓은 모양을 위에서 본 모양입니다. 쌓기나무를 더 많이 사용한 사람의 이름을 쓰세요.

지혜

준서

(　　　　　　　　　　)

8 ⊕ 10종 교과서

오른쪽과 같이 쌓기나무로 쌓은 모양을 보고 위에서 본 모양이 될 수 없는 것을 찾아 기호를 쓰세요.

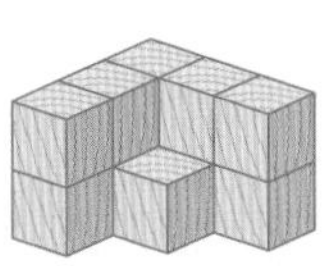

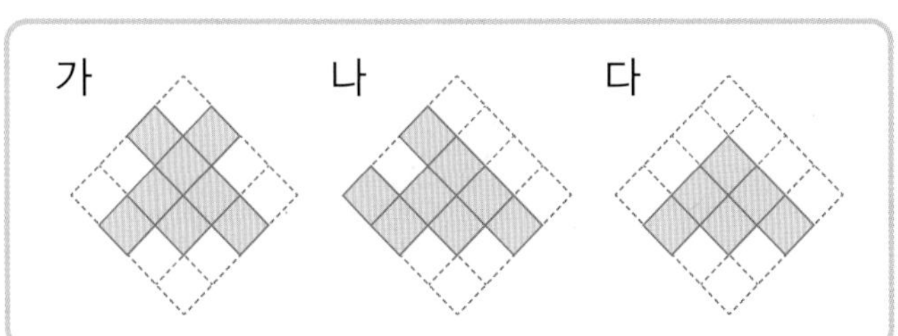

(　　　　　　　　　　)

9

태우는 쌓기나무를 8개 가지고 있습니다. 주어진 모양과 똑같이 쌓으려면 쌓기나무는 몇 개 더 필요한지 구하세요.

(　　　　　　　　　　)

10

쌓기나무로 쌓은 모양과 위에서 본 모양입니다. 처음 쌓은 모양에서 빨간색으로 색칠한 쌓기나무 3개를 빼냈을 때 남은 쌓기나무의 개수를 구하세요.

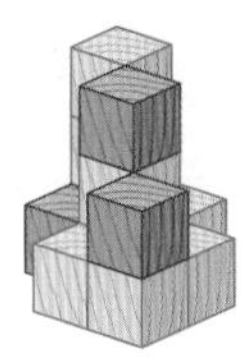

(　　　　　　　　　　)

11

쌓기나무로 쌓은 모양과 위에서 본 모양입니다. 만들 수 있는 쌓기나무 모양은 모두 몇 가지인지 구하세요.

(　　　　　　　　　　)

문제 학습

3 쌓기나무를 위, 앞, 옆에서 본 모양

위, 앞, 옆에서 본 모양이 같아도 쌓기나무로 쌓은 모양은 다를 수 있습니다.

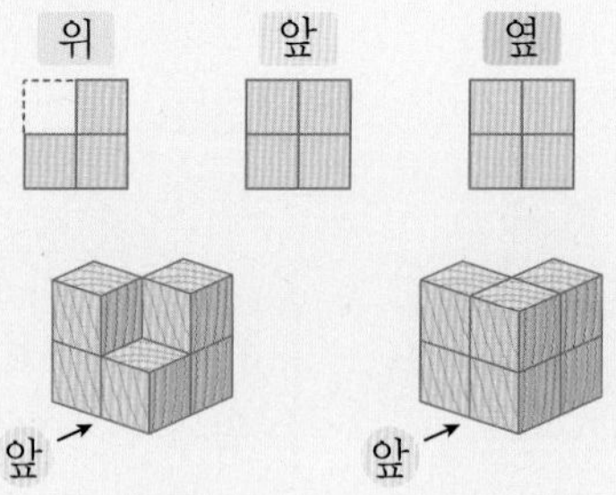

1

쌓기나무로 쌓은 모양과 위에서 본 모양입니다. 앞과 옆에서 본 모양을 각각 그리세요.

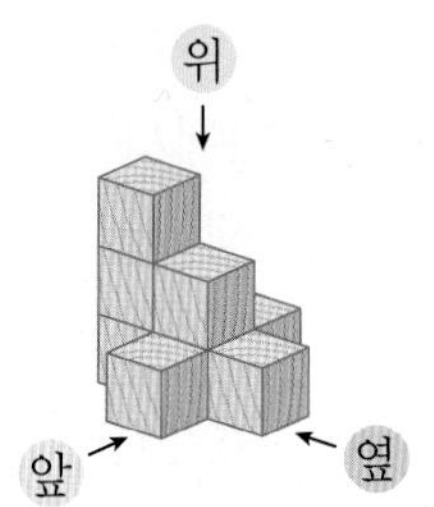

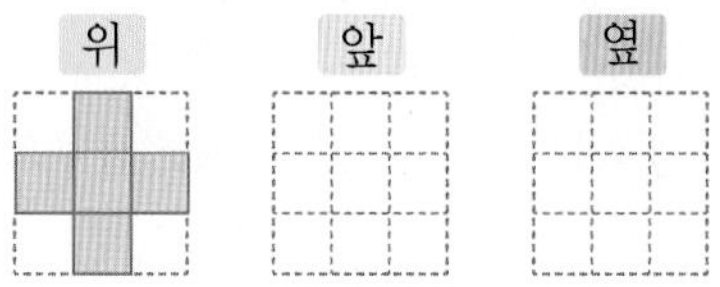

2

쌓기나무로 쌓은 모양을 위, 앞, 옆에서 본 모양입니다. 어떤 모양을 본 것인지 찾아 ○표 하세요.

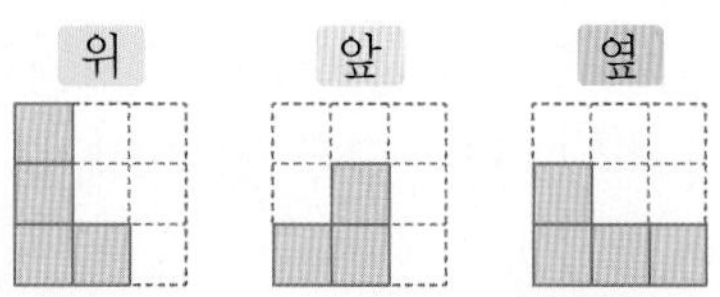

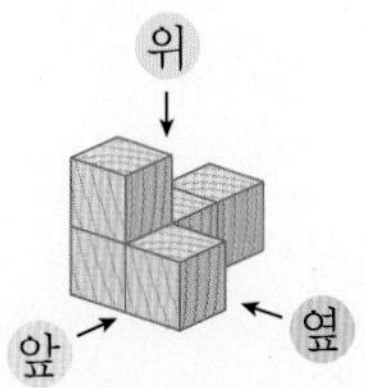

( )

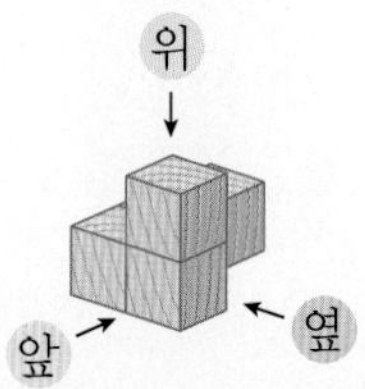

( )

3

쌓기나무 10개로 쌓은 모양입니다. 위, 앞, 옆에서 본 모양을 각각 그리세요.

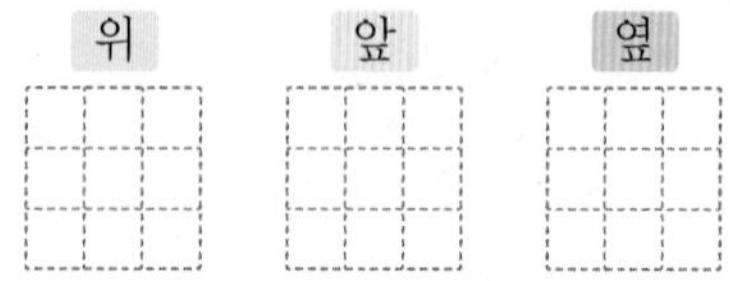

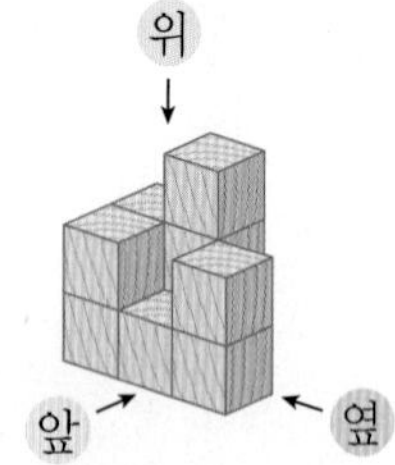

[4-5] 쌓기나무로 쌓은 모양을 위, 앞, 옆에서 본 모양입니다. 물음에 답하세요.

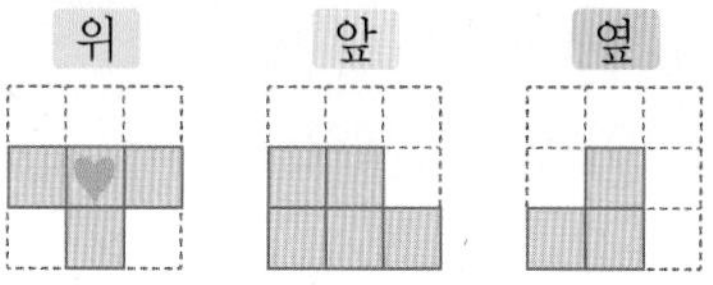

4

♥ 부분에 쌓인 쌓기나무의 개수를 구하세요.

( )

5

위, 앞, 옆에서 본 모양과 똑같이 쌓으려고 합니다. 쌓기나무를 더 쌓아야 하는 곳을 모두 찾아 기호를 쓰세요.

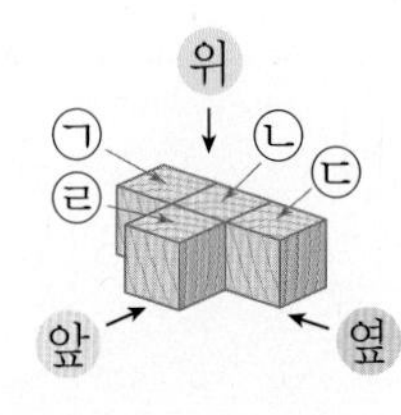

( )

6

앞에서 본 모양이 다른 하나를 찾아 기호를 쓰세요.

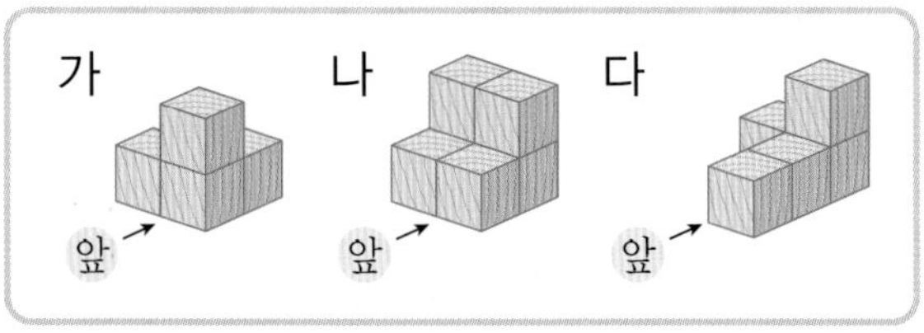

( )

7 10종 교과서

쌓기나무로 쌓은 모양을 위, 앞, 옆에서 본 모양입니다. 똑같은 모양으로 쌓는 데 필요한 쌓기나무의 개수를 구하세요.

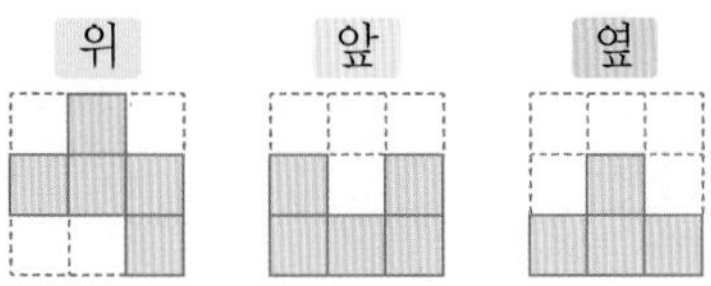

( )

8

쌓기나무 8개로 쌓은 모양을 위, 앞, 옆에서 본 모양입니다. 쌓을 수 있는 모양을 모두 찾아 기호를 쓰세요.

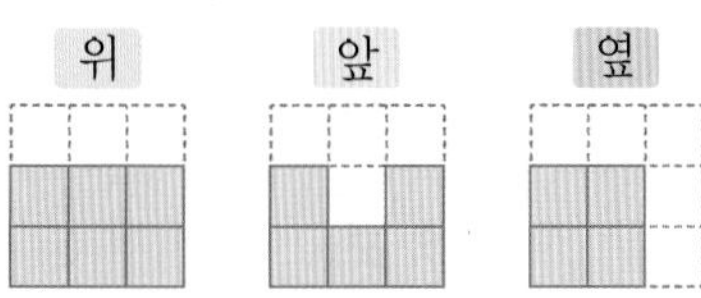

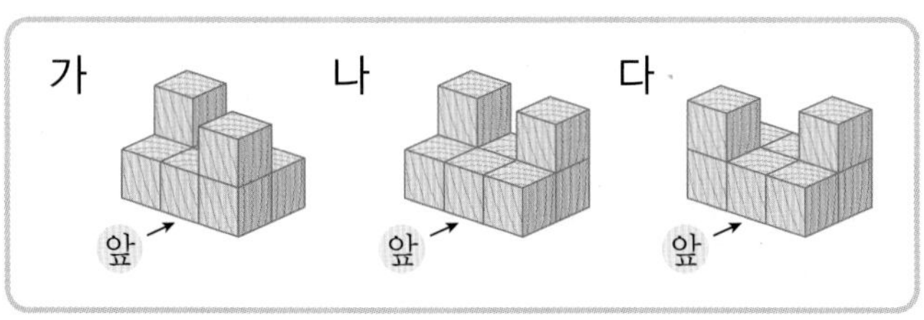

( )

9 10종 교과서

쌓기나무를 붙여서 만든 모양입니다. 두 상자에 모두 넣을 수 있는 모양을 만든 사람의 이름을 쓰세요.

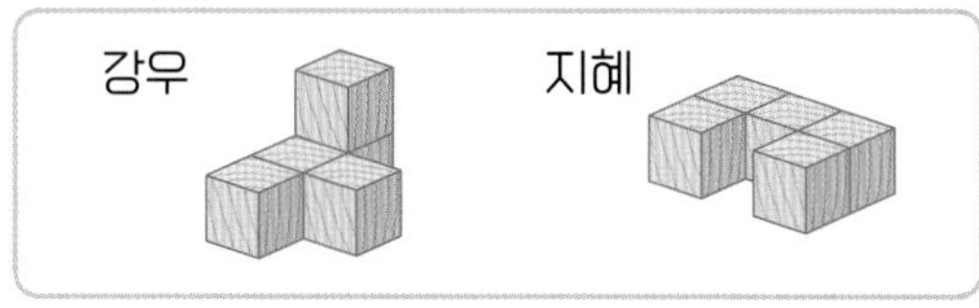

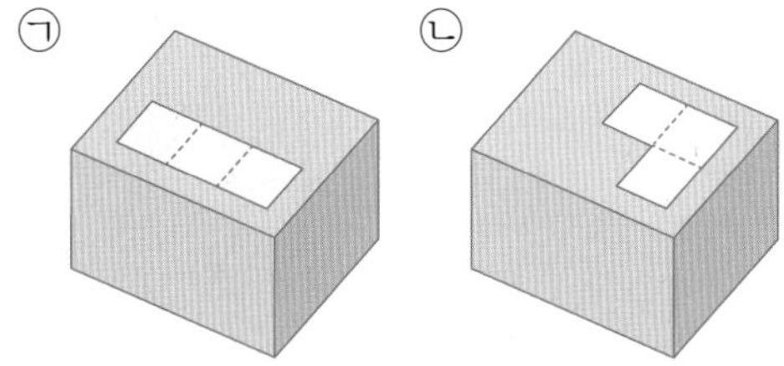

( )

10

오른쪽 모양에서 쌓기나무 한 개를 빼냈을 때 위, 앞, 옆에서 본 모양이 처음과 같았습니다. 빼낸 쌓기나무는 어느 것인지 기호를 쓰세요.

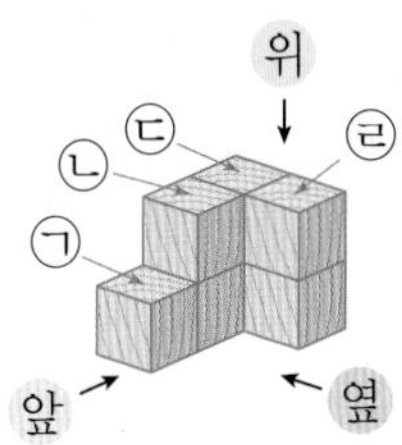

( )

11

위, 앞, 옆에서 본 모양을 보고 쌓기나무를 쌓으려고 합니다. 만들 수 있는 쌓기나무의 모양이 여러 가지인 것의 기호를 쓰세요.

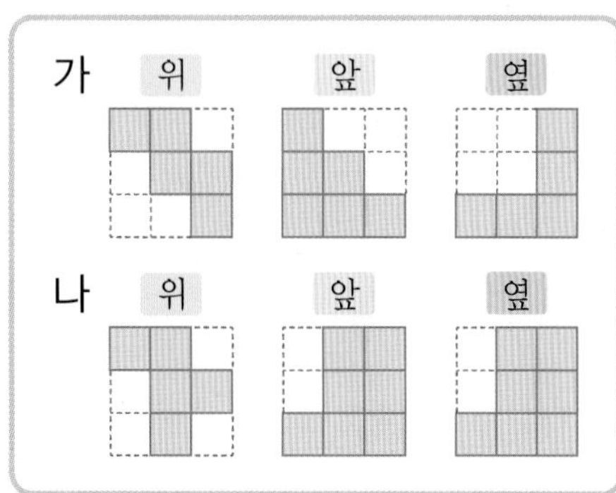

( )

문제 학습

4 위에서 본 모양에 수 쓰기

▶ 위에서 본 모양에 수를 쓰는 방법으로 나타내면 각 자리에 사용된 쌓기나무의 개수를 한 가지 경우로만 알 수 있으므로 쌓은 모양을 정확하게 알 수 있습니다.

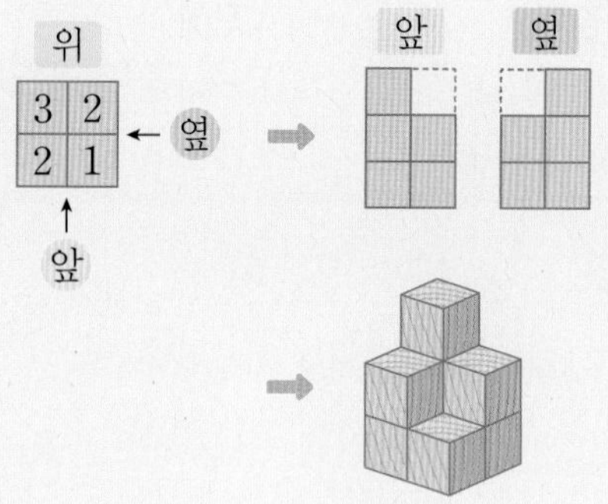

1

쌓기나무로 쌓은 모양을 보고 위에서 본 모양에 수를 쓰세요.

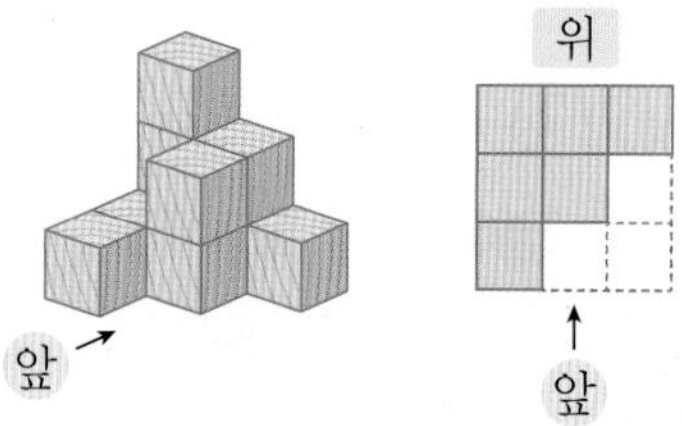

2

쌓기나무로 쌓은 모양을 보고 위에서 본 모양에 수를 쓴 것입니다. 똑같은 모양으로 쌓는 데 필요한 쌓기나무의 개수를 구하세요.

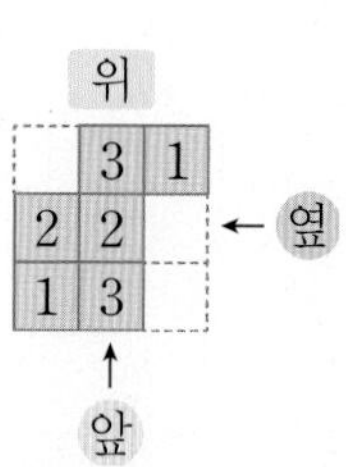

(　　　　　　)

3

쌓기나무로 쌓은 모양을 보고 위에서 본 모양에 수를 쓴 것입니다. 앞과 옆 중 어느 방향에서 본 것인지 각각 쓰세요.

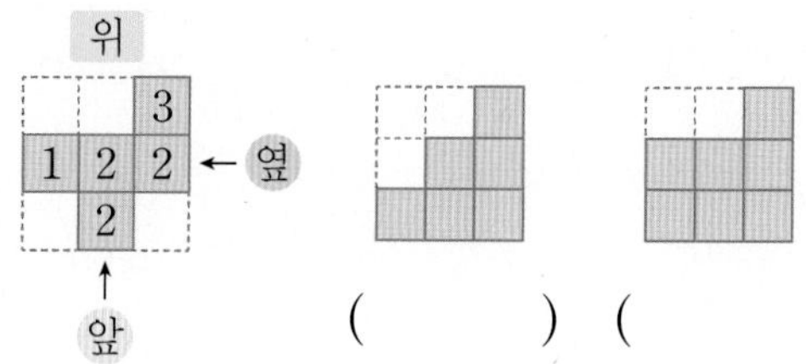

(　　　) (　　　)

4

쌓기나무로 쌓은 모양을 보고 위에서 본 모양에 수를 쓴 것입니다. 관계있는 것끼리 이으세요.

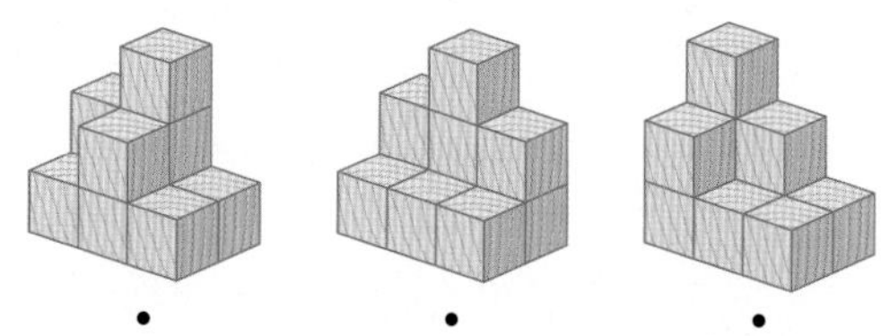

3	2	1
2	1	1

2	3	1
1	2	1

2	3	2
1	1	1

5 ➕ 10종 교과서

쌓기나무로 쌓은 모양을 보고 위에서 본 모양에 수를 쓴 것입니다. 앞과 옆에서 본 모양을 각각 그리세요.

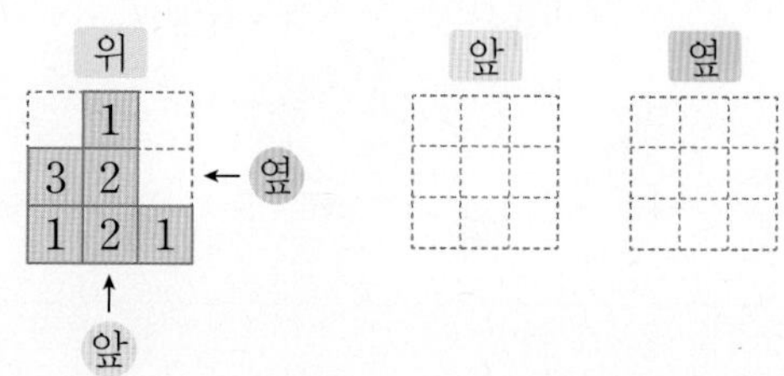

6 10종 교과서

쌓기나무로 쌓은 모양을 보고 위에서 본 모양에 수를 쓴 것입니다. 앞에서 본 모양이 다른 하나를 찾아 기호를 쓰세요.

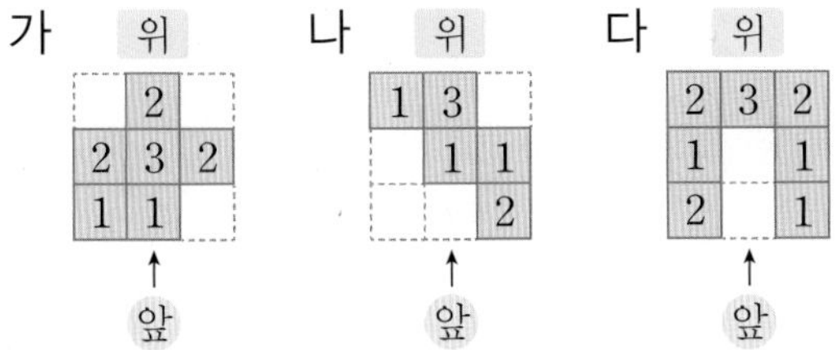

( )

7

쌓기나무로 쌓은 모양을 위, 앞, 옆에서 본 모양입니다. ㉠~㉤에 쌓인 쌓기나무의 개수에 맞게 표를 완성하고 똑같은 모양으로 쌓는 데 필요한 쌓기나무의 개수를 구하세요.

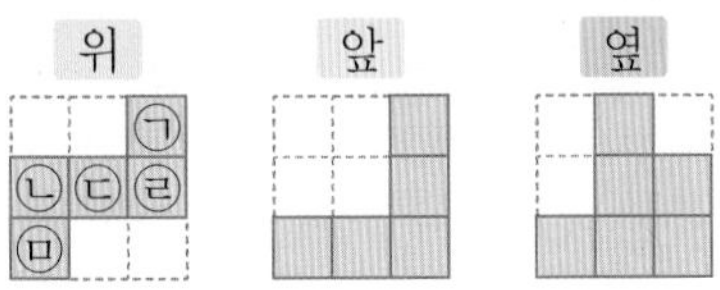

자리	㉠	㉡	㉢	㉣	㉤
쌓기나무의 개수(개)					

( )

8

준서와 수민이가 각각 쌓기나무로 쌓은 모양을 위에서 본 모양에 수를 써서 나타낸 것입니다. 쌓기나무를 더 적게 사용한 사람의 이름을 쓰세요.

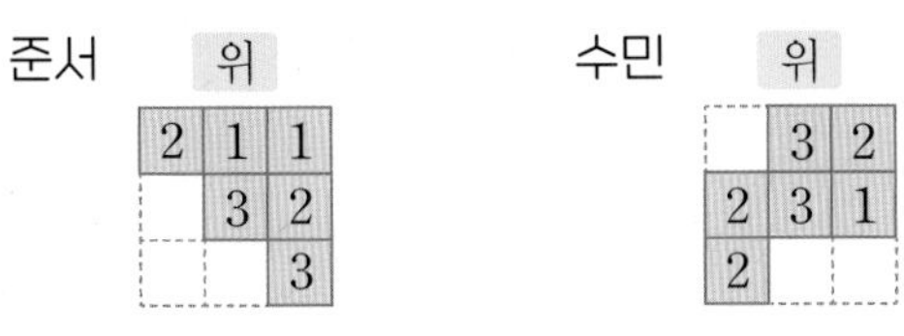

( )

9

쌓기나무 10개로 쌓은 모양을 보고 위에서 본 모양에 수를 썼는데 얼룩이 묻어 일부분이 보이지 않습니다. 앞과 옆에서 본 모양을 각각 그리세요.

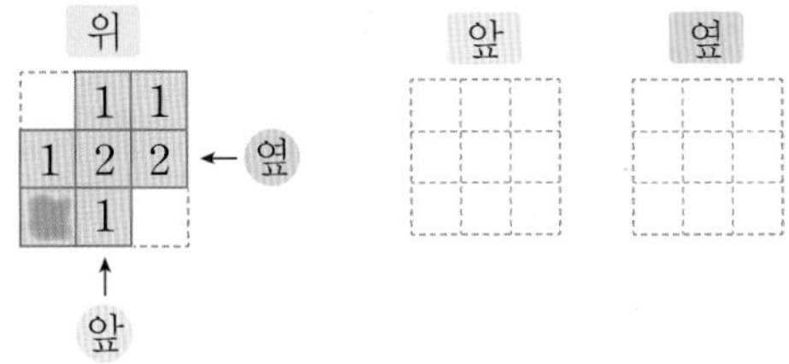

10

쌓기나무 10개로 쌓은 모양입니다. 위에서 본 모양에 수를 쓰는 방법으로 나타내세요.

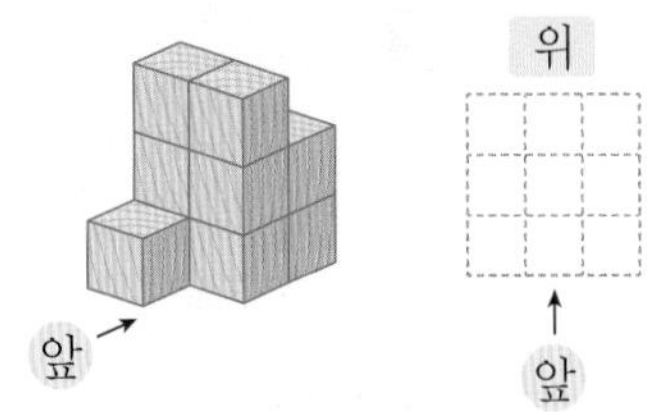

11

쌓기나무를 8개씩 사용하여 조건 을 만족하도록 쌓았습니다. 쌓은 모양을 위에서 본 모양에 수를 쓰는 방법으로 나타내세요.

조건
- 가와 나의 쌓은 모양은 서로 다릅니다.
- 위에서 본 모양이 서로 같습니다.
- 앞에서 본 모양이 서로 같습니다.
- 옆에서 본 모양이 서로 같습니다.

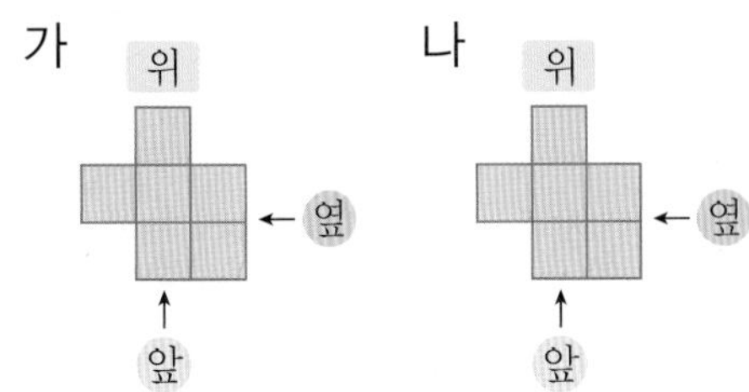

문제 학습

5 쌓기나무를 층별로 나타낸 모양

> 층별로 나타낸 모양대로 쌓기나무를 쌓으면 쌓은 모양을 정확하게 알 수 있습니다.

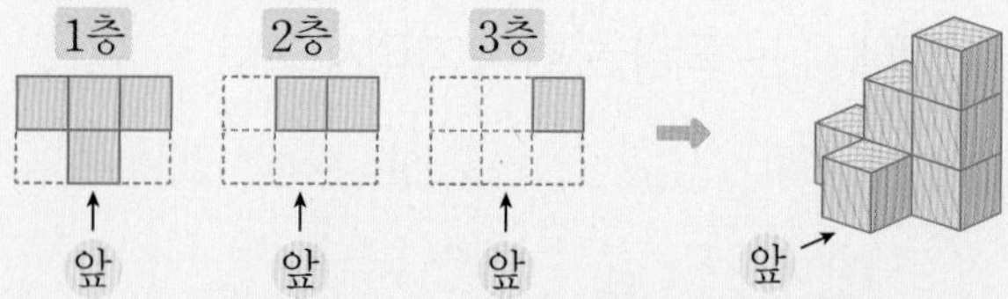

1

쌓기나무 5개로 쌓은 모양을 보고 1층과 2층 모양을 각각 그리세요.

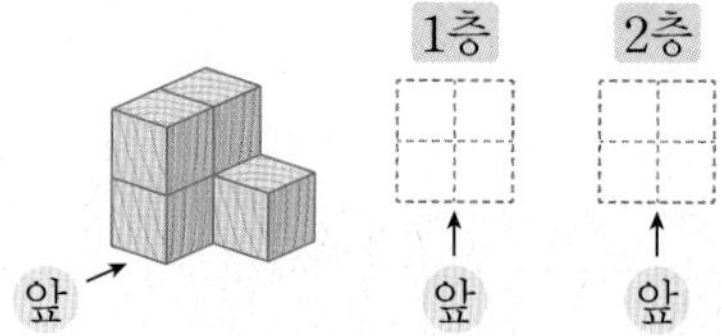

2

쌓기나무로 쌓은 모양과 1층 모양을 보고 2층과 3층 모양을 각각 그리세요.

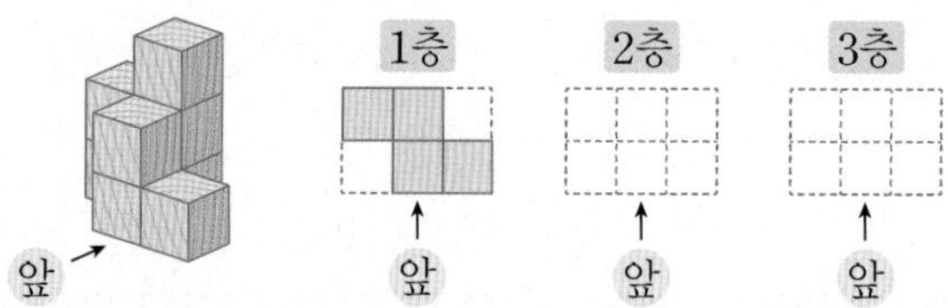

3

쌓기나무로 쌓은 모양을 층별로 나타낸 모양입니다. 똑같은 모양으로 쌓는 데 필요한 쌓기나무의 개수를 구하세요.

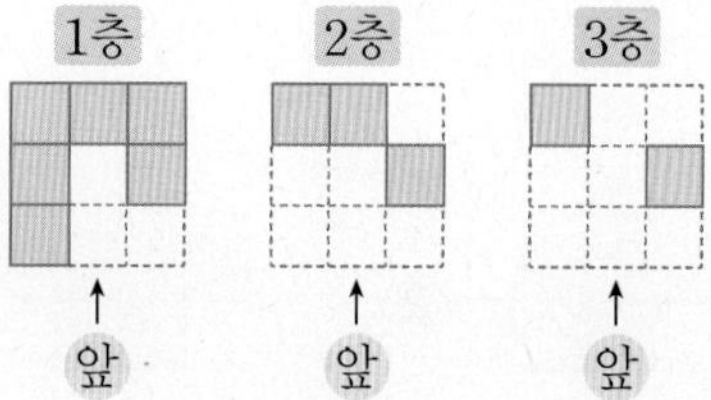

( )

4

쌓기나무로 쌓은 모양과 층별로 나타낸 모양입니다. 층별로 나타낸 모양이 잘못된 것을 찾아 ○표 하세요.

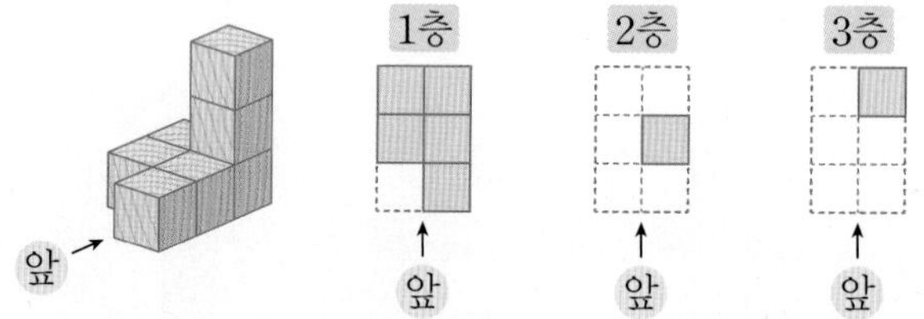

( ) ( ) ( )

5

쌓기나무로 쌓은 모양을 층별로 나타낸 모양을 보고 쌓은 모양을 찾아 기호를 쓰세요.

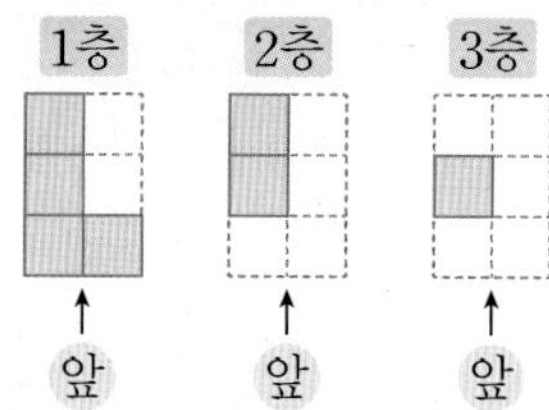

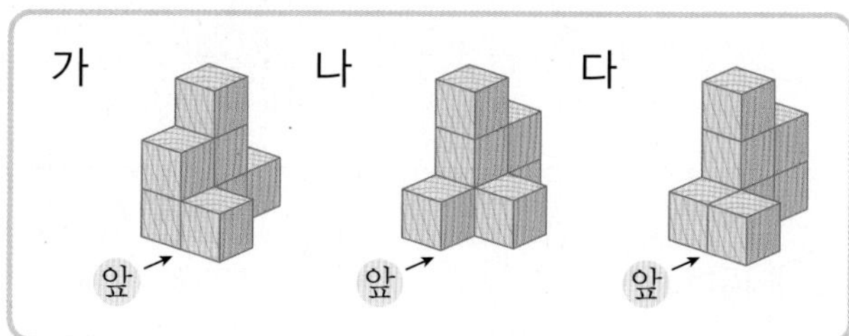

( )

6

1층 모양이 왼쪽과 같을 때 2층 모양이 될 수 있는 것을 찾아 기호를 쓰세요.

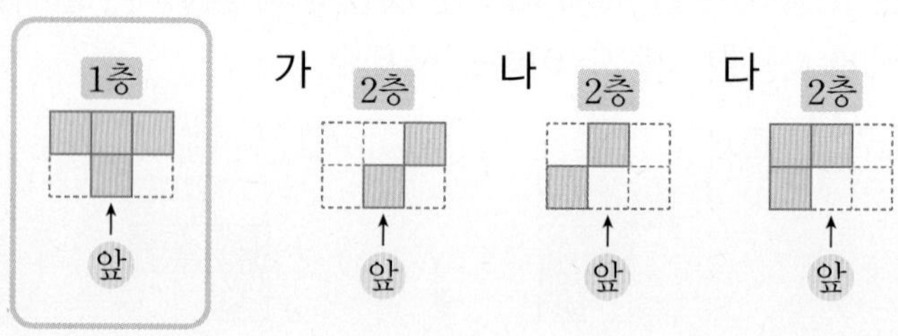

( )

7 10종 교과서

쌓기나무로 쌓은 모양을 층별로 나타낸 모양입니다. 위에서 본 모양을 그리고, 각 자리에 쌓인 쌓기나무의 개수를 쓰세요.

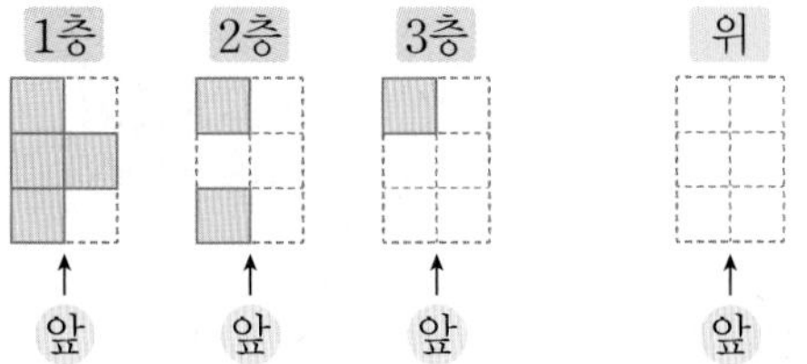

8

쌓기나무로 쌓은 모양을 보고 위에서 본 모양에 수를 쓴 것입니다. 1층, 2층, 3층 모양을 각각 그리세요.

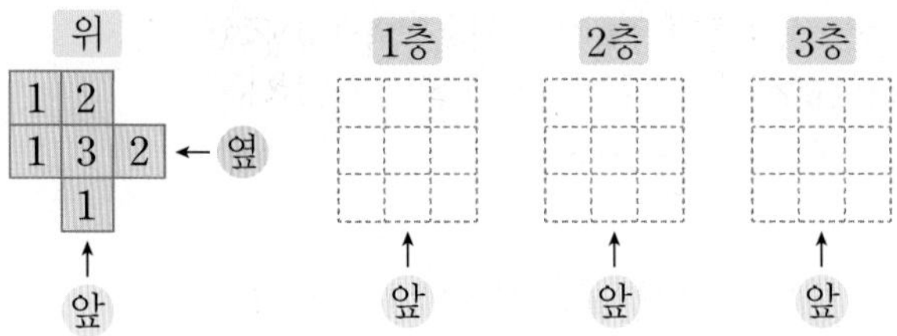

9 10종 교과서

쌓기나무로 쌓은 모양을 층별로 나타낸 모양입니다. 쌓은 모양을 위, 앞, 옆에서 본 모양을 각각 그리세요.

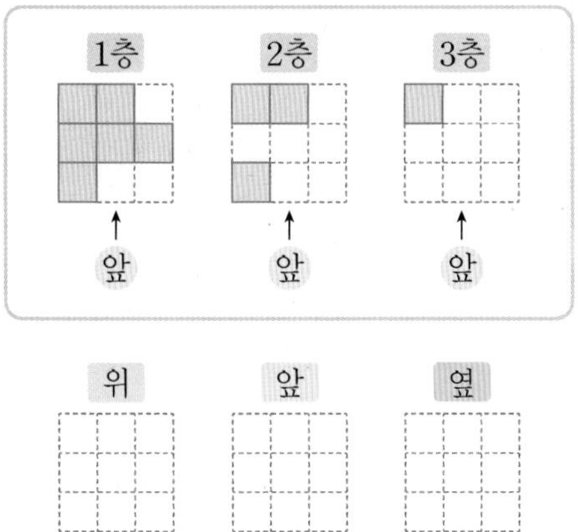

10

쌓기나무로 쌓은 모양을 층별로 나타낸 모양입니다. 앞에서 본 모양을 그리고, 똑같은 모양으로 쌓는 데 필요한 쌓기나무의 개수를 구하세요.

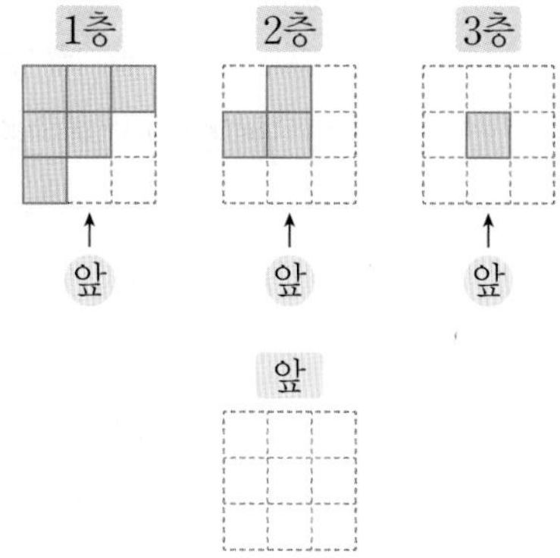

( )

11

쌓기나무로 만든 3층짜리 모양을 층별로 나타내려고 합니다. 1층과 3층 모양을 보고 2층 모양으로 가능한 것을 그리세요.

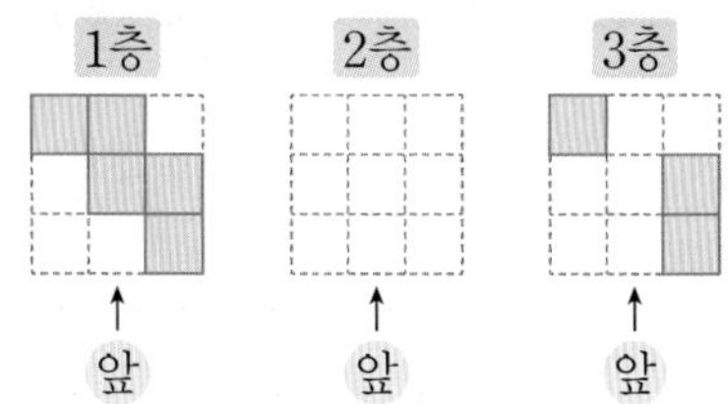

12

쌓기나무로 1층 위에 서로 다른 모양으로 2층과 3층을 쌓으려고 합니다. 1층 모양을 보고 2층과 3층으로 쌓을 수 있는 알맞은 모양을 찾아 쓰세요.

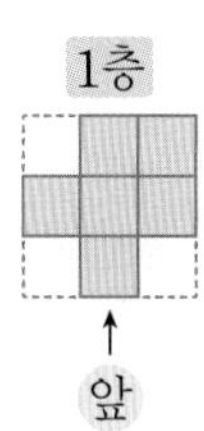

2층 ( ) 3층 ( )

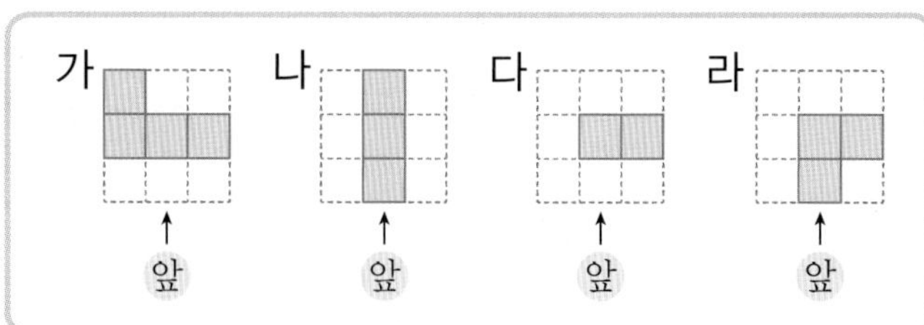

6 여러 가지 모양 만들기

- 만든 모양을 뒤집거나 돌렸을 때 모양이 같으면 같은 모양입니다.
- 두 모양을 쌓는 방법을 다르게 하여 여러 가지 모양을 만들 수 있습니다.

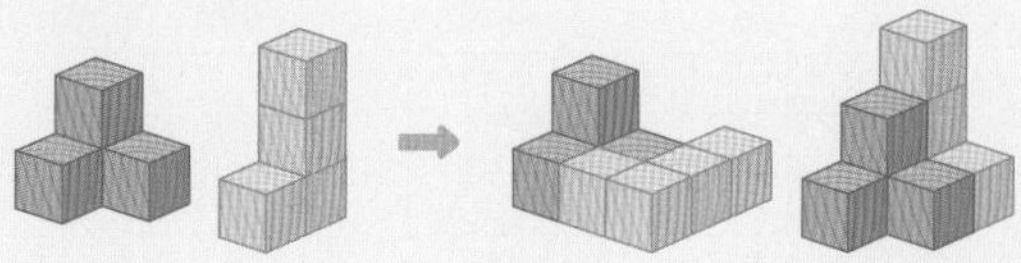

1

뒤집거나 돌렸을 때 오른쪽 모양과 다른 하나를 찾아 기호를 쓰세요.

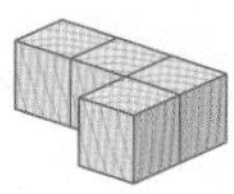

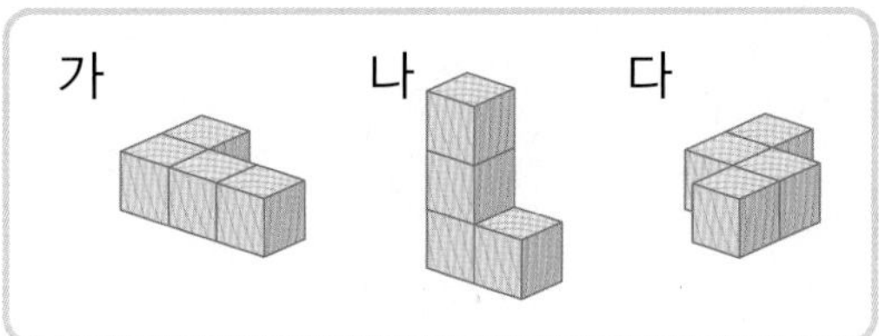

( )

2 ⊕ 10종 교과서

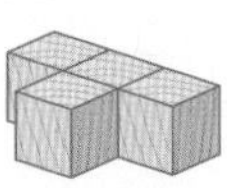 모양에 쌓기나무 1개를 더 붙여서 만들 수 있는 모양이 아닌 것을 찾아 기호를 쓰세요.

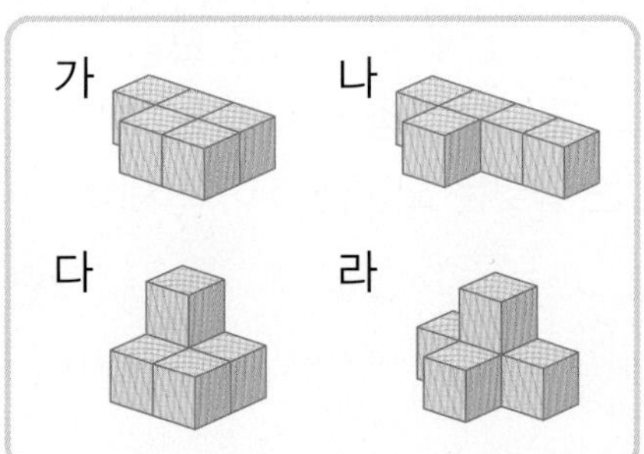

( )

3

쌓기나무 4개로 만든 왼쪽 모양에 쌓기나무 1개를 더 붙여서 오른쪽 모양을 만들었습니다. 어느 쌓기나무를 붙여서 만들었는지 붙인 쌓기나무를 찾아 ○표 하세요.

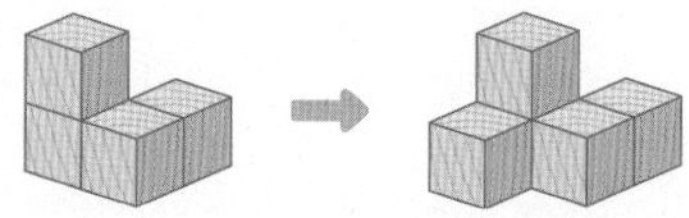

4

가, 나, 다 모양 중에서 두 가지 모양을 사용하여 새로운 모양을 만들었습니다. 사용한 두 가지 모양을 찾아 기호를 쓰세요.

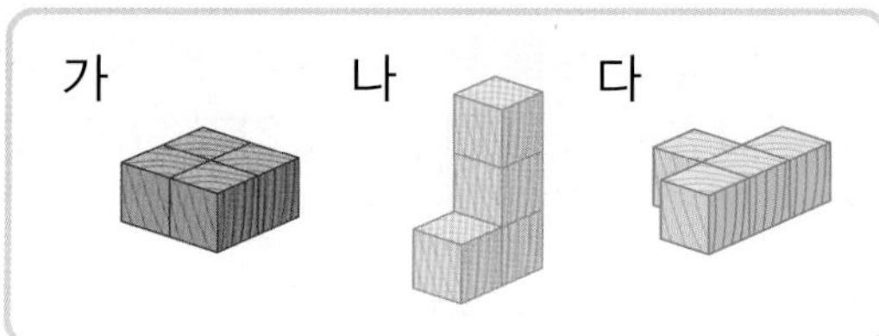

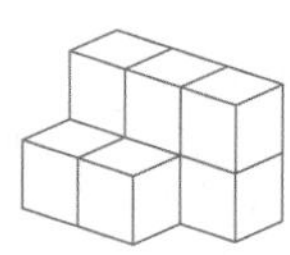

( )

5

쌓기나무 4개로 만든 모양입니다. 서로 같은 모양끼리 짝 지어 기호를 쓰세요.

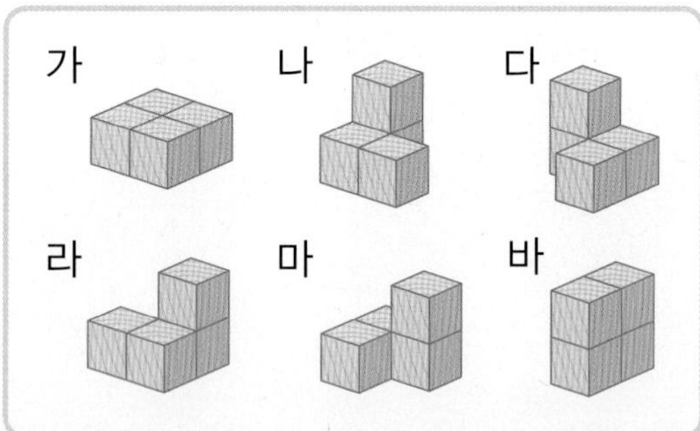

( )와 ( ),
( )와 ( ),
( )와 ( )

6 10종 교과서

쌓기나무를 4개씩 붙여서 만든 두 가지 모양을 사용하여 새로운 모양 2개를 만들었습니다. 각각 어떻게 만들었는지 구분하여 색칠하세요.

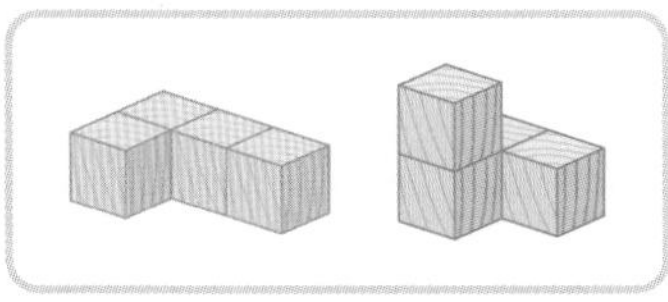

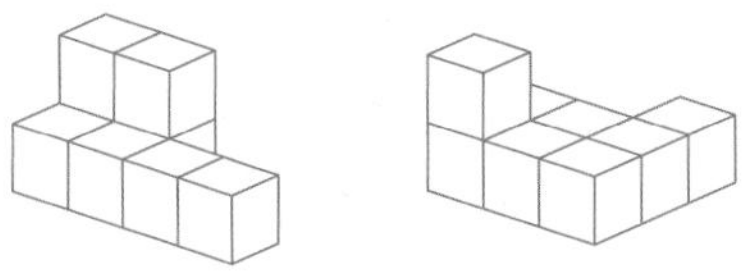

7

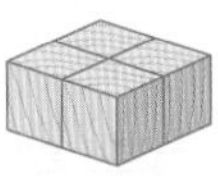 모양에 쌓기나무를 1개 더 붙여서 만들 수 있는 서로 다른 모양은 모두 몇 가지인지 구하세요. (단, 뒤집거나 돌렸을 때 같은 모양은 한 가지로 생각합니다.)

(　　　　　　　　)

8

쌓기나무를 4개씩 붙여서 만든 두 가지 모양을 사용하여 만들 수 있는 모양을 찾아 기호를 쓰고, 어떻게 만들었는지 구분하여 색칠하세요.

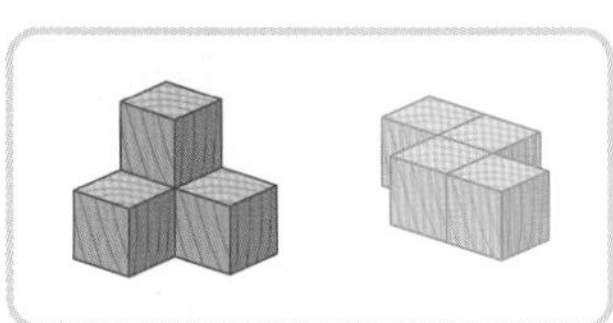

가

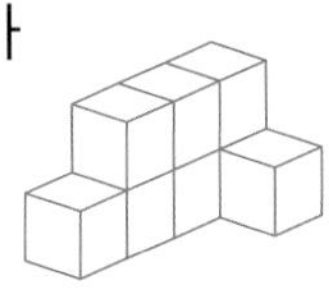

나

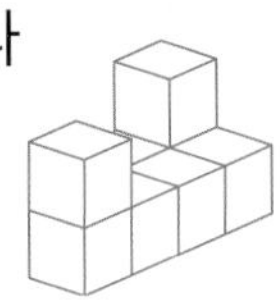

(　　　　　　　　)

9

쌓기나무 4개로 만들 수 있는 서로 다른 모양은 모두 몇 가지인지 구하세요. (단, 뒤집거나 돌렸을 때 같은 모양은 한 가지로 생각합니다.)

(　　　　　　　　)

10

쌓기나무를 4개씩 붙여서 만든 세 가지 모양을 사용하여 새로운 모양을 만들었습니다. 어떻게 만들었는지 구분하여 색칠하세요.

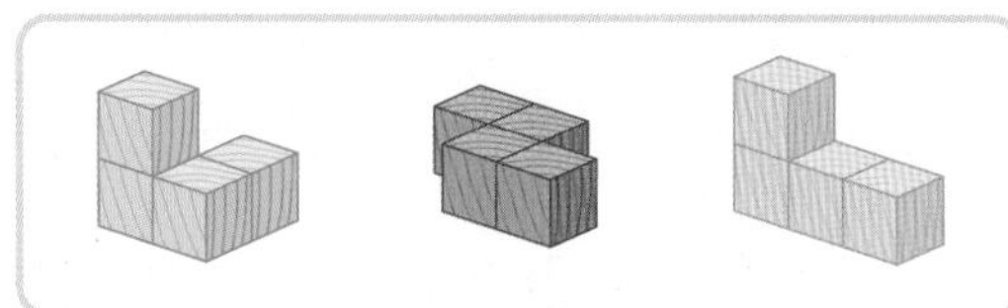

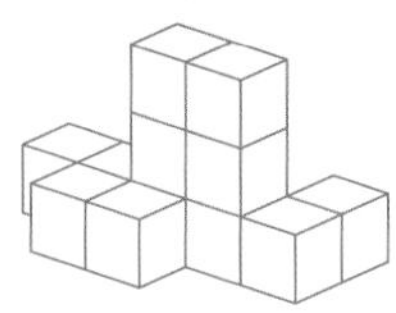

11

쌓기나무를 4개씩 붙여서 만든 두 가지 모양을 사용하여 가를 만들었습니다. 가를 위, 앞, 옆에서 본 모양을 색을 구분하여 나타내세요.

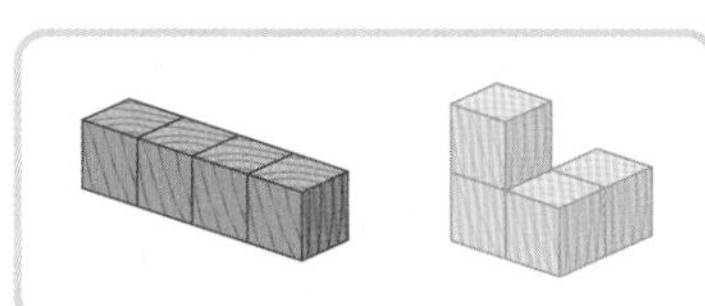

가

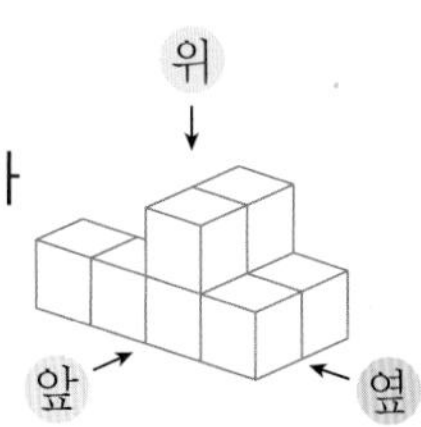

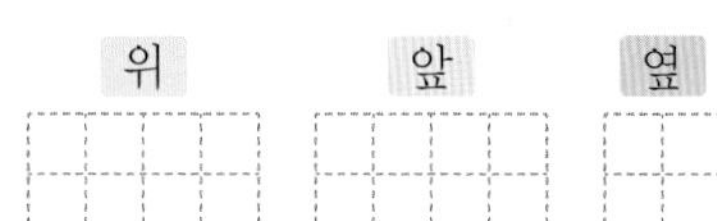

응용 학습

문제 강의

1 모양을 몇 개까지 만들 수 있는지 구하기

● 정답 23쪽

쌓기나무로 쌓은 모양을 층별로 나타낸 모양입니다. 쌓기나무 48개를 가지고 다음 모양과 똑같은 모양으로 쌓는다면 모양을 몇 개까지 만들 수 있는지 구하세요.

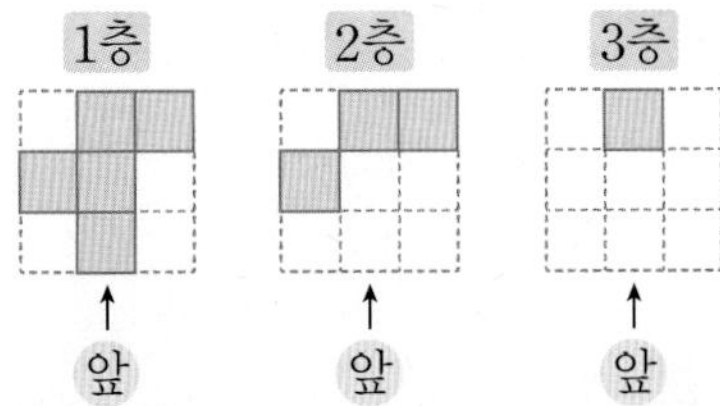

1단계 똑같은 모양으로 쌓는 데 필요한 쌓기나무의 개수 구하기

( )

2단계 똑같은 모양으로 쌓는다면 모양을 몇 개까지 만들 수 있는지 구하기

( )

문제해결 tip 먼저 층별로 나타낸 모양을 보고 똑같은 모양으로 쌓는 데 필요한 쌓기나무의 개수를 구합니다.

1·1 쌓기나무로 쌓은 모양을 층별로 나타낸 모양입니다. 쌓기나무 62개를 가지고 다음 모양과 똑같은 모양으로 쌓는다면 모양을 몇 개까지 만들 수 있는지 구하세요.

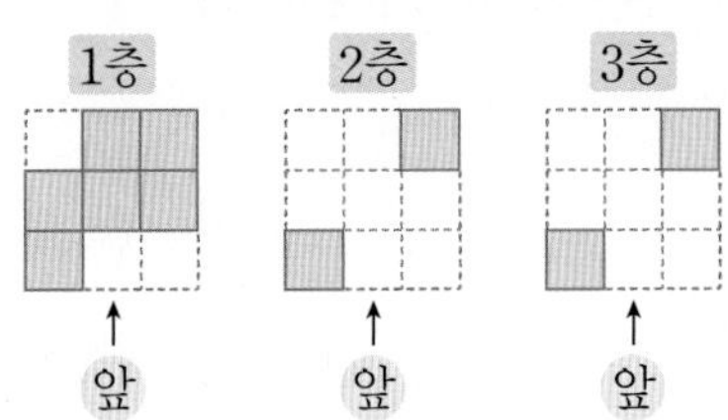

( )

1·2 쌓기나무로 쌓은 모양과 위에서 본 모양입니다. 쌓기나무 40개를 가지고 다음 모양과 똑같은 모양으로 쌓는다면 모양을 몇 개까지 만들 수 있는지 구하세요.

( )

2 쌓기나무를 빼냈을 때 앞(옆)에서 본 모양 그리기

정답 24쪽

쌓기나무 12개로 쌓은 모양입니다. 빨간색으로 색칠한 쌓기나무 2개를 빼냈을 때 앞에서 본 모양을 그리세요.

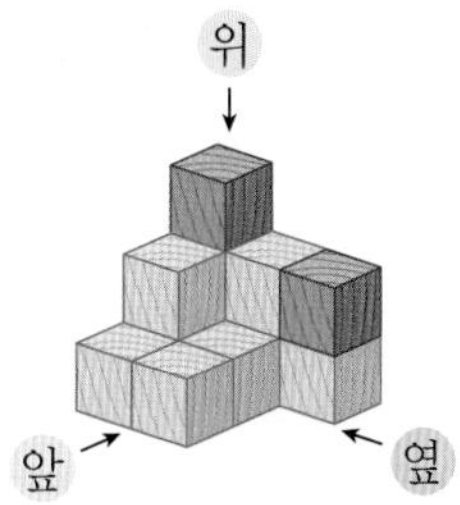

1단계 색칠한 쌓기나무 2개를 빼냈을 때 쌓인 모양을 위에서 본 모양의 각 자리에 수를 쓰는 방법으로 나타내기

위

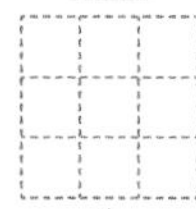

앞

2단계 색칠한 쌓기나무 2개를 빼냈을 때 앞에서 본 모양 그리기

앞

문제해결 tip 색칠한 쌓기나무를 빼냈을 때 위에서 본 모양의 각 자리에 쌓인 쌓기나무의 개수를 써서 생각합니다.

2·1 쌓기나무 14개로 쌓은 모양입니다. 빨간색으로 색칠한 쌓기나무 3개를 빼냈을 때 옆에서 본 모양을 그리세요.

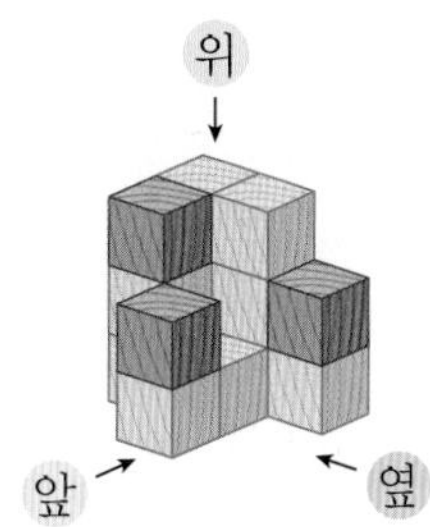

옆

2·2 쌓기나무 10개로 쌓은 모양입니다. 쌓기나무를 ㉠ 자리에 1개, ㉡ 자리에 1개 더 쌓았을 때 앞과 옆에서 본 모양을 각각 그리세요.

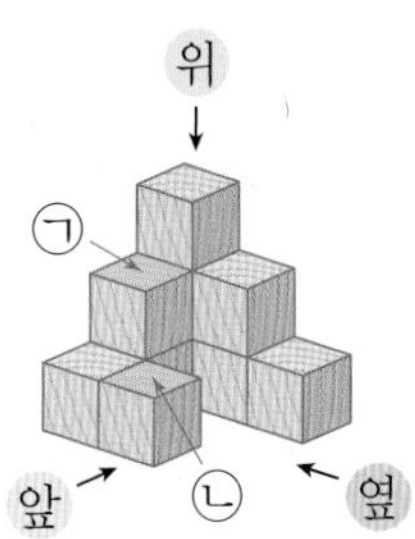

앞

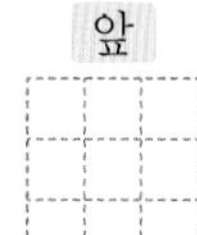

옆

문제 강의

3 더 필요한 쌓기나무의 개수 구하기

● 정답 24쪽

쌓기나무로 쌓은 모양과 위에서 본 모양입니다. 이 모양에 쌓기나무를 더 쌓아 가장 작은 정육면체 모양을 만들려고 합니다. 쌓기나무는 몇 개 더 필요한지 구하세요.

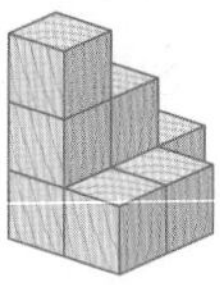

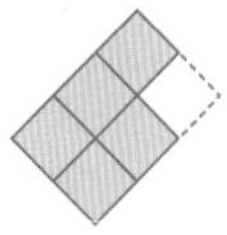
위에서 본 모양

1단계 가장 작은 정육면체 모양을 만드는 데 필요한 쌓기나무는 모두 몇 개인지 구하기

( )

2단계 쌓여 있는 쌓기나무의 개수 구하기

( )

3단계 더 필요한 쌓기나무의 개수 구하기

( )

문제해결 tip 가장 작은 정육면체 모양의 한 모서리에 쌓인 쌓기나무의 개수는 쌓은 모양의 가로, 세로, 높이 중 가장 많이 쌓인 쌓기나무의 개수와 같습니다.

3·1 쌓기나무로 쌓은 모양과 위에서 본 모양입니다. 이 모양에 쌓기나무를 더 쌓아 가장 작은 정육면체 모양을 만들려고 합니다. 쌓기나무는 몇 개 더 필요한지 구하세요.

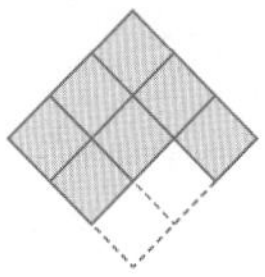
위에서 본 모양

( )

3·2 쌓기나무로 쌓은 모양을 위, 앞, 옆에서 본 모양입니다. 이 모양에 쌓기나무를 더 쌓아 가장 작은 정육면체 모양을 만들려고 합니다. 쌓기나무는 몇 개 더 필요한지 구하세요.

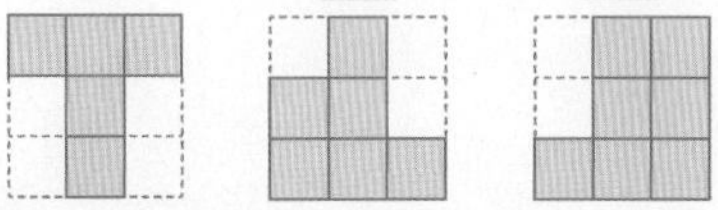

( )

4 쌓기나무를 가장 많이(적게) 사용한 경우 찾기

● 정답 25쪽

쌓기나무로 쌓은 모양을 위, 앞, 옆에서 본 모양입니다. 쌓기나무를 가장 많이 사용할 때의 쌓기나무의 개수를 구하세요.

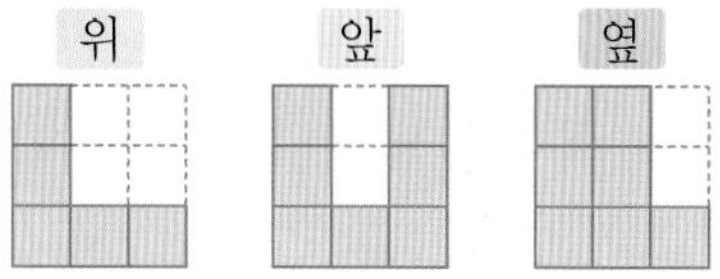

1단계 쌓기나무의 개수를 확실하게 알 수 있는 자리에 수를 써서 나타내기

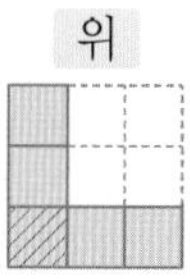

2단계 쌓기나무를 가장 많이 사용하려면 **1단계** 에서 수를 쓰지 않은 자리에 쌓기나무를 몇 개 쌓아야 하는지 구하기

(　　　　　　　　)

3단계 쌓기나무를 가장 많이 사용할 때의 쌓기나무의 개수 구하기

(　　　　　　　　)

문제해결 tip 먼저 위에서 본 모양의 각 자리에 확실하게 알 수 있는 쌓기나무의 개수를 씁니다.

4·1 쌓기나무로 쌓은 모양을 위, 앞, 옆에서 본 모양입니다. 쌓기나무를 가장 적게 사용할 때의 쌓기나무의 개수를 구하세요.

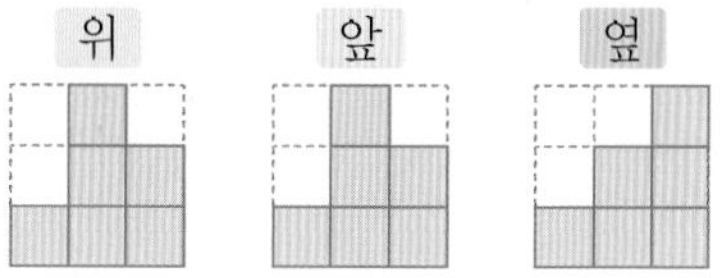

(　　　　　　　　)

4·2 쌓기나무로 쌓은 모양을 위, 앞, 옆에서 본 모양입니다. 쌓기나무를 가장 많이 사용할 때와 가장 적게 사용할 때의 쌓기나무의 개수의 차를 구하세요.

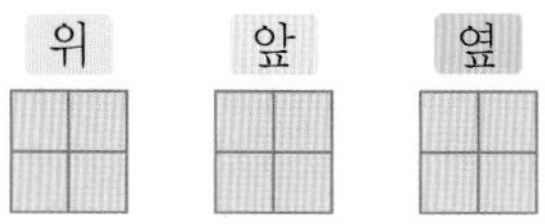

(　　　　　　　　)

문제 강의

5 색칠된 쌓기나무의 개수 구하기

● 정답 25쪽

오른쪽과 같이 정육면체 모양으로 쌓기나무를 쌓고 바깥쪽 면을 모두 색칠했습니다. 두 면이 색칠된 쌓기나무의 개수를 구하세요.
(단, 바닥에 닿는 면도 색칠합니다.)

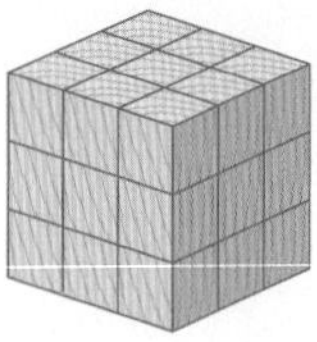

1단계 두 면이 색칠된 쌓기나무를 찾아 색칠하기

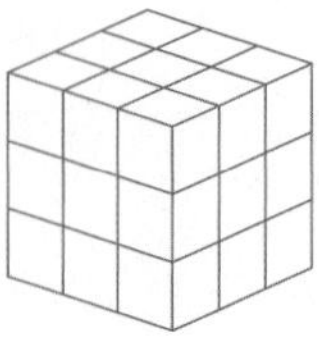

2단계 두 면이 색칠된 쌓기나무의 개수 구하기

(   )

문제해결 tip 두 면에 색칠된 쌓기나무는 정육면체의 각 모서리의 가운데에 있습니다. 같은 쌓기나무를 2번 세지 않도록 주의합니다.

5·1 다음과 같이 정육면체 모양으로 쌓기나무를 쌓고 바깥쪽 면을 모두 색칠했습니다. 세 면이 색칠된 쌓기나무의 개수를 구하세요. (단, 바닥에 닿는 면도 색칠합니다.)

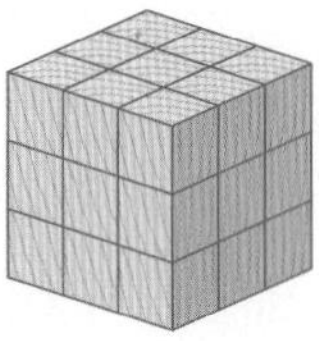

(   )

5·2 다음과 같이 정육면체 모양으로 쌓기나무를 쌓고 바깥쪽 면을 모두 색칠했습니다. 한 면이 색칠된 쌓기나무의 개수를 구하세요. (단, 바닥에 닿는 면도 색칠합니다.)

(   )

6 쌓기나무로 쌓은 모양의 겉넓이 구하기

● 정답 25쪽

오른쪽은 한 모서리의 길이가 1 cm인 쌓기나무 13개로 쌓은 모양입니다. 쌓기나무로 쌓은 모양의 겉넓이는 몇 cm^2인지 구하세요.

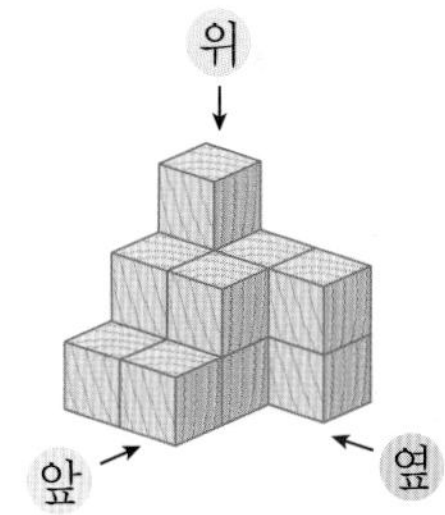

1단계 위, 앞, 옆에서 보이는 면의 수 구하기

방향	위	앞	옆
보이는 면의 수(개)			

2단계 쌓기나무 한 면의 넓이 구하기

(　　　　　　　　)

3단계 쌓은 모양의 겉넓이 구하기

(　　　　　　　　)

문제해결 tip 쌓기나무로 쌓은 모양의 겉넓이는 위, 앞, 옆에서 보이는 면의 수의 합의 2배와 같습니다.

6·1 한 모서리의 길이가 1 cm인 쌓기나무 11개로 쌓은 모양입니다. 쌓기나무로 쌓은 모양의 겉넓이는 몇 cm^2인지 구하세요.

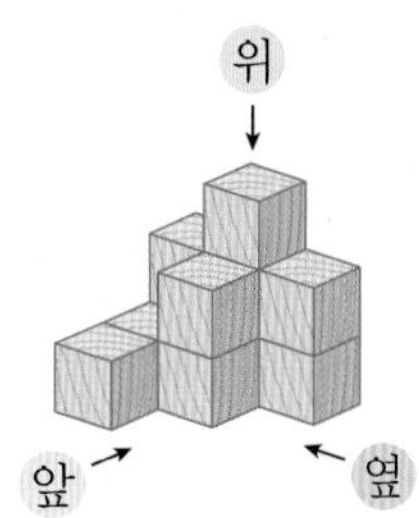

(　　　　　　　　)

6·2 오른쪽은 한 모서리의 길이가 1 cm인 쌓기나무 12개로 쌓은 모양입니다. 쌓기나무로 쌓은 모양의 겉넓이는 몇 cm^2인지 구하세요.

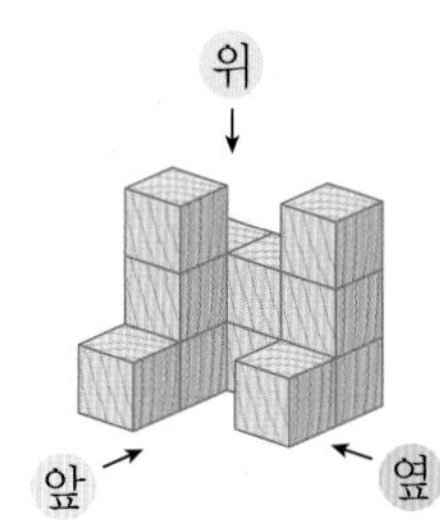

(　　　　　　　　)

3 공간과 입체

● 정답 26쪽

물체를 보는 위치와 방향에 따라 보이는 모양이 다릅니다.

① 어느 방향에서 본 모양인지 찾아 기호 쓰기

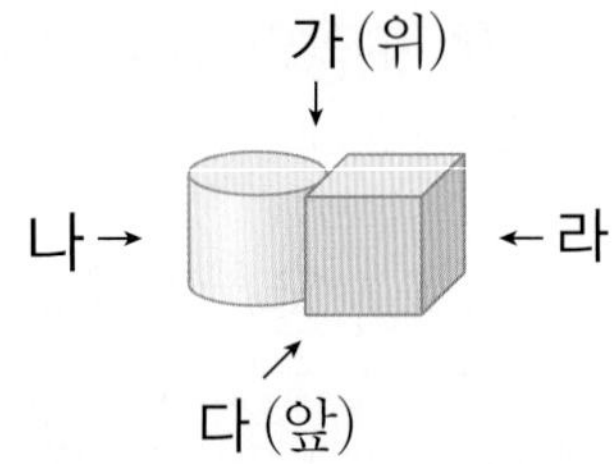

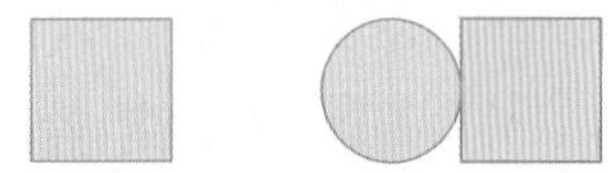

(　　　) (　　　)

- 똑같은 모양으로 쌓는 데 필요한 쌓기나무의 개수를 다양한 방법으로 구할 수 있습니다.
- 위에서 본 모양에 수를 써서 나타내거나 층별로 나타내면 쌓은 모양을 정확하게 알 수 있습니다.

② 쌓은 모양을 보고 쌓기나무의 개수 구하기

• 쌓은 모양과 위에서 본 모양

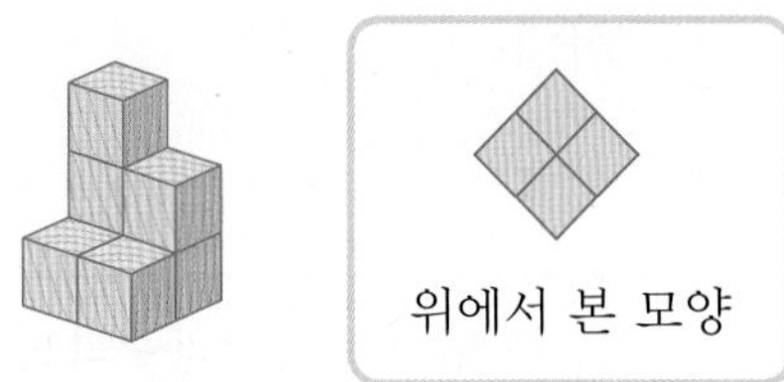

➡ 4(1층)+□(2층)+□(3층)=□(개)

• 위, 앞, 옆에서 본 모양

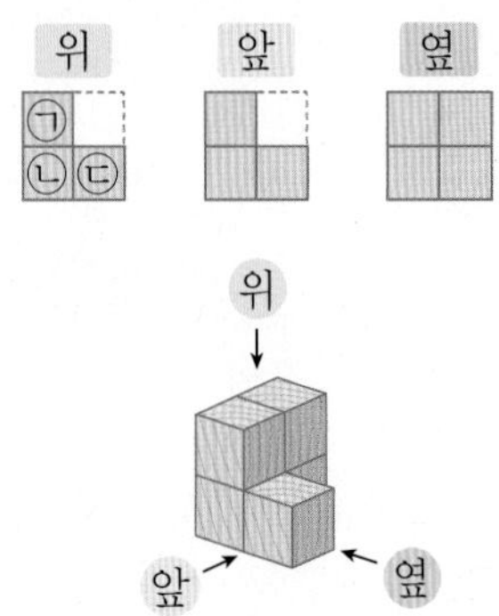

➡ 2(㉠)+□(㉡)+□(㉢)=□(개)

• 위에서 본 모양에 수 쓰기

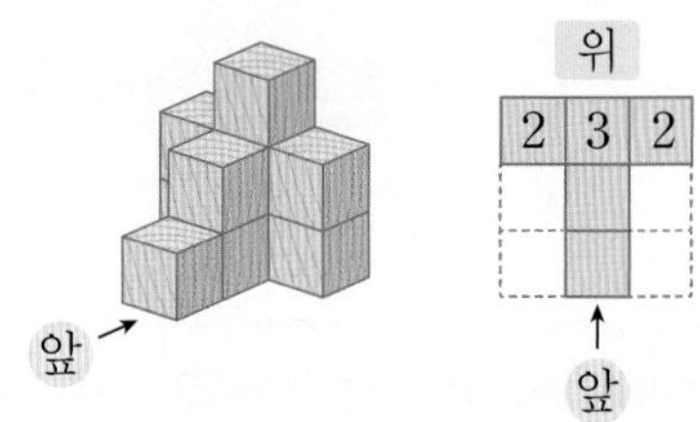

➡ 2+3+2+□+□
=□(개)

• 층별로 나타낸 모양

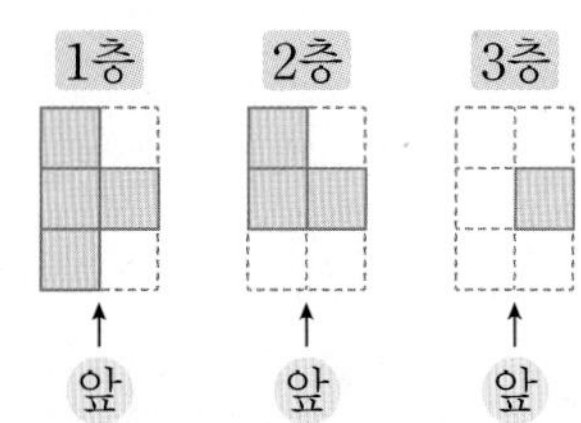

➡ 4(1층)+□(2층)+□(3층)=□(개)

뒤집거나 돌렸을 때 모양이 같으면 같은 모양입니다.

③ 만들 수 있는 모양 찾기

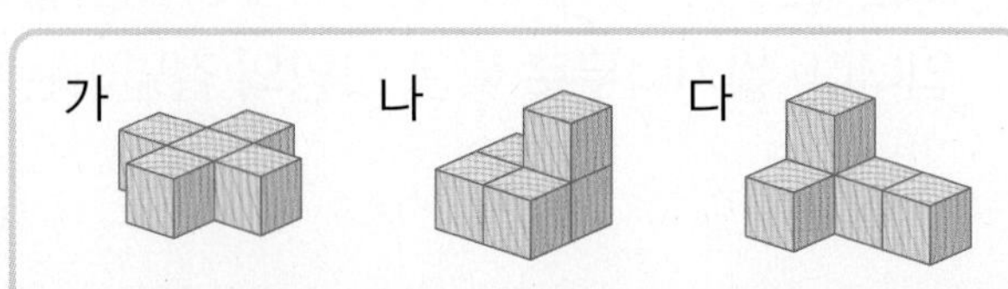

 모양에 쌓기나무 1개를 더 붙여서 만들 수 있는 모양은 □입니다.

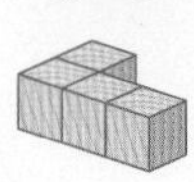 모양에 쌓기나무 1개를 더 붙여서 만들 수 있는 모양은 □입니다.

3. 공간과 입체

정답 26쪽

[1-2] 쌓기나무로 쌓은 모양과 위에서 본 모양입니다. 물음에 답하세요.

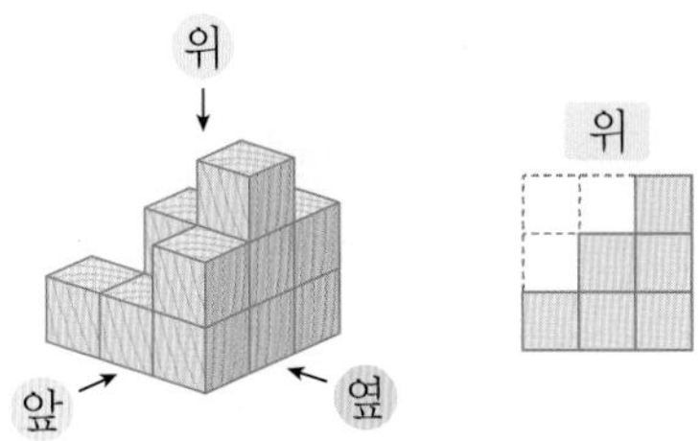

1
앞에서 본 모양을 그리세요.

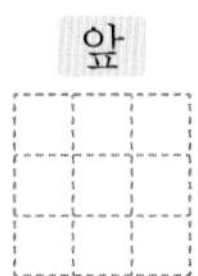

2
옆에서 본 모양을 그리세요.

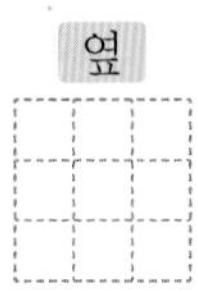

[3-4] 쌓기나무로 쌓은 모양을 보고 물음에 답하세요.

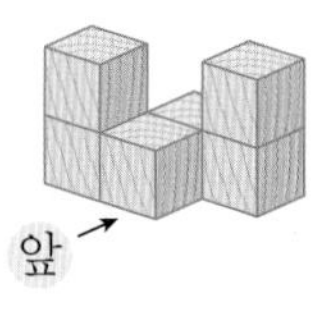

3
1층과 2층 모양을 각각 그리세요.

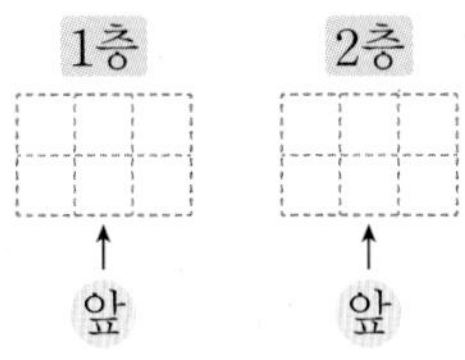

4
똑같은 모양으로 쌓는 데 필요한 쌓기나무의 개수를 구하세요.

( )

[5-6] 다음과 같이 책상에 놓인 상자의 사진을 여러 방향에서 찍었습니다. 물음에 답하세요.

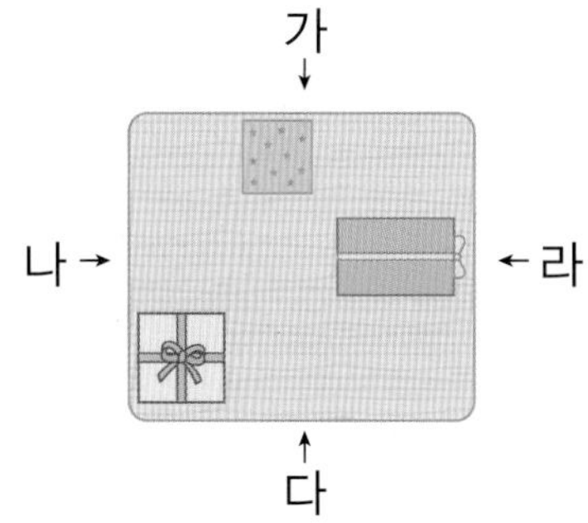

5
오른쪽 사진은 어떤 방향에서 찍은 것인지 찾아 기호를 쓰세요.

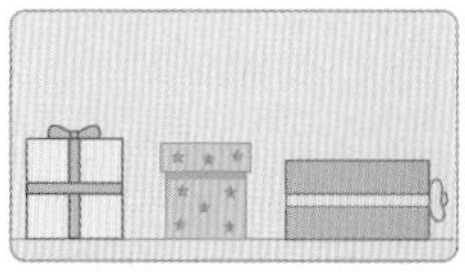

( )

6
어느 방향에서도 찍을 수 없는 사진에 ×표 하세요.

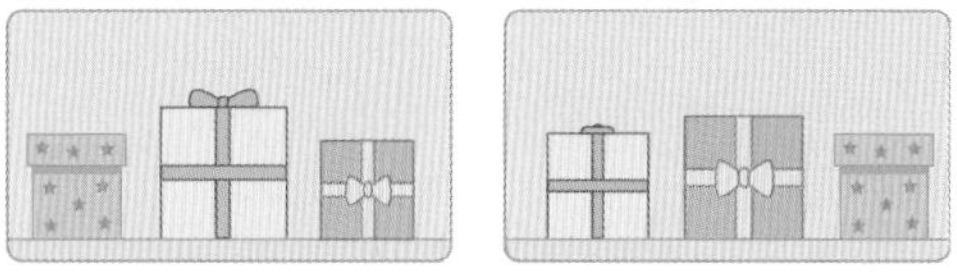

( ) ( )

7
쌓기나무 4개로 만든 모양입니다. 뒤집거나 돌렸을 때 서로 같은 모양끼리 이으세요.

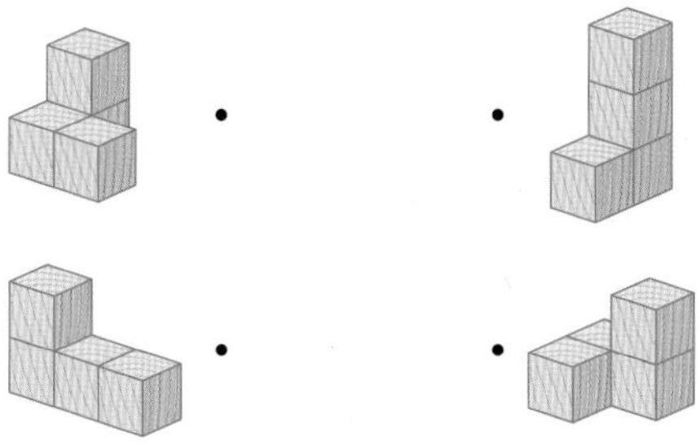

8

주어진 모양과 똑같이 쌓는 데 필요한 쌓기나무의 개수를 구하세요.

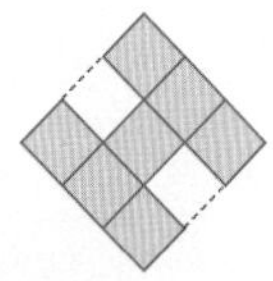

( )

9

쌓기나무로 쌓은 모양을 보고 위에서 본 모양에 수를 쓴 것입니다. 앞과 옆에서 본 모양을 각각 그리세요.

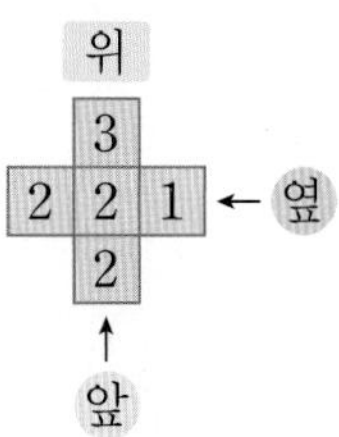

10 서술형

수민이와 준서가 쌓기나무로 오른쪽과 똑같은 모양을 각각 쌓은 후 위에서 본 모양을 그렸습니다. 두 사람이 그린 모양이 다른 이유를 쓰세요.

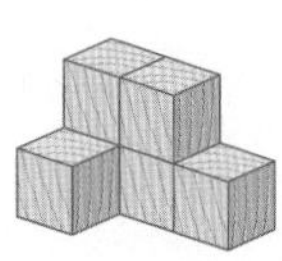

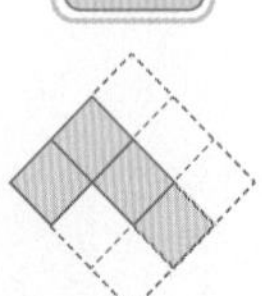

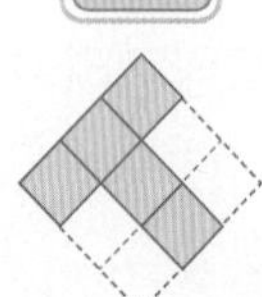

이유 ______________________________

____

11

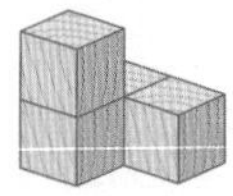 모양에 쌓기나무를 1개 더 붙여서 만들 수 없는 모양을 찾아 기호를 쓰세요.

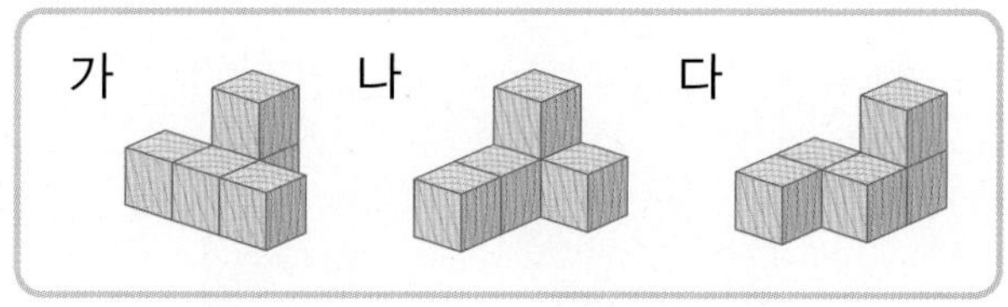

( )

[12-13] 쌓기나무로 쌓은 모양을 층별로 나타낸 모양을 보고 물음에 답하세요.

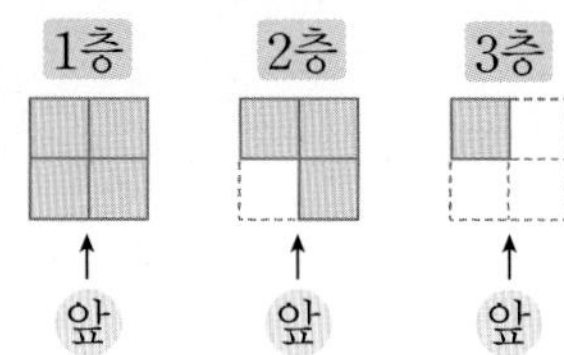

12

똑같은 모양으로 쌓는 데 필요한 쌓기나무의 개수를 구하세요.

( )

13

위에서 본 모양을 그리고, 각 자리에 쌓인 쌓기나무의 개수를 쓰세요.

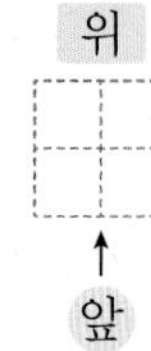

14

오른쪽은 쌓기나무로 쌓은 모양을 보고 위에서 본 모양에 수를 쓴 것입니다. 2층에 쌓은 쌓기나무는 몇 개인지 구하세요.

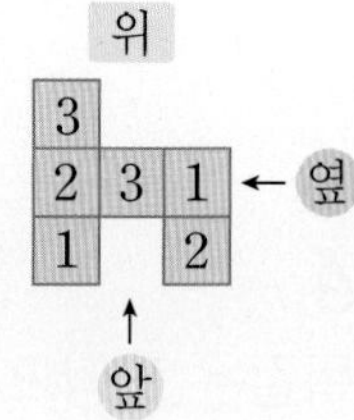

( )

15

쌓기나무를 4개씩 붙여서 만든 두 가지 모양을 사용하여 새로운 모양을 만들었습니다. 어떻게 만들었는지 구분하여 색칠하세요.

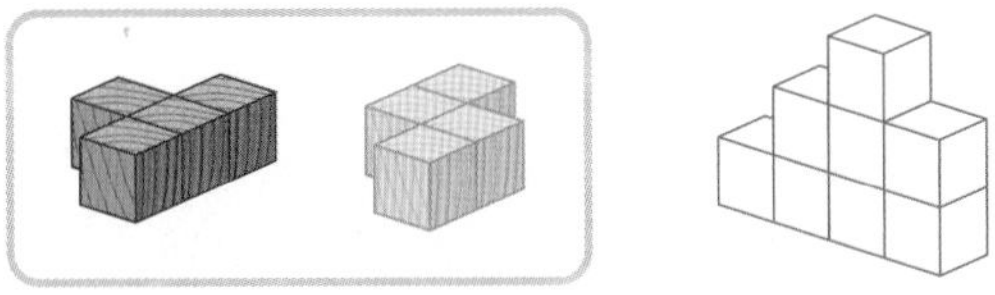

16 서술형

쌓기나무로 쌓은 모양을 위, 앞, 옆에서 본 모양입니다. 똑같은 모양으로 쌓는 데 필요한 쌓기나무는 몇 개인지 해결 과정을 쓰고, 답을 구하세요.

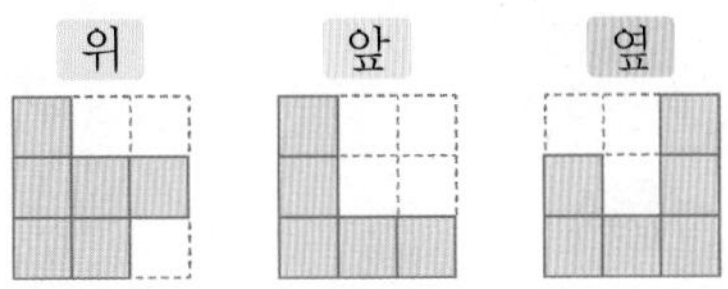

( )

17

쌓기나무로 쌓은 모양을 보고 위에서 본 모양에 수를 쓴 것입니다. 옆에서 본 모양이 다른 하나를 찾아 기호를 쓰세요.

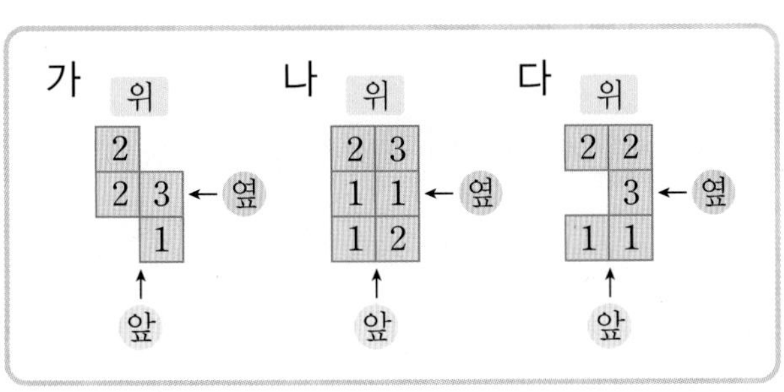

( )

18 서술형

쌓기나무로 쌓은 모양과 위에서 본 모양입니다. 쌓기나무 22개를 가지고 다음 모양과 똑같은 모양 2개를 쌓았다면 남은 쌓기나무는 몇 개인지 해결 과정을 쓰고, 답을 구하세요.

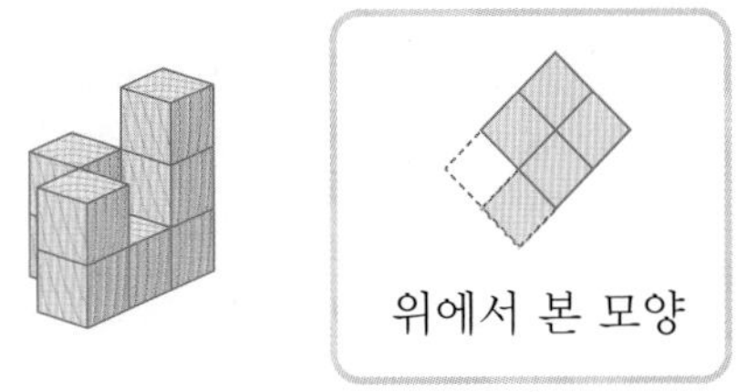

( )

19

쌓기나무 10개로 쌓은 모양입니다. 빨간색으로 색칠한 쌓기나무 2개를 빼냈을 때 옆에서 본 모양을 그리세요.

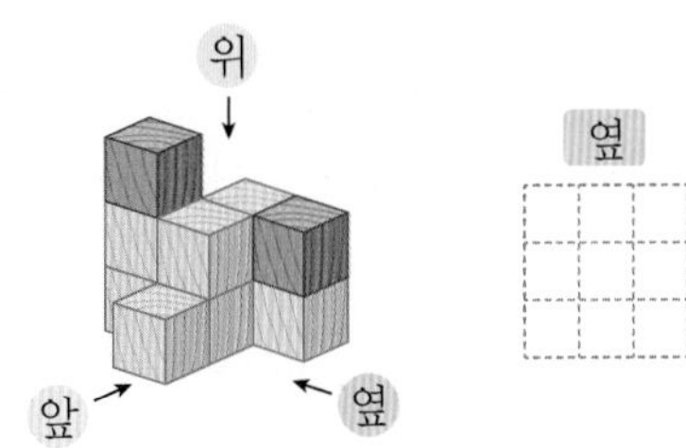

20

쌓기나무로 쌓은 모양을 위, 앞, 옆에서 본 모양입니다. 쌓기나무를 가장 많이 사용할 때의 쌓기나무의 개수를 구하세요.

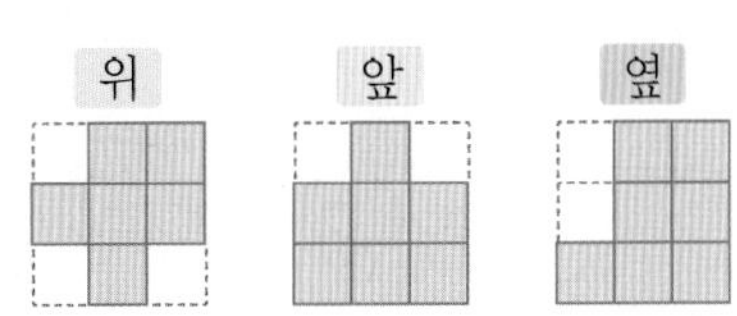

( )

숨은 그림을 찾아보세요.

정답 45쪽

4

비례식과 비례배분

▶ 학습을 완료하면 V표를 하면서 학습 진도를 체크해요.

	개념학습				문제학습		
백점 쪽수	96	97	98	99	100	101	102
확인							

	문제학습					응용학습	
백점 쪽수	103	104	105	106	107	108	109
확인							

	응용학습		단원평가			
백점 쪽수	110	111	112	113	114	115
확인						

1 비의 성질, 간단한 자연수의 비로 나타내기

● 정답 27쪽

비의 전항과 후항

비 3 : 5에서 기호 ':' 앞에 있는 3을 전항, 뒤에 있는 5를 후항이라고 합니다.

비의 성질

- 비의 전항과 후항에 0이 아닌 같은 수를 곱하여도 비율은 같습니다.

  3 : 5 ➡ 6 : 10 (×2, ×2) → 비율이 같아요. $\frac{6}{10}\left(=\frac{3}{5}\right)$

- 비의 전항과 후항을 0이 아닌 같은 수로 나누어도 비율은 같습니다.

  12 : 8 ➡ 3 : 2 (÷4, ÷4) → $\frac{3}{2}\left(=\frac{12}{8}\right)$

간단한 자연수의 비로 나타내기

전항과 후항이 모두 자연수인 비

- 소수의 비는 전항과 후항에 10, 100, 1000, ... 을 곱합니다.

  1.8 : 0.7 → 18 : 7 (×10, ×10)

- 분수의 비는 비의 전항과 후항에 두 분모의 최소공배수를 곱합니다.

  $\frac{2}{5} : \frac{1}{3}$ → 6 : 5 (×15, ×15)

개념 강의

- 자연수의 비는 전항과 후항을 두 수의 최대공약수로 나누어 간단한 자연수의 비로 나타내고, 소수와 분수의 비는 두 항 모두 소수 또는 분수가 되도록 바꾼 다음 간단한 자연수의 비로 나타냅니다.

1 그림을 보고 비율이 같은 비를 쓰세요.

(1)

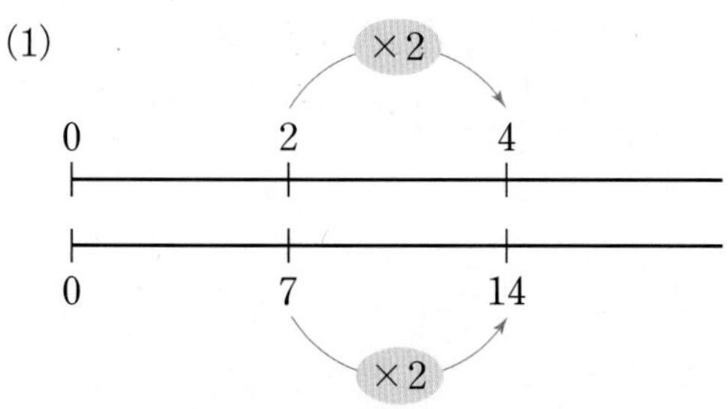

2 : 7과 비율이 같은 비는 □ : □입니다.

(2)

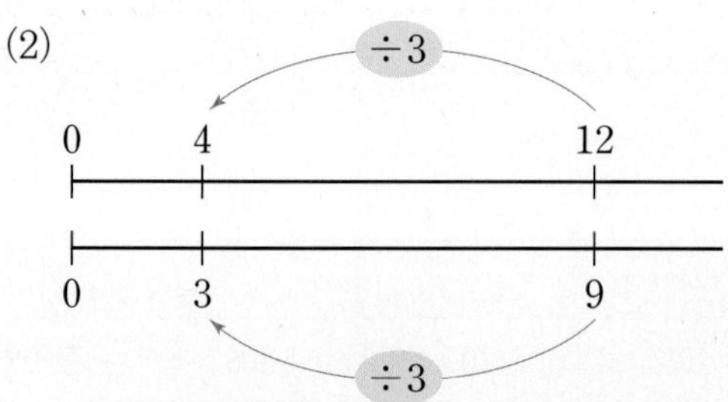

12 : 9와 비율이 같은 비는 □ : □입니다.

2 간단한 자연수의 비로 나타내려고 합니다. □ 안에 알맞은 수를 써넣으세요.

(1) 0.7 : 0.2 → □ : 2 (×□, ×10)

(2) $\frac{3}{4} : \frac{2}{7}$ → 21 : □ (×28, ×□)

(3) 16 : 4 → □ : 1 (÷□, ÷4)

2 비례식

● 정답 2쪽

◎ 비례식: 비율이 같은 두 비를 기호 '='를 사용하여 나타낸 식

비례식
2 : 3 = 4 : 6

$2:3 \rightarrow (\text{비율})=\frac{2}{3}$ ← 비율이 같은 두 비

$4:6 \rightarrow (\text{비율})=\frac{4}{6}\left(=\frac{2}{3}\right)$

◎ 외항과 내항

외항

2 : 3 = 4 : 6

내항

비례식에서 바깥쪽에 있는 두 항을 외항,
안쪽에 있는 두 항을 내항이라고 합니다.

4 단원

개념 강의

- 비율이 같은지 확인할 때에는 각각의 비율을 기약분수로 나타내어 비교하면 편리합니다.
- 비 ➡ ■ : ● / 비례식 ➡ ■ : ● = ▲ : ★

1 비례식이면 ○표, 비례식이 아니면 ×표 하세요.

(1) 4 : 3 = 8 : 6 ( )

(2) 10 + 2 = 12 ( )

(3) 15 ÷ 3 = 20 ÷ 4 ( )

(4) 15 : 21 = 5 : 7 ( )

(5) 15 + 8 < 35 ( )

(6) 0.6 : 0.2 = 6 : 2 ( )

2 비례식에서 외항과 내항을 모두 찾아 쓰세요.

(1) 2 : 9 = 4 : 18

➡ 외항 □, □ 내항 □, □

(2) 24 : 16 = 6 : 4

➡ 외항 □, □ 내항 □, □

(3) 5 : 4 = 15 : 12

➡ 외항 □, □ 내항 □, □

(4) 20 : 30 = 2 : 3

➡ 외항 □, □ 내항 □, □

개념 학습

3 비례식의 성질

정답 27쪽

비례식의 성질

• 비례식에서 외항의 곱과 내항의 곱은 같습니다.

$4\times25=100$

$4:5=20:25$

$5\times20=100$

➡ 외항의 곱과 내항의 곱이 100으로 같습니다.

• 비례식의 성질을 이용하여 □의 값 구하기

$7\times\square$

$7:3=21:\square$

$3\times21=63$

$7\times\square=3\times21$ → 외항의 곱과 내항의 곱은 같아요.

$7\times\square=63$

$\square=9$

개념 강의

• 외항의 곱과 내항의 곱이 같으면 비례식이고, 같지 않으면 비례식이 아닙니다.

$2:3=4:5$ ─ 외항의 곱: $2\times5=10$, 내항의 곱: $3\times4=12$ ➡ ~~비례식~~

1 외항의 곱과 내항의 곱을 각각 구하고, 알맞은 말에 ○표 하세요.

(1) $10:8=30:24$

(외항의 곱)$=10\times\square=\square$

(내항의 곱)$=8\times\square=\square$

➡ 비례식에서 외항의 곱과 내항의 곱은 (같습니다 , 다릅니다).

(2) $4:9=20:45$

(외항의 곱)$=4\times\square=\square$

(내항의 곱)$=9\times\square=\square$

➡ 비례식에서 (외항 , 전항)의 곱과 (내항 , 후항)의 곱은 같습니다.

2 비례식의 성질을 이용하여 각 모양에 알맞은 수를 구하려고 합니다. □ 안에 알맞은 수를 써넣으세요.

(1) $2\times$●, $2:3=4:$●, 3×4

$2\times$●$=3\times\square$

$2\times$●$=\square$

●$=\square$

(2) 5×18, $5:2=$▲$:18$, $2\times$▲

$5\times\square=2\times$▲

$2\times$▲$=\square$

▲$=\square$

(3) ♠$\times21$, ♠$:7=9:21$, 7×9

♠$\times21=7\times\square$

♠$\times21=\square$

♠$=\square$

4 비례배분

● 정답 27쪽

◎ 비례배분: 전체를 주어진 비로 배분하는 것 (배분하는: 나누는)

• 사탕 10개를 2 : 3으로 비례배분하기

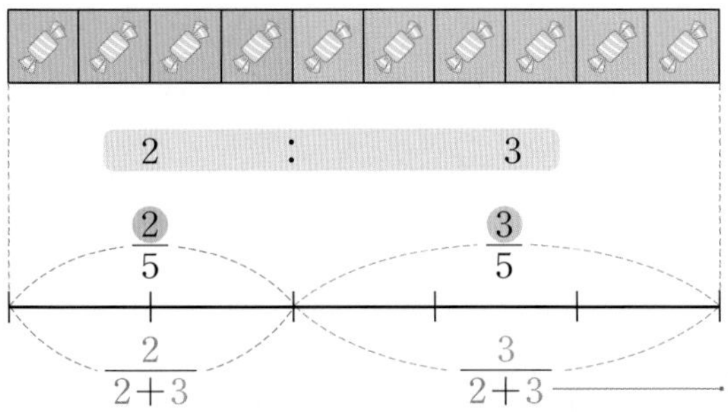

$10\times\frac{2}{2+3}=10\times\frac{2}{5}=4$(개)

$10\times\frac{3}{2+3}=10\times\frac{3}{5}=6$(개)

전체를 2 : 3으로 나누면 전체는 2부분과 3부분의 합인 5부분이 돼요.

사탕 10개를 2 : 3으로 비례배분하면 4개와 6개로 나눌 수 있습니다.

4 단원

개념 강의

• 전체 ▲를 가와 나에게 ● : ■로 비례배분하면 가: $▲\times\frac{●}{●+■}$, 나: $▲\times\frac{■}{●+■}$입니다.

1 비례배분하여 빈칸에 ○로 나타내고 □ 안에 알맞은 수를 써넣으세요.

(1) 사과 8개를 서현이와 지민이에게 1 : 3으로 나누어 주기

서현	지민
□개	□개

(2) 조개 15개를 지우와 윤서에게 3 : 2로 나누어 주기

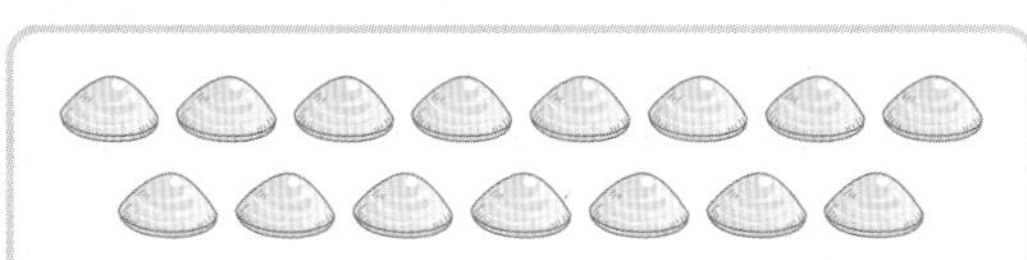

지우	윤서
□개	□개

2 주어진 설명에 맞게 비례배분하려고 합니다. □ 안에 알맞은 수를 써넣으세요.

(1) 96을 5 : 3으로 나누기

• $96\times\frac{5}{5+\square}=96\times\frac{\square}{\square}=\square$

• $96\times\frac{3}{5+\square}=96\times\frac{\square}{\square}=\square$

(2) 200을 4 : 1로 나누기

• $200\times\frac{4}{\square+1}=200\times\frac{\square}{\square}=\square$

• $200\times\frac{1}{\square+1}=200\times\frac{\square}{\square}=\square$

문제 학습

1 비의 성질, 간단한 자연수의 비로 나타내기

- 비의 전항과 후항에 0이 아닌 같은 수를 곱하거나 비의 전항과 후항을 0이 아닌 같은 수로 나누어도 비율은 같습니다.
- 비의 성질을 이용하여 비를 간단한 자연수의 비로 나타낼 수 있습니다.

$12:18$ → (전항 $\div 6$, 후항 $\div 6$) → $2:3$

1

전항이 4인 비에 ○표 하세요.

$14:9$	$4:13$	$15:4$
(　　)	(　　)	(　　)

2

비의 성질을 이용하여 비율이 같은 비를 만들려고 합니다. □ 안에 알맞은 수를 써넣으세요.

$5:3$ → (전항 $\times 4$, 후항 $\times$ □) → $20:$ □

3

$10:4$와 비율이 같은 비를 모두 고르세요.

(　　　　)

① $(10\div2):(4\div2)$
② $(10+1):(4+1)$
③ $(10\times2):(4\times2)$
④ $(10\div5):(4\div2)$
⑤ $(10\times0):(4\times0)$

4

전항이 15이고 후항이 10인 비를 쓰세요.

(　　　　　　)

5

간단한 자연수의 비로 나타내세요.

(1) $0.9:1.3$ ➡ (　　　　　　)

(2) $\frac{4}{9}:\frac{3}{5}$ ➡ (　　　　　　)

6

비의 성질을 이용하여 비율이 같은 비를 찾아 이으세요.

$6:5$ •	• $8:3$
$16:6$ •	• $45:60$
$9:12$ •	• $120:100$

7

$0.2:1\frac{1}{2}$을 간단한 자연수의 비로 나타내려고 합니다. 수민이의 방법으로 나타내세요.

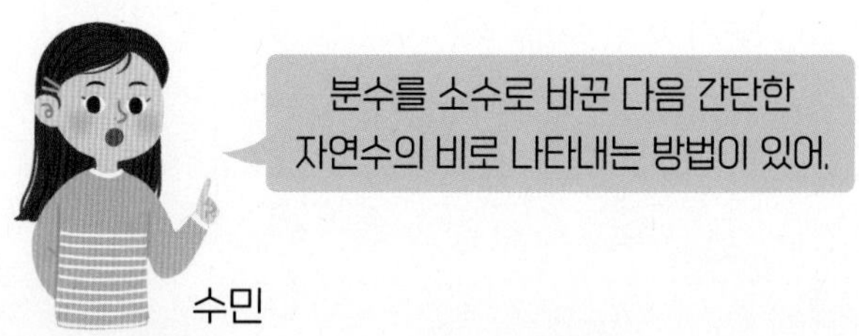

8

비의 성질을 이용하여 20 : 70과 비율이 같은 비를 2개 쓰세요.

(   )

9

간단한 자연수의 비로 잘못 나타낸 것을 찾아 기호를 쓰세요.

㉠ $4 : \frac{1}{5}$ ➡ 20 : 1
㉡ 25 : 70 ➡ 5 : 14
㉢ 10 : 6.2 ➡ 5 : 31

(   )

10 10종 교과서

가로와 세로의 비가 3 : 2와 비율이 같은 액자를 찾아 기호를 쓰고, 그 이유를 쓰세요.

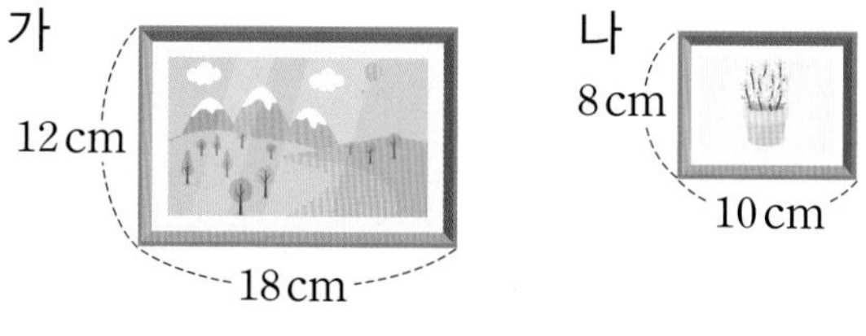

(   )

이유 ____________________

____

11

두 비의 비율이 같습니다. 비의 성질을 이용하여 ♣에 알맞은 수를 구하세요.

2 : 8   10 : ♣

(   )

12 10종 교과서

준희와 예린이가 같은 책을 1시간 동안 읽었는데 준희는 전체의 $\frac{2}{7}$를, 예린이는 전체의 $\frac{4}{9}$를 읽었습니다. 준희와 예린이가 각각 1시간 동안 읽은 책의 양을 간단한 자연수의 비로 나타내세요.

(   )

13

밑변의 길이가 21 cm이고 넓이가 294 cm^2인 평행사변형이 있습니다. 이 평행사변형의 밑변의 길이와 높이의 비를 간단한 자연수의 비로 나타내세요.

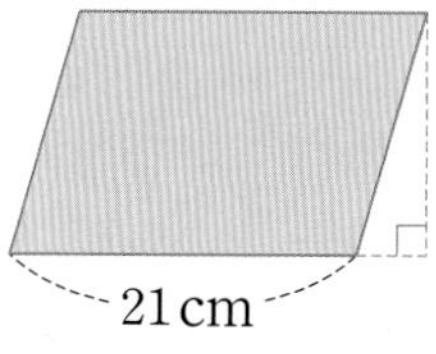

(   )

2 비례식

> 비율이 같은 두 비를 기호 '='를 사용하여 나타낸 식을 비례식이라고 합니다.

외항
8 : 6 = 4 : 3
내항

1

비례식을 찾아 색칠하세요.

9 : 16	3×8=24
12+16=4×7	2 : 5=10 : 25

2

비례식을 이용하여 비의 성질을 나타내려고 합니다. □ 안에 알맞은 수를 써넣으세요.

4 : 5는 전항과 후항에 3을 곱한
□ : □ 와/과 비율이 같습니다.

×3
4 : 5=□ : □
×□

3

비례식에서 외항이면서 후항인 수를 찾아 쓰세요.

3 : 11=6 : 22

(　　　　　　　　)

4

보기 에서 1 : 3과 비율이 같은 비를 찾아 비례식을 완성하세요.

보기

6 : 20　　16 : 24　　5 : 15

1 : 3=□ : □

5

비례식 9 : 6=27 : 18을 보고 잘못 말한 사람의 이름을 쓰세요.

(　　　　　　　　)

6

외항이 1과 6이고, 내항이 2와 3인 비례식을 모두 찾아 기호를 쓰세요.

㉠ 1 : 2=3 : 6	㉡ 2 : 1=6 : 3
㉢ 2 : 6=1 : 3	㉣ 3 : 1=6 : 2
㉤ 6 : 3=2 : 1	㉥ 3 : 6=1 : 2

(　　　　　　　　)

7 10종 교과서

비율이 같은 두 비를 찾아 비례식을 세워 보세요.

2 : 5　　10 : 15　　8 : 20

(　　　　　　　　)

8

다음 식이 비례식이 아닌 이유를 쓰세요.

4 : 8 = 1 : 3

이유

9 10종 교과서

비례식이 바르게 적힌 표지판을 따라가면 보물이 들어 있는 상자가 나옵니다. 길을 따라 선을 긋고 도착한 곳에 있는 보물 상자에 ○표 하세요.

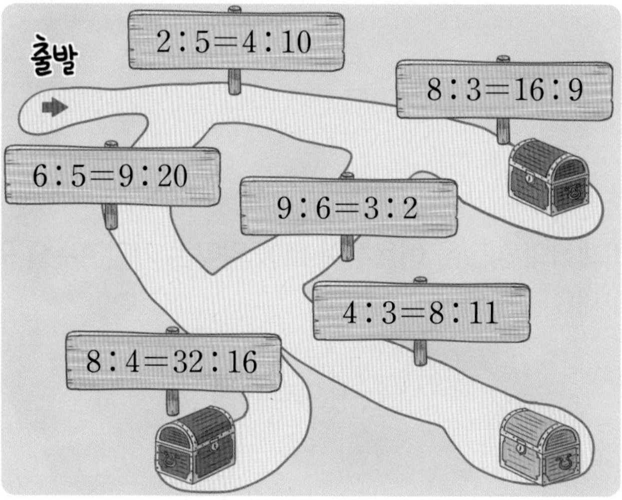

10

두 비율을 보고 비례식을 세워 보세요.

$\frac{3}{10} = \frac{6}{20}$

(　　　　　　　　)

11

어느 제과점에서 상자에 빵을 담아 팔려고 합니다. 한 상자에 팥빵 5개, 크림빵 3개를 담을 때 상자 수에 따라 필요한 빵의 수의 비율을 비교하여 표를 완성하고, 비례식을 세워 보세요.

상자 수(개)	1	2	3	4
팥빵 수(개)	5	10		
크림빵 수(개)	3	6		

(　　　　　　　　)

12

조건 에 맞게 비례식을 완성하세요.

조건
- 비율은 $\frac{2}{3}$입니다.
- 외항의 곱은 48입니다.

8 : □ = □ : □

3 비례식의 성질

> 비례식에서 외항의 곱과 내항의 곱은 같습니다.

$2\times6=12$

$2:3=4:6$

$3\times4=12$

외항의 곱과 내항의 곱이 같으므로 비례식이에요.

1 10종 교과서

비례식을 찾아 ○표 하세요.

$4:5=12:14$　$21:7=3:1$　$16:10=8:2$

2

비례식의 성질을 이용하여 □ 안에 알맞은 수를 써넣으세요.

(1) $35:20=7:\square$

(2) $5:9=\square:45$

3

비례식을 보고 $8\times$●의 값을 구하세요.

$5:8=$●$:16$

(　　　　　)

[4-5] 6분 동안 30 km를 가는 기차가 있습니다. 이 기차가 일정한 빠르기로 달릴 때 170 km를 가려면 몇 분이 걸리는지 구하려고 합니다. 물음에 답하세요.

4

기차가 170 km를 가는 데 걸리는 시간을 □분이라 하고 비례식을 세워 보세요.

(　　　　　)

5

기차가 170 km를 가려면 몇 분이 걸리는지 구하세요.

(　　　　　)

6

비례식에서 ㉠과 ㉡의 곱이 36일 때 □ 안에 알맞은 수를 구하세요.

㉠$:\square=9:$㉡

(　　　　　)

7

비례식의 성질을 이용하여 ■에 알맞은 기약분수를 구하세요.

$18:15=\frac{2}{5}:$■

(　　　　　)

8 10종 교과서

□ 안에 들어갈 수가 가장 큰 비례식을 찾아 기호를 쓰세요.

㉠ $35:20=\square:8$

㉡ $\frac{2}{3}:\frac{1}{6}=36:\square$

㉢ $10:\square=\frac{1}{8}:\frac{1}{5}$

(　　　　　　　　)

9

어느 식당에서 쌀과 잡곡을 $7:3$으로 섞어서 밥을 지으려고 합니다. 쌀을 14컵 넣었다면 잡곡은 몇 컵을 넣어야 하는지 구하세요.

(　　　　　　　　)

10

2분 동안 15 L의 물이 일정하게 나오는 수도가 있습니다. 이 수도로 들이가 240 L인 빈 욕조에 물을 가득 채우려면 물을 몇 분 동안 받아야 하는지 구하세요.

(　　　　　　　　)

11 10종 교과서

지혁이는 과일 가게에 사과를 사러 갔습니다. 사과는 3개에 7500원입니다. 20000원으로 사과를 몇 개까지 살 수 있는지 비례식을 세우고 답을 구하세요.

비례식 ____________________

답 ____________

12

주어진 두 비례식에서 같은 기호는 서로 같은 수를 나타냅니다. ㉠에 알맞은 수를 구하세요.

• $3:7=♥:35$
• $♥:42=㉠:14$

(　　　　　　　　)

13

민영이의 두건은 밑변의 길이와 높이의 비가 $5:3$인 삼각형 모양입니다. 이 두건의 밑변의 길이가 40 cm일 때, 넓이는 몇 cm^2인지 구하세요.

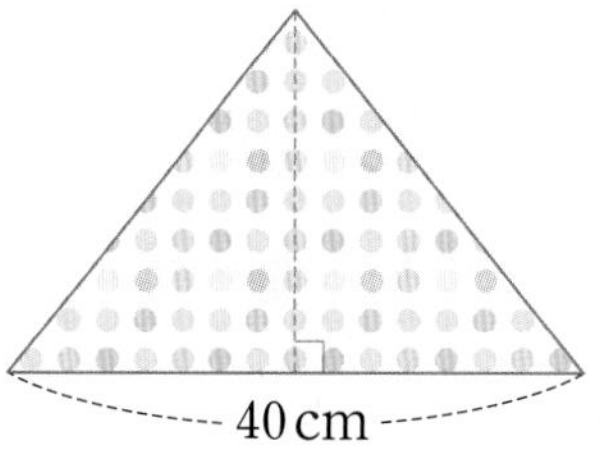

(　　　　　　　　)

문제 학습

4 비례배분

> 전체 ●를 가와 나에게 ■ : ▲로 비례배분하기
>
> 가: $● \times \dfrac{■}{■+▲}$, 나: $● \times \dfrac{▲}{■+▲}$

[1-2] 7000원짜리 간식을 사고 지윤이와 동생이 5 : 2로 나누어 내기로 했습니다. 두 사람이 각각 얼마씩 내야 하는지 구하려고 합니다. 물음에 답하세요.

1

지윤이와 동생이 내야 하는 금액은 각각 전체의 몇 분의 몇인지 □ 안에 알맞은 수를 써넣으세요.

• 지윤: $\dfrac{\square}{5+2}=\dfrac{\square}{\square}$　　• 동생: $\dfrac{\square}{5+2}=\dfrac{\square}{\square}$

2

지윤이와 동생이 각각 얼마씩 내야 하는지 □ 안에 알맞은 수를 써넣으세요.

• 지윤: $7000\times\dfrac{\square}{\square}=\square$(원)

• 동생: $7000\times\dfrac{\square}{\square}=\square$(원)

3

60을 3 : 7로 비례배분할 때 사용하지 않는 식에 ×표 하세요.

$60\times\dfrac{7}{10}$	$60\times\dfrac{3}{7}$	$60\times\dfrac{3}{10}$
(　　)	(　　)	(　　)

4

색종이 49장을 하은이와 민준이에게 4 : 3으로 나누어 줄 때 두 사람이 각각 갖게 되는 색종이는 몇 장인지 구하세요.

하은 (　　　　　　　　)

민준 (　　　　　　　　)

5

준영이네 학교 6학년 전체 학생은 150명이고 남학생 수와 여학생 수의 비는 3 : 2입니다. 여학생 수를 잘못 구한 사람의 이름을 쓰세요.

(　　　　　　　　)

6

텃밭에서 수확한 배추 55포기를 가족 수에 따라 나누어 주려고 합니다. 혜미네 가족은 5명, 준이네 가족은 6명이라면 배추를 몇 포기씩 주어야 하는지 구하세요.

혜미네 가족 (　　　　　　　　)

준이네 가족 (　　　　　　　　)

7

길이가 270 cm인 리본을 3 : 6으로 나누어 잘랐습니다. 잘랐을 때 생긴 리본 중 짧은 리본의 길이는 몇 cm인지 구하세요.

(　　　　　　　　)

8 ⊕ 10종 교과서

어느 날 낮과 밤의 길이의 비가 7 : 5라면 밤은 몇 시간인지 구하세요.

(　　　　　　　　)

9

(　) 안의 수를 주어진 비로 나누어 [　,　] 안에 나타냈습니다. 아래에서 결과를 찾아 해당하는 자음과 모음을 □ 안에 써넣고, 낱말을 완성하세요.

52	8 : 5	➡	[ㅅ, ㅜ]
130	7 : 3	➡	[ㅁ, ㄹ]
440	2 : 9	➡	[ㅓ, ㄴ]

32	80	360
□	□	□

91	20	39
□	□	□

(　　　　　　　　)

10 ⊕ 10종 교과서

가로와 세로의 비가 6 : 11이고 둘레가 68 cm인 직사각형이 있습니다. 이 직사각형의 가로는 몇 cm인지 구하세요.

(　　　　　　　　)

11

주스 800 mL를 가 컵과 나 컵에 $\frac{1}{2}$: $\frac{1}{3}$로 나누어 담으려고 합니다. 가 컵과 나 컵에 주스를 각각 몇 mL씩 담아야 하는지 구하세요.

가 컵 (　　　　　　　　)

나 컵 (　　　　　　　　)

12

만화 캐릭터 카드 36장을 세호와 동생이 나누어 가졌습니다. 세호가 가진 카드 수가 동생이 가진 카드 수의 3배일 때, 세호가 가진 카드는 몇 장인지 구하세요.

(　　　　　　　　)

문제 강의

1 수 카드로 비례식 세우기

정답 31쪽

수 카드 중에서 4장을 골라 비례식을 세워 보세요.

4 8 12 6 11

1단계 두 수의 곱이 같은 카드를 찾아 짝 짓기

□와 □, □과 □

2단계 1단계 에서 찾은 수로 비례식 세우기

(   )

문제해결 tip 비례식이 되려면 외항의 곱과 내항의 곱이 같아야 합니다.

1·1 수 카드 중에서 4장을 골라 비례식을 세워 보세요.

3 8 9 20 24

(   )

1·2 6장의 수 카드를 적어도 한 번씩 사용하여 서로 다른 비례식을 2개 세워 보세요.

3 6 7 9 14 18

(   ), (   )

2 도형의 넓이 구하기

정답 31쪽

두 평행사변형 가와 나의 넓이의 합은 $690\ \mathrm{cm}^2$입니다. 평행사변형 가의 넓이는 몇 cm^2인지 구하세요.

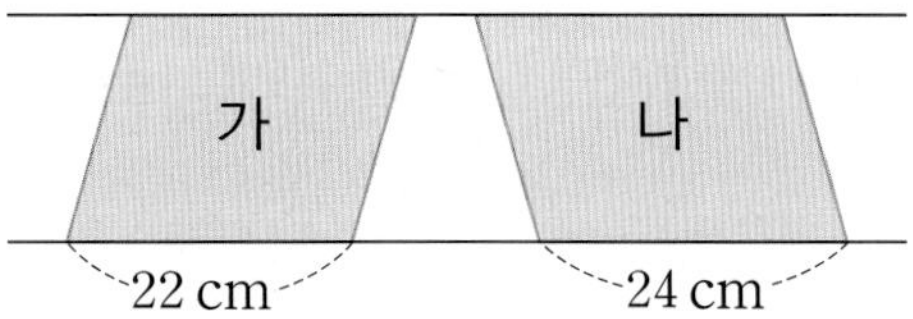

1단계 평행사변형 가와 나의 넓이의 비를 간단한 자연수의 비로 나타내기

(　　　　　　　　)

2단계 평행사변형 가의 넓이 구하기

(　　　　　　　　)

문제해결 tip 높이가 같은 두 평행사변형의 넓이의 비는 밑변의 길이의 비와 같습니다.

2·1 두 직사각형 가와 나의 넓이의 합은 $748\,\mathrm{cm}^2$입니다. 직사각형 나의 넓이는 몇 cm^2인지 구하세요.

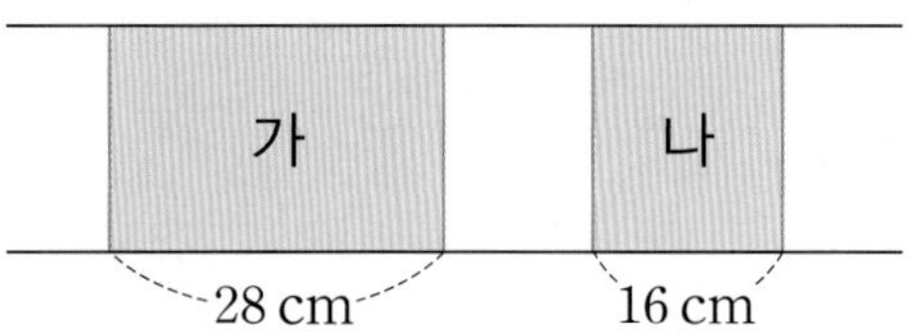

(　　　　　　　　)

2·2 사다리꼴의 넓이와 삼각형의 넓이의 합은 $156\,\mathrm{cm}^2$입니다. 사다리꼴의 넓이는 몇 cm^2인지 구하세요.

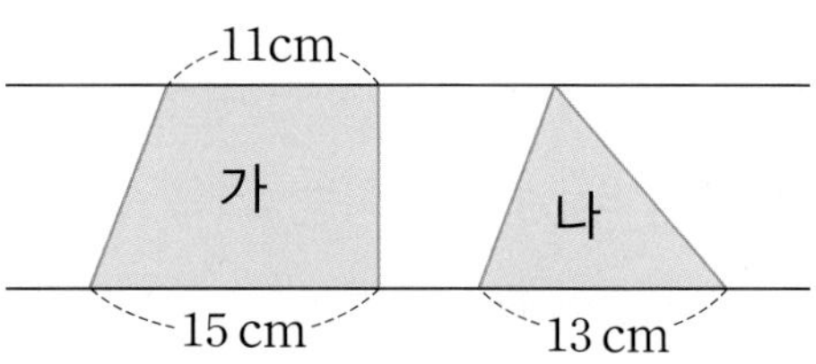

(　　　　　　　　)

4 단원

응용 학습

문제 강의

3 넓이의 비를 간단한 자연수의 비로 나타내기

정답 31쪽

원 가와 나가 오른쪽 그림과 같이 겹쳐져 있습니다. 겹쳐진 부분의 넓이는 가의 $\frac{1}{5}$이고, 나의 $\frac{1}{4}$입니다. 가와 나의 넓이의 비를 간단한 자연수의 비로 나타내세요.

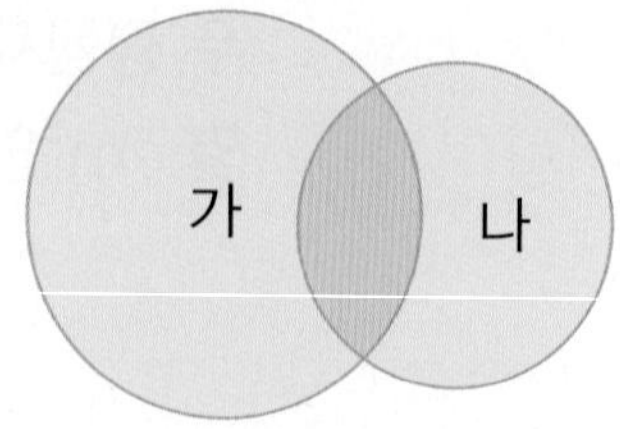

1단계 겹쳐진 부분의 넓이가 같음을 이용하여 곱셈식을 세우고, 비례식으로 나타내기

$$가\times\frac{\square}{\square}=나\times\frac{\square}{\square} \Rightarrow 가:나=\frac{\square}{\square}:\frac{\square}{\square}$$

2단계 가와 나의 넓이의 비를 간단한 자연수의 비로 나타내기

( )

문제해결 tip 곱셈식 ㉠ × ■ = ㉡ × ▲를 비례식으로 나타내면 ㉠ : ㉡ = ▲ : ■입니다.

3-1 두 정사각형 가와 나가 다음 그림과 같이 겹쳐져 있습니다. 겹쳐진 부분의 넓이는 가의 $\frac{1}{7}$이고, 나의 $\frac{2}{5}$입니다. 가와 나의 넓이의 비를 간단한 자연수의 비로 나타내세요.

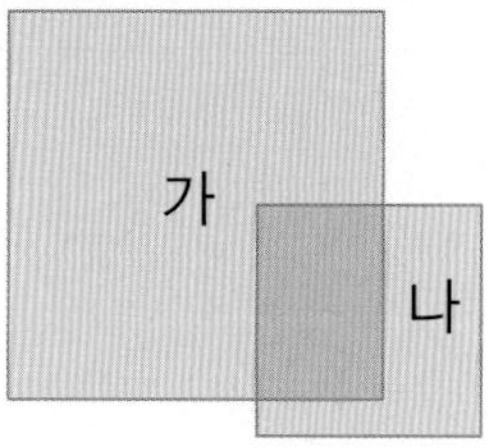

( )

3-2 삼각형 가와 직사각형 나가 오른쪽 그림과 같이 겹쳐져 있습니다. 겹쳐진 부분의 넓이는 가의 $\frac{4}{9}$이고, 나의 $\frac{1}{3}$입니다. 가와 나의 넓이의 비를 간단한 자연수의 비로 나타내세요.

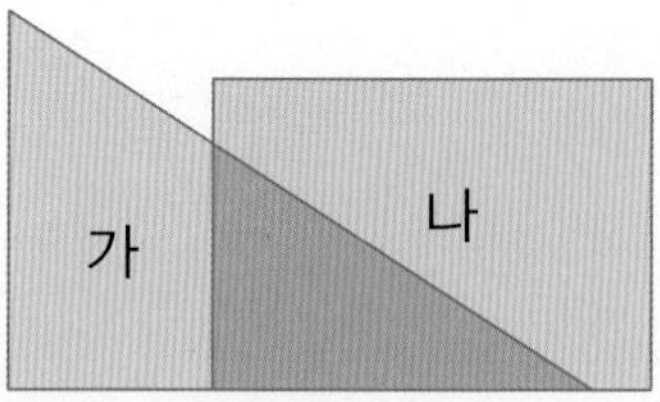

( )

4 톱니바퀴의 회전수 구하기

● 정답 32쪽

오른쪽과 같이 맞물려 돌아가는 두 톱니바퀴 ㉮와 ㉯가 있습니다. ㉮의 톱니는 20개이고, ㉯의 톱니는 15개입니다. ㉮가 42바퀴 도는 동안 ㉯는 몇 바퀴 도는지 구하세요.

1단계 ㉮와 ㉯의 톱니 수의 비를 간단한 자연수의 비로 나타내기

(　　　　　　　　)

2단계 ㉮와 ㉯의 회전수의 비를 간단한 자연수의 비로 나타내기

(　　　　　　　　)

3단계 ㉮가 42바퀴 도는 동안 ㉯는 몇 바퀴 도는지 구하기

(　　　　　　　　)

문제해결 tip 맞물려 돌아가는 두 톱니바퀴 ㉮와 ㉯의 톱니 수의 비가 ● : ◆이면
● × (㉮의 회전수) = ◆ × (㉯의 회전수)이므로 (㉮의 회전수) : (㉯의 회전수) = ◆ : ●입니다.

4·1 다음과 같이 맞물려 돌아가는 두 톱니바퀴 ㉮와 ㉯가 있습니다. ㉮의 톱니는 36개이고, ㉯의 톱니는 30개입니다. ㉮가 60바퀴 도는 동안 ㉯는 몇 바퀴 도는지 구하세요.

(　　　　　　　　)

4·2 맞물려 돌아가는 두 톱니바퀴 ㉮와 ㉯가 있습니다. ㉮의 톱니는 27개이고, ㉯의 톱니는 45개일 때, ㉯가 15바퀴 도는 동안 ㉮는 몇 바퀴 도는지 구하세요.

(　　　　　　　　)

4 비례식과 비례배분

정답 32쪽

비 4 : 3에서 기호 ' : ' 앞에 있는 4를 전항, 뒤에 있는 3을 후항이라고 합니다.

① 비의 성질을 알고, 간단한 자연수의 비로 나타내기

- 비의 전항과 후항에 0이 아닌 같은 수를 (더하여도 , 곱하여도) 비율은 같습니다.
- 비의 전항과 후항을 0이 아닌 같은 수로 나누어도 비율은 같습니다.

$0.3 : 0.7$ → (× □, × 10) → □ $: 7$

$\frac{2}{3} : \frac{1}{6}$ → (× 6, × □) → $4 :$ □

비율이 같은 두 비를 기호 '='를 사용하여 나타낸 식을 비례식이라고 합니다.

② 비례식

$7 : 8 \rightarrow$ (비율)$=\frac{7}{8}$

$14 : 16 \rightarrow$ (비율)$=\frac{14}{16}\left(=\frac{7}{8}\right)$

➡ **비례식** $7 : 8 = 14 : 16$ (외항: 7, 16 / □: 8, 14)

외항의 곱과 내항의 곱이 같으면 비례식이고, 같지 않으면 비례식이 아닙니다.

③ 비례식의 성질을 이용하여 ■의 값 구하기

비례식에서 외항의 곱과 내항의 곱은 (같습니다 , 다릅니다).

$4 : 7 = 20 :$ ■ ➡ (외항의 곱)$=4\times$■, (내항의 곱)$=7\times$□$=$□

$4\times$■$=$□, ■$=$□

전체를 주어진 비로 배분하는 것을 비례배분이라고 합니다. 비례배분한 수를 더하면 전체와 같습니다.

④ 인형 12개를 현아와 준서에게 1 : 2로 비례배분하기

- 현아: $12\times\frac{\square}{1+2}=12\times\frac{\square}{\square}=$□(개)
- 준서: $12\times\frac{\square}{1+2}=12\times\frac{\square}{\square}=$□(개)

4. 비례식과 비례배분

정답 32쪽

1

□ 안에 알맞은 수를 써넣으세요.

13 : 15 ➡ 전항 □, 후항 □

2

비례식에 색칠하세요.

3 : 7=15 : 35

20÷4=34÷7

3

비례식에서 외항에 ○표, 내항에 △표 하세요.

$\frac{1}{6} : \frac{3}{4}=2 : 9$

4

비의 성질을 이용하여 비율이 같은 비를 만들려고 합니다. □ 안에 알맞은 수를 써넣으세요.

5 : 7 —(×2)→ 10 : □

5 : 7 —(×□)→ 10 : □

5

비례식에서 외항의 곱과 내항의 곱을 구하세요.

2 : 6=4 : 12

외항의 곱 (　　　　)
내항의 곱 (　　　　)

6

비례식의 성질을 이용하여 □ 안에 알맞은 수를 써넣으세요.

45 : 18=□ : 2

7

주어진 수를 3 : 4로 비례배분하여 차례로 쓰세요.

140

(　　　　,　　　　)

8 서술형

16 : 36과 비율이 같은 비를 2개 쓰려고 합니다. 해결 과정을 쓰고, 답을 구하세요.

____

____

____

____

(　　　　)

9

간단한 자연수의 비로 나타내세요.

$\frac{3}{5} : 2.9$

(　　　　　　　　)

10

비율이 같은 두 비를 찾아 비례식을 세워 보세요.

$15 : 12$　　$\frac{1}{3} : \frac{1}{5}$　　$3 : 2.4$　　$16 : 9$

(　　　　　　　　)

11

순두부찌개를 만들기 위해 고춧가루 25.6 g과 설탕 5.6 g을 넣었습니다. 넣은 고춧가루 양과 설탕 양의 비를 간단한 자연수의 비로 나타내세요.

(　　　　　　　　)

12

□ 안에 들어갈 수가 가장 작은 비례식을 찾아 기호를 쓰세요.

㉠ $25 : 7 = 125 : \square$
㉡ $3.6 : \square = 6 : 13$
㉢ $1\frac{5}{6} : 2\frac{2}{7} = \square : 96$

(　　　　　　　　)

13

레몬청과 물을 5 : 9로 섞어서 레몬차를 만들려고 합니다. 레몬청을 600 mL 넣는다면 물은 몇 mL 넣어야 하는지 구하세요.

(　　　　　　　　)

14 서술형

3초에 11장을 인쇄할 수 있는 인쇄기가 있습니다. 이 인쇄기로 88장을 인쇄하려면 몇 초가 걸리는지 해결 과정을 쓰고, 답을 구하세요.

(　　　　　　　　)

15
민서가 1시간 동안 독서와 숙제를 했습니다. 독서를 한 시간과 숙제를 한 시간의 비가 9 : 11이라면 민서가 독서를 한 시간은 몇 분인지 구하세요.

(　　　　　　　　)

16
조건 에 맞게 비례식을 완성하세요.

조건
- 비율은 $\frac{6}{7}$입니다.
- 내항의 곱은 126입니다.

□ : □ = 18 : □

17 서술형
단풍잎 90장을 정은이와 서준이가 $\frac{1}{7}:\frac{1}{8}$로 나누어 갖기로 했습니다. 서준이가 갖게 되는 단풍잎은 몇 장인지 해결 과정을 쓰고, 답을 구하세요.

____

____

____

____

(　　　　　　　　)

18
길이가 132 cm인 철사를 겹치지 않게 모두 사용하여 가로와 세로의 비가 6 : 5인 직사각형을 1개 만들었습니다. 만든 직사각형의 가로와 세로의 차는 몇 cm인지 구하세요.

(　　　　　　　　)

4 단원

19
수 카드 중에서 4장을 골라 비례식을 세워 보세요.

2　4　7　14　18

(　　　　　　　　)

20
평행한 두 직선 사이에 그린 삼각형 가와 나의 넓이의 합은 336 cm^2입니다. 삼각형 가의 넓이는 몇 cm^2인지 구하세요.

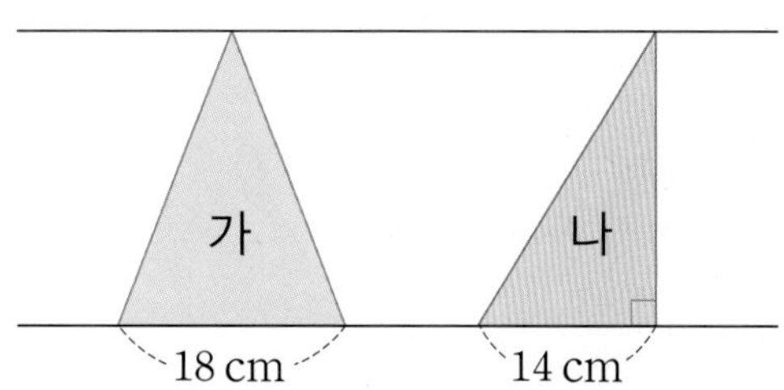

(　　　　　　　　)

쉬어 가기

미로를 따라 길을 찾아보세요.

정답 45쪽

5

원의 넓이

▶ 학습을 완료하면 V표를 하면서 학습 진도를 체크해요.

	개념학습				문제학습		
백점 쪽수	118	119	120	121	122	123	124
확인							

	문제학습					응용학습	
백점 쪽수	125	126	127	128	129	130	131
확인							

	응용학습		단원평가			
백점 쪽수	132	133	134	135	136	137
확인						

1 원주와 지름의 관계, 원주율

정답 33쪽

원주: 원의 둘레

원주와 지름의 관계

- 원의 지름이 길어지면 원주도 길어집니다.

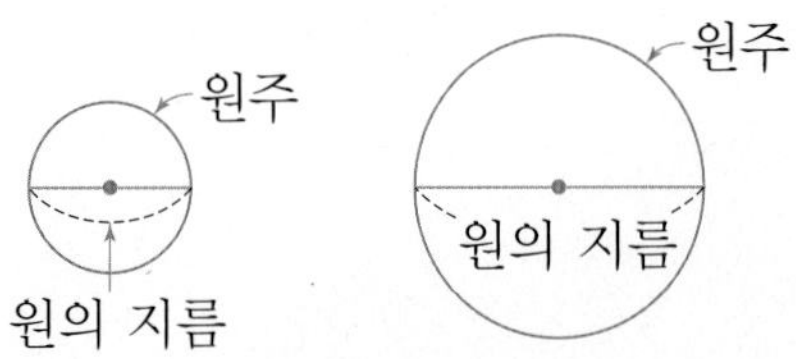

- 원주는 지름의 3배보다 길고, 4배보다 짧습니다.

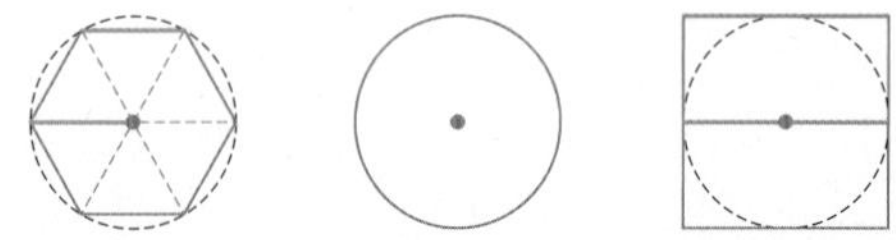

(원의 지름)×3 < (원주)
(정육각형의 둘레)

(원주) < (원의 지름)×4
(정사각형의 둘레)

원주율: 원의 지름에 대한 원주의 비율

(원주율)=(원주)÷(지름) ➡ 원주율을 소수로 나타내면 3.1415926535897932…와 같이 끝없이 이어집니다.
필요에 따라 3, 3.1, 3.14 등으로 어림하여 사용하기도 합니다.

개념 강의

- 원의 크기와 관계없이 원주율은 항상 일정합니다.

1 원에 지름과 원주를 각각 표시하세요.

(1)

(2)

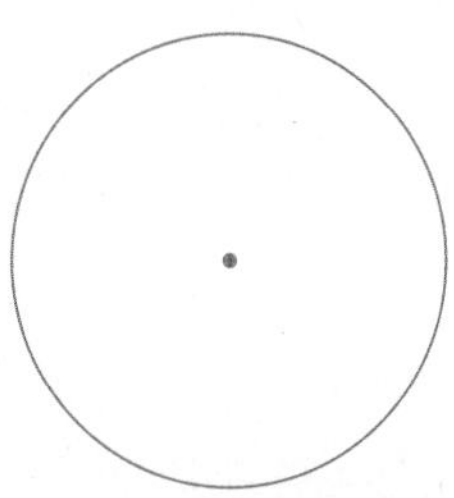

(3)

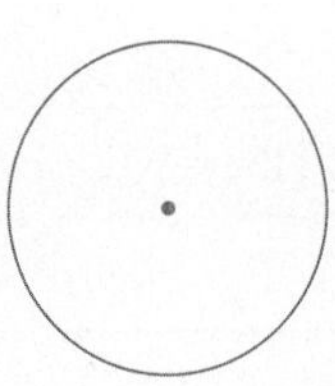

2 원주와 지름을 보고 물음에 답하세요.

(1) 원주율을 계산하고 반올림하여 일의 자리까지 나타내세요.

원주(cm)	지름(cm)	원주율
21.99	7	

(2) 원주율을 계산하고 반올림하여 소수 첫째 자리까지 나타내세요.

원주(cm)	지름(cm)	원주율
43.98	14	

(3) 원주율을 계산하고 반올림하여 소수 둘째 자리까지 나타내세요.

원주(cm)	지름(cm)	원주율
59.69	19	

2 원주와 지름 구하기

정답 33쪽

지름을 알 때 원주 구하기

(원주율)=(원주)÷(지름)
➡ (원주)=(지름)×(원주율)

지름이 20 cm인 원의 원주 (원주율: 3.1)

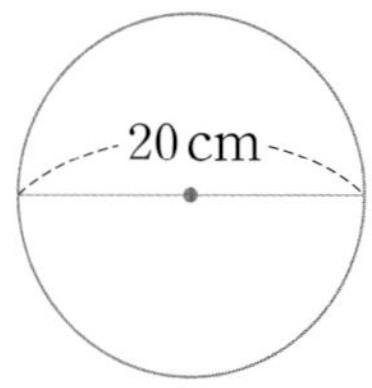

(원주)=(지름)×(원주율)
=20×3.1=62 (cm)

원주를 알 때 지름 구하기

(원주율)=(원주)÷(지름)
➡ (지름)=(원주)÷(원주율)

원주가 45 cm인 원의 지름 (원주율: 3)

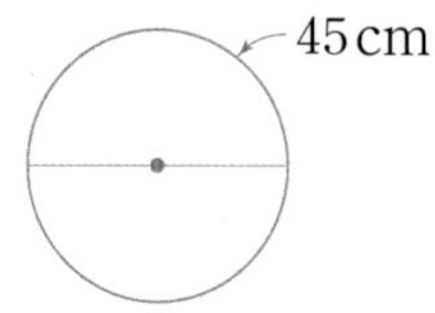

(지름)=(원주)÷(원주율)
=45÷3=15 (cm)

개념 강의

• (원주)=(지름)×(원주율)이므로 지름이 2배, 3배, ...가 되면 원주도 2배, 3배, ...가 됩니다.

1 원주를 구하려고 합니다. □ 안에 알맞은 수를 써넣으세요. (원주율: 3)

(1)

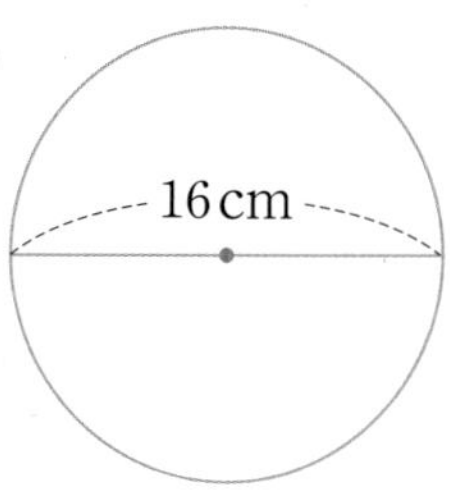

(원주)=□×3
=□(cm)

(2)

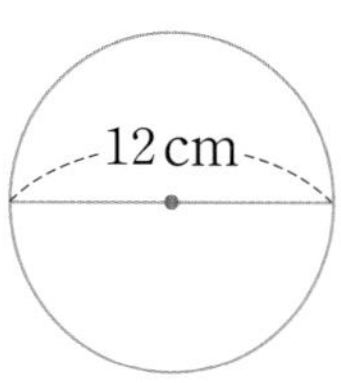

(원주)=□×3
=□(cm)

(3)

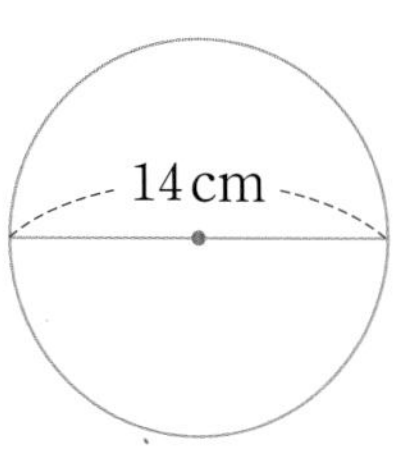

(원주)=□×3
=□(cm)

2 원주가 다음과 같을 때 지름을 구하려고 합니다. □ 안에 알맞은 수를 써넣으세요. (원주율: 3.1)

(1)

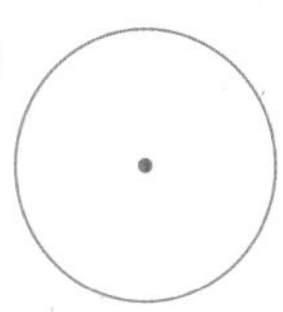

원주: 27.9 cm

(지름)=□÷3.1=□(cm)

(2)

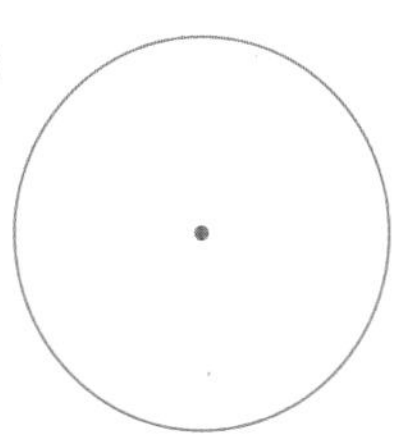

원주: 40.3 cm

(지름)=□÷3.1=□(cm)

(3)

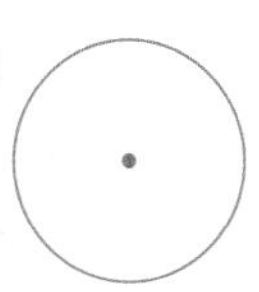

원주: 24.8 cm

(지름)=□÷3.1=□(cm)

3 원의 넓이 어림하기, 원의 넓이 구하기

● 정답 33쪽

◎ 반지름이 10 cm인 원의 넓이 어림하기

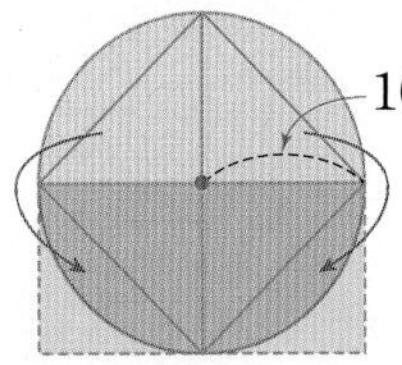

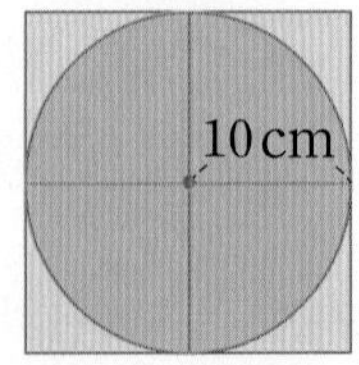

$10 \times 10 \times 2 = 200(\text{cm}^2)$ < (원의 넓이)
원 안에 있는 정사각형의 넓이

원 밖에 있는 정사각형의 넓이
(원의 넓이) < $10 \times 10 \times 4 = 400(\text{cm}^2)$

➡ 원의 넓이는 (반지름)×(반지름)의 2배보다 넓고, 4배보다 좁습니다.

◎ 원의 넓이 구하기

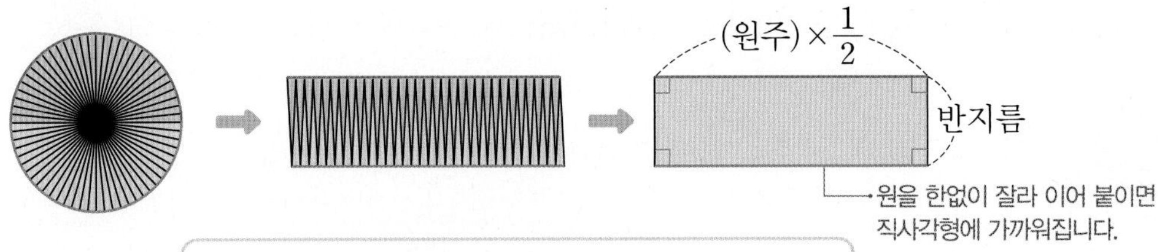

(원의 넓이)=(원주)×$\frac{1}{2}$×(반지름)
=(원주율)×(지름)×$\frac{1}{2}$×(반지름)
=(반지름)×(반지름)×(원주율)

개념 강의

• 반지름이 10 cm인 원의 넓이는 200 cm²보다 넓고, 400 cm²보다 좁으므로 약 300 cm²로 어림할 수 있습니다.

1 반지름이 6 cm인 원의 넓이를 어림하려고 합니다. □ 안에 알맞은 수를 써넣으세요.

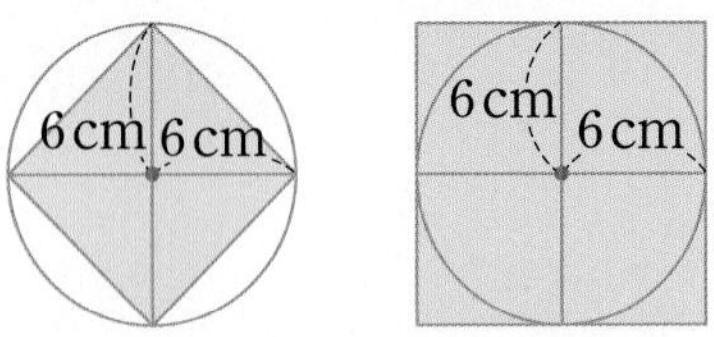

(1) (원 안에 있는 정사각형의 넓이)
=□×□÷2=□(cm²)

(2) (원 밖에 있는 정사각형의 넓이)
=□×□=□(cm²)

(3) □ cm² < (원의 넓이)
(원의 넓이) < □ cm²

2 원의 넓이를 구하려고 합니다. □ 안에 알맞은 수를 써넣으세요. (원주율: 3)

(1)

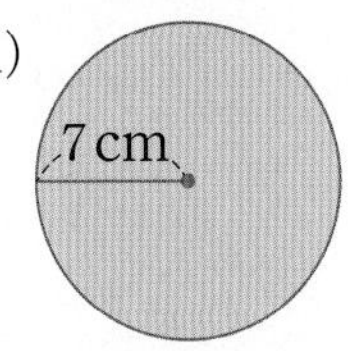

(원의 넓이)=□×□×3=□(cm²)

(2)

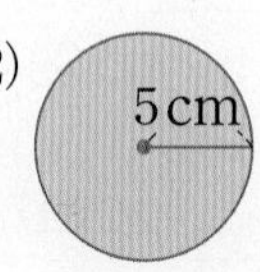

(원의 넓이)=□×□×3=□(cm²)

4 원의 넓이 활용하기

● 정답 34쪽

◎ 반지름과 원의 넓이의 관계 (원주율: 3)

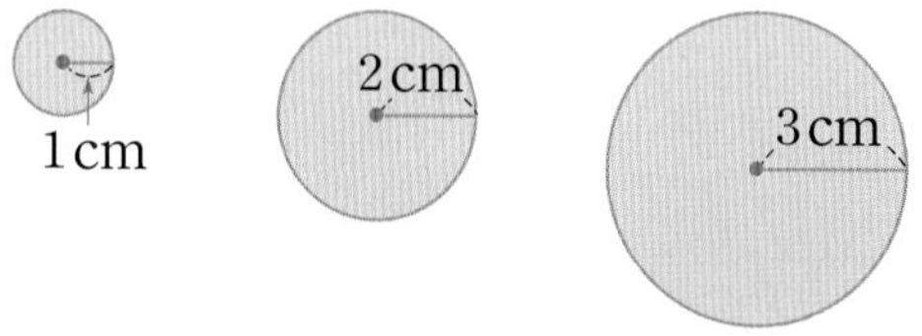

반지름(cm)	1	2	3
넓이(cm^2)	3	12	27

(반지름: 2배, 3배 / 넓이: 4배, 9배)

➡ 반지름이 2배, 3배가 되면 원의 넓이는 4배, 9배가 됩니다.
(4 = 2×2, 9 = 3×3)

◎ 여러 가지 원의 넓이 구하기 (원주율: 3.1)

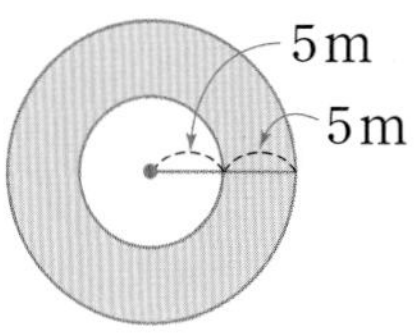

(색칠한 부분의 넓이)=(큰 원의 넓이)−(작은 원의 넓이)
$=10\times10\times3.1-5\times5\times3.1$
$=310-77.5=232.5\,(m^2)$

개념 강의

- 반지름이 ■배가 되면 원의 넓이는 (■×■)배가 됩니다.
- 색칠한 부분의 넓이를 구할 때, 주어진 도형의 일부분을 옮기거나 빼서 넓이를 편리하게 구할 수 있습니다.

1 반지름과 원의 넓이의 관계를 알아보려고 합니다. 원을 보고 물음에 답하세요. (원주율: 3)

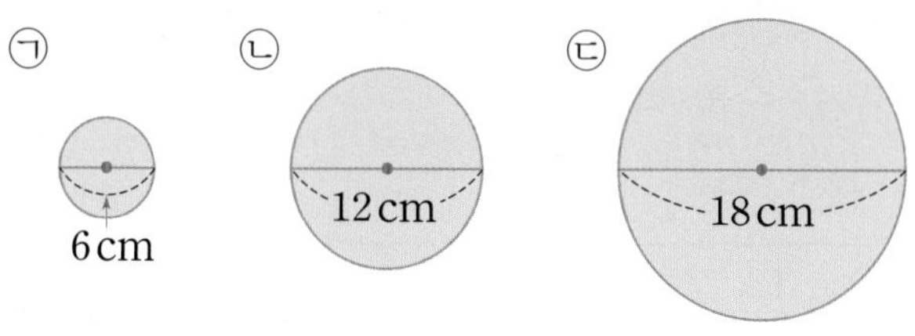

(1) 표를 완성하세요.

원	반지름(cm)	원의 넓이(cm^2)
㉠	3	27
㉡	6	
㉢		

(2) □ 안에 알맞은 수를 써넣으세요.

반지름이 2배, 3배가 되면 원의 넓이는 □배, □배가 됩니다.

2 색칠한 부분의 넓이를 구하려고 합니다. □ 안에 알맞은 수를 써넣으세요. (원주율: 3)

(1)

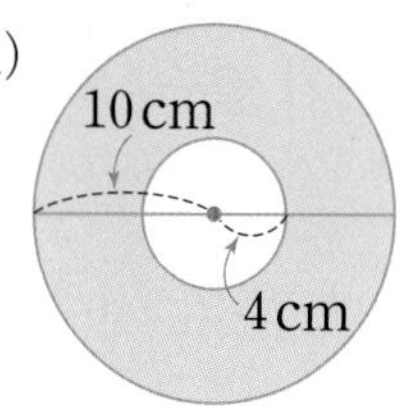

(색칠한 부분의 넓이)
$=10\times10\times3-\square\times\square\times3$
$=300-\square=\square\,(cm^2)$

(2)

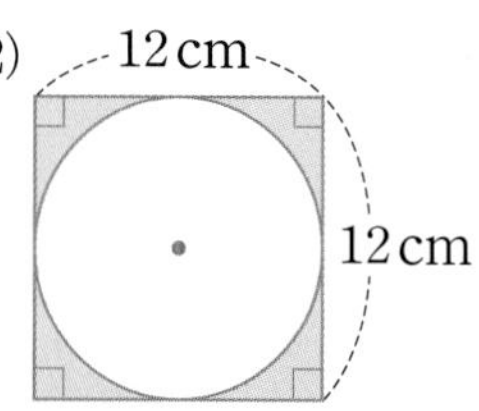

(색칠한 부분의 넓이)
$=12\times12-\square\times\square\times3$
$=144-\square=\square\,(cm^2)$

문제 학습

1 원주와 지름의 관계, 원주율

- 원의 둘레를 원주라고 합니다. 원의 지름이 길어지면 원주도 길어집니다.
- 원의 지름에 대한 원주의 비율을 원주율이라고 합니다.

(원주율)=(원주)÷(지름)

원의 크기와 관계없이 원주율은 변하지 않습니다.

1

도자기 공예 체험 시간에 만든 원 모양의 접시입니다. 접시를 보고 설명이 맞으면 ○표, 틀리면 ×표 하세요.

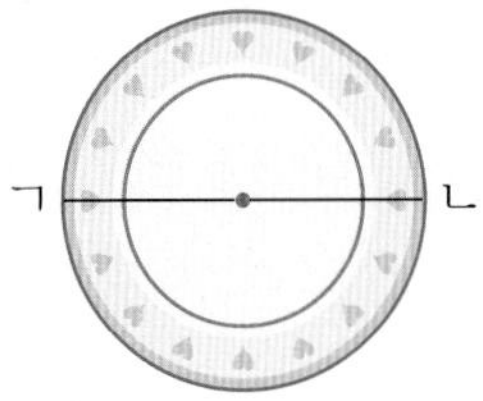

(1) 원의 중심을 지나는 선분 ㄱㄴ은 파란색 원의 지름입니다. (　　　)

(2) 한 원에서 원주와 지름의 길이가 같습니다. (　　　)

(3) 파란색 원의 원주율과 초록색 원의 원주율은 같습니다. (　　　)

2

원주율을 소수로 나타낸 것입니다. 원주율을 반올림하여 주어진 자리까지 나타내세요.

3.1415926535⋯

일의 자리	소수 첫째 자리	소수 둘째 자리

[3-6] 한 변의 길이가 1 cm인 정육각형, 지름이 2 cm인 원, 한 변의 길이가 2 cm인 정사각형을 보고 물음에 답하세요.

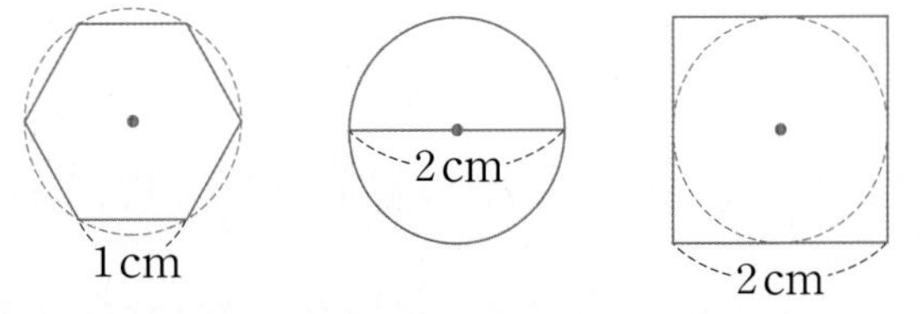

3

정육각형의 둘레를 그림에 ━ 으로 표시하고, □ 안에 알맞은 수를 써넣으세요.

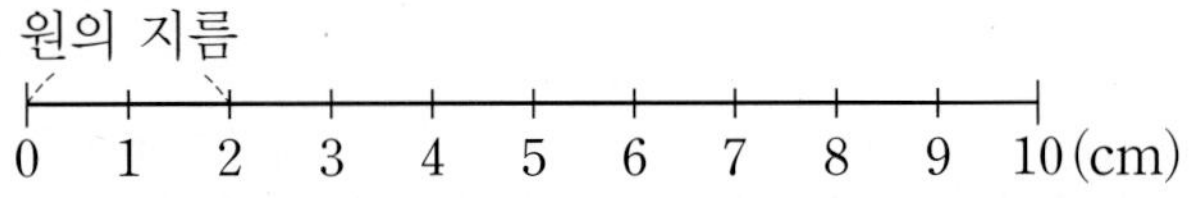

(정육각형의 둘레)=(원의 지름)×□

4

정사각형의 둘레를 그림에 ━ 으로 표시하고, □ 안에 알맞은 수를 써넣으세요.

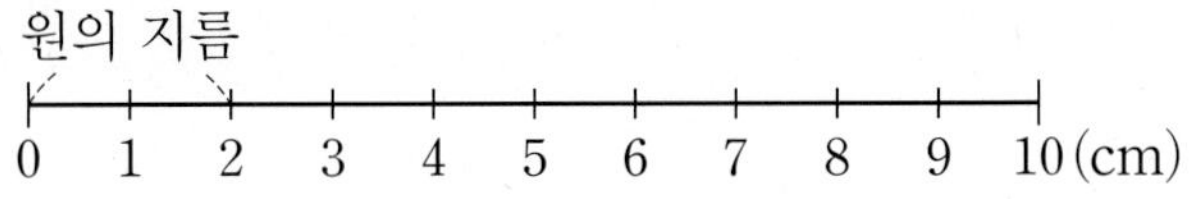

(정사각형의 둘레)=(원의 지름)×□

5

정육각형과 정사각형의 둘레를 보고 □ 안에 알맞은 수를 써넣으세요.

(원의 지름)×□<(원주)

(원주)<(원의 지름)×□

6

지름이 2 cm인 원의 원주는 몇 cm쯤 될지 어림하여 쓰세요.

(　　　　　)

7

지름이 4 cm인 원의 원주와 가장 비슷한 길이를 찾아 기호로 쓰세요.

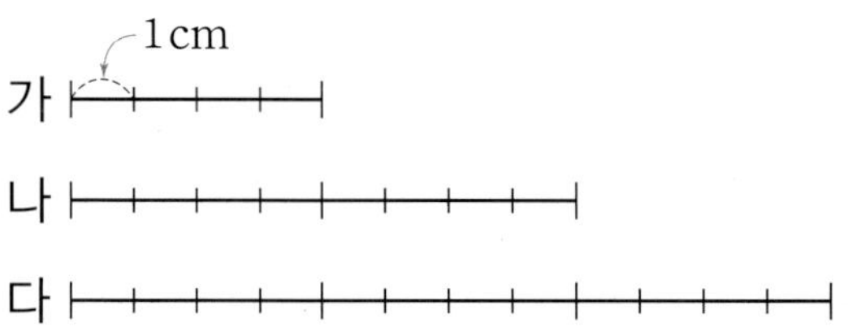

(　　　　　　　　)

8 10종 교과서

바르게 말한 사람을 모두 찾아 이름을 쓰세요.

예은: 지름은 원 위의 두 점을 이은 선분 중 가장 짧은 선분이야.
승호: 원주율은 끝없이 이어지기 때문에 3, 3.1, 3.14 등으로 어림해서 사용해.
준서: 원의 지름이 길어지면 원주는 짧아져.
민지: (원주율)=(원주)÷(지름)이야.

(　　　　　　　　)

9

바퀴의 원주와 지름입니다. (원주)÷(지름)의 몫을 반올림하여 주어진 자리까지 나타내세요.

원주: 81.68 cm
지름: 26 cm

소수 첫째 자리	
소수 둘째 자리	

10

원주가 가장 긴 원을 찾아 기호를 쓰세요.

㉠ 지름이 5 cm인 원
㉡ 지름이 8 cm인 원
㉢ 지름이 14 cm인 원

(　　　　　　　　)

11

두 원의 (원주)÷(지름)을 비교하여 ○ 안에 >, =, <를 알맞게 써넣으세요.

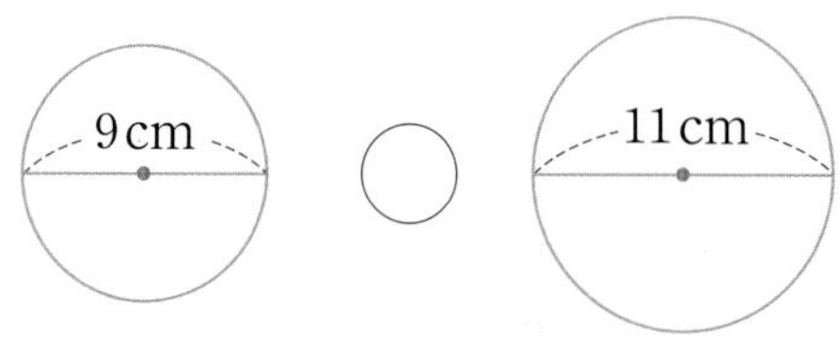

원주: 28.26 cm　　원주: 34.54 cm

12 10종 교과서

원 모양인 피자, 김밥, 도넛의 원주와 지름입니다. 각 음식의 원주율을 각각 계산하여 □ 안에 써넣고, 원주율에 대해 알 수 있는 점을 쓰세요.

원주: 125.6 cm　지름: 40 cm　□

원주: 18.84 cm　지름: 6 cm　□

원주: 31.4 cm　지름: 10 cm　□

알 수 있는 점

문제 학습

2 원주와 지름 구하기

지름을 알 때 원주 구하기

(원주)=(지름)×(원주율)

=(반지름)×2×(원주율)

원주를 알 때 지름 구하기

(지름)=(원주)÷(원주율)

1

원주는 몇 cm인지 구하세요. (원주율: 3.14)

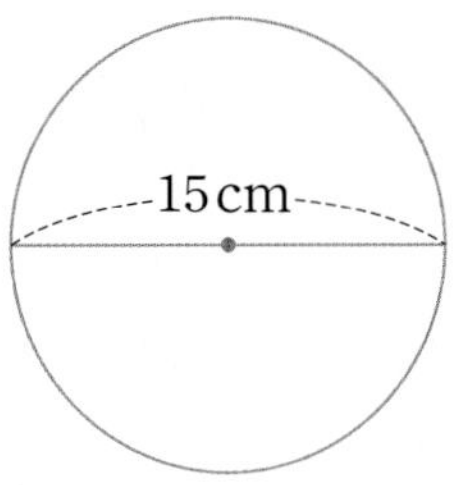

(　　　　　　　　)

2

원주가 37.2cm인 원의 반지름은 몇 cm인지 구하세요. (원주율: 3.1)

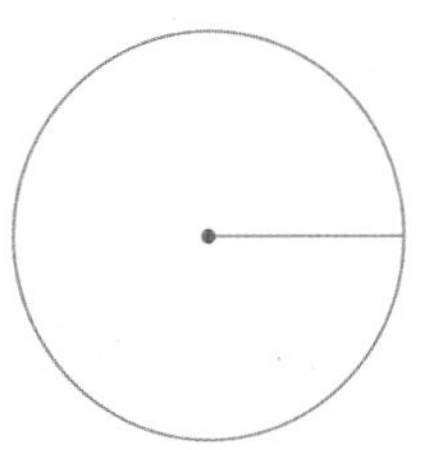

(　　　　　　　　)

3

프로펠러의 길이가 5cm인 드론이 있습니다. 프로펠러 한 개가 돌 때 생기는 원의 원주는 몇 cm인지 구하세요. (원주율: 3)

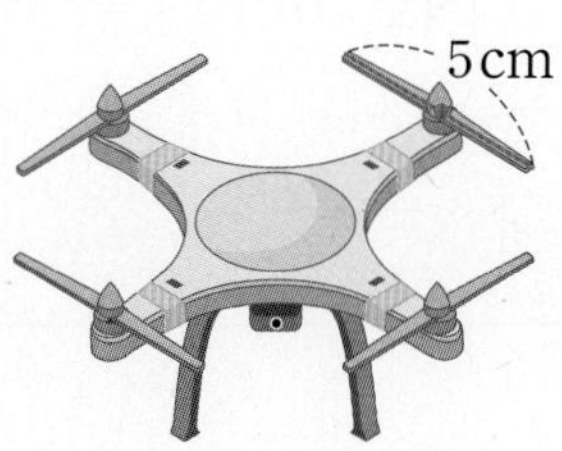

(　　　　　　　　)

4 10종 교과서

길이가 93cm인 종이띠를 겹치지 않게 붙여서 원을 한 개 만들었습니다. 만든 원의 지름은 몇 cm인지 구하세요. (원주율: 3.1)

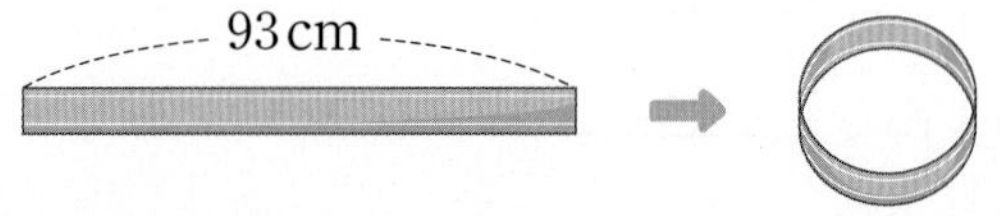

(　　　　　　　　)

5

두 원의 원주의 합은 몇 cm인지 구하세요.

(원주율: 3.14)

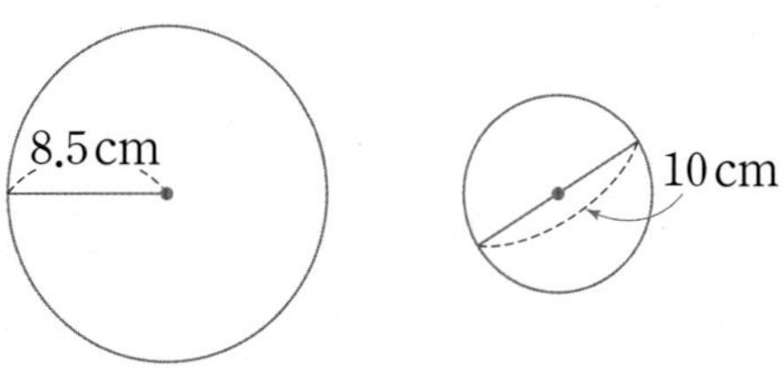

(　　　　　　　　)

6 10종 교과서

설아와 현우는 원 모양의 훌라후프를 돌리고 있습니다. 설아의 훌라후프는 바깥쪽 지름이 85cm이고, 현우의 훌라후프는 바깥쪽 원주가 248cm입니다. 훌라후프가 더 큰 사람의 이름을 쓰세요. (원주율: 3.1)

(　　　　　　　　)

7

큰 원을 그린 사람부터 차례로 이름을 쓰세요.

(원주율: 3)

(　　　　　　　　　　　　　　　)

8

원주가 109.9 cm인 원 모양의 로봇 청소기를 밑면이 정사각형 모양인 사각기둥 모양의 상자에 담으려고 합니다. 상자의 밑면의 한 변의 길이는 적어도 몇 cm이어야 하는지 구하세요. (단, 상자의 두께는 생각하지 않습니다.) (원주율: 3.14)

(　　　　　　　　　　)

9

큰 원의 원주가 111.6 cm일 때 작은 원의 지름은 몇 cm인지 구하세요. (원주율: 3.1)

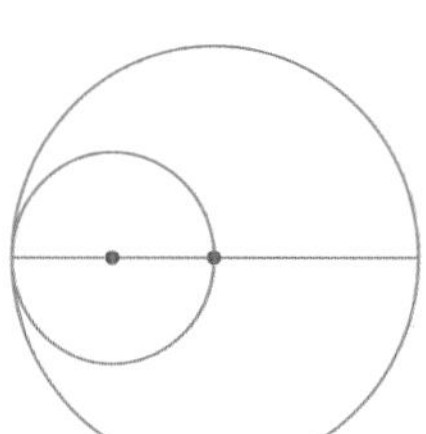

(　　　　　　　　　　)

10

바퀴의 지름이 25 m인 대관람차에 5 m 간격으로 관람차가 매달려 있습니다. 모두 몇 대의 관람차가 매달려 있는지 구하세요. (원주율: 3)

(　　　　　　　　　　)

11

지름이 50 cm인 원 모양의 바퀴 자*를 사용하여 집에서 학교까지의 거리를 알아보려고 합니다. 바퀴가 100바퀴 굴러갔다면 집에서 학교까지의 거리는 몇 cm인지 구하세요.

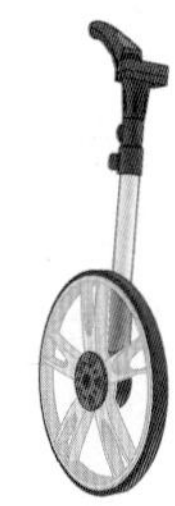

*바퀴 자: 바퀴가 굴러간 거리를 재는 자 (원주율: 3.14)

(　　　　　　　　　　)

12 10종 교과서

지름이 65 cm인 원 모양의 굴렁쇠를 몇 바퀴 굴렸더니 앞으로 780 cm만큼 나아갔습니다. 굴렁쇠를 몇 바퀴 굴린 것인지 구하세요. (원주율: 3)

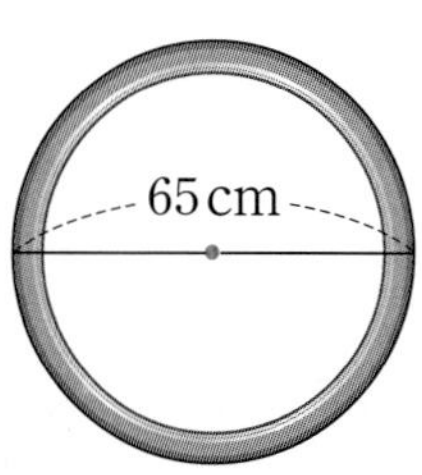

(　　　　　　　　　　)

문제 학습

3 원의 넓이 어림하기, 원의 넓이 구하기

> 모눈종이를 이용하여 원의 넓이를 어림할 수 있습니다.

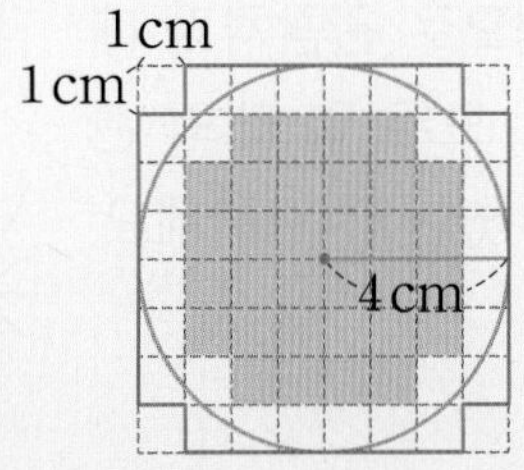

파란색 모눈의 넓이

$32\,\text{cm}^2 <$ (원의 넓이)

(원의 넓이) $< 60\,\text{cm}^2$

빨간색 선 안쪽 모눈의 넓이

> (원의 넓이)=(반지름)×(반지름)×(원주율)

1

초록색 모눈과 빨간색 선 안쪽 모눈의 넓이를 구하여 반지름이 5 cm인 원의 넓이를 어림하려고 합니다. □ 안에 알맞은 수를 써넣으세요.

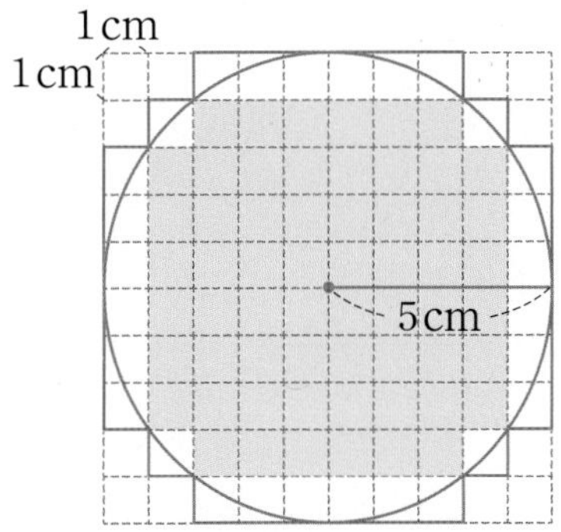

□ $\text{cm}^2 <$ (원의 넓이)

(원의 넓이) $<$ □ cm^2

2

원을 한없이 잘라서 이어 붙여 직사각형을 만들었습니다. □ 안에 알맞은 수를 써넣으세요. (원주율: 3.1)

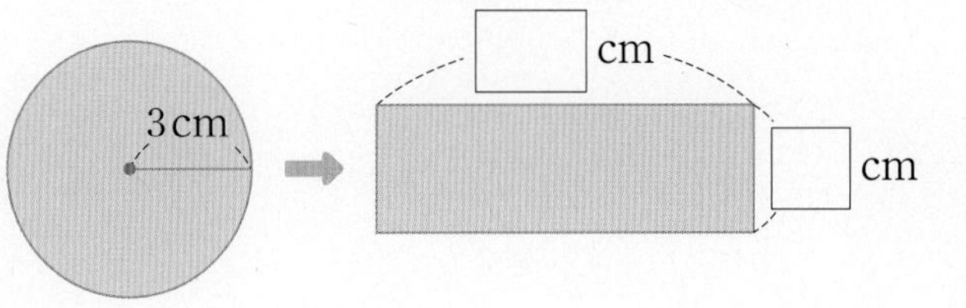

3

원의 넓이는 몇 cm^2인지 구하세요. (원주율: 3)

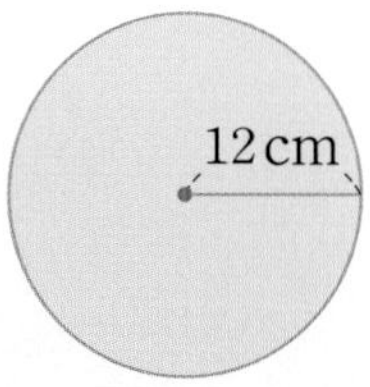

(   )

4

원 모양 표지판의 넓이는 몇 cm^2인지 구하세요.

(원주율: 3.1)

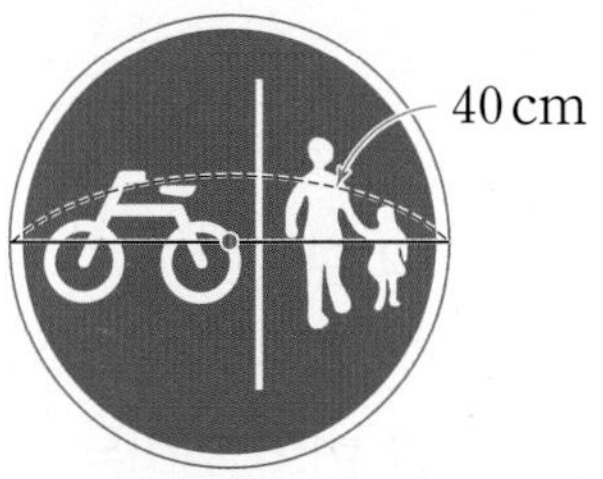

(   )

5

정육각형의 넓이를 이용하여 원의 넓이를 어림하려고 합니다. 삼각형 ㄱㅇㄴ의 넓이가 $32\,\text{cm}^2$, 삼각형 ㄷㅇㄹ의 넓이가 $24\,\text{cm}^2$라고 할 때 원의 넓이를 어림하세요.

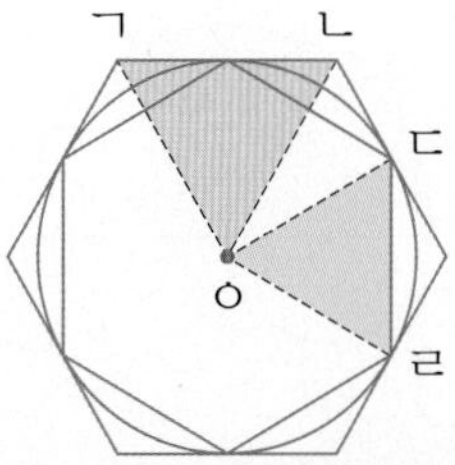

(   )

6

두 원의 넓이의 차는 몇 cm^2인지 구하세요.

(원주율: 3.1)

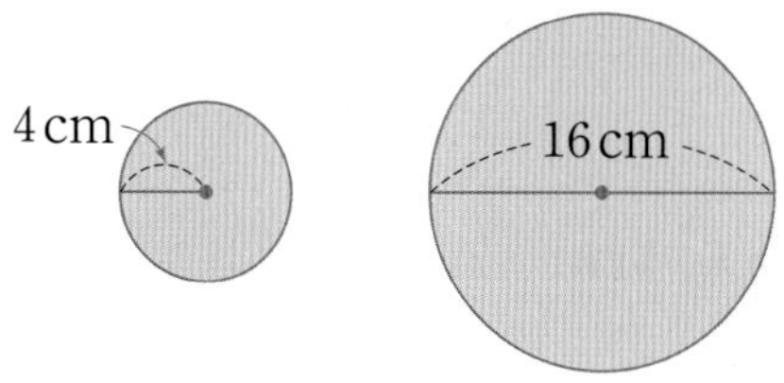

(　　　　　　　　　　)

7 10종 교과서

넓이가 넓은 원부터 차례로 기호를 쓰세요. (원주율: 3)

㉠ 지름이 22 cm인 원
㉡ 반지름이 14 cm인 원
㉢ 넓이가 300 cm^2인 원

(　　　　　　　　　　)

8 10종 교과서

직사각형 모양의 종이를 잘라 만들 수 있는 가장 큰 원의 넓이는 몇 cm^2인지 구하세요. (원주율: 3.1)

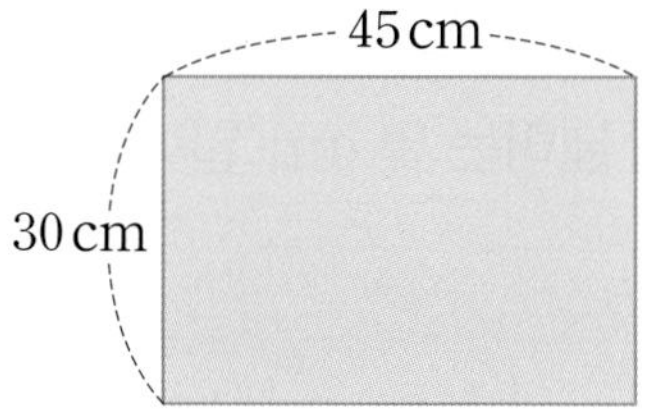

(　　　　　　　　　　)

9

원의 넓이가 254.34 cm^2일 때, □ 안에 알맞은 수를 써넣으세요. (원주율: 3.14)

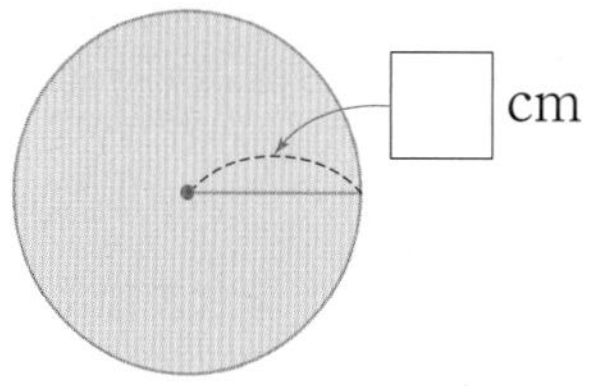

10

작은 원의 넓이는 몇 cm^2인지 구하세요. (원주율: 3.1)

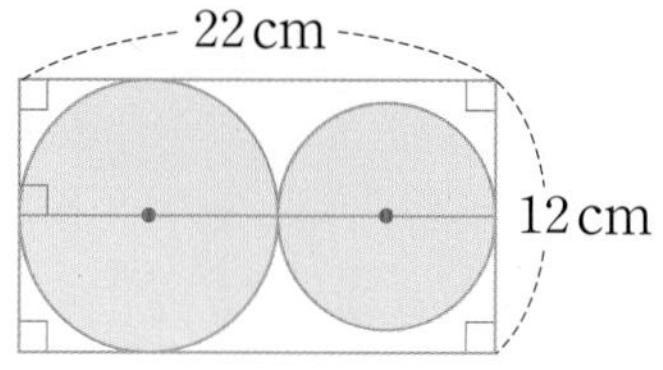

(　　　　　　　　　　)

11 10종 교과서

원주가 다음과 같은 원의 넓이는 몇 cm^2일까요?

(원주율: 3.14)

원주: 157 cm

(　　　　　　　　　　)

문제 학습

4 원의 넓이 활용하기

원의 넓이를 이용하여 색칠한 부분의 넓이를 구할 수 있습니다.

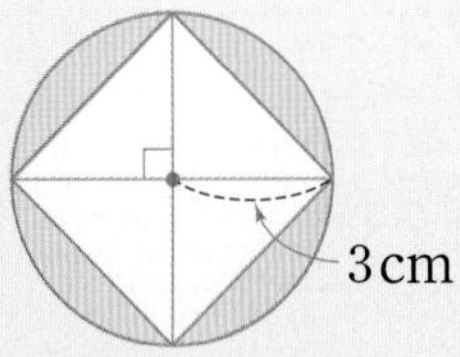

(원주율: 3)

(색칠한 부분의 넓이)
=(원의 넓이)
−(마름모의 넓이)
$=3\times3\times3-6\times6\div2$
$=27-18=9(cm^2)$

1

색칠한 부분의 넓이는 몇 cm^2인지 구하세요. (원주율: 3.14)

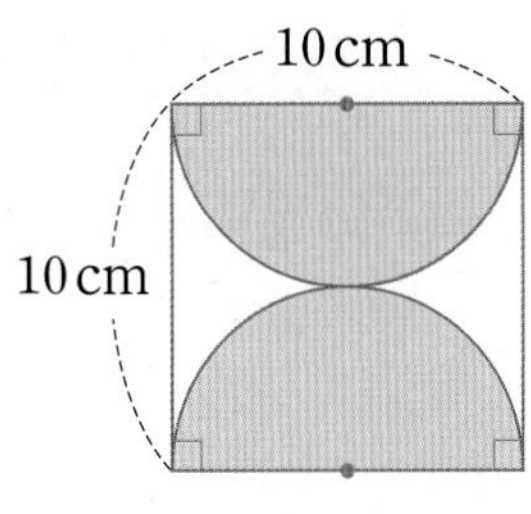

( )

2

반지름이 12 m인 원 모양의 땅에 폭이 4 m인 길 안쪽으로 꽃밭을 만들었습니다. 꽃밭의 넓이는 몇 m^2인지 구하세요. (원주율: 3)

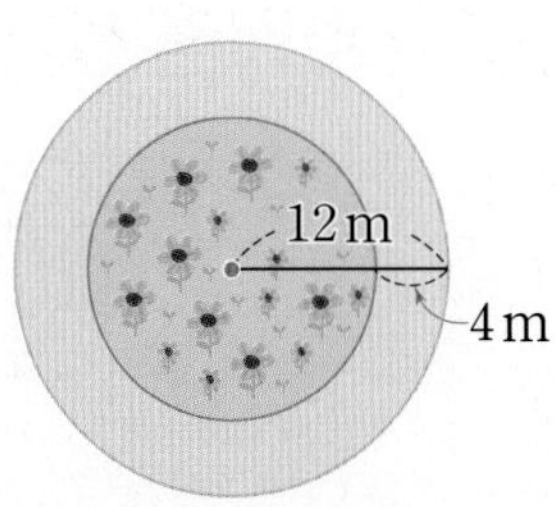

( )

3

➕ 10종 교과서

원 ㉮의 반지름은 5 cm이고, 원 ㉯의 반지름은 원 ㉮의 반지름의 4배입니다. 원 ㉯의 넓이는 원 ㉮의 넓이의 몇 배인지 구하세요. (원주율: 3)

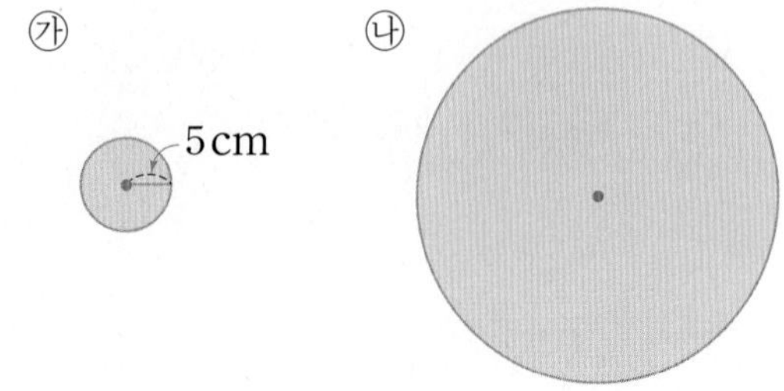

( )

4

도형의 넓이를 구하려고 합니다. □ 안에 알맞은 수를 써넣고, 넓이는 몇 m^2인지 구하세요. (원주율: 3.14)

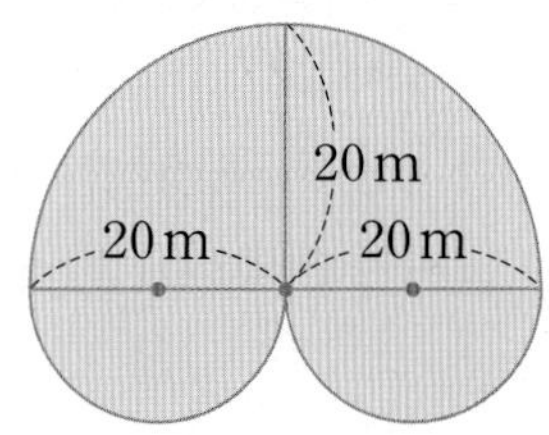

도형의 넓이는 반지름이 □ m인 원의 절반과 반지름이 10 m인 원 □ 개의 넓이의 합과 같습니다.

( )

5

색칠한 부분의 넓이는 몇 cm^2일까요? (원주율: 3.1)

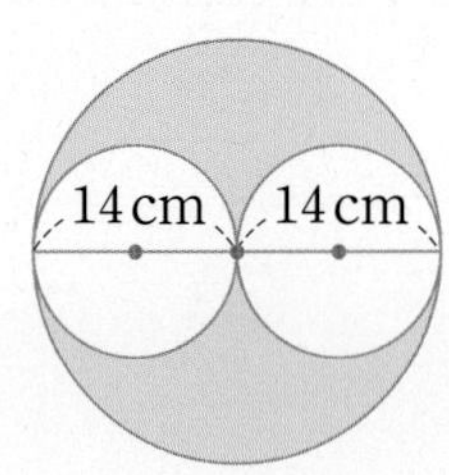

( )

6

색칠한 부분의 넓이는 몇 cm^2일까요? (원주율: 3.1)

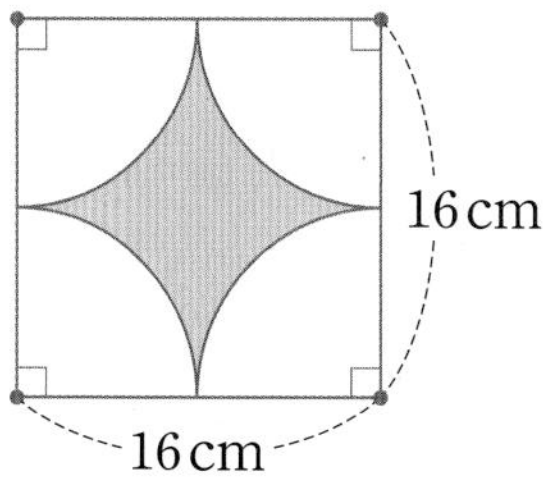

(　　　　　　　　)

7

종이를 다음과 같이 오렸을 때, 종이의 넓이는 몇 cm^2인지 구하세요. (원주율: 3)

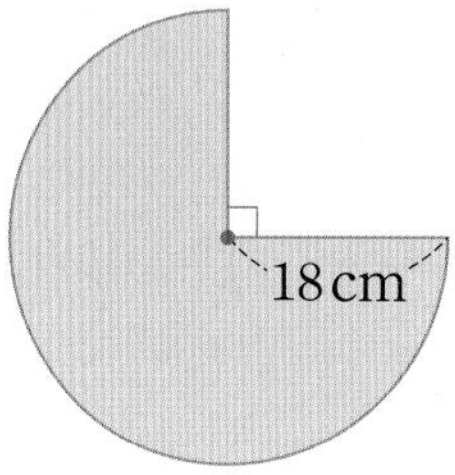

(　　　　　　　　)

8 ⊕ 10종 교과서

색칠한 부분의 넓이는 몇 cm^2인지 구하세요.

(원주율: 3.14)

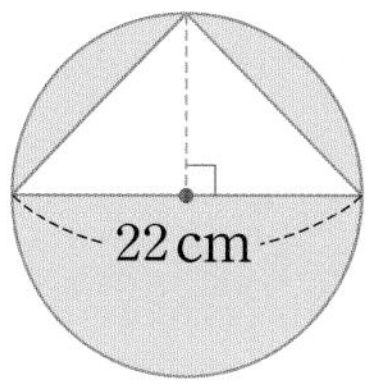

(　　　　　　　　)

9

과녁 그림을 보고 빨간색이 칠해진 부분의 넓이는 몇 cm^2인지 구하세요. (원주율: 3)

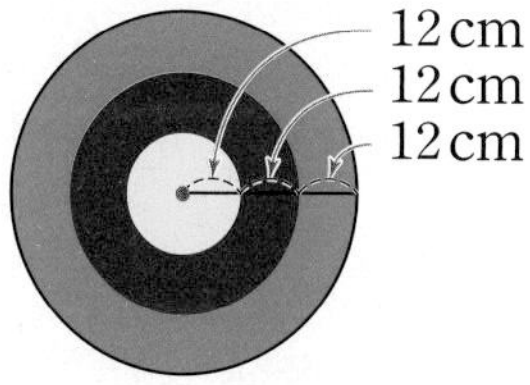

(　　　　　　　　)

10

색칠한 부분의 넓이는 몇 cm^2인지 구하세요.

(원주율: 3.1)

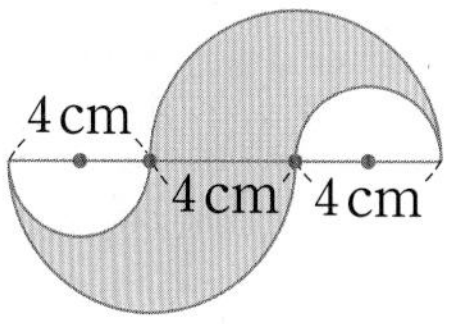

(　　　　　　　　)

11

색칠한 부분의 넓이가 나머지와 다른 하나를 찾아 기호를 쓰세요. (원주율: 3)

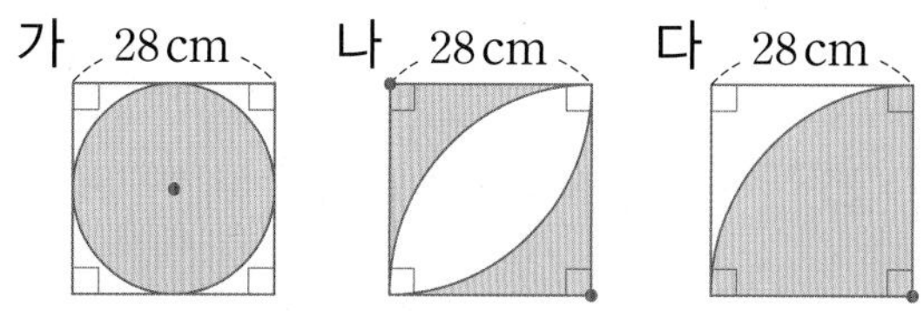

(　　　　　　　　)

응용 학습

문제 강의

1 원의 넓이를 알 때 원주 구하기

● 정답 36쪽

오른쪽 원의 넓이가 $523.9\,cm^2$일 때 원주는 몇 cm인지 구하세요. (원주율: 3.1)

1단계 원의 반지름 구하기

(   )

2단계 원주 구하기

(   )

문제해결 tip 먼저 원의 넓이를 이용하여 반지름을 구합니다.

1·1 오른쪽 원의 넓이가 $706.5\,cm^2$일 때 원주는 몇 cm인지 구하세요. (원주율: 3.14)

(   )

1·2 오른쪽과 같이 넓이가 $243\,cm^2$인 원반을 3바퀴 굴렸습니다. 원반이 굴러간 거리는 몇 cm인지 구하세요. (원주율: 3)

(   )

2 색칠한 부분의 둘레 구하기

● 정답 37쪽

색칠한 부분의 둘레는 몇 cm인지 구하세요. (원주율: 3)

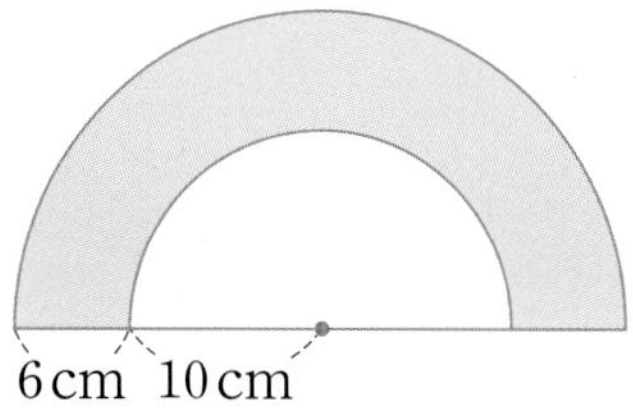

1단계 곡선 부분의 길이의 합 구하기

( )

2단계 직선 부분의 길이의 합 구하기

( )

3단계 색칠한 부분의 둘레 구하기

( )

문제해결 tip 색칠한 부분의 둘레를 곡선 부분과 직선 부분으로 나누어 생각합니다.

2·1 색칠한 부분의 둘레는 몇 cm인지 구하세요. (원주율: 3.14)

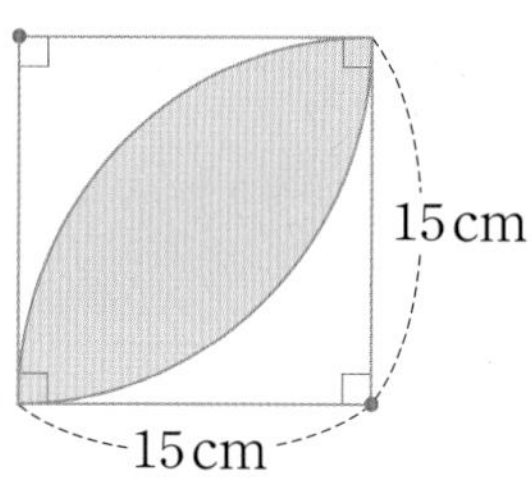

( )

2·2 두 도형에서 색칠한 부분의 둘레의 차는 몇 cm인지 구하세요. (원주율: 3.1)

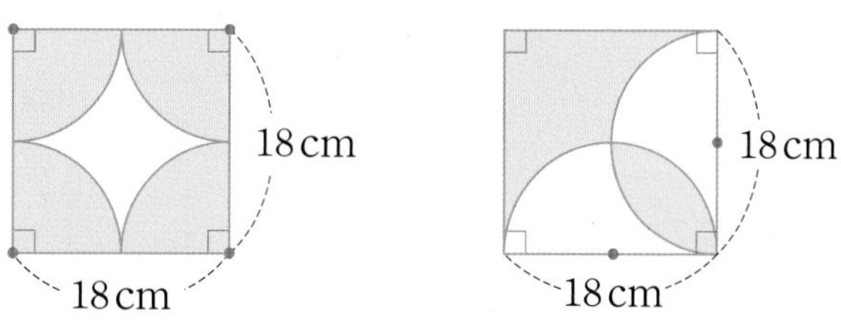

( )

응용 학습

문제 강의

3 둘레를 이용하여 넓이 구하기

● 정답 37쪽

큰 원의 원주가 37.68 cm일 때 색칠한 부분의 넓이는 몇 cm^2인지 구하세요.
(원주율: 3.14)

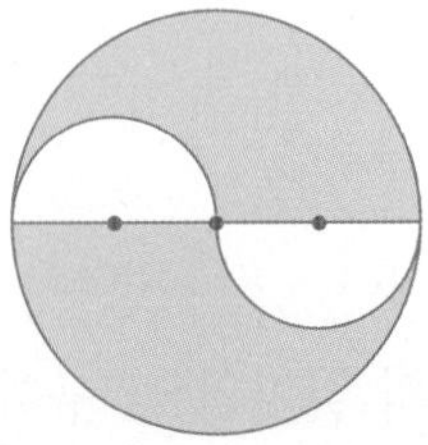

1단계 큰 원의 지름 구하기

(　　　　　　　　　)

2단계 색칠한 부분의 넓이 구하기

(　　　　　　　　　)

문제해결 tip 먼저 원주를 이용하여 원의 지름을 구합니다.

3·1 도형의 둘레가 73.4 m일 때 도형의 넓이는 몇 m^2인지 구하세요. (원주율: 3.1)

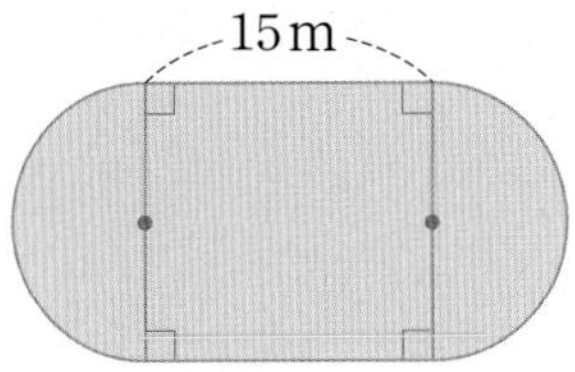

(　　　　　　　　　)

3·2 색칠한 부분의 둘레가 170 cm일 때 색칠한 부분의 넓이는 몇 cm^2인지 구하세요.
(원주율: 3)

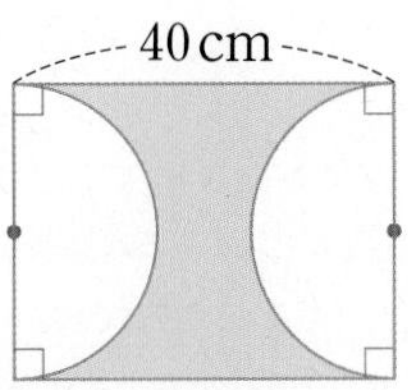

(　　　　　　　　　)

4 사용한 끈의 길이 구하기

● 정답 37쪽

반지름이 9 cm인 원 3개를 그림과 같이 끈으로 겹치지 않게 한 번 묶었습니다. 사용한 끈의 길이는 몇 cm인지 구하세요. (단, 매듭의 길이는 생각하지 않습니다.) (원주율: 3.1)

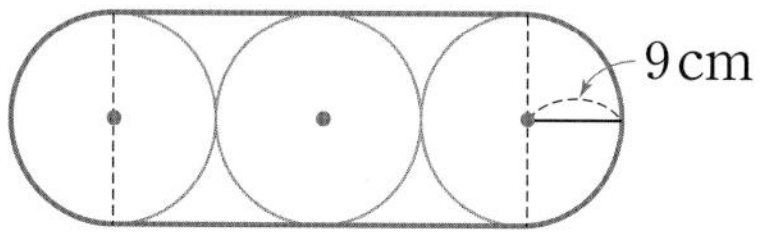

1단계 곡선 부분의 길이의 합 구하기

( )

2단계 직선 부분의 길이의 합 구하기

( )

3단계 사용한 끈의 길이 구하기

( )

문제해결 tip 사용한 끈의 길이를 곡선 부분과 직선 부분으로 나누어 생각합니다.

4·1 반지름이 15 cm인 원 모양의 그릇 4개를 그림과 같이 끈으로 겹치지 않게 한 번 묶었습니다. 사용한 끈의 길이는 몇 cm인지 구하세요. (단, 매듭의 길이는 생각하지 않습니다.) (원주율: 3.14)

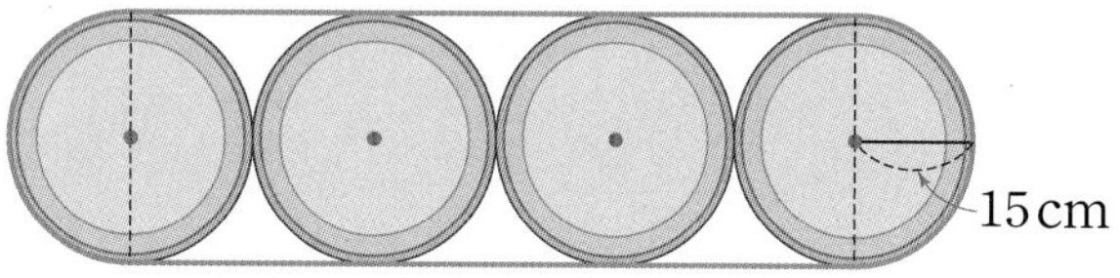

( )

4·2 오른쪽과 같이 반지름이 10 cm인 원 3개를 끈으로 겹치지 않게 한 번 묶었습니다. 매듭으로 사용한 끈의 길이가 15 cm라면 사용한 끈의 길이는 몇 cm인지 구하세요.

(원주율: 3)

( )

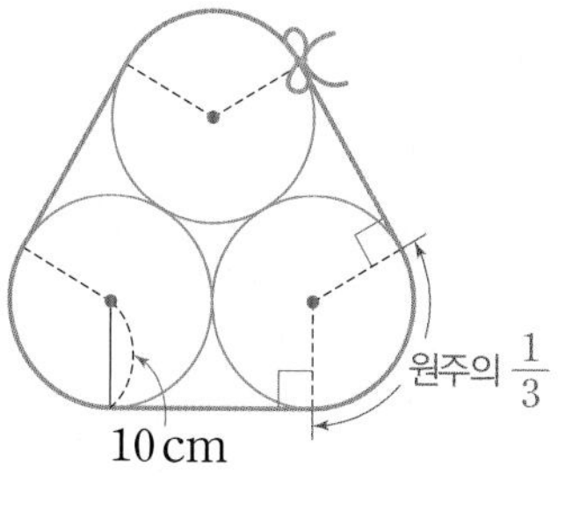

5 단원

교과서 통합 핵심 개념

5 원의 넓이

● 정답 38쪽

- 원의 둘레를 원주라고 합니다.
- 원주율을 소수로 나타내면 3.141592653…과 같이 끝없이 이어지므로 필요에 따라 3, 3.1, 3.14 등으로 어림하여 사용하기도 합니다.

❶ 원주와 지름의 관계, 원주율

- 원의 지름이 길어지면 원주는 (짧아집니다 , 길어집니다).
- 원의 지름에 대한 원주의 비율을 원주율이라고 합니다.

(원주율)=(원주)÷(□)

- (원주)=(지름)×(원주율)
- (지름)=(원주)÷(원주율)

❷ 원주와 지름 구하기

- 지름이 8 cm인 원의 원주 구하기 (원주율: 3.1)

➡ (원주)=□×3.1=□(cm)

- 원주가 21.7 cm인 원의 지름 구하기 (원주율: 3.1)

➡ (지름)=□÷3.1=□(cm)

(원의 넓이)
=(반지름)×(반지름)
×(원주율)

❸ 원의 넓이 어림하기, 원의 넓이 구하기

- 원의 넓이 어림하기

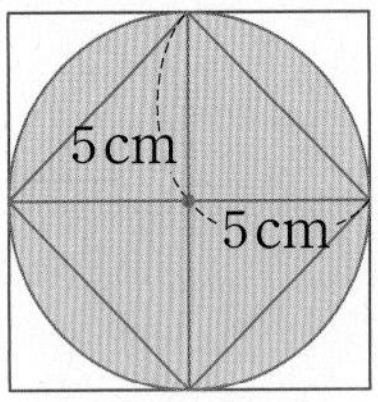

원 안에 있는 정사각형의 넓이

□ cm^2 < (원의 넓이)

(원의 넓이) < □ cm^2

원 밖에 있는 정사각형의 넓이

- 반지름이 4 cm인 원의 넓이 구하기 (원주율: 3.1)

➡ (넓이)=4×□×3.1=□(cm^2)

원의 넓이를 이용하여 색칠한 부분의 넓이를 구할 수 있습니다.

❹ 여러 가지 원의 넓이 구하기

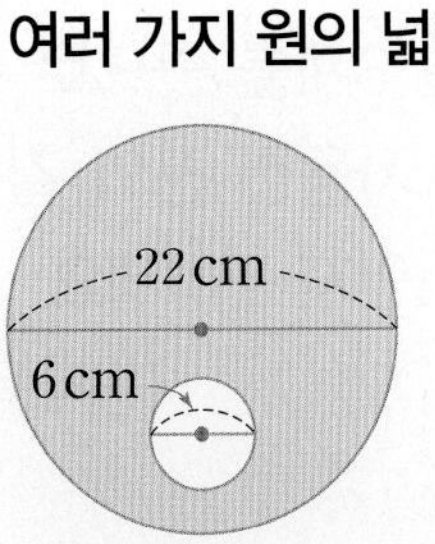

(원주율: 3)

(색칠한 부분의 넓이)
=(큰 원의 넓이)−(작은 원의 넓이)
=11×11×3−□×□×3
=363−□=□(cm^2)

5. 원의 넓이

정답 38쪽

1

□ 안에 알맞은 말을 써넣으세요.

원의 둘레를 □(이)라고 합니다.

2

원주는 지름의 몇 배인지 구하세요.

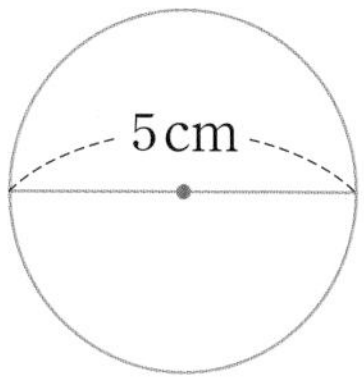

원주: 15.7 cm

(   )

3

원주를 구하려고 합니다. □ 안에 알맞은 수를 써넣으세요. (원주율: 3)

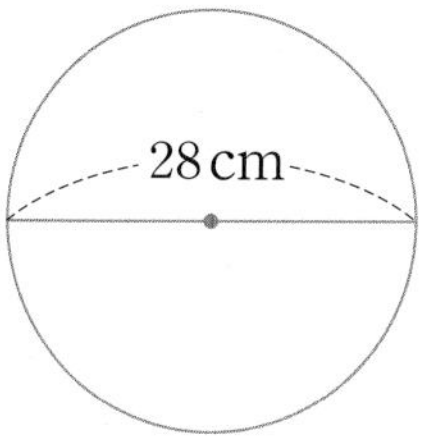

(원주)=□×□=□(cm)

4

반지름이 9 m인 원의 넓이를 어림하려고 합니다. □ 안에 알맞은 수를 써넣으세요.

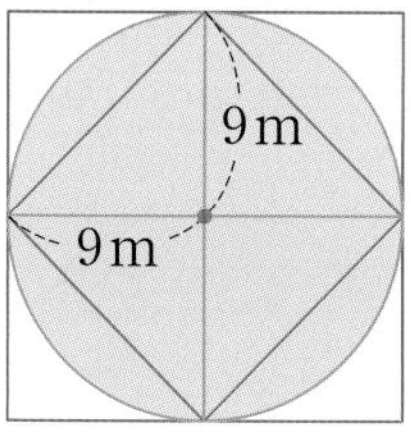

원의 넓이는 원 안에 있는 정사각형의 넓이인 □ m^2보다 넓고, 원 밖에 있는 정사각형의 넓이인 □ m^2보다 좁습니다.

5

원을 한없이 잘라서 이어 붙여 직사각형을 만들었습니다. □ 안에 알맞은 수를 써넣고, 원의 넓이는 몇 cm^2인지 구하세요. (원주율: 3)

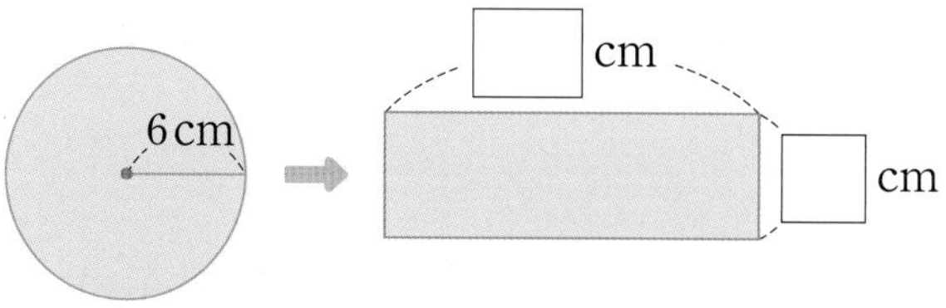

(   )

6

원의 넓이는 몇 cm^2인지 구하세요. (원주율: 3.14)

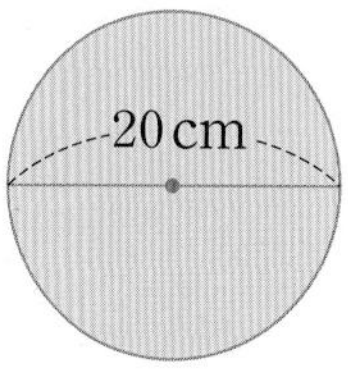

(   )

7 서술형

설명이 틀린 것을 찾아 기호를 쓰고, 바르게 고치세요.

㉠ (원주율)=(원주)÷(지름)입니다.
㉡ 지름이 길어지면 원주율은 작아집니다.
㉢ 원주율은 3, 3.1, 3.14 등으로 사용합니다.

답

바르게 고치기

8

컴퍼스의 침과 연필심 사이의 거리를 8 cm만큼 벌려서 원을 그렸습니다. 그린 원의 원주는 몇 cm인지 구하세요. (원주율: 3.1)

( )

9

원주가 51 cm인 원의 지름은 몇 cm인지 구하세요. (원주율: 3)

( )

10

원 모양의 액자의 지름과 원주를 나타낸 것입니다. (원주)÷(지름)을 비교하여 알맞은 말에 ○표 하세요.

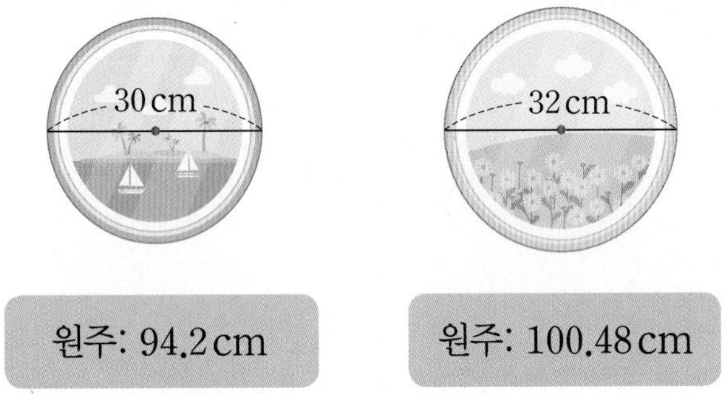

두 액자의 (원주)÷(지름)은 (같습니다 , 다릅니다).

11

모눈을 이용하여 반지름이 6 cm인 원의 넓이를 어림하세요.

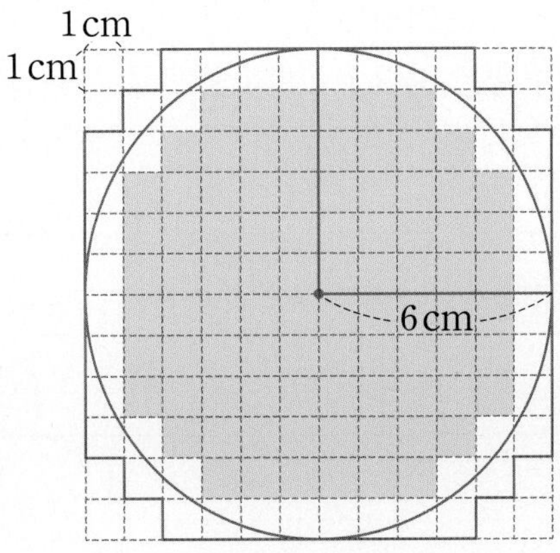

( )

12

넓이가 가장 넓은 원을 찾아 기호를 쓰세요. (원주율: 3.14)

㉠ 지름이 16 cm인 원
㉡ 반지름이 11 cm인 원
㉢ 넓이가 254.34 cm^2인 원

( )

13 서술형

가로 35 cm, 세로 26 cm인 직사각형 모양의 종이를 잘라 만들 수 있는 가장 큰 원의 넓이는 몇 cm^2인지 해결 과정을 쓰고, 답을 구하세요. (원주율: 3.1)

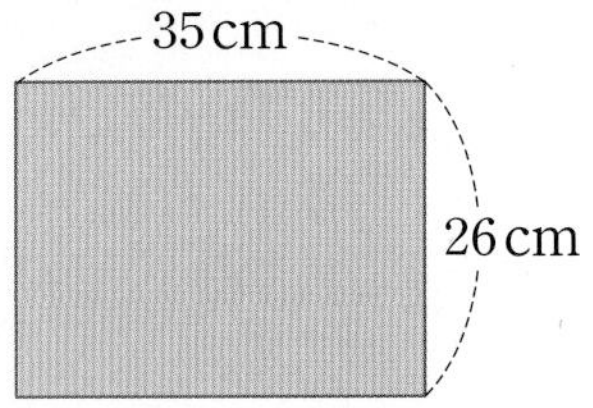

( )

14

둘레가 30 cm인 원 모양의 컵 받침입니다. 컵 받침의 넓이는 몇 cm^2인지 구하세요. (원주율: 3)

( )

15

색칠한 부분의 넓이는 몇 cm^2인지 구하세요.

(원주율: 3.1)

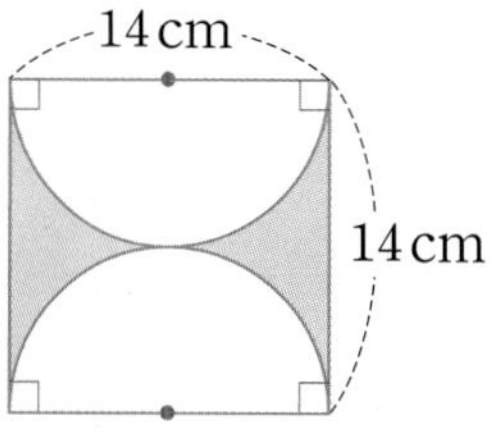

(　　　　　　　　)

16

지름이 40 m인 원 모양의 호수 둘레에 8 m 간격으로 가로수를 심으려고 합니다. 가로수는 몇 그루 필요한지 구하세요. (단, 가로수의 두께는 생각하지 않습니다.)

(원주율: 3)

(　　　　　　　　)

17

색칠한 부분의 둘레는 몇 m일까요? (원주율: 3.14)

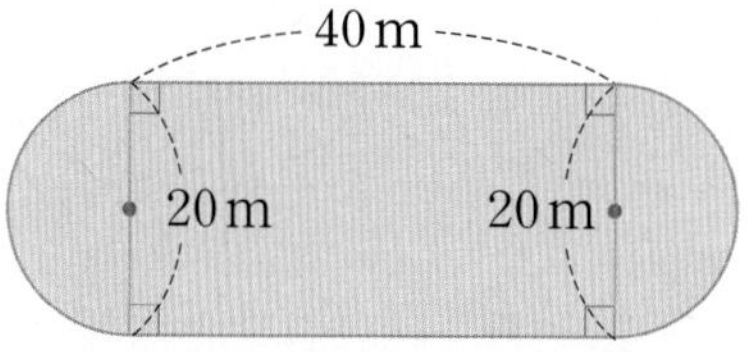

(　　　　　　　　)

18 서술형

넓이가 432 cm^2인 원의 원주는 몇 cm인지 해결 과정을 쓰고, 답을 구하세요. (원주율: 3)

(　　　　　　　　)

19

색칠한 부분의 둘레와 넓이를 차례로 구하세요.

(원주율: 3.14)

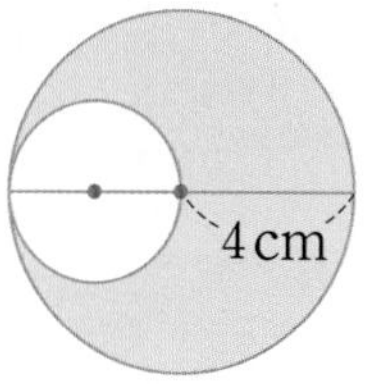

둘레 (　　　　　　　　)

넓이 (　　　　　　　　)

20

반지름이 30 cm인 원 모양의 나무 조각 4개를 오른쪽 그림과 같이 끈으로 겹치지 않게 한 번 묶었습니다. 사용한 끈의 길이는 몇 cm인지 구하세요. (단, 매듭의 길이는 생각하지 않습니다.)

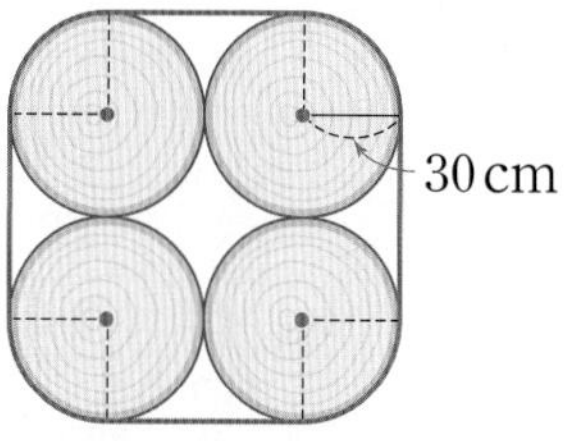

(원주율: 3.1)

(　　　　　　　　)

다른 그림을 찾아보세요.

정답 45쪽

다른 곳이 15군데 있어요.

6

원기둥, 원뿔, 구

▶ 학습을 완료하면 V표를 하면서 학습 진도를 체크해요.

	개념학습				문제학습		
백점 쪽수	140	141	142	143	144	145	146
확인							

	문제학습					응용학습	
백점 쪽수	147	148	149	150	151	152	153
확인							

	응용학습		단원평가			
백점 쪽수	154	155	156	157	158	159
확인						

1 원기둥

정답 39쪽

원기둥: 아래 도형과 같이 위와 아래에 있는 면이 서로 평행하고 합동인 원으로 이루어진 입체도형
(위와 아래에 있는 면: 마주 보는 두 면)

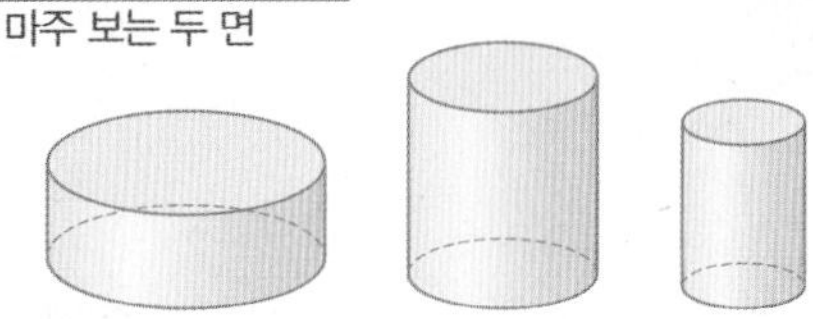

원기둥의 구성 요소

- 밑면: 서로 평행하고 합동인 두 면
- 옆면: 두 밑면과 만나는 면 → 원기둥의 옆면은 굽은 면이에요.
- 높이: 두 밑면에 수직인 선분의 길이

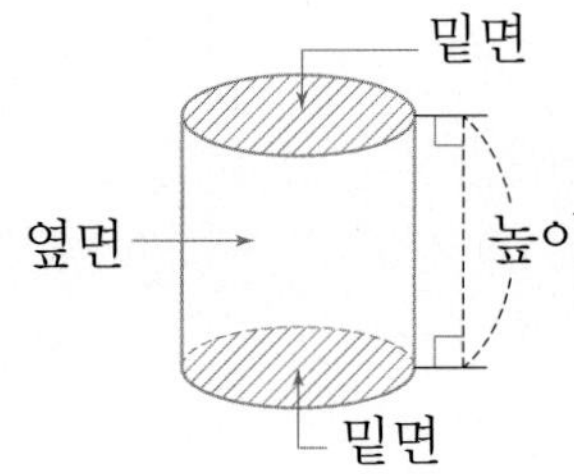

개념 강의

- 직사각형 모양의 종이를 한 변을 기준으로 한 바퀴 돌리면 원기둥이 됩니다.

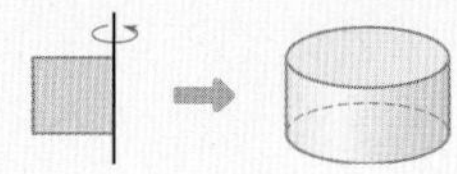

1 원기둥이면 ○표, 원기둥이 아니면 ×표 하세요.

(1)

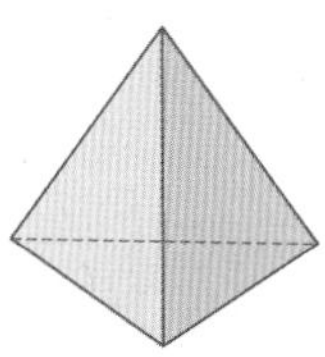
(　　　)

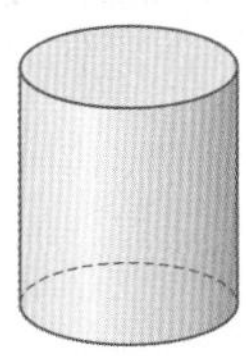
(　　　)

(2)

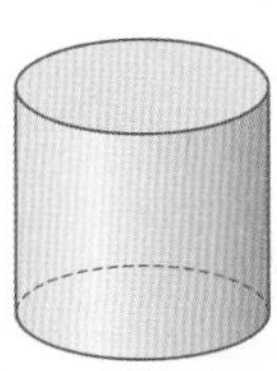
(　　　)

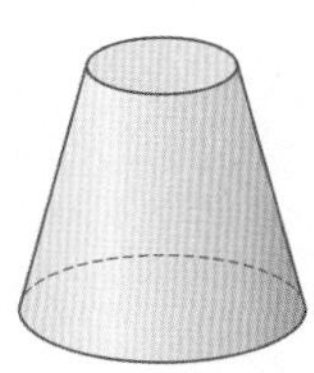
(　　　)

(3)

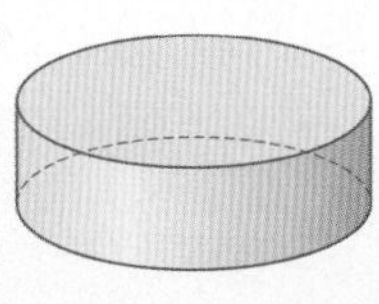
(　　　)

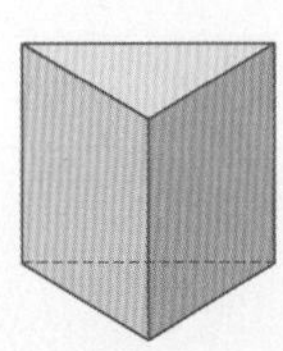
(　　　)

2 원기둥의 밑면을 모두 찾아 색칠하고, 알맞은 말에 ○표 하세요.

(1)

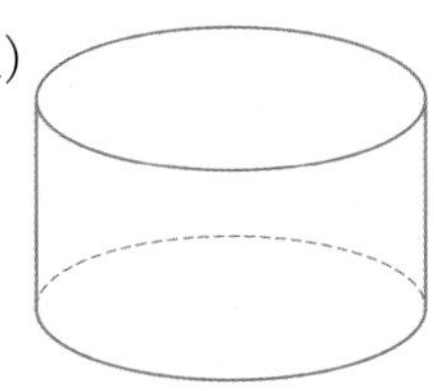

원기둥의 밑면은 (1개 , 2개)입니다.

(2)

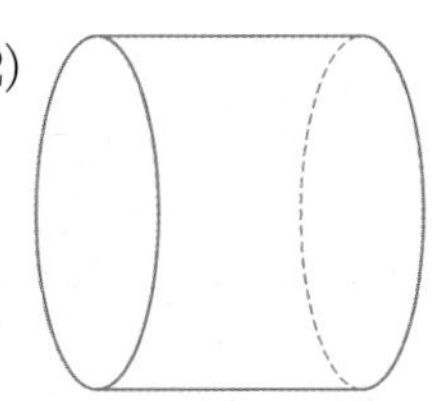

원기둥의 밑면은 (굽은 , 평평한) 면입니다.

(3)

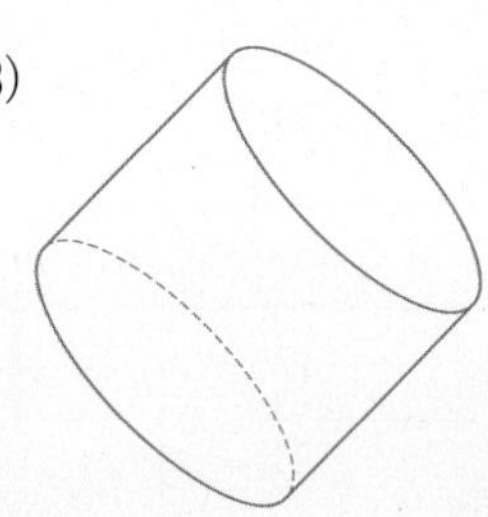

원기둥의 두 밑면은 서로 (평행합니다 , 수직입니다).

2 원기둥의 전개도

● 정답 39쪽

원기둥을 잘라서 펼쳐 놓은 그림을 원기둥의 전개도라고 합니다.

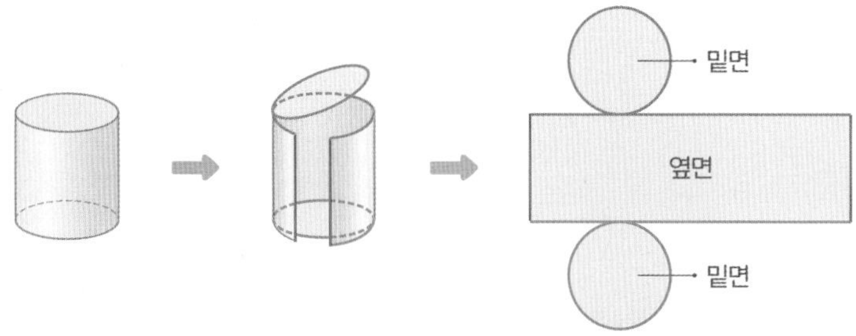

• 원기둥의 전개도에서 밑면은 서로 합동인 원이고, 옆면은 직사각형입니다.
• (옆면의 가로)=(밑면의 둘레)=(밑면의 지름)×(원주율)
(옆면의 세로)=(원기둥의 높이)

개념 강의

● 원기둥의 전개도는 밑면과 옆면이 한 점에서 만나도록 두 밑면의 둘레를 따라 자르고 옆면은 밑면과 수직인 선분을 따라 자릅니다.

1 그림을 보고 □ 안에 알맞은 말을 써넣으세요.

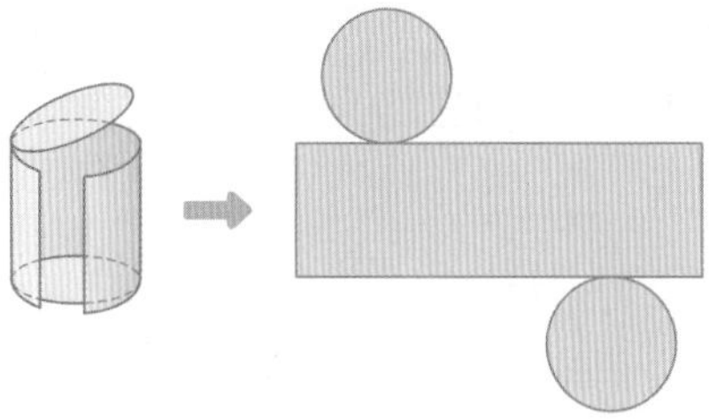

(1) 원기둥을 잘라서 펼쳐 놓은 그림을 원기둥의 □라고 합니다.

(2) 원기둥의 전개도에서 밑면은 □ 모양, 옆면은 □ 모양입니다.

(3) 옆면의 □는 밑면의 둘레와 같습니다.

(4) 옆면의 세로는 원기둥의 □와 같습니다.

2 원기둥의 전개도이면 ○표, 원기둥의 전개도가 아니면 ×표 하세요.

(1)
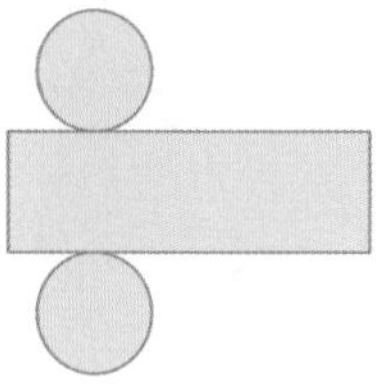
(　　　)

(2)
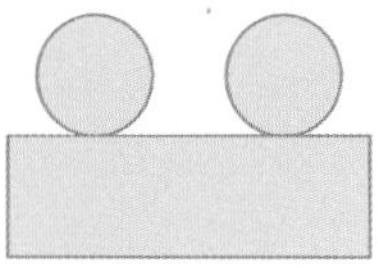
(　　　)

(3)
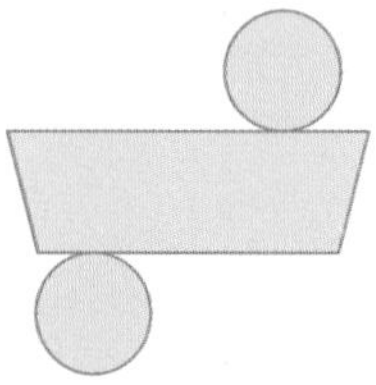
(　　　)

(4)
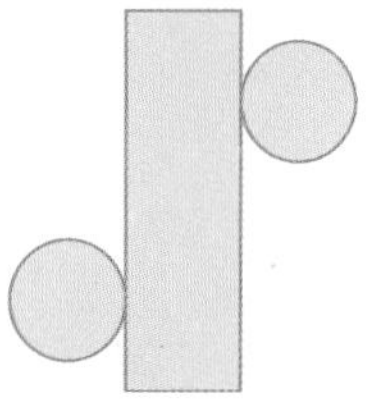
(　　　)

3 전개도에서 밑면의 둘레와 같은 길이의 선분을 빨간색 선으로 표시하세요.

(1)
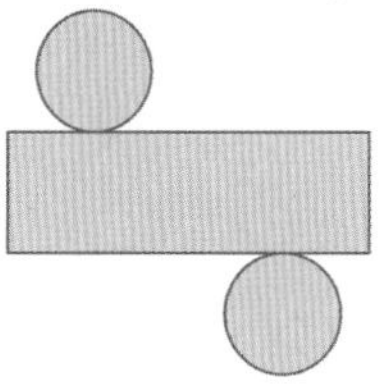

(2)
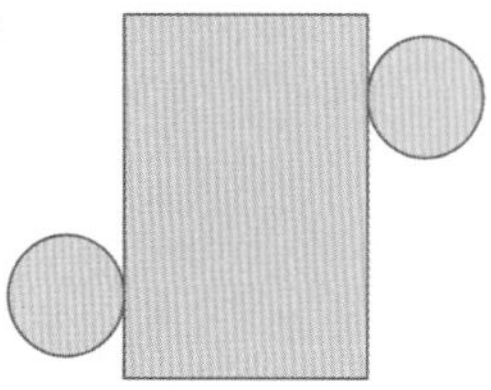

개념 학습

3 원뿔

정답 39쪽

◎ **원뿔**: 평평한 면이 원이고 옆을 둘러싼 면이 굽은 면인 뿔 모양의 입체도형

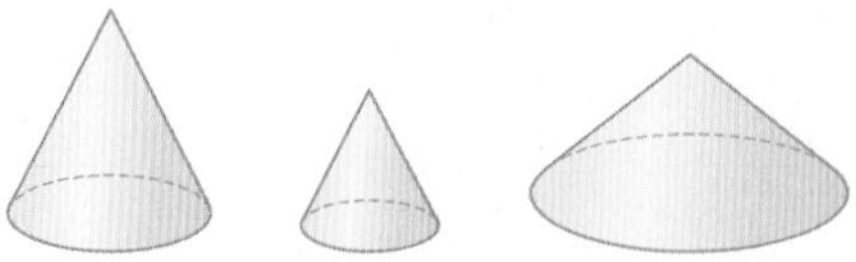

◎ **원뿔의 구성 요소**

- 밑면: 평평한 면 • 옆면: 옆을 둘러싼 굽은 면
- 원뿔의 꼭짓점: 뾰족한 부분의 점
- 모선: 원뿔의 꼭짓점과 밑면인 원의 둘레의 한 점을 이은 선분 (한 원뿔에서 모선은 무수히 많습니다.)
- 높이: 원뿔의 꼭짓점과 밑면의 한 점을 이은 선분이 밑면과 수직일 때, 그 선분의 길이

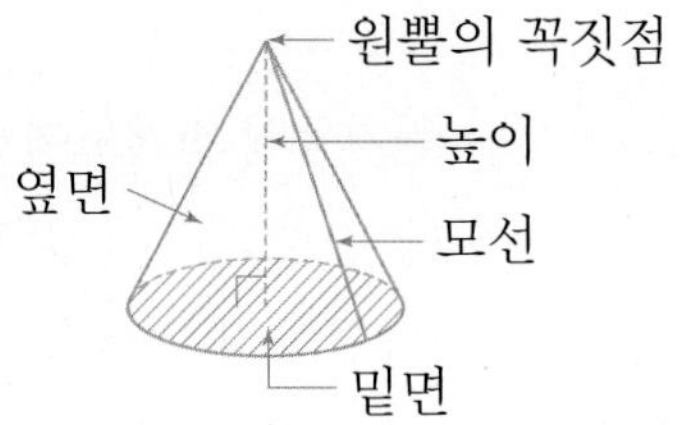

개념 강의

• 직각삼각형 모양의 종이를 직각을 낀 한 변을 기준으로 한 바퀴 돌리면 원뿔이 됩니다.

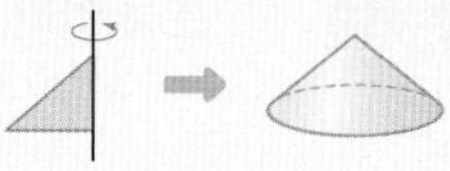

1 원뿔이면 ○표, 원뿔이 아니면 ×표 하세요.

(1)

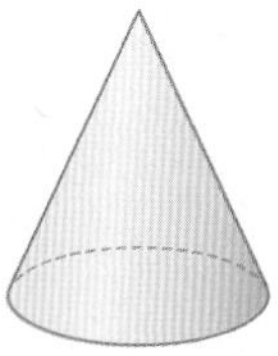 ( )

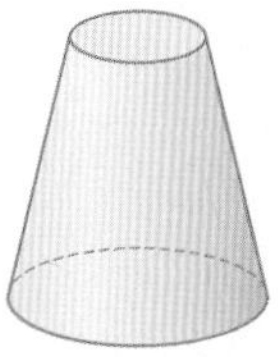 ( )

(2)

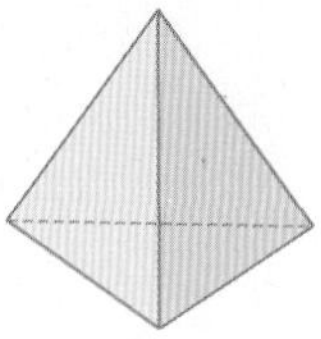 ( )

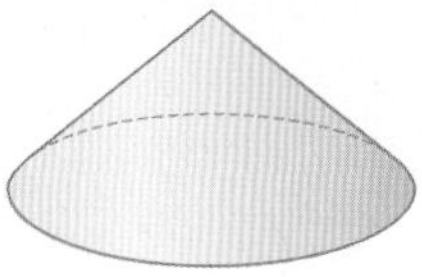 ( )

(3)

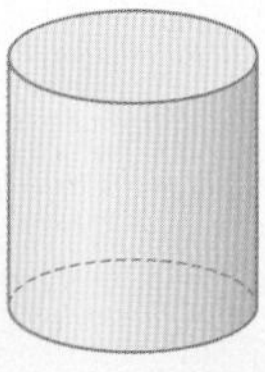 ( )

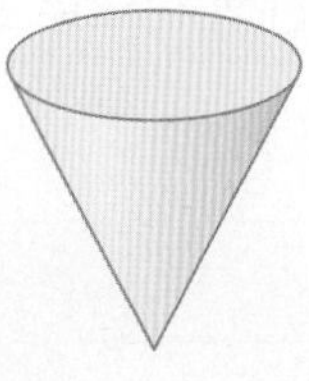 ( )

2 원뿔의 꼭짓점을 찾아 '•'으로 표시하고, 원뿔 위에 모선을 2개 그으세요.

(1)

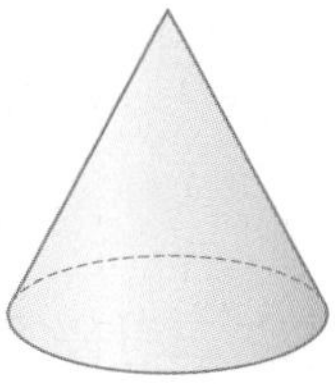

(2)

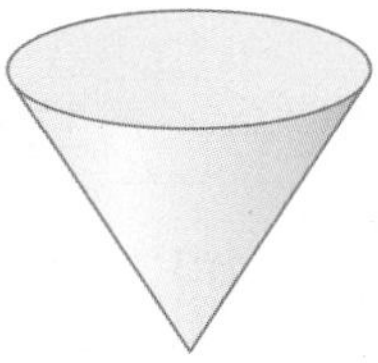

(3)

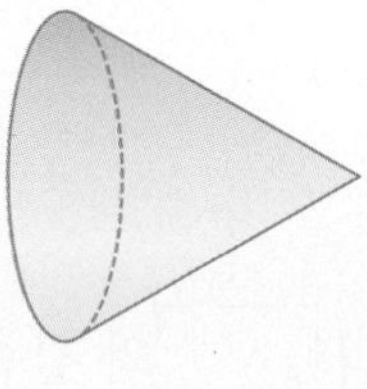

4 구

● 정답 39쪽

구: 공 모양의 입체도형

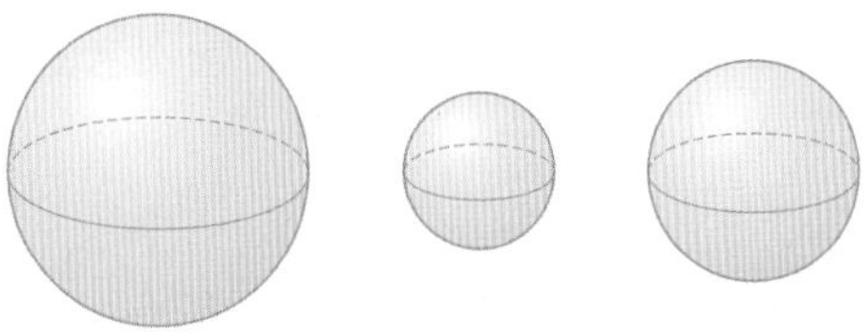

구의 구성 요소

- 구의 중심: 구에서 가장 안쪽에 있는 점
- 구의 반지름: 구의 중심에서 구의 겉면의 한 점을 이은 선분
  └한 구에서 구의 반지름은 모두 같고 무수히 많아요.

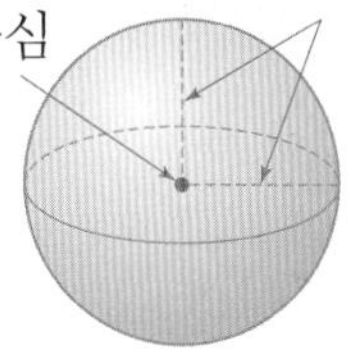

6 단원

개념 강의

- 반원 모양의 종이를 지름을 기준으로 한 바퀴 돌리면 구가 됩니다.

1 구의 중심을 찾아 기호를 쓰고, 구의 반지름을 1개 그으세요.

(1)

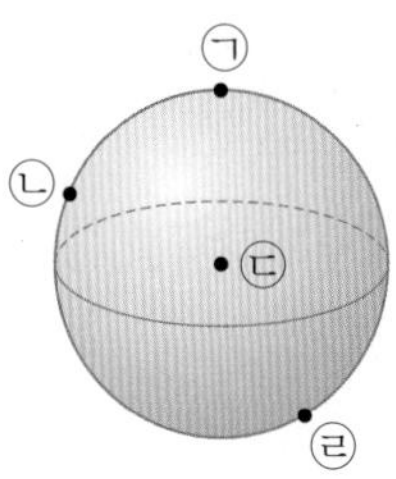

( )

(2)

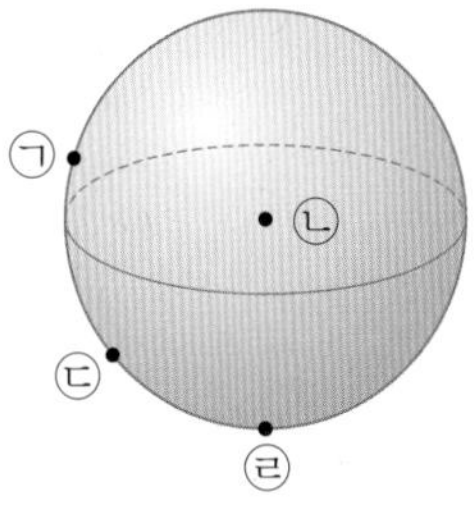

( )

(3)

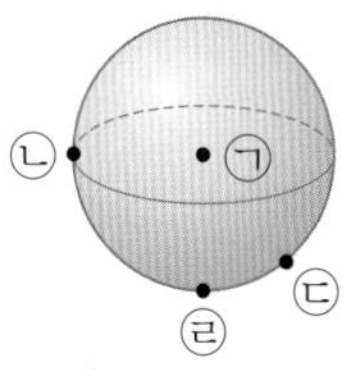

( )

2 구의 반지름은 몇 cm인지 구하세요.

(1)

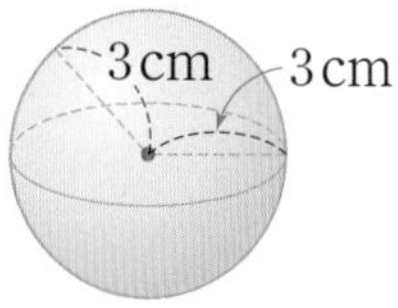

( )

(2)

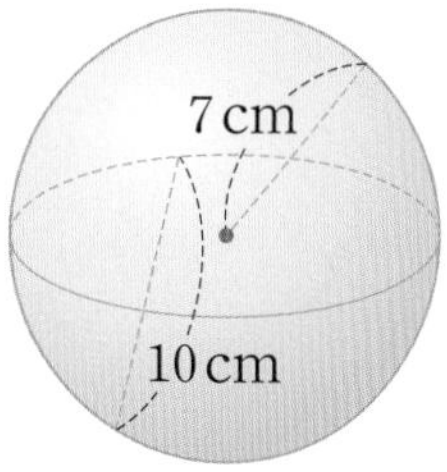

( )

(3)

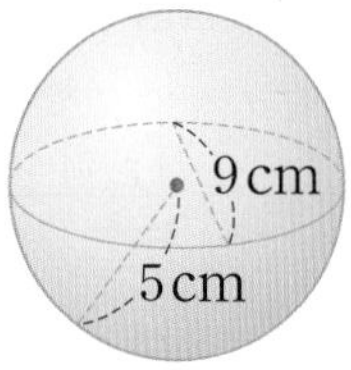

( )

1 원기둥

> 위와 아래에 있는 면이 서로 평행하고 합동인 원으로 이루어진 입체도형을 원기둥이라고 합니다.

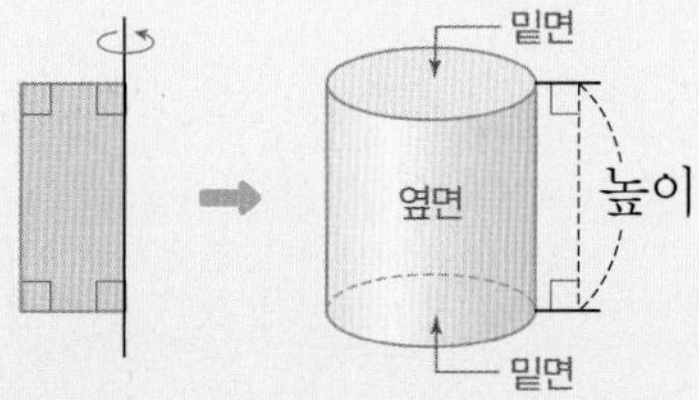

1
원기둥을 모두 찾아 기호를 쓰세요.

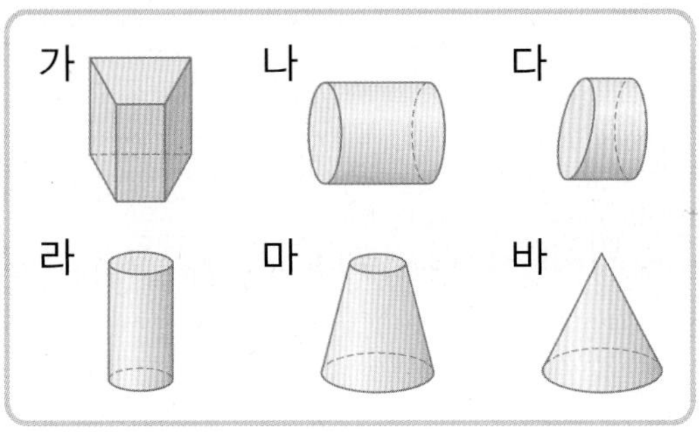

(   )

2
원기둥의 밑면을 바르게 색칠한 것에 ○표 하세요.

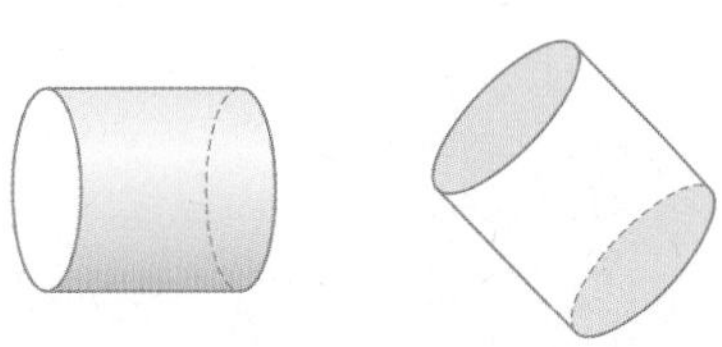

(   )   (   )

3
보기 에서 알맞은 말을 골라 □ 안에 써넣으세요.

보기
밑면
옆면
높이

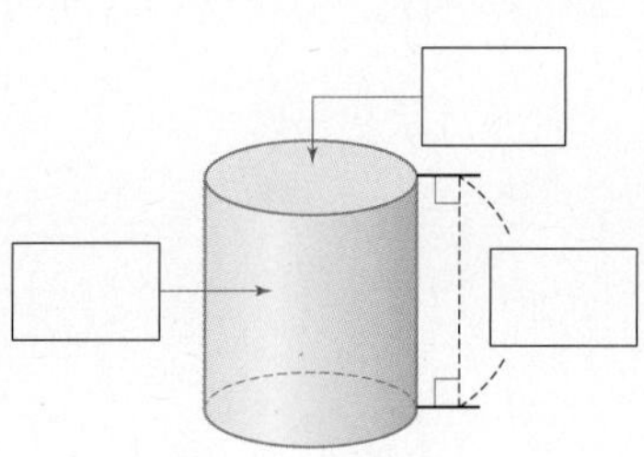

4
원기둥을 위, 앞, 옆에서 본 모양을 찾아 이으세요.

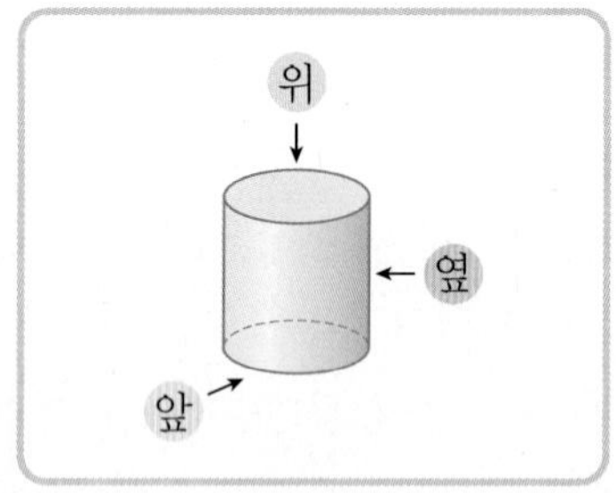

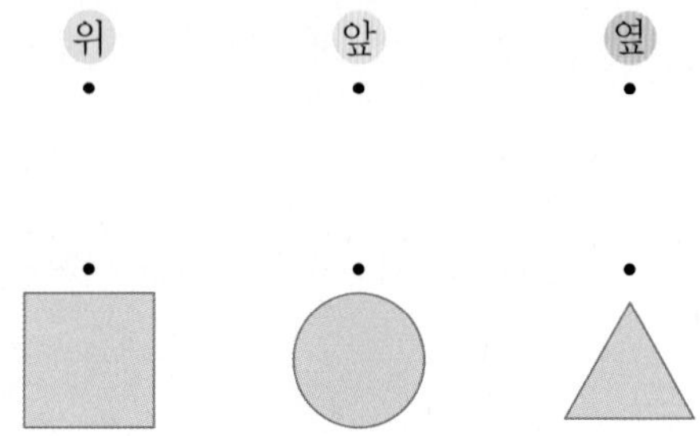

5
원기둥의 높이는 몇 cm인지 구하세요.

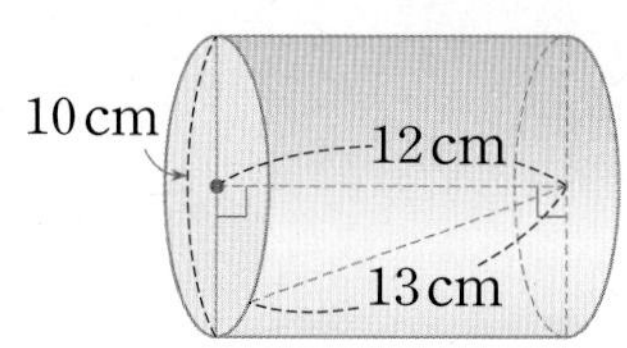

(   )

6
직사각형 모양의 종이를 한 변을 기준으로 한 바퀴 돌리면 어떤 입체도형이 되는지 겨냥도를 그리세요.

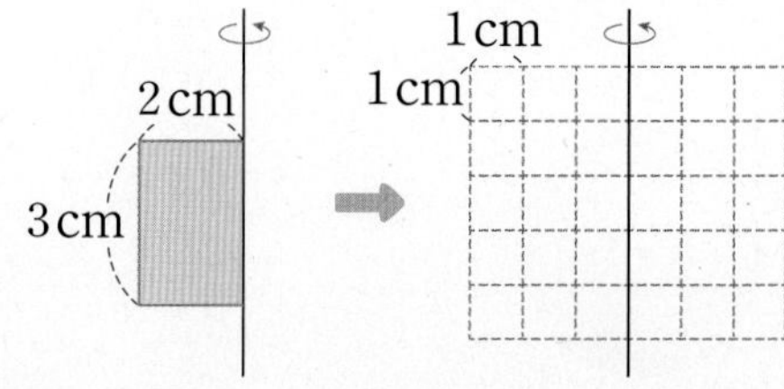

7

원기둥과 오각기둥을 비교하여 빈칸에 알맞게 써넣으세요.

입체도형	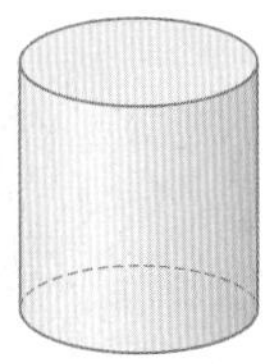	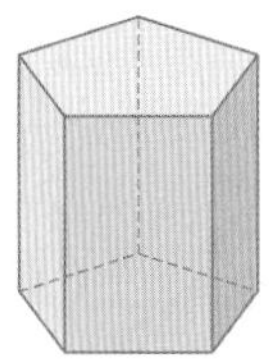
밑면의 모양		
밑면의 수(개)		

8 10종 교과서

직사각형 모양의 종이를 한 변을 기준으로 돌려 만든 입체도형의 밑면의 지름은 몇 cm인지 구하세요.

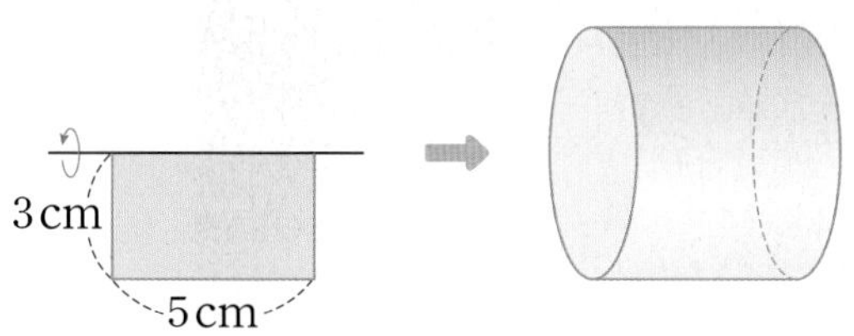

( )

9

원기둥을 보고 원기둥의 특징을 두 가지 쓰세요.

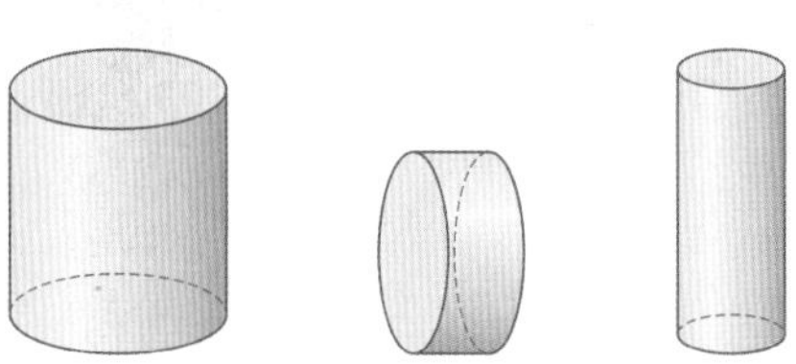

특징

10 10종 교과서

원기둥과 각기둥의 공통점 또는 차이점을 잘못 설명한 것을 찾아 기호를 쓰세요.

> ㉠ 원기둥과 각기둥은 모두 밑면이 2개입니다.
> ㉡ 원기둥과 각기둥은 모두 옆에서 본 모양이 직사각형입니다.
> ㉢ 원기둥과 각기둥은 모두 기둥 모양이고 꼭짓점과 모서리가 있습니다.

( )

11

그림과 같이 한 바퀴 돌려서 준서가 말하는 원기둥을 만들 수 있는 것을 찾아 기호를 쓰세요.

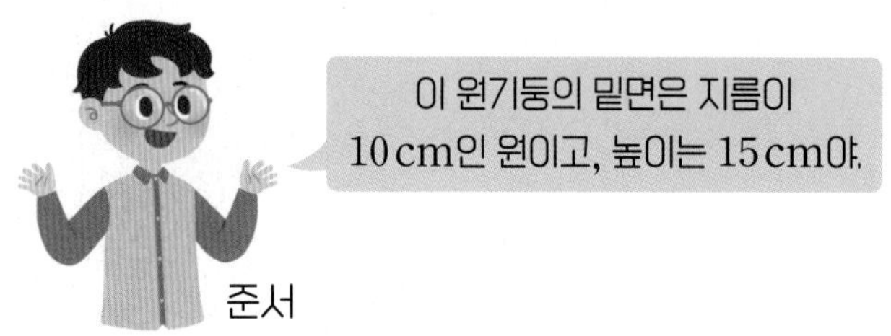

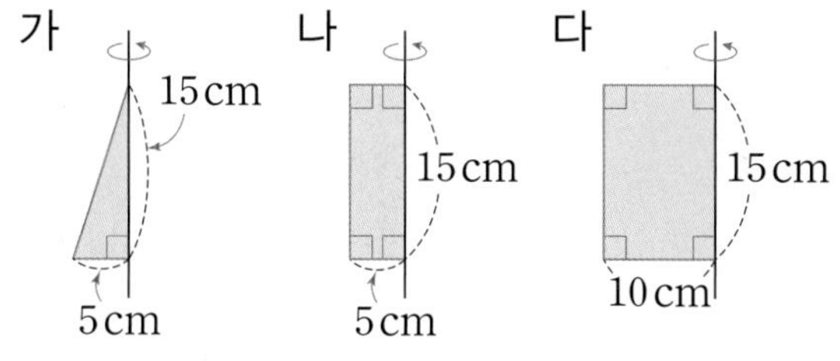

( )

12

오른쪽 원기둥에 대한 설명입니다. 이 원기둥의 높이는 몇 cm인지 구하세요.

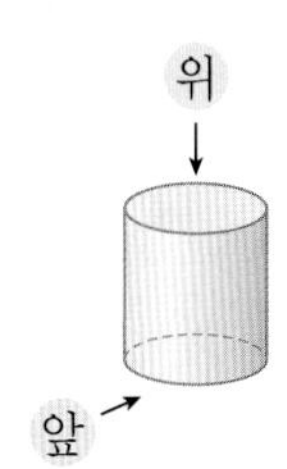

- 위에서 본 모양은 반지름이 6 cm인 원입니다.
- 앞에서 본 모양은 정사각형입니다.

( )

6 단원

2 원기둥의 전개도

원기둥을 잘라서 펼쳐 놓은 그림을 원기둥의 전개도라고 합니다.

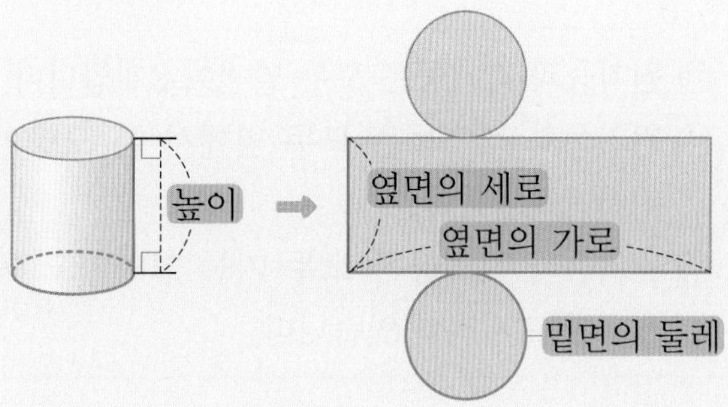

옆면의 세로는 원기둥의 높이와 같고, 옆면의 가로는 밑면의 둘레와 같습니다.

1

원기둥의 전개도를 찾아 기호를 쓰세요.

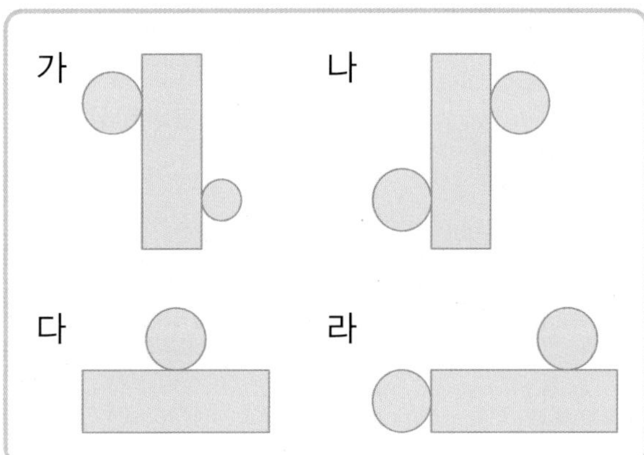

( )

2

원기둥의 전개도에서 밑면과 옆면은 각각 몇 개인지 빈칸에 알맞은 수를 써넣으세요.

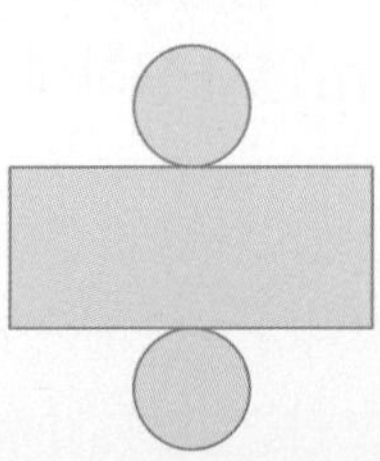

밑면의 수(개)	옆면의 수(개)

3

원기둥의 전개도에 대해 잘못 말한 사람의 이름을 쓰세요.

( )

4

가로가 13 cm, 세로가 9 cm인 직사각형 모양의 도화지에 꼭맞게 원기둥의 전개도를 그렸습니다. 이 전개도로 만든 원기둥의 높이는 몇 cm인지 구하세요.

(원주율: 3)

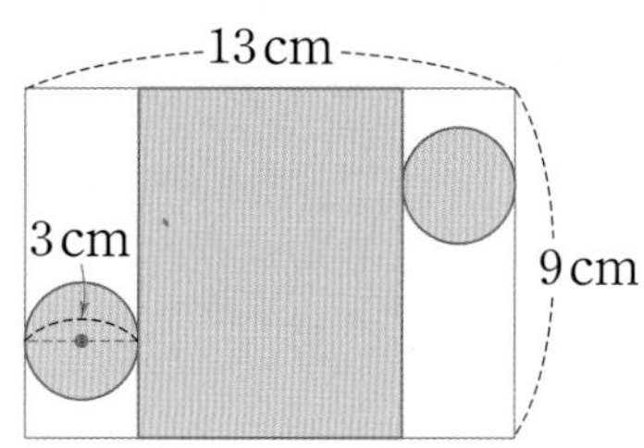

( )

5

원기둥의 전개도입니다. 전개도로 만든 원기둥의 밑면의 둘레와 높이는 각각 몇 cm인지 구하세요.

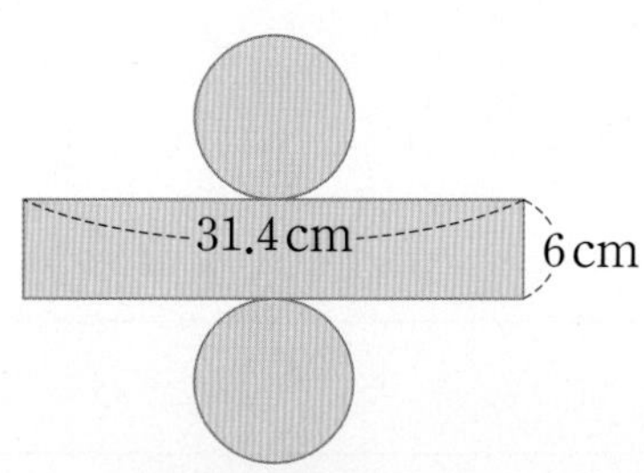

밑면의 둘레 ( )

높이 ( )

6

원기둥과 원기둥의 전개도를 보고 □ 안에 알맞은 수를 써넣으세요. (원주율: 3.1)

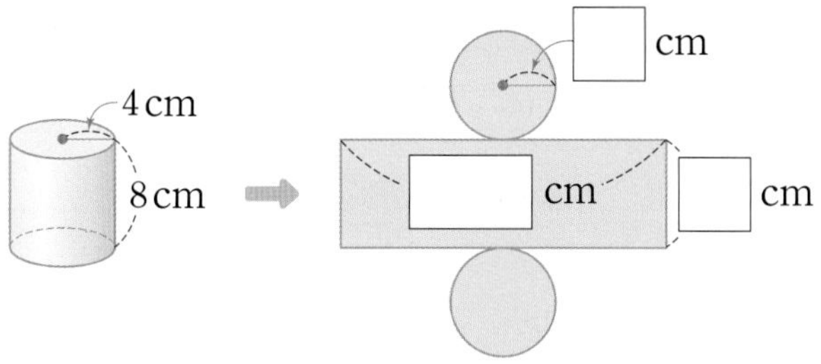

7 10종 교과서

다음 그림이 원기둥의 전개도가 아닌 이유를 쓰세요.

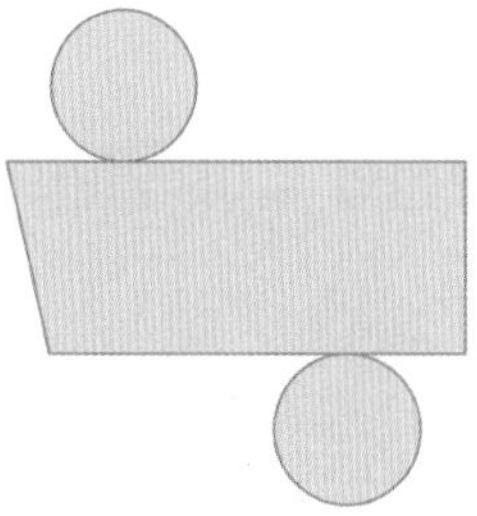

이유

8

오른쪽 원기둥의 전개도를 그리고, 밑면의 반지름과 옆면의 가로, 세로는 몇 cm인지 나타내세요. (원주율: 3)

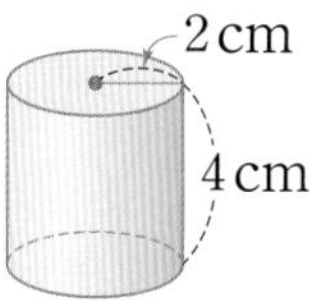

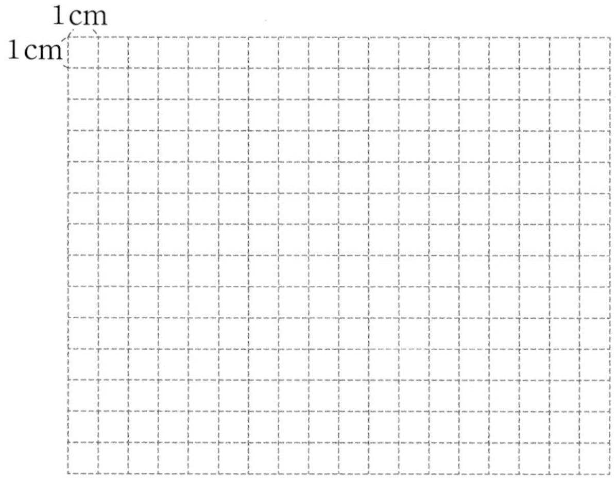

9

한 밑면의 둘레가 40.3 cm인 원기둥의 전개도입니다. 옆면의 둘레는 몇 cm인지 구하세요.

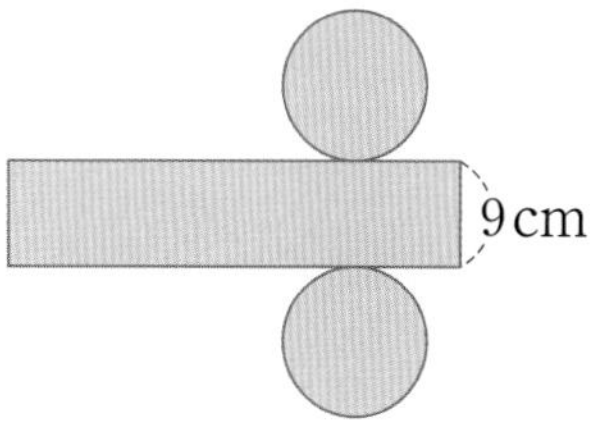

(   )

10

그림과 같이 직사각형 모양의 종이를 한 변을 기준으로 한 바퀴 돌려 입체도형을 만들었습니다. 이 입체도형의 전개도를 그릴 때 전개도의 옆면의 가로는 몇 cm인지 구하세요. (원주율: 3.14)

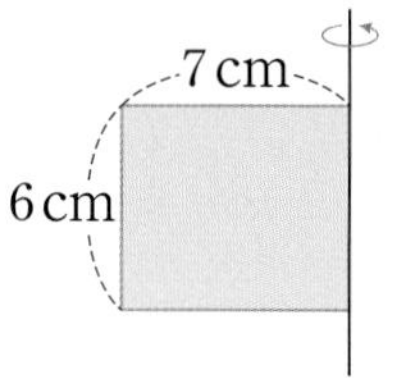

(   )

11 10종 교과서

옆면의 가로가 42 cm, 옆면의 세로가 10 cm인 원기둥의 전개도가 있습니다. 이 전개도로 만든 원기둥의 밑면의 반지름은 몇 cm인지 구하세요. (원주율: 3)

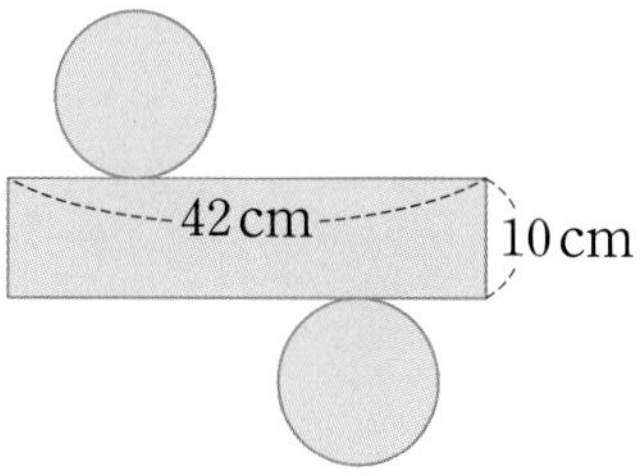

(   )

3 원뿔

> 평평한 면이 원이고 옆을 둘러싼 면이 굽은 면인 뿔 모양의 입체도형을 원뿔이라고 합니다.

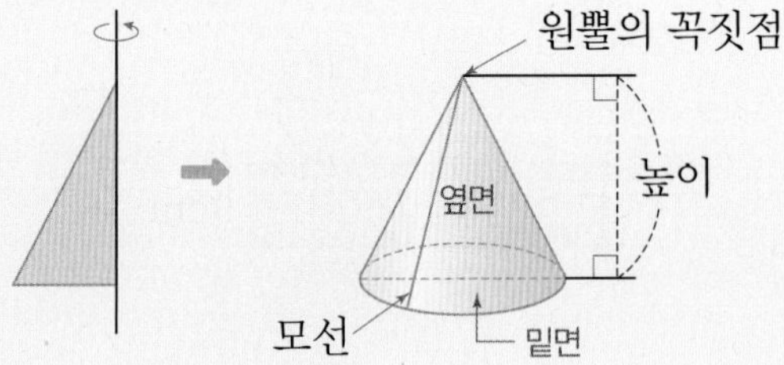

1
원뿔은 모두 몇 개인지 구하세요.

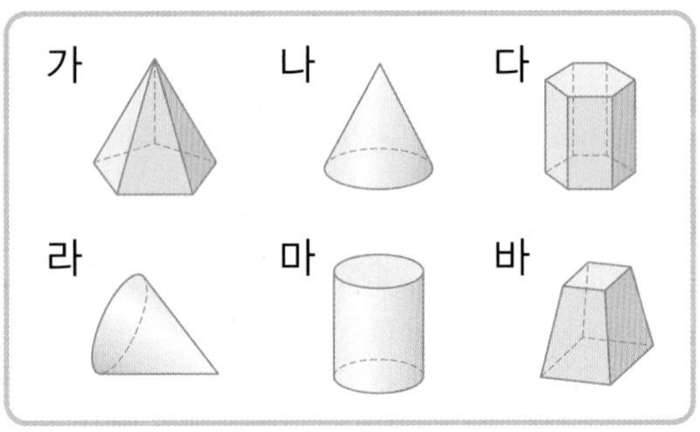

(　　　　　　　　)

2
직각삼각형 모양의 종이를 오른쪽과 같이 한 바퀴 돌려 입체도형을 만들었습니다. □ 안에 알맞은 말을 써넣으세요.

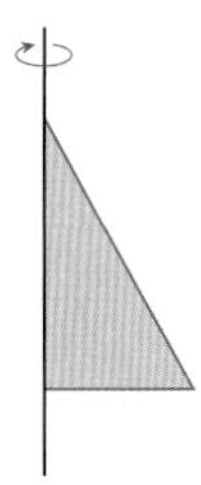

만든 입체도형의 이름은 □이고,
밑면의 모양은 □ 모양입니다.

3
원뿔에서 각 부분의 이름을 잘못 나타낸 것을 찾아 기호를 쓰세요.

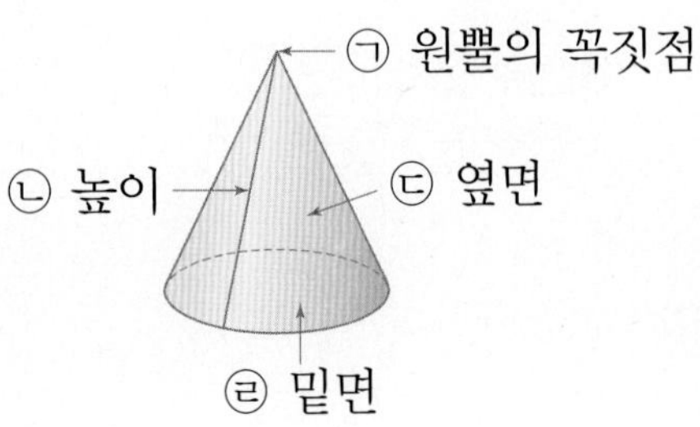

(　　　　　　　　)

4 10종 교과서
원뿔의 무엇을 재는 것인지 찾아 이으세요.

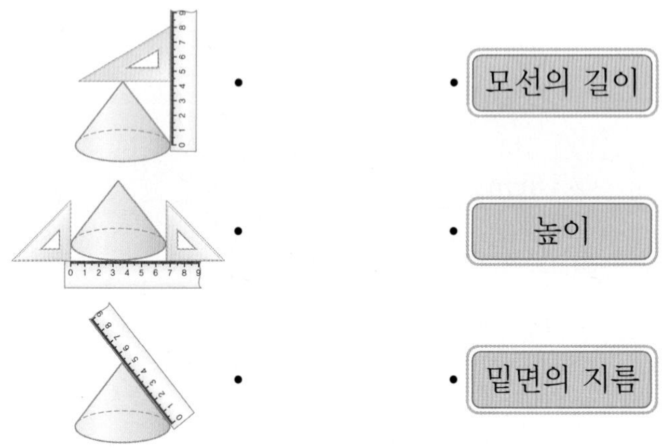

5
원뿔의 높이와 모선의 길이, 밑면의 지름은 각각 몇 cm인지 구하세요.

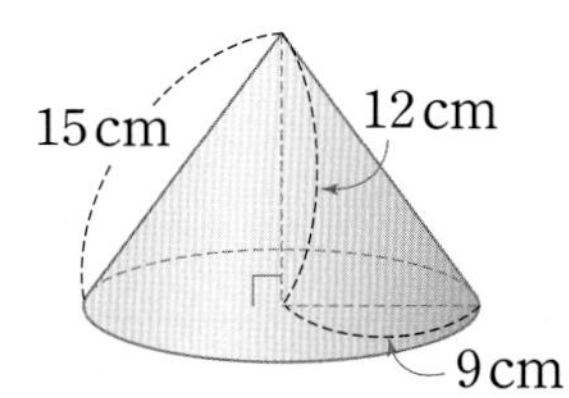

높이 (　　　　　　　　)
모선의 길이 (　　　　　　　　)
밑면의 지름 (　　　　　　　　)

6
직각삼각형 모양의 종이를 한 변을 기준으로 한 바퀴 돌려서 원뿔을 만들려고 합니다. 밑면의 지름이 6 cm인 원뿔을 만든 사람의 이름을 쓰세요.

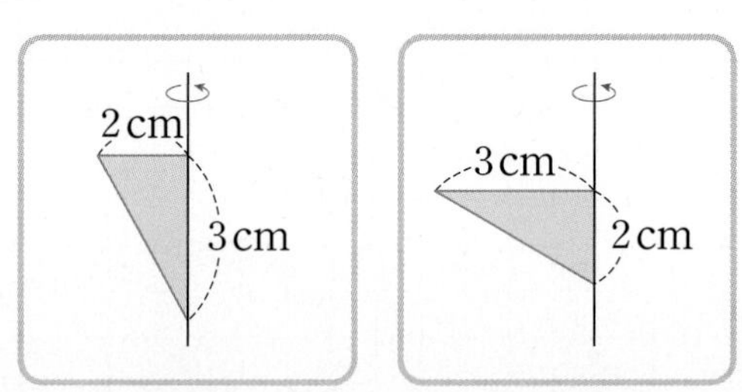

지혜　　　　강우

(　　　　　　　　)

7

원기둥과 원뿔의 높이의 차는 몇 cm인지 구하세요.

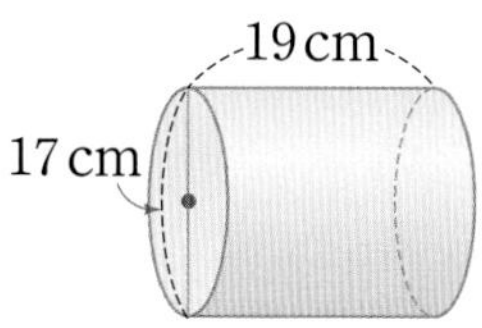

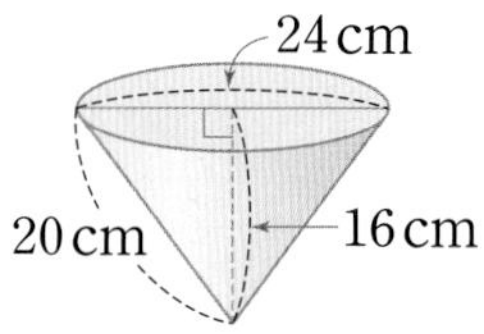

(　　　　　　　　　)

8

모양과 크기가 같은 원뿔을 보고 잘못 말한 사람의 이름을 쓰세요.

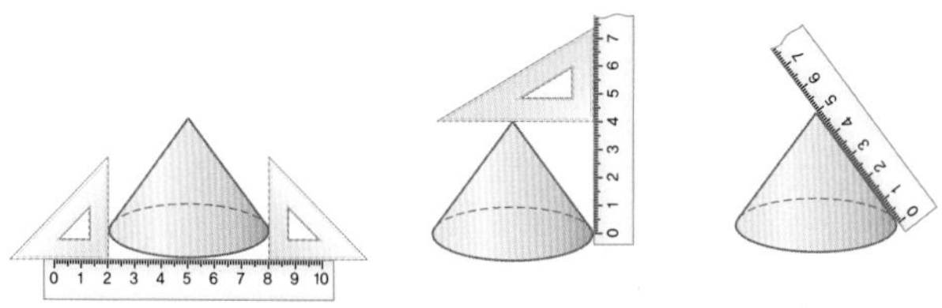

예은: 밑면은 반지름이 4 cm인 원이야.
준서: 모선의 길이는 5 cm야.
지우: 모선의 길이는 항상 높이보다 길어.

(　　　　　　　　　)

9 ✚ 10종 교과서

원뿔과 각뿔의 공통점을 찾아 기호를 쓰세요.

㉠ 밑면이 2개입니다.
㉡ 옆면이 굽은 면입니다.
㉢ 뾰족한 부분이 있습니다.

(　　　　　　　　　)

10

원뿔에 대한 설명으로 틀린 것을 찾아 기호를 쓰고 바르게 고치세요.

㉠ 밑면은 1개입니다.
㉡ 모선은 2개입니다.
㉢ 원뿔의 꼭짓점은 1개입니다.

(　　　　　　　　　)

바르게 고치기

11

원뿔에서 삼각형 ㄱㄴㄷ의 둘레가 32 cm일 때 선분 ㄴㄷ의 길이는 몇 cm인지 구하세요.

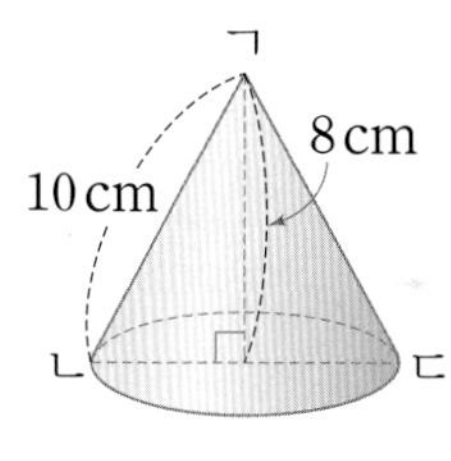

(　　　　　　　　　)

12

오른쪽 그림과 같이 직각삼각형 모양의 종이를 한 변을 기준으로 한 바퀴 돌렸을 때 만들어지는 입체도형의 밑면의 넓이는 몇 cm^2인지 구하세요. (원주율: 3)

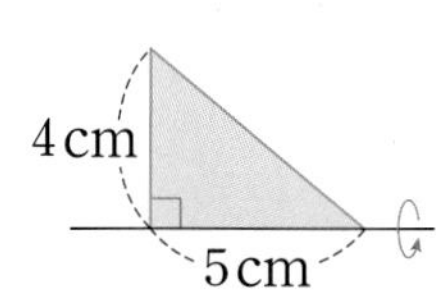

(　　　　　　　　　)

4 구

> 공 모양의 입체도형을 구라고 합니다.

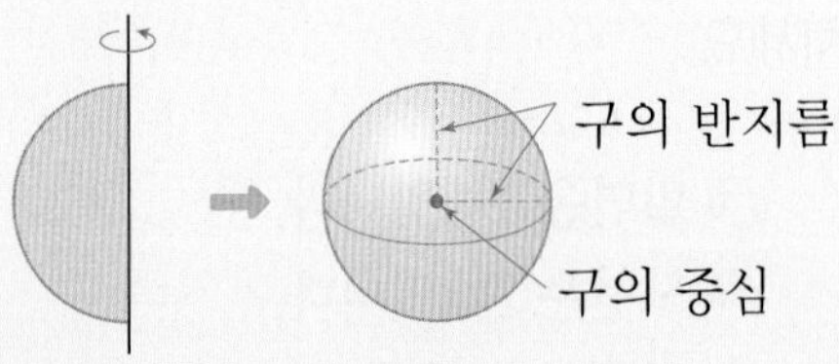

1

구가 아닌 것을 모두 고르세요. (　　　　　)

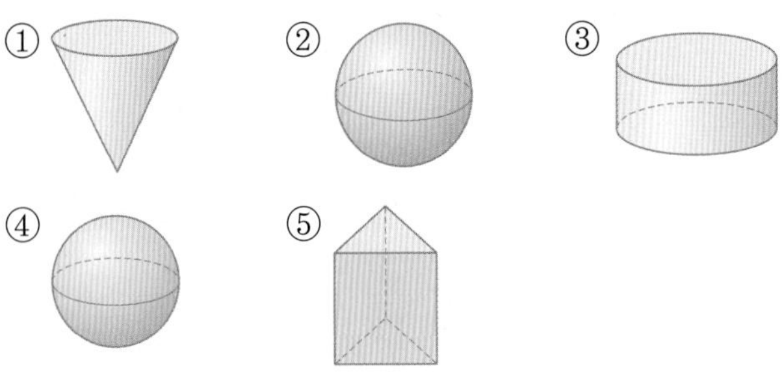

[2-3] 반원 모양의 종이를 지름을 기준으로 돌렸습니다. 물음에 답하세요.

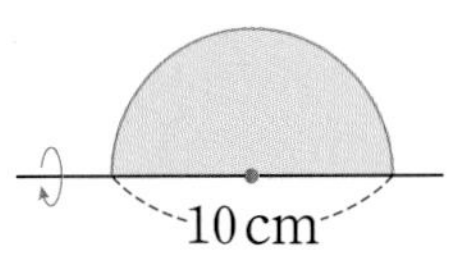

2

반원 모양의 종이를 지름을 기준으로 돌려 만들 수 있는 입체도형을 찾아 기호를 쓰세요.

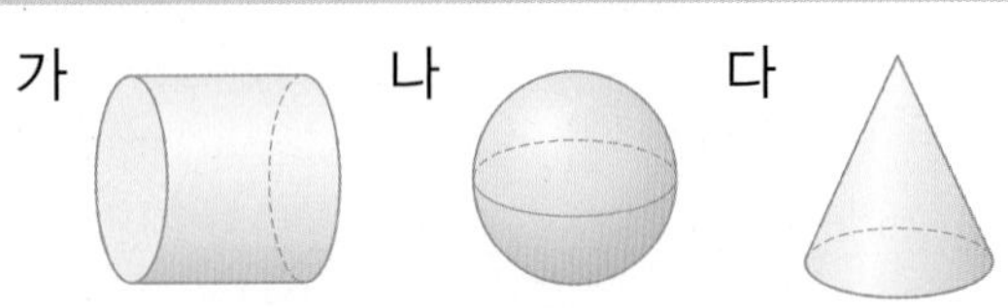

(　　　　　　　　)

3 ⊕ 10종 교과서

반원 모양의 종이를 지름을 기준으로 한 바퀴 돌려 만든 입체도형의 반지름은 몇 cm인지 구하세요.

(　　　　　　　　)

4

구의 지름은 몇 cm인지 구하세요.

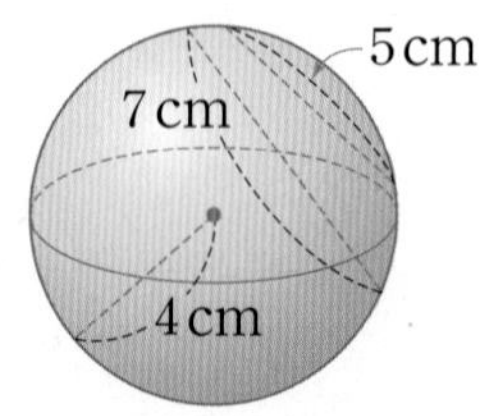

(　　　　　　　　)

5

오른쪽 구에 대해 잘못 설명한 것을 찾아 기호를 쓰세요.

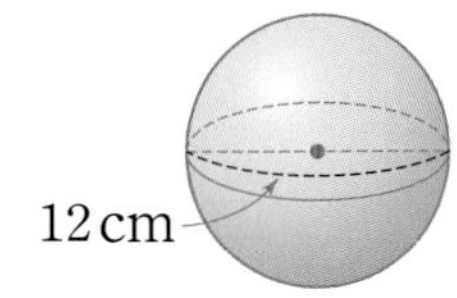

㉠ 구의 반지름은 6 cm입니다.
㉡ 구의 반지름은 무수히 많습니다.
㉢ 밑면은 1개입니다.

(　　　　　　　　)

6 ⊕ 10종 교과서

입체도형을 위, 앞, 옆에서 본 모양을 보기에서 골라 그리세요.

보기

입체도형	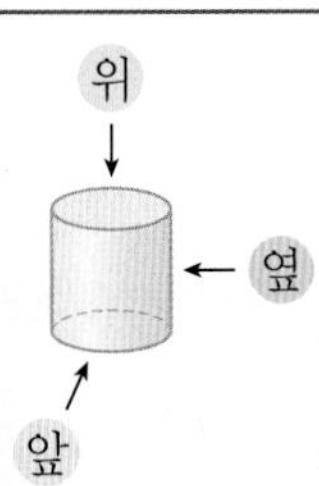	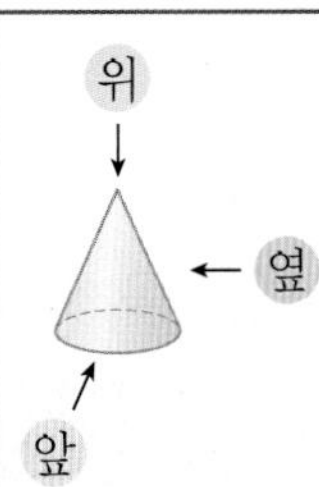	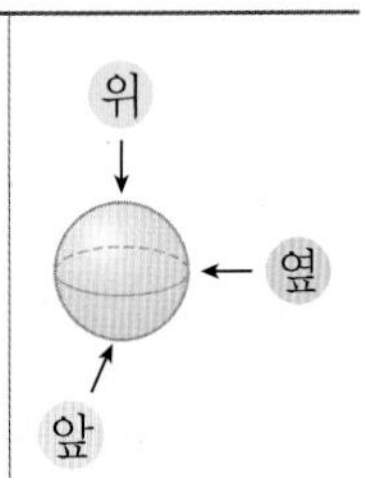
위에서 본 모양			
앞에서 본 모양			
옆에서 본 모양			

7

어느 방향에서 보아도 원 모양인 것을 찾아 기호를 쓰세요.

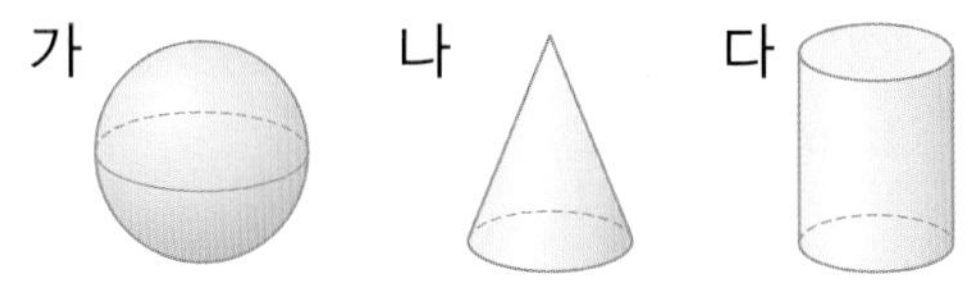

(　　　　　　　　)

8

원뿔과 구의 공통점을 찾아 기호를 쓰세요.

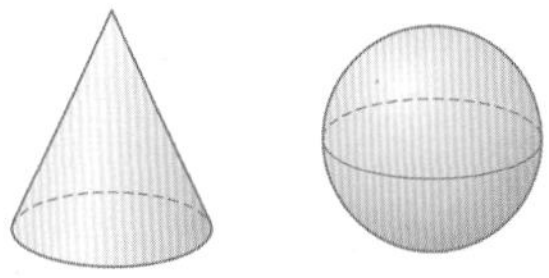

㉠ 꼭짓점의 수　㉡ 밑면의 수
㉢ 위에서 본 모양　㉣ 앞에서 본 모양

(　　　　　　　　)

9

입체도형의 이름을 □ 안에 써넣고, 세 입체도형의 공통점과 차이점을 한 가지씩 쓰세요.

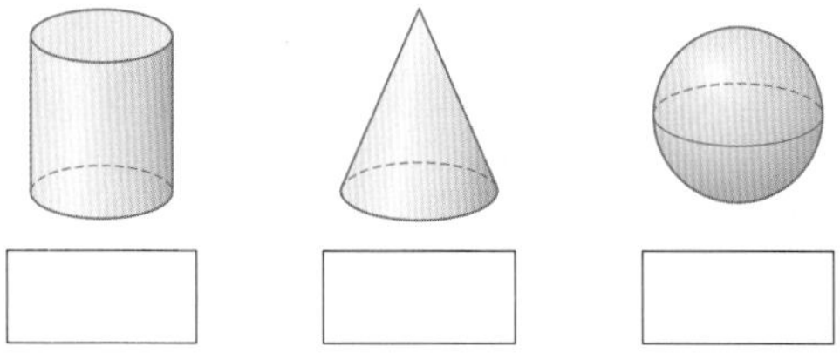

공통점

차이점

10

한 모서리가 20 cm인 정육면체 모양의 상자에 구를 넣었더니 크기가 딱 맞았습니다. 구의 반지름은 몇 cm인지 구하세요. (단, 상자의 두께는 생각하지 않습니다.)

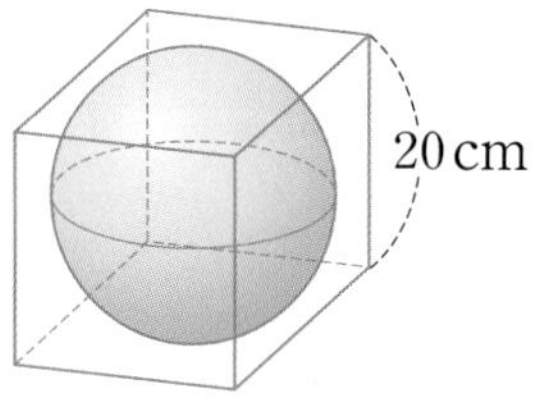

(　　　　　　　　)

11

㉠, ㉡, ㉢의 합은 몇 개인지 구하세요.

㉠ 원기둥의 밑면의 수
㉡ 원뿔의 꼭짓점의 수
㉢ 구의 중심의 수

(　　　　　　　　)

12

구를 똑같이 반으로 잘랐을 때 나오는 한 단면의 둘레는 몇 cm인지 구하세요. (원주율: 3)

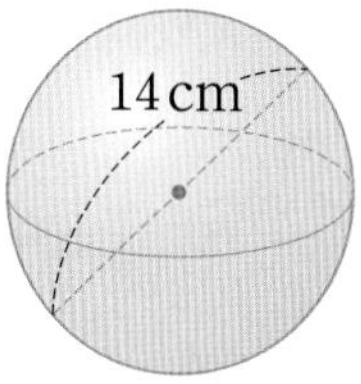

(　　　　　　　　)

문제 강의

1 입체도형을 앞에서 본 모양의 넓이 구하기

● 정답 42쪽

원뿔을 앞에서 본 모양의 넓이는 몇 cm^2인지 구하세요.

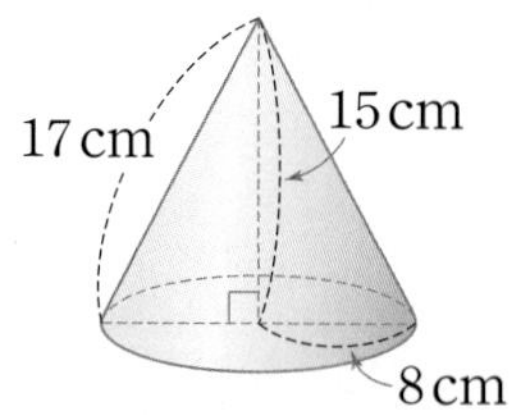

1단계 원뿔을 앞에서 본 모양 알아보기

원뿔을 앞에서 본 모양은 (직사각형 , 삼각형)입니다.

2단계 원뿔을 앞에서 본 모양의 넓이 구하기

( )

문제해결 tip 원뿔을 앞에서 본 모양은 삼각형입니다.

1·1 원기둥을 앞에서 본 모양의 넓이는 몇 cm^2인지 구하세요.

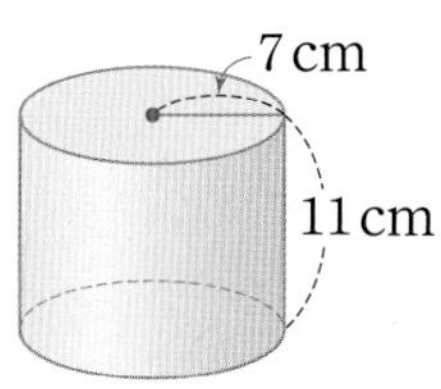

( )

1·2 다음 중 어느 방향에서 보아도 모양이 같은 입체도형을 앞에서 본 모양의 넓이는 몇 cm^2인지 구하세요. (원주율: 3.1)

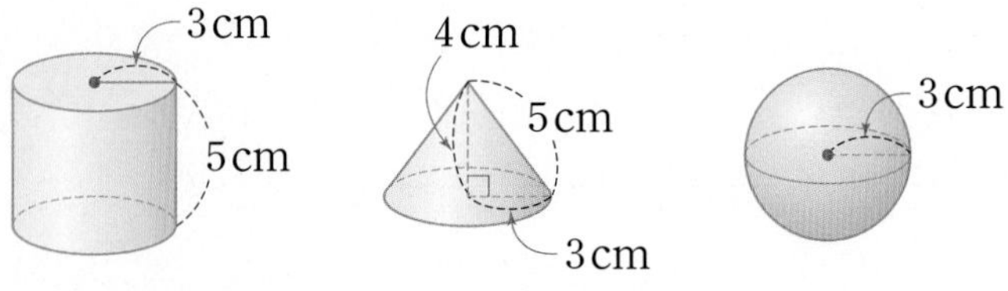

( )

2 돌리기 전의 평면도형의 넓이 구하기

● 정답 42쪽

오른쪽은 어떤 평면도형의 한 변을 기준으로 한 바퀴 돌렸을 때 만들어진 입체도형입니다. 돌리기 전의 평면도형의 넓이는 몇 cm^2인지 구하세요.

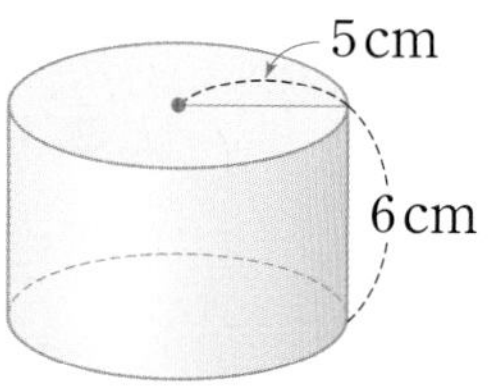

1단계 돌리기 전의 평면도형 그리기

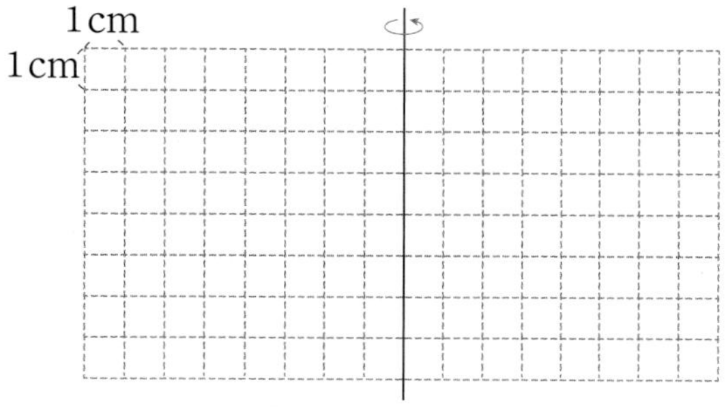

2단계 돌리기 전의 평면도형의 넓이 구하기

(　　　　　　　　)

문제해결 tip 한 변을 기준으로 돌렸을 때 원기둥을 만들 수 있는 평면도형을 생각합니다.

2·1 다음은 어떤 평면도형을 한 변을 기준으로 한 바퀴 돌렸을 때 만들어진 입체도형입니다. 돌리기 전의 평면도형의 넓이는 몇 cm^2인지 구하세요.

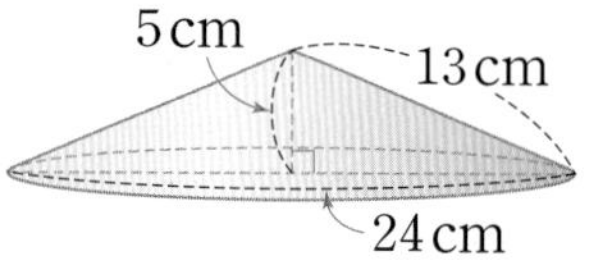

(　　　　　　　　)

2·2 어떤 평면도형을 한 변을 기준으로 반 바퀴 돌렸더니 오른쪽과 같이 구를 똑같이 반으로 자른 모양이 되었습니다. 돌리기 전의 평면도형의 넓이는 몇 cm^2인지 구하세요. (원주율: 3.14)

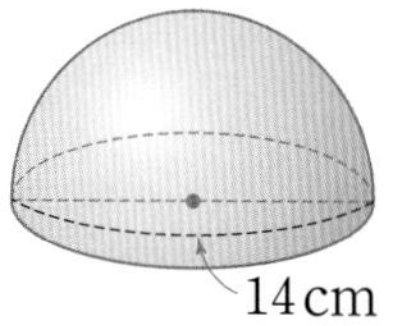

(　　　　　　　　)

6 단원

문제 강의

3 롤러를 굴린 횟수 구하기

정답 43쪽

오른쪽과 같은 원기둥 모양의 롤러에 페인트를 묻혀 한 방향으로 몇 바퀴 굴렸더니 페인트가 칠해진 부분의 넓이가 960 cm^2였습니다. 롤러를 몇 바퀴 굴렸는지 구하세요. (원주율: 3)

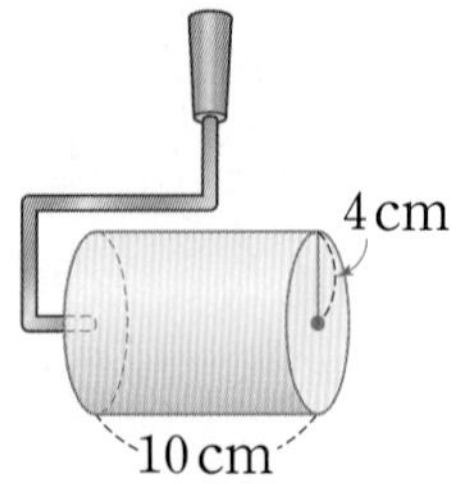

1단계 롤러를 한 바퀴 굴렸을 때 페인트가 칠해지는 부분의 넓이 구하기

( )

2단계 롤러를 굴린 횟수 구하기

( )

문제해결 tip 롤러를 한 바퀴 굴렸을 때 페인트가 칠해지는 부분의 넓이는 원기둥의 옆면의 넓이와 같습니다.

3·1 원기둥 모양의 롤러에 페인트를 묻혀 한 방향으로 몇 바퀴 굴렸더니 페인트가 칠해진 부분의 넓이가 2826 cm^2였습니다. 롤러를 몇 바퀴 굴렸는지 구하세요. (원주율: 3.14)

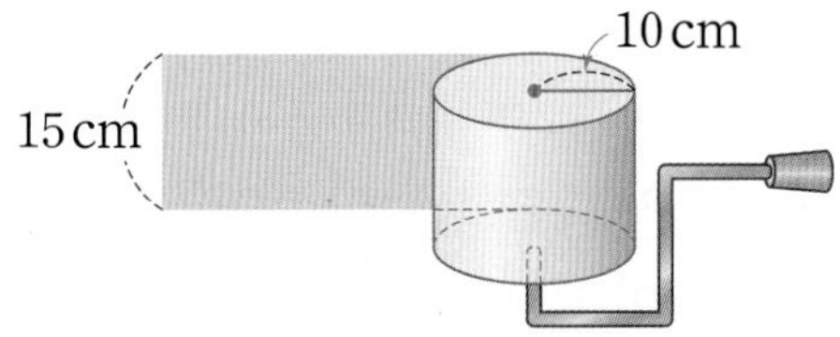

( )

3·2 오른쪽과 같은 원기둥 모양의 롤러에 페인트를 묻혀 한 방향으로 5바퀴 굴렸더니 페인트가 칠해진 부분의 넓이가 2232 cm^2였습니다. 롤러의 밑면의 반지름은 몇 cm인지 구하세요. (원주율: 3.1)

( )

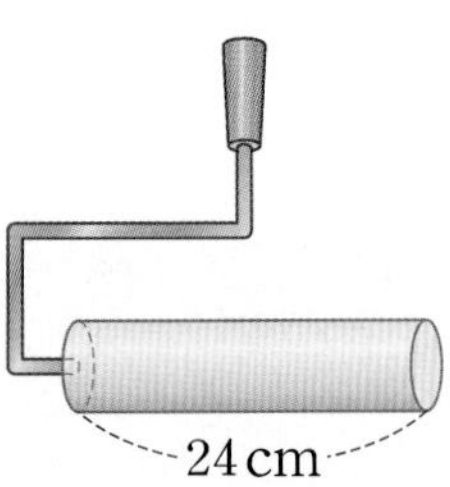

4 만든 상자의 높이 구하기

● 정답 43쪽

가로 45 cm, 세로 34 cm인 직사각형 모양의 종이에 원기둥의 전개도를 그리고 오려 붙여 원기둥 모양의 상자를 만들려고 합니다. 밑면의 반지름을 6 cm로 하여 최대한 높이가 높은 상자를 만들 때 만든 상자의 높이는 몇 cm인지 구하세요. (원주율: 3)

1단계 원기둥의 전개도에서 옆면의 가로 구하기

( )

2단계 직사각형 모양 종이에 전개도를 바르게 그린 것을 찾아 기호 쓰기

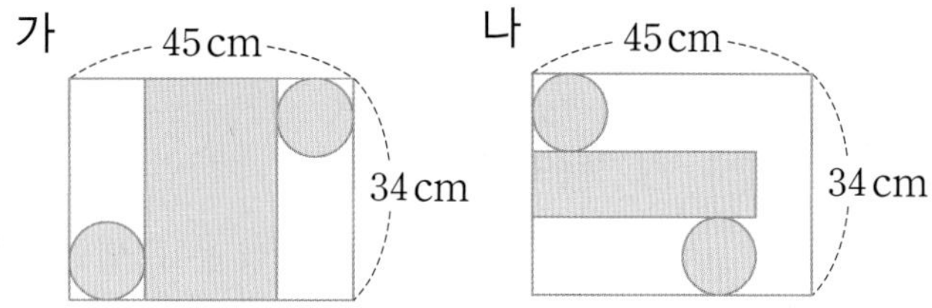

( )

3단계 최대한 높이가 높은 상자를 만들 때 만든 상자의 높이 구하기

( )

문제해결 tip 원기둥의 전개도에서 옆면의 가로의 길이를 구하여 그릴 수 있는 전개도를 확인한 후 주어진 종이의 가로와 세로 중 남은 한 변의 길이를 이용하여 옆면의 세로의 길이를 구합니다.

4·1 가로 25 cm, 세로 35 cm인 직사각형 모양의 종이에 원기둥의 전개도를 그리고 오려 붙여 원기둥 모양의 상자를 만들려고 합니다. 밑면의 반지름을 5 cm로 하여 최대한 높이가 높은 상자를 만들 때 만든 상자의 높이는 몇 cm인지 구하세요. (원주율: 3)

( )

4·2 강우와 지혜는 각각 가로 49 cm, 세로 42 cm인 직사각형 모양의 종이에 각각 원기둥의 전개도를 그리고 오려 붙여 원기둥 모양의 상자를 만들려고 합니다. 밑면의 반지름을 강우는 7 cm, 지혜는 8 cm로 하여 최대한 높이가 높은 상자를 만든다면 누가 만든 상자의 높이가 몇 cm 더 높은지 차례로 구하세요. (원주율: 3)

( ), ( )

6 원기둥, 원뿔, 구

정답 43쪽

• 원기둥은 밑면의 모양이 원으로 2개이고, 뾰족한 부분은 없습니다.
• 원기둥을 위, 앞, 옆에서 보면 각각 원, 직사각형, 직사각형으로 보입니다.

① 원기둥

위와 아래에 있는 면이 서로 평행하고 합동인 원으로 이루어진 입체도형을 ☐이라고 합니다.

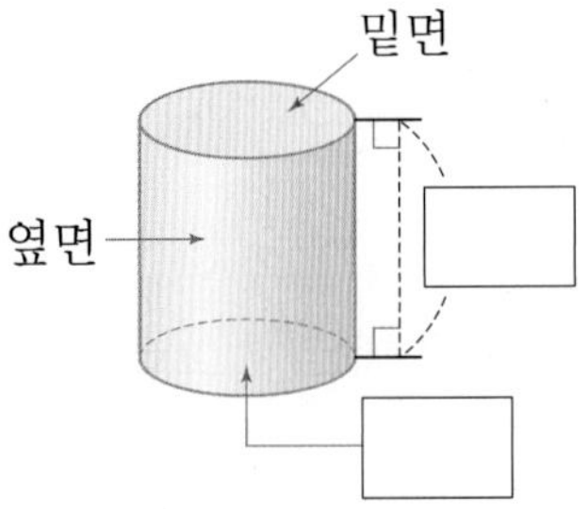

• 원기둥의 옆면은 (굽은 , 평평한) 면입니다.
• (직각삼각형 , 직사각형)의 한 변을 기준으로 한 바퀴 돌리면 원기둥이 됩니다.

원기둥의 전개도에서 밑면은 원이고, 옆면은 직사각형입니다.

② 원기둥의 전개도

원기둥을 잘라서 펼쳐 놓은 그림을 원기둥의 전개도라고 합니다.

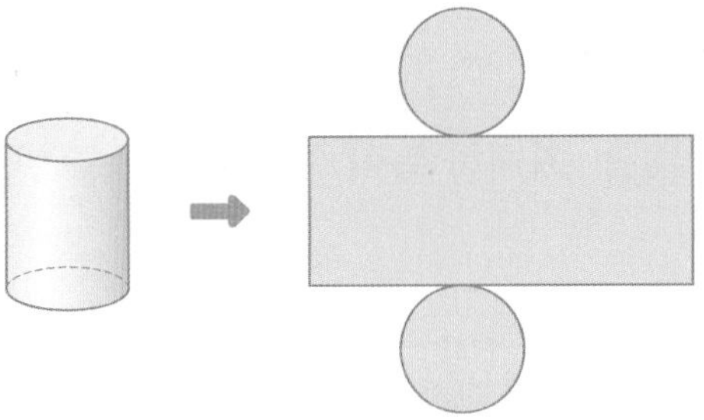

(전개도에서 옆면의 가로)=(밑면의 ☐)

(전개도에서 옆면의 세로)=(원기둥의 ☐)

• 원뿔은 밑면의 모양이 원으로 1개이고, 뾰족한 부분이 있습니다.
• 원뿔을 위, 앞, 옆에서 보면 각각 원, 삼각형, 삼각형으로 보입니다.

③ 원뿔

평평한 면이 원이고 옆을 둘러싼 면이 굽은 면인 뿔 모양의 입체도형을 원뿔이라고 합니다.

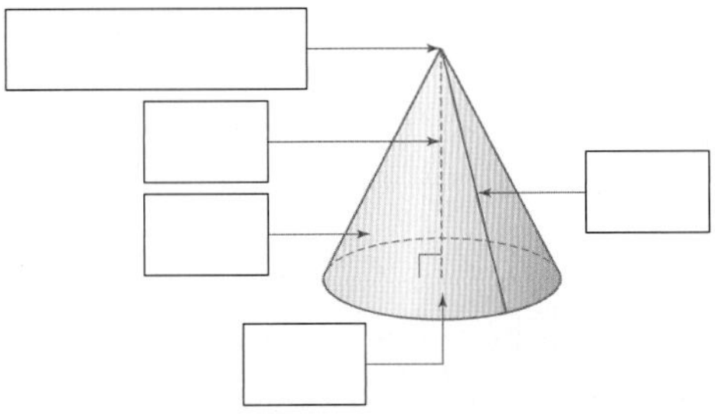

• 구는 밑면이 없고, 뾰족한 부분이 없습니다.
• 구를 위, 앞, 옆에서 보면 모두 원으로 보입니다.

④ 구

공 모양의 입체도형을 구라고 합니다.

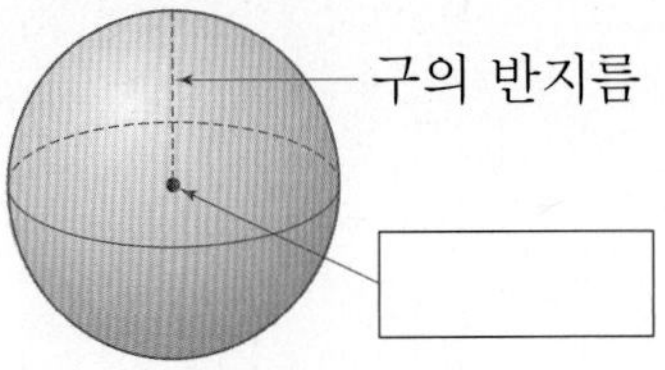

• 한 구에서 구의 반지름은 무수히 많고, 구의 중심은 ☐개입니다.

6. 원기둥, 원뿔, 구

정답 44쪽

[1-3] 입체도형을 보고 물음에 답하세요.

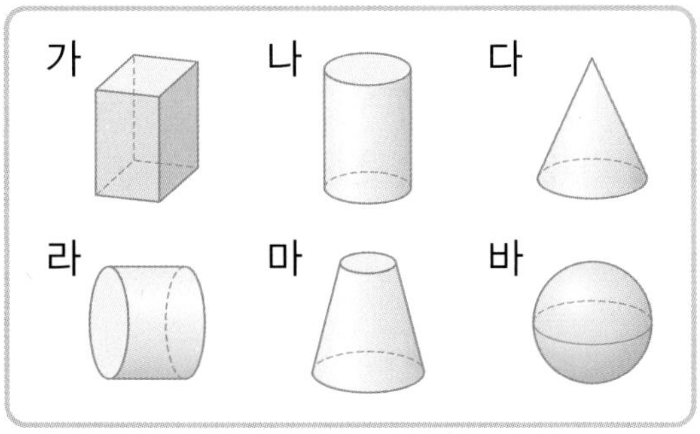

1
원기둥을 모두 찾아 기호를 쓰세요.

(　　　　　　　　　　)

2
원뿔을 찾아 기호를 쓰세요.

(　　　　　　　　　　)

3
구를 찾아 기호를 쓰세요.

(　　　　　　　　　　)

4
원기둥의 밑면을 모두 찾아 색칠하세요.

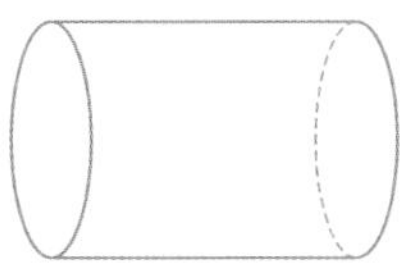

5
보기 에서 알맞은 말을 골라 □ 안에 써넣으세요.

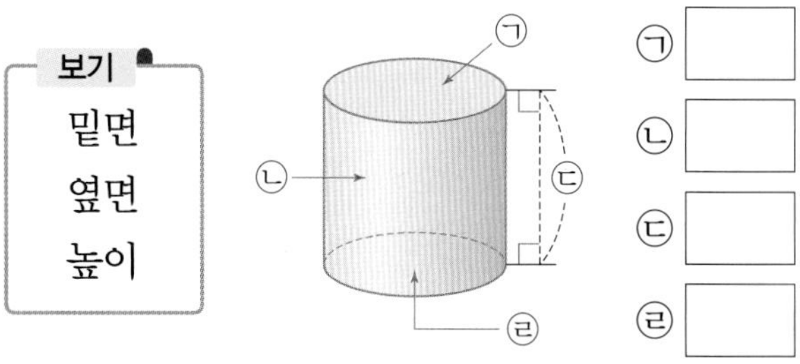

6
원뿔의 무엇을 재는 것인지 찾아 이으세요.

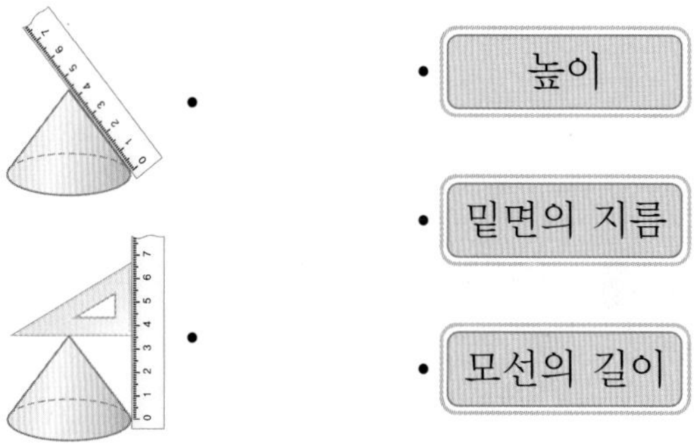

7
원기둥의 전개도를 찾아 기호를 쓰세요.

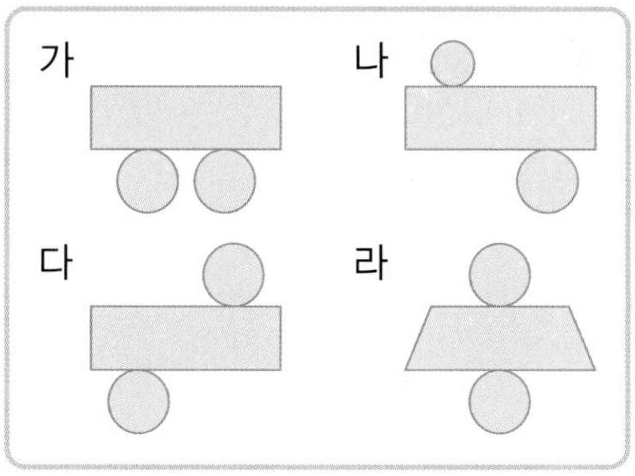

(　　　　　　　　　　)

8
오른쪽과 같은 반원 모양의 종이를 지름을 기준으로 한 바퀴 돌렸을 때 만들어지는 입체도형의 이름을 쓰세요.

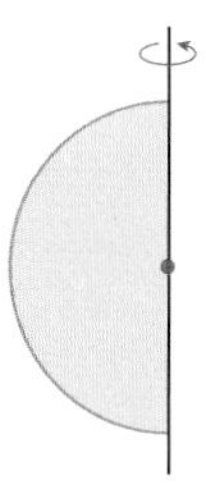

(　　　　　　　　　　)

9 서술형

다음 입체도형이 원기둥이 아닌 이유를 쓰세요.

이유

10

위에서 본 모양이 원이고 앞과 옆에서 본 모양이 직사각형인 입체도형을 보기 에서 찾아 쓰세요.

보기

원기둥　　원뿔　　구

(　　　　　　　　)

11 서술형

원뿔의 높이와 모선의 길이의 차는 몇 cm인지 해결 과정을 쓰고, 답을 구하세요.

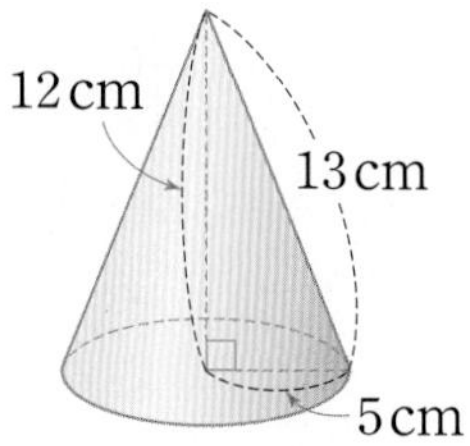

(　　　　　　　　)

12

원기둥과 원뿔에 대해 잘못 설명한 사람을 찾아 이름을 쓰세요.

도윤: 옆면은 모두 굽은 면입니다.
하은: 밑면은 모두 2개씩입니다.
정우: 꼭짓점은 원뿔에만 있습니다.

(　　　　　　　　)

13

직사각형 모양의 종이를 한 변을 기준으로 한 바퀴 돌려 만든 입체도형의 높이는 몇 cm인지 구하세요.

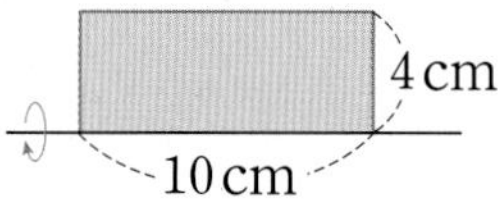

(　　　　　　　　)

14

원기둥과 원기둥의 전개도를 보고 □ 안에 알맞은 수를 써넣으세요. (원주율: 3.14)

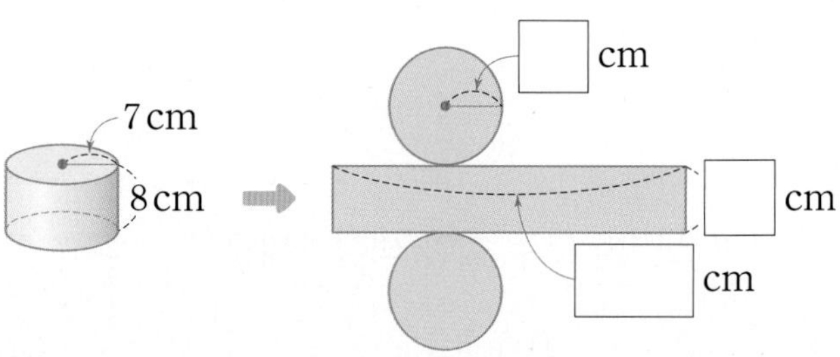

15

구를 똑같이 반으로 잘랐을 때 나오는 한 단면의 넓이는 몇 cm^2인지 구하세요. (원주율: 3)

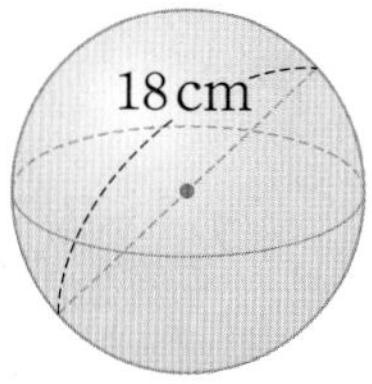

(　　　　　　　　　)

16

원기둥의 전개도에서 옆면의 가로가 24.8 cm, 세로가 5 cm일 때 원기둥의 밑면의 반지름은 몇 cm인지 구하세요. (원주율: 3.1)

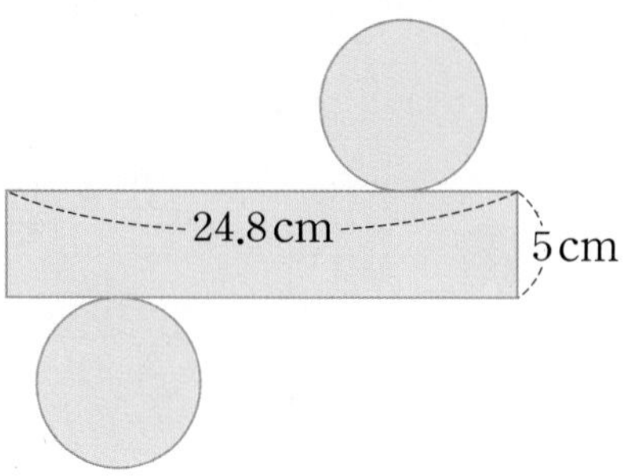

(　　　　　　　　　)

17 서술형

오른쪽과 같은 원기둥 모양 상자의 옆면에 빈틈없이 포장지를 붙이려고 합니다. 필요한 포장지의 넓이는 적어도 몇 cm^2인지 해결 과정을 쓰고, 답을 구하세요. (원주율: 3)

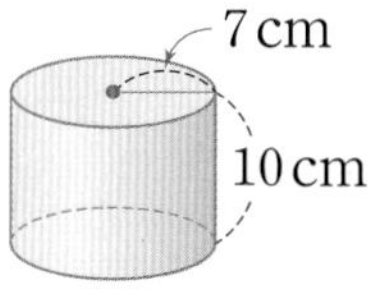

(　　　　　　　　　)

18

원기둥의 전개도의 둘레는 몇 cm인지 구하세요.

(원주율: 3.1)

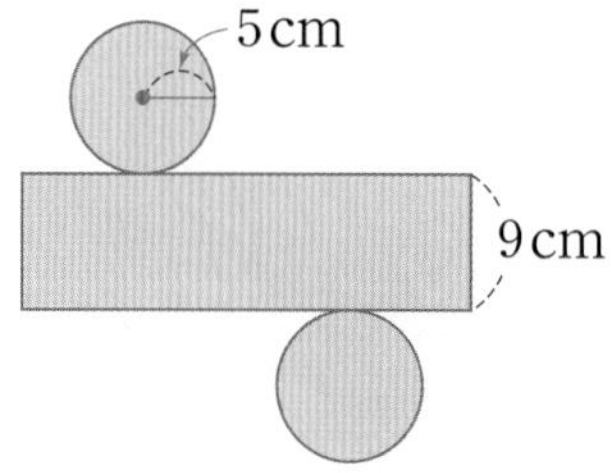

(　　　　　　　　　)

19

원뿔을 앞에서 본 모양의 넓이는 몇 cm^2인지 구하세요.

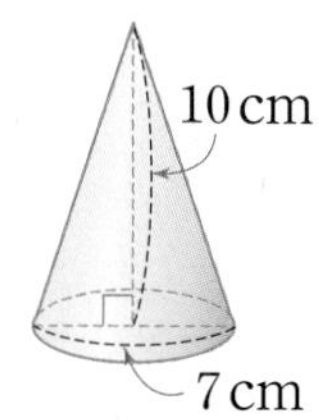

(　　　　　　　　　)

20

원기둥 모양의 롤러에 페인트를 묻혀 5바퀴 굴렸더니 페인트가 칠해진 부분의 넓이가 1099 cm^2였습니다. 롤러의 밑면의 지름은 몇 cm인지 구하세요.

(원주율: 3.14)

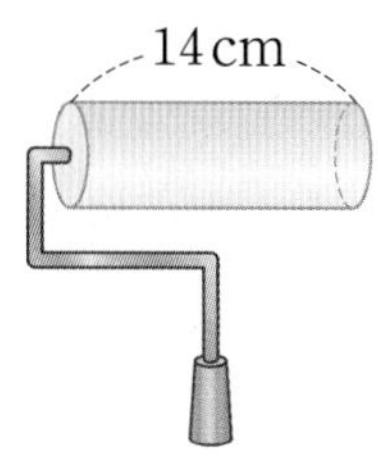

(　　　　　　　　　)

숨은 그림을 찾아보세요.

정답 45쪽

강의가 더해진, **교과서 맞춤 학습**

백점

수학 6·2

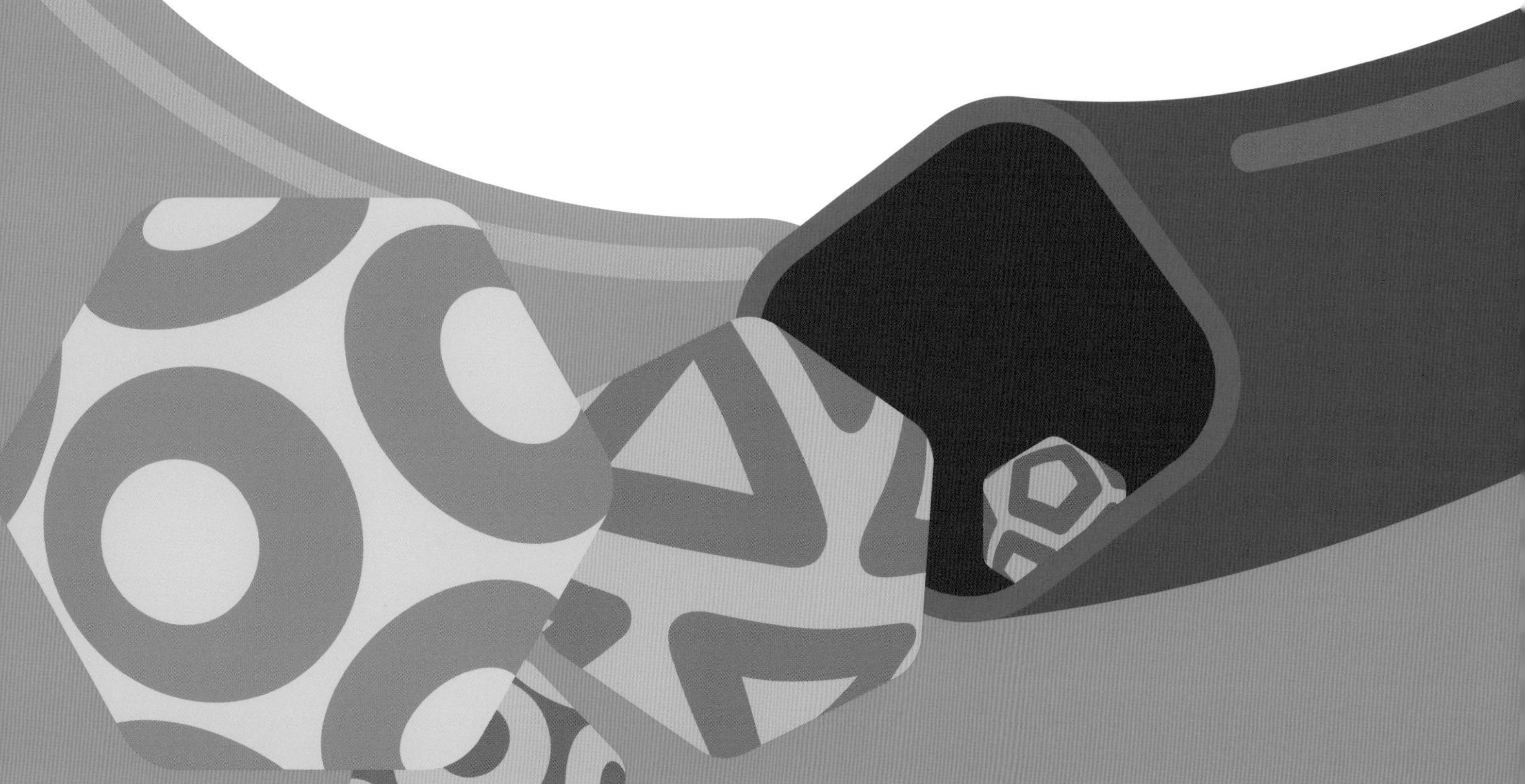

평가북

- 학교 시험 대비 수준별 **단원 평가**
- 출제율이 높은 차시별 **수행 평가**

동아출판

평가북 구성과 특징

1 **수준별 단원 평가**가 있습니다.

- 기본형, 심화형 두 가지 형태의 **단원 평가**를 제공

2 **차시별 수행 평가**가 있습니다.

- 수시로 치러지는 수행 평가를 대비할 수 있도록 차시별 **수행 평가**를 제공

3 **2학기 총정리**가 있습니다.

- 한 학기의 학습을 마무리할 수 있도록 **총정리**를 제공

백점

BOOK 2 평가북

차례

수학 6·2

1

그림을 보고 □ 안에 알맞은 수를 써넣으세요.

$\frac{5}{7}$를 $\frac{2}{7}$씩 묶으면 □묶음과 $\frac{□}{2}$묶음이 됩니다.

➡ $\frac{5}{7} \div \frac{2}{7} = □\frac{□}{2}$

2

□ 안에 알맞은 수를 써넣으세요.

$\frac{5}{6} \div \frac{19}{24} = \frac{□}{24} \div \frac{19}{24}$

$= □ \div □ = □$

3

나눗셈의 몫을 구하세요.

$32 \div \frac{8}{21}$

(　　　　　　　　)

4

나눗셈식을 곱셈식으로 나타내어 계산하세요.

$\frac{7}{8} \div \frac{2}{3}$

5

빈칸에 알맞은 수를 써넣으세요.

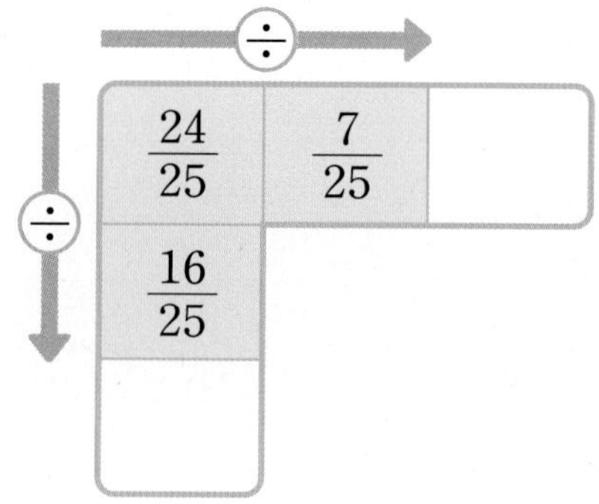

6

㉠, ㉡, ㉢, ㉣, ㉤에 알맞은 수가 잘못 짝 지어진 것은 어느 것일까요? (　　　)

$6\frac{2}{3} \div \frac{4}{9} = \frac{㉠}{3} \div \frac{㉡}{9} = \frac{㉢}{3} \times \frac{㉣}{4} = ㉤$

① ㉠－20　② ㉡－4　③ ㉢－20

④ ㉣－9　⑤ ㉤－10

7

계산 결과를 비교하여 ○ 안에 >, =, <를 알맞게 써넣으세요.

$\frac{16}{19} \div \frac{8}{19}$ ○ 5

8

몫이 다른 하나를 찾아 기호를 쓰세요.

㉠ $\frac{6}{17} \div \frac{3}{17}$　㉡ $\frac{12}{23} \div \frac{4}{23}$　㉢ $\frac{14}{25} \div \frac{7}{25}$

(　　　　　　　　)

9

나의 길이는 가의 길이의 몇 배일까요?

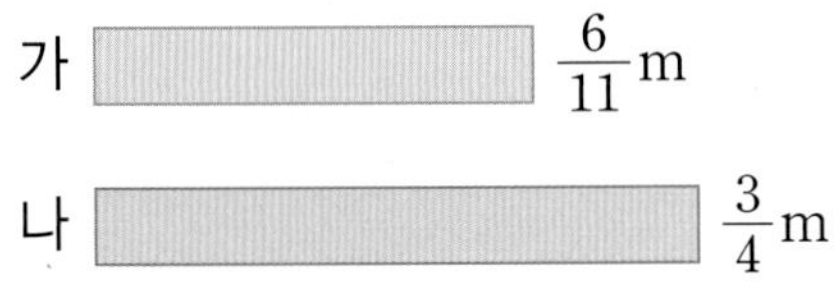

( )

10 서술형

$\frac{7}{12} \div \frac{3}{10}$을 계산한 것입니다. 계산이 잘못된 이유를 쓰고, 바르게 고쳐 계산하세요.

$$\frac{7}{12} \div \frac{3}{10} = \frac{7}{\overset{}{\underset{4}{\cancel{12}}}} \times \frac{\overset{1}{\cancel{3}}}{10} = \frac{7}{40}$$

이유

______

______

바른 계산

______

11

쌀 $\frac{18}{10}$ kg을 한 사람에게 $\frac{3}{20}$ kg씩 똑같이 나누어 주려고 합니다. 모두 몇 명에게 나누어 줄 수 있을까요?

( )

12

그림에 알맞은 진분수끼리의 나눗셈식을 쓰고, 답을 구하세요.

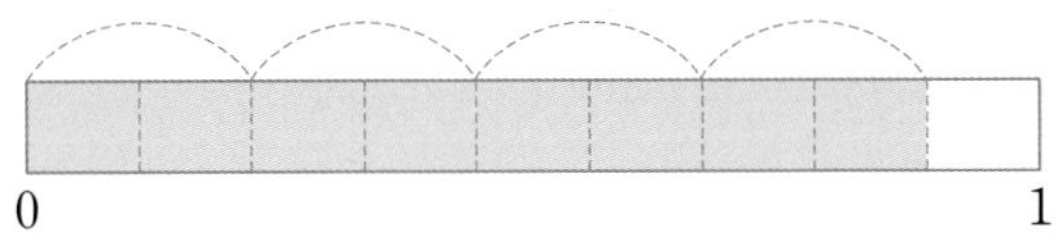

식 ______

답 ______

13

6 L의 물을 화분에 나누어 주려고 합니다. 화분 한 개에 물을 $\frac{2}{5}$ L씩 주면 물을 줄 수 있는 화분은 모두 몇 개일까요?

( )

14 서술형

케이크 한 판 중 형우는 전체의 $\frac{1}{8}$을 먹었고, 영아는 전체의 $\frac{1}{6}$을 먹었습니다. 영아가 먹은 케이크 양은 형우가 먹은 케이크 양의 몇 배인지 해결 과정을 쓰고, 답을 구하세요.

______

______

______

( )

15

□ 안에 알맞은 대분수를 써넣으세요.

$$\square \times \frac{5}{6} = 3\frac{3}{4}$$

16

㉠의 몫은 ㉡의 몇 배일까요?

㉠ $2\frac{4}{5} \div \frac{7}{10}$　　㉡ $\frac{5}{14}$

(　　　　　　　　)

17

조건 을 모두 만족하는 분수의 나눗셈식을 모두 만들고, 계산하세요.

조건
- 11÷6을 이용하여 계산할 수 있습니다.
- 분모가 14보다 작은 진분수끼리의 나눗셈입니다.
- 두 분수의 분모는 같습니다.

식 ______________________

18

□ 안에 들어갈 수 있는 자연수를 모두 구하세요.

$$5 \div \frac{1}{\square} < 20$$

(　　　　　　　　)

19

기호 ★을 다음과 같이 약속할 때 $\frac{3}{4}$★$\frac{1}{8}$을 계산하세요.

가★나=(가+나)÷나

(　　　　　　　　)

20 서술형

혜수는 종이학을 만드는 데 가지고 있던 색종이의 $\frac{1}{4}$을 사용했습니다. 남은 색종이가 60장이라면 혜수가 처음 가지고 있던 색종이는 몇 장인지 해결 과정을 쓰고, 답을 구하세요.

____

____

____

____

(　　　　　　　　)

1

□ 안에 알맞은 수를 써넣으세요.

$\frac{13}{20}$은 $\frac{1}{20}$이 13개, $\frac{9}{20}$는 $\frac{1}{20}$이 □개이므로

$\frac{13}{20} \div \frac{9}{20} = 13 \div □ = □$입니다.

2

그림을 보고 □ 안에 알맞은 수를 써넣으세요.

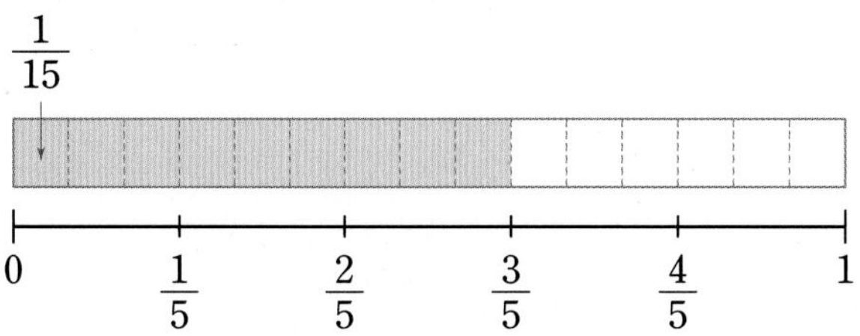

$\frac{3}{5} \div \frac{1}{15} = □$

3

몫을 찾아 이으세요.

$\frac{12}{17} \div \frac{2}{17}$ •

$\frac{9}{13} \div \frac{3}{13}$ •

• 3

• 5

• 6

4

계산을 하세요.

$1\frac{9}{10} \div \frac{19}{24}$

5

빈칸에 알맞은 수를 써넣으세요.

(÷ →)

$\frac{8}{11}$	$\frac{2}{11}$	
$\frac{12}{19}$	$\frac{4}{19}$	

6

대분수를 진분수로 나눈 몫을 빈칸에 써넣으세요.

$3\frac{1}{4}$	$\frac{5}{6}$

7 서술형

가장 큰 수를 가장 작은 수로 나눈 몫은 얼마인지 해결 과정을 쓰고, 답을 구하세요.

$\frac{8}{29}$ $\frac{4}{29}$ $\frac{5}{29}$ $\frac{15}{29}$ $\frac{10}{29}$

( )

8

$1\frac{4}{5}\div\frac{2}{7}$의 계산에서 잘못된 부분을 찾아 바르게 계산하세요.

틀린 계산

$$1\frac{4}{5}\div\frac{2}{7}=1\frac{\overset{2}{\cancel{4}}}{5}\times\frac{7}{\underset{1}{\cancel{2}}}=1\frac{14}{5}=3\frac{4}{5}$$

바른 계산

9

몫이 자연수인 것을 찾아 ○표 하세요.

$\frac{9}{10}\div\frac{7}{8}$	$\frac{5}{12}\div\frac{3}{4}$	$\frac{2}{3}\div\frac{2}{15}$
( )	( )	( )

10

계산 결과를 비교하여 ○ 안에 >, =, <를 알맞게 써넣으세요.

$4\frac{2}{3}\div\frac{5}{7}$ ○ $1\frac{1}{8}\div\frac{1}{4}$

11 서술형

폐식용유로 비누를 만들려고 합니다. 비누 한 개를 만드는 데 폐식용유 $\frac{4}{9}$컵이 필요하다면 폐식용유 12컵으로 만들 수 있는 비누는 몇 개인지 해결 과정을 쓰고, 답을 구하세요.

( )

12

몫이 1보다 작은 것을 찾아 기호를 쓰세요.

㉠ $\frac{5}{7}\div\frac{5}{9}$ ㉡ $\frac{4}{5}\div\frac{7}{8}$ ㉢ $\frac{8}{11}\div\frac{4}{7}$

( )

13

세로가 $\frac{8}{15}$ m이고 넓이가 $1\frac{1}{21}$ m^2인 직사각형의 가로는 몇 m인지 식을 쓰고, 답을 구하세요.

식

답

14

□ 안에 들어갈 수 있는 자연수는 모두 몇 개일까요?

$$\square < \frac{3}{8} \div \frac{3}{56}$$

( )

15

㉠에 알맞은 수를 구하세요.

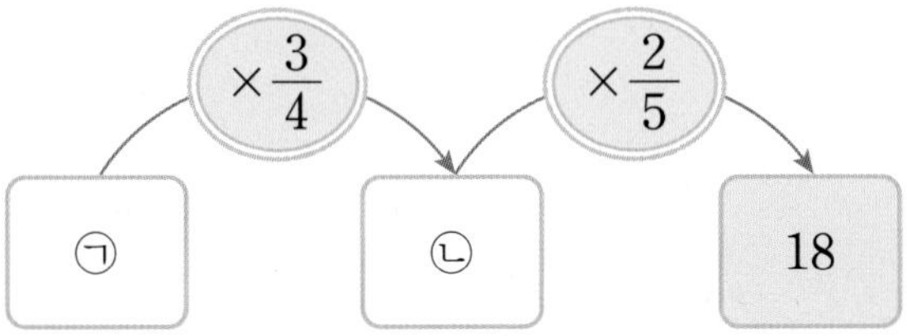

( )

16

수직선에서 ㉡÷㉠의 값을 구하세요.

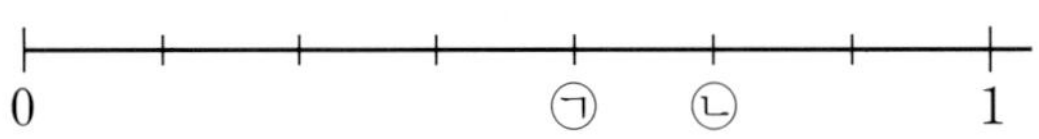

( )

17

지금 수족관에 있는 물고기의 수를 세어 보니 지난달보다 15마리가 더 늘어났습니다. 늘어난 물고기 수가 지난달 물고기 수의 $\frac{3}{10}$일 때 지금 수족관에 있는 물고기는 몇 마리인지 구하세요.

( )

18 서술형

나희가 일정한 빠르기로 $\frac{3}{4}$ km를 걸어가는 데 $\frac{4}{15}$시간이 걸렸습니다. 나희가 같은 빠르기로 $1\frac{1}{6}$시간 동안 걸을 수 있는 거리는 몇 km인지 해결 과정을 쓰고, 답을 구하세요.

( )

19

□ 안에 알맞은 수를 구하세요.

$$\square \times \frac{5}{12} = 1\frac{1}{9} \div \frac{3}{5}$$

( )

20

어떤 수에 $\frac{9}{14}$를 곱했더니 27이 되었습니다. 어떤 수를 $\frac{7}{8}$로 나눈 몫은 얼마일까요?

( )

1. 분수의 나눗셈

정답 48쪽

평가 주제	분모가 같은 (분수)÷(분수)
평가 목표	분모가 같은 (분수)÷(분수)의 계산 원리를 이해하고 계산할 수 있습니다.

1 그림을 보고 □ 안에 알맞은 수를 써넣으세요.

(1) 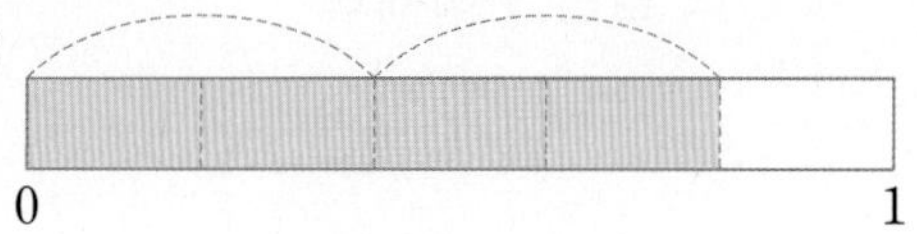

$\frac{4}{5} \div \frac{2}{5} = \square$

(2) 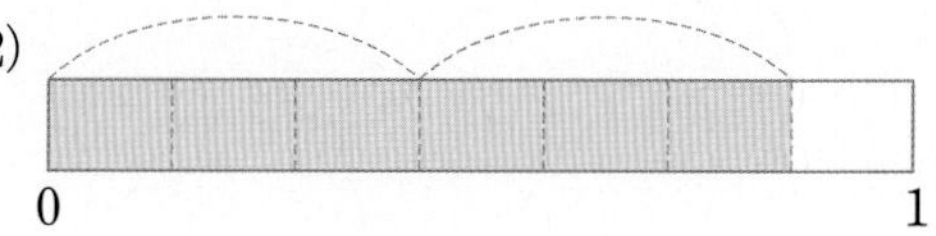

$\frac{6}{7} \div \frac{3}{7} = \square$

2 □ 안에 알맞은 수를 써넣으세요.

(1) $\frac{5}{8} \div \frac{3}{8} = \square \div \square = \frac{\square}{\square} = \square\frac{\square}{\square}$

(2) $\frac{10}{11} \div \frac{7}{11} = \square \div \square = \frac{\square}{\square} = \square\frac{\square}{\square}$

3 계산을 하세요.

(1) $\frac{8}{9} \div \frac{4}{9}$

(2) $\frac{8}{13} \div \frac{7}{13}$

4 계산 결과를 비교하여 ○ 안에 $>$, $=$, $<$를 알맞게 써넣으세요.

$\frac{6}{7} \div \frac{5}{7}$ ○ $\frac{9}{17} \div \frac{8}{17}$

5 식혜 $\frac{9}{14}$ L를 한 병에 $\frac{3}{14}$ L씩 똑같이 나누어 담으려고 합니다. 몇 개의 병에 나누어 담을 수 있는지 구하세요.

(　　　　　　　　)

평가 주제	분모가 다른 (분수)÷(분수)
평가 목표	분모가 다른 (분수)÷(분수)의 계산 원리를 이해하고 계산할 수 있습니다.

1 그림을 보고 □ 안에 알맞은 수를 써넣으세요.

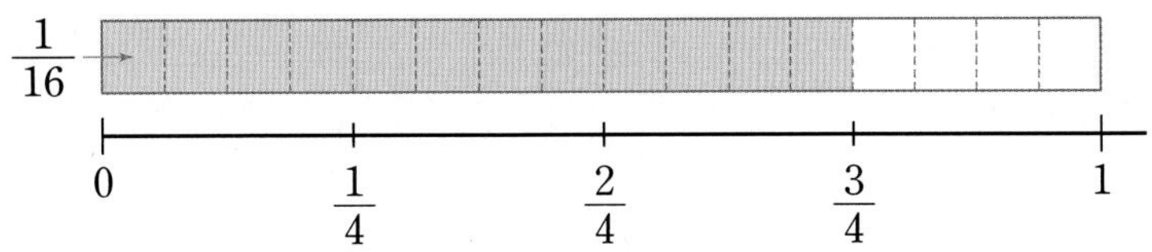

$\frac{3}{4} \div \frac{1}{16} = \square$

2 □ 안에 알맞은 수를 써넣으세요.

(1) $\frac{5}{6} \div \frac{3}{4} = \frac{\square}{12} \div \frac{\square}{12} = \square \div \square = \frac{\square}{\square} = \square\frac{\square}{\square}$

(2) $\frac{5}{8} \div \frac{1}{12} = \frac{\square}{24} \div \frac{\square}{24} = \square \div \square = \frac{\square}{\square} = \square\frac{\square}{\square}$

3 계산을 하세요.

(1) $\frac{9}{14} \div \frac{5}{7}$

(2) $\frac{8}{9} \div \frac{5}{6}$

4 □ 안에 알맞은 대분수를 써넣으세요.

$\square \times \frac{7}{15} = \frac{4}{5}$

5 실을 만드는 기계로 실 $\frac{7}{9}$ m를 만드는 데 $\frac{1}{12}$분이 걸립니다. 이 기계가 같은 빠르기로 실을 만든다면 1분 동안 만들 수 있는 실은 몇 m인지 구하세요.

( )

평가 주제	(자연수)÷(분수)
평가 목표	(자연수)÷(분수)의 계산 원리를 이해하고 계산할 수 있습니다.

1 □ 안에 알맞은 수를 써넣으세요.

$$8\div\frac{2}{9}=(8\div\square)\times\square=\square$$

2 보기 와 같은 방법으로 계산하세요.

보기

$$6\div\frac{3}{4}=(6\div3)\times4=8$$

$15\div\frac{3}{7}$ ________________

3 빈칸에 알맞은 수를 써넣으세요.

(1) ÷ →

20	$\frac{5}{7}$	
24	$\frac{8}{11}$	

(2) ÷ →

12	$\frac{3}{8}$	
18	$\frac{6}{13}$	

4 계산 결과가 큰 것부터 차례로 기호를 쓰세요.

㉠ $10\div\frac{2}{9}$ ㉡ $8\div\frac{4}{5}$ ㉢ $9\div\frac{3}{7}$

( )

5 설탕 $\frac{2}{5}$ kg의 가격이 1320원입니다. 설탕 1 kg의 가격은 얼마인지 구하세요.

( )

평가 주제	(분수)÷(분수)를 (분수)×(분수)로 나타내기, 여러 가지 분수의 나눗셈
평가 목표	(분수)÷(분수)를 (분수)×(분수)로 나타내고, 여러 가지 분수의 나눗셈을 계산할 수 있습니다.

1 □ 안에 알맞은 수를 써넣으세요.

(1) $\frac{3}{2} \div \frac{2}{5} = \frac{3}{2} \times \frac{\square}{\square} = \frac{\square}{\square} = \square\frac{\square}{\square}$

(2) $1\frac{5}{6} \div \frac{6}{7} = \frac{\square}{6} \div \frac{6}{7} = \frac{\square}{6} \times \frac{\square}{\square} = \frac{\square}{\square} = \square\frac{\square}{\square}$

2 계산을 하세요.

(1) $\frac{9}{14} \div \frac{4}{5}$

(2) $\frac{6}{7} \div \frac{3}{4}$

3 보기 와 같은 방법으로 계산하세요.

보기

$1\frac{3}{8} \div \frac{2}{5} = \frac{11}{8} \div \frac{2}{5} = \frac{11}{8} \times \frac{5}{2}$

$= \frac{55}{16} = 3\frac{7}{16}$

$2\frac{3}{4} \div \frac{5}{7}$

4 $\frac{4}{9} \div \frac{5}{3}$를 두 가지 방법으로 계산하세요.

방법 1

방법 2

5 어떤 수에 $2\frac{1}{2}$을 곱했더니 $\frac{3}{4}$이 되었습니다. 어떤 수는 얼마인지 구하세요.

( )

1

□ 안에 알맞은 수를 써넣으세요.

10배

$8.4 \div 1.4 = \square$ → $84 \div 14 = \square$

□배

2

□ 안에 알맞은 수를 써넣으세요.

$15 \div 0.6 = \frac{\square}{10} \div \frac{\square}{10}$

$= \square \div \square = \square$

3

보기 와 같이 분수의 나눗셈으로 계산하세요.

보기

$1.44 \div 0.16 = \frac{144}{100} \div \frac{16}{100} = 144 \div 16 = 9$

$3.24 \div 0.54$

4

계산을 하세요.

$3.7 \overline{)\, 18.13}$

5

$25.3 \div 8$의 몫을 자연수까지 구하고 얼마가 남는지 알아보려고 합니다. □ 안에 알맞은 수를 써넣으세요.

$25.3 - 8 - 8 - 8 = \square$

➡ $25.3 \div 8$의 몫을 자연수까지 구하면 몫은 □이고 남는 수는 □입니다.

6

큰 수를 작은 수로 나눈 몫을 빈 곳에 써넣으세요.

7.2	24.48

7

□ 안에 알맞은 수를 써넣으세요.

$56 \div 8 = \square$

$56 \div 0.8 = \square$

$56 \div 0.08 = \square$

8

길이가 21 cm인 종이띠가 있습니다. 이 종이띠를 한 도막에 3.5 cm씩 자른다면 모두 몇 도막이 되는지 구하세요.

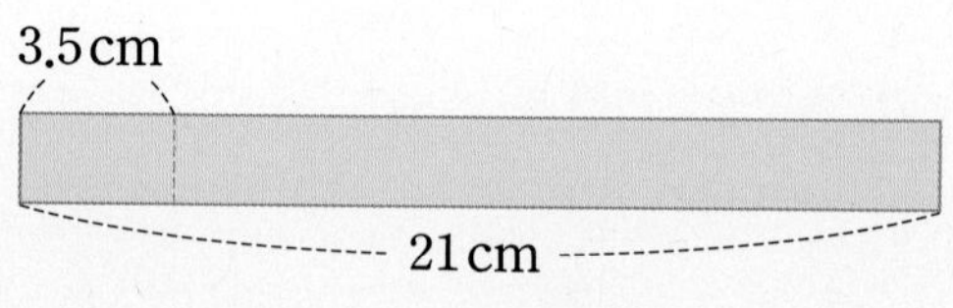

(　　　　　　　　)

9

몫을 반올림하여 소수 둘째 자리까지 나타내세요.

$$7\overline{)\,32.3}$$

(　　　　　　　　)

10

계산 결과를 비교하여 ○ 안에 >, =, <를 알맞게 써넣으세요.

$0.27 \div 0.09$ ○ $7.84 \div 1.6$

11 서술형

$4.08 \div 1.7$의 계산에서 잘못된 부분을 찾아 바르게 계산하고, 잘못 계산한 이유를 쓰세요.

틀린 계산

$$\begin{array}{r} 2\,4 \\ 1.7\overline{)\,4.0\,8} \\ 3\,4 \\ \hline 6\,8 \\ 6\,8 \\ \hline 0 \end{array}$$

바른 계산

$$1.7\overline{)\,4.0\,8}$$

이유

12

수정과 3.2 L를 한 컵에 0.4 L씩 모두 나누어 담으려고 합니다. 컵은 몇 개 필요한지 식을 쓰고 답을 구하세요.

식

답

13 서술형

몫이 큰 것부터 차례로 기호를 쓰려고 합니다. 해결 과정을 쓰고, 답을 구하세요.

㉠ $34.5 \div 2.3$
㉡ $34 \div 1.36$
㉢ $46.08 \div 2.88$

(　　　　　　　　)

14

민성이의 앉은키는 78 cm이고 아버지의 앉은키는 92.5 cm입니다. 아버지의 앉은키는 민성이 앉은키의 몇 배인지 반올림하여 소수 첫째 자리까지 나타내세요.

(　　　　　　　　)

2 단원

15

과자 한 개를 만드는 데 설탕 3 g이 사용됩니다. 설탕 83.4 g으로 과자를 몇 개까지 만들 수 있고, 남는 설탕은 몇 g인지 구하세요.

만들 수 있는 과자 수 (　　　　　　　)

남는 설탕의 양 (　　　　　　　)

16

넓이가 47.5 cm^2인 직사각형이 있습니다. 이 직사각형의 가로가 9.5 cm일 때 세로는 몇 cm일까요?

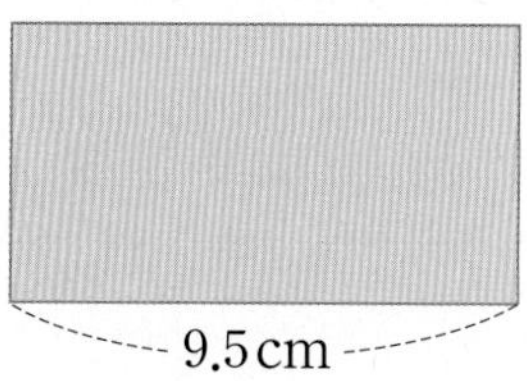

(　　　　　　　)

17

어떤 수에 3.7을 곱했더니 76.59가 되었습니다. 어떤 수는 얼마일까요?

(　　　　　　　)

18 서술형

일정한 빠르기로 9분 36초 동안 1.6 km를 가는 케이블카가 있습니다. 이 케이블카가 같은 빠르기로 1 km를 가는 데 걸리는 시간은 몇 분인지 해결 과정을 쓰고, 답을 구하세요.

(　　　　　　　)

19

몫의 소수 24째 자리 숫자를 구하세요.

17÷6

(　　　　　　　)

20

3장의 수 카드를 주어진 식의 □ 안에 한 번씩만 써넣어 몫이 가장 큰 나눗셈식을 만들고, 몫을 구하세요.

2　4　5

1.□)□□

(　　　　　　　)

1

계산을 하세요.

$4.6\overline{)\,64.4}$

2

보기 와 같은 방법으로 계산하세요.

보기

$408 \div 2.4 = 4080 \div 24 = 170$

$702 \div 5.4$

3

$17.1 \div 3$의 몫을 자연수까지 구하고 얼마가 남는지 알아보려고 합니다. □ 안에 알맞은 수를 써넣으세요.

$$\begin{array}{r} \square \\ 3\overline{)\,1\ \ 7.1} \\ \underline{\square} \\ \square \end{array}$$

4

몫을 반올림하여 일의 자리까지 나타내세요.

$18.6 \div 7$

( )

5

나눗셈의 몫이 같은 것끼리 이으세요.

$12.8 \div 1.6$	$1.28 \div 16$
$1.28 \div 1.6$	$12.8 \div 16$
	$128 \div 16$

6 서술형

$512 \div 4 = 128$을 이용하여 □ 안에 알맞은 수를 써넣은 후, 계산 방법을 쓰세요.

$5.12 \div 0.04 = \square$

방법

7

철사 40.8 m를 한 사람에게 6.8 m씩 나누어 주려고 합니다. 몇 명에게 나누어 줄 수 있는지 식을 쓰고, 답을 구하세요.

식

답

8

나눗셈의 몫이 $1.36 \div 0.08$의 몫의 100배인 것을 찾아 ○표 하세요.

$1.36 \div 0.8$	$136 \div 0.08$	$13.6 \div 0.08$
(　　)	(　　)	(　　)

9 서술형

$38.4 \div 2.4$의 계산에서 잘못된 부분을 찾아 바르게 계산하고, 잘못 계산한 이유를 쓰세요.

틀린 계산

```
       1.6
2.4 ) 3 8.4
      2 4
      ─────
      1 4 4
      1 4 4
      ─────
          0
```

바른 계산

```
2.4 ) 3 8.4
```

이유

____

____

10

계산 결과를 비교하여 ○ 안에 >, =, <를 알맞게 써넣으세요.

59÷7의 몫을 반올림하여 소수 첫째 자리까지 나타낸 수 ○ $59 \div 7$

11

우산 길이는 가위 길이의 몇 배인지 반올림하여 소수 둘째 자리까지 나타내세요.

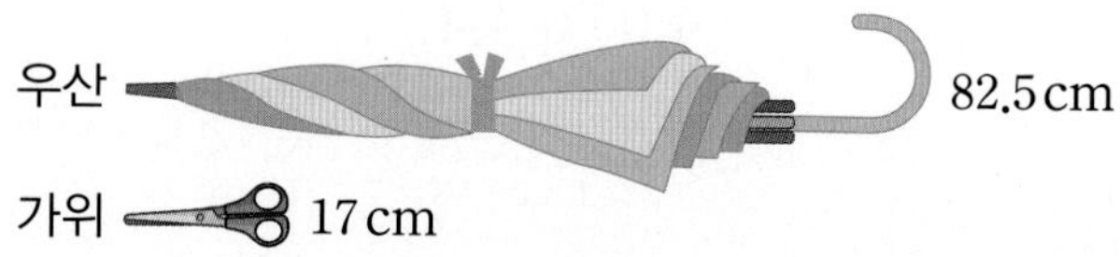

(　　　　　　)

12

몫이 가장 작은 것을 찾아 기호를 쓰세요.

㉠ $79.8 \div 3.8$	㉡ $53.52 \div 4.46$
㉢ $50.85 \div 4.5$	㉣ $42.5 \div 2.5$

(　　　　　　)

13

주스 5 L를 한 컵에 0.3 L씩 나누어 담으려고 합니다. 몇 컵에 나누어 담을 수 있고, 남는 주스는 몇 L인지 차례로 쓰세요.

(　　　　　　), (　　　　　　)

14

□ 안에 들어갈 수 있는 가장 큰 자연수는 얼마일까요?

$\square < 49 \div 9.8$

(　　　　　　　)

15

어느 식당에서 일주일 동안 사용하는 현미의 양은 140.8 kg입니다. 이 식당에서 매일 같은 양의 현미를 사용한다면 하루에 사용하는 현미는 몇 kg인지 반올림하여 일의 자리까지 나타내세요.

(　　　　　　　)

16

빈 곳에 알맞은 수를 써넣으세요.

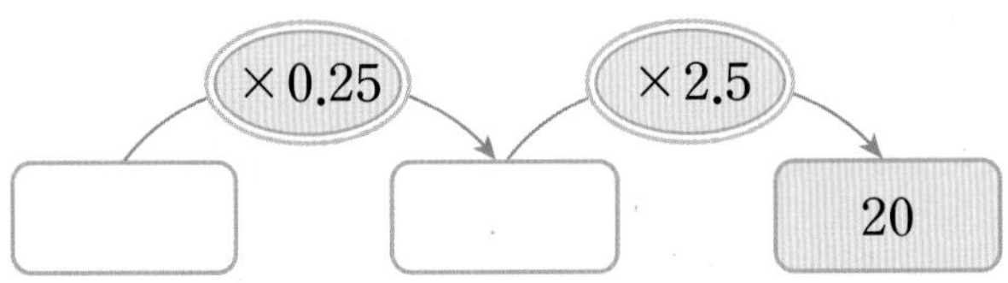

17

꿀꺽 우유는 0.9 L당 2340원이고, 쑥쑥 우유는 2.3 L당 5750원입니다. 같은 양의 우유를 산다면 어느 우유가 더 저렴할까요?

(　　　　　　　)

18

어떤 수를 4.5로 나누어야 하는데 잘못하여 곱했더니 182.25가 되었습니다. 바르게 계산했을 때의 몫은 얼마일까요?

(　　　　　　　)

19

호두 5.1 kg을 한 통에 0.7 kg씩 남김없이 모두 나누어 담으려고 합니다. 호두는 적어도 몇 kg 더 필요한지 구하세요.

(　　　　　　　)

20 서술형

넓이가 $47.04\,cm^2$인 평행사변형이 있습니다. 이 평행사변형의 밑변의 길이가 8.4 cm일 때 밑변의 길이는 높이의 몇 배인지 해결 과정을 쓰고, 답을 구하세요.

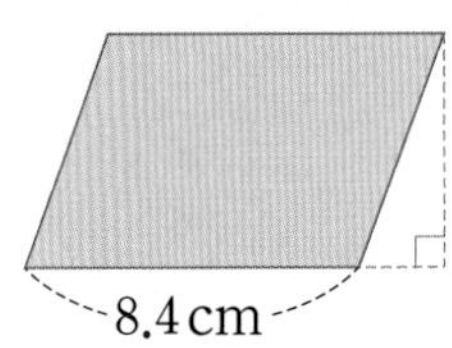

(　　　　　　　)

평가 주제	자릿수가 같은 (소수)÷(소수)
평가 목표	자릿수가 같은 (소수)÷(소수)의 계산 원리를 이해하고 계산할 수 있습니다.

1 자연수의 나눗셈을 이용하여 소수의 나눗셈을 계산하세요.

(1) 45.9 ÷ 0.9 (10배, 10배) → □ ÷ □ = □

45.9÷0.9=□

(2) 2.44 ÷ 0.04 (100배, 100배) → □ ÷ □ = □

2.44÷0.04=□

2 □ 안에 알맞은 수를 써넣으세요.

(1) 24.7÷1.3=247÷□=□

(2) 3.68÷0.46=368÷□=□

3 보기 와 같이 분수의 나눗셈으로 계산하세요.

보기

$2.1\div0.3=\frac{21}{10}\div\frac{3}{10}=21\div3=7$

9.6÷0.6 ____________________

4 계산을 하세요.

(1) $0.4\overline{)1.6}$

(2) $0.23\overline{)1.61}$

5 막대 1.75 m의 무게가 12.25 kg입니다. 막대 1 m의 무게는 몇 kg인지 구하세요. (단, 막대의 굵기는 일정합니다.)

( )

평가 주제	자릿수가 다른 (소수)÷(소수)
평가 목표	자릿수가 다른 (소수)÷(소수)의 계산 원리를 이해하고 계산할 수 있습니다.

1 **□ 안에 알맞은 수를 써넣으세요.**

$4.48 \div 2.8 = \square$ (100배, 100배) $448 \div 280 = \square$

2 $4.32 \div 1.2$**를 두 가지 방법으로 계산하려고 합니다. □ 안에 알맞은 수를 써넣으세요.**

(1)

$$\begin{array}{r} \square.\square \\ 1.2 \overline{)\,4.3\ 2} \\ \square \\ \hline 7\ 2 \\ \square \\ \hline 0 \end{array}$$

(2)

$$\begin{array}{r} \square.\square \\ 1.20 \overline{)\,4.3\ 2\ 0} \\ \square \\ \hline 7\ 2\ 0 \\ \square \\ \hline 0 \end{array}$$

3 **계산을 하세요.**

(1) $4.5\overline{)\,13.05}$

(2) $1.7\overline{)\,5.78}$

4 **몫이 가장 작은 것의 기호를 쓰세요.**

㉠ $5.04 \div 2.8$　㉡ $8.17 \div 4.3$　㉢ $6.24 \div 3.9$

(　　　　　　　　)

5 **집에서 학교까지의 거리는** 1.8 km**이고 집에서 도서관까지의 거리는** 5.58 km**입니다. 집에서 도서관까지의 거리는 집에서 학교까지의 거리의 몇 배인지 구하세요.**

(　　　　　　　　)

평가 주제	(자연수)÷(소수)
평가 목표	(자연수)÷(소수)의 계산 원리를 이해하고 계산할 수 있습니다.

1 □ 안에 알맞은 수를 써넣으세요.

□배

68÷8.5=□ → 680÷85=□

□배

2 □ 안에 알맞은 수를 써넣으세요.

(1)
1.68÷0.06=□
16.8÷0.06=□
168÷0.06=□

(2)
32÷ 8 =□
32÷ 0.8 =□
32÷0.08=□

3 빈칸에 알맞은 수를 써넣으세요.

÷ →

36	1.8	
12	0.25	

4 몫의 크기를 비교하여 ○ 안에 >, =, <를 알맞게 써넣으세요.

(1) 12÷1.5 ○ 13÷2.6

(2) 40÷2.5 ○ 51÷3.4

5 작품 한 개를 만드는 데 찰흙 3.5 kg이 필요합니다. 찰흙 28 kg으로 작품을 몇 개 만들 수 있는지 구하세요.

( )

평가 주제	몫을 반올림하여 나타내기, 나누어 주고 남는 양 알아보기
평가 목표	• 소수의 나눗셈의 몫을 반올림하여 나타낼 수 있습니다. • 어떤 수 안에 같은 수가 몇 번 포함되어 있는지 구하는 소수의 나눗셈에서 남는 양을 구할 수 있습니다.

1 **몫을 반올림하여 소수 첫째 자리까지 나타내려고 합니다. □ 안에 알맞은 수를 써넣으세요.**

4÷7의 몫을 반올림하여 소수 첫째 자리까지 나타내면 □입니다.

$$\begin{array}{r} 0.57 \\ 7\overline{)4.00} \\ 35 \\ \hline 50 \\ 49 \\ \hline 1 \end{array}$$

2 단원

2 **몫을 반올림하여 소수 둘째 자리까지 나타내세요.**

(1) $7\overline{)2}$ ➡ □

(2) $3\overline{)1.7}$ ➡ □

3 **땅콩 32.5 kg을 한 봉지에 6 kg씩 나누어 담으려고 합니다. 나누어 담을 수 있는 봉지 수와 남는 땅콩은 몇 kg인지 알기 위해 다음과 같이 계산했습니다. □ 안에 알맞은 수를 써넣으세요.**

(1) 32.5−6−6−6−6−6=□

나누어 담을 수 있는 봉지 수: □봉지

남는 땅콩의 양: □ kg

(2)
$$\begin{array}{r} \square \\ 6\overline{)32.5} \\ 30 \\ \hline \square \end{array}$$

나누어 담을 수 있는 봉지 수: □봉지

남는 땅콩의 양: □ kg

4 **균상이가 키우는 고양이의 어릴 때의 무게는 0.26 kg, 지금 무게는 5.62 kg입니다. 고양이의 지금 무게는 어릴 때의 무게의 몇 배인지 반올림하여 소수 첫째 자리까지 나타내세요.**

( )

5 **소독약 25.6 L를 한 사람에게 6 L씩 나누어 주려고 합니다. 몇 명에게 나누어 줄 수 있고, 남는 소독약은 몇 L인지 차례로 쓰세요.**

( ), ( )

15 서술형

오른쪽은 쌓기나무로 쌓은 모양을 보고 위에서 본 모양에 수를 쓴 것입니다. 쌓은 모양을 앞에서 보았을 때 보이는 쌓기나무는 몇 개인지 해결 과정을 쓰고, 답을 구하세요.

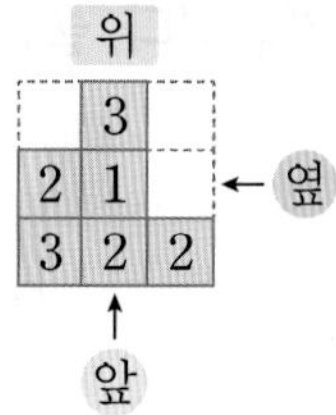

( )

16

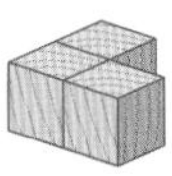 모양에 쌓기나무 1개를 붙여서 만들 수 있는 서로 다른 모양은 모두 몇 가지일까요? (단, 뒤집거나 돌렸을 때 같은 모양은 한 가지로 생각합니다.)

( )

17

쌓기나무를 4개씩 붙여서 만든 두 가지 모양을 사용하여 오른쪽과 같은 새로운 모양을 만들었습니다. 사용한 두 가지 모양을 찾아 쓰세요.

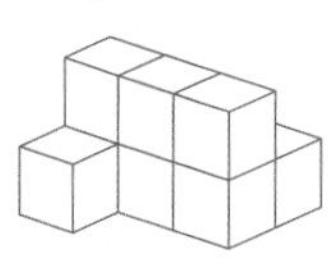

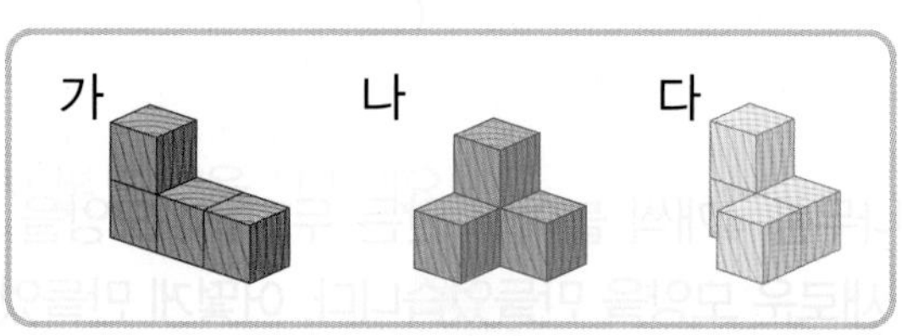

( )

18 서술형

쌓기나무 42개를 가지고 다음 모양과 똑같은 모양으로 쌓으려고 합니다. 모양을 몇 개까지 만들 수 있는지 해결 과정을 쓰고, 답을 구하세요.

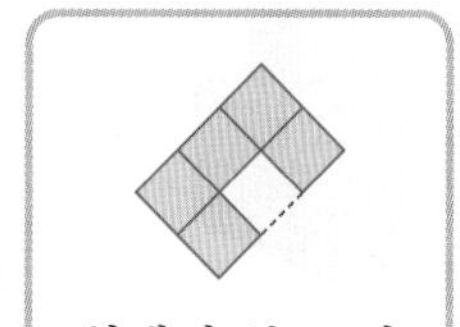
위에서 본 모양

( )

19

쌓기나무 10개로 쌓은 모양을 위와 앞에서 본 모양입니다. 옆에서 본 모양을 그리세요.

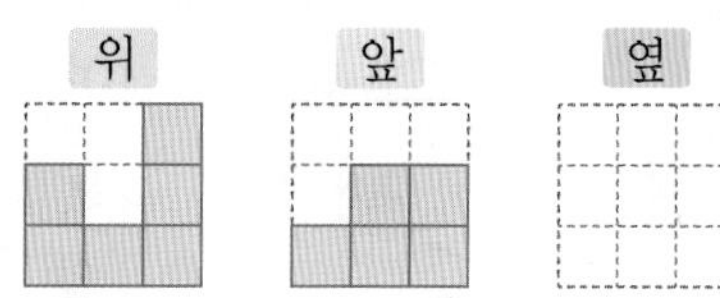

20

쌓기나무를 7개씩 사용하여 조건을 만족하도록 쌓으려고 합니다. 쌓은 모양을 위에서 본 모양에 수를 쓰는 방법으로 나타내세요.

보기
- 가와 나의 쌓은 모양은 서로 다릅니다.
- 위에서 본 모양이 서로 같습니다.
- 앞에서 본 모양이 서로 같습니다.
- 옆에서 본 모양이 서로 같습니다.

가

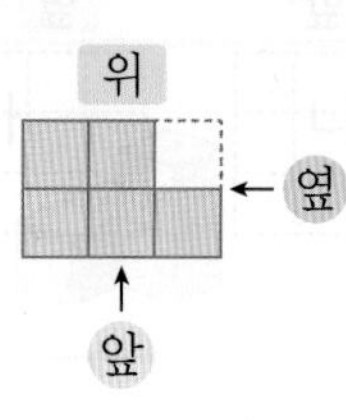

나

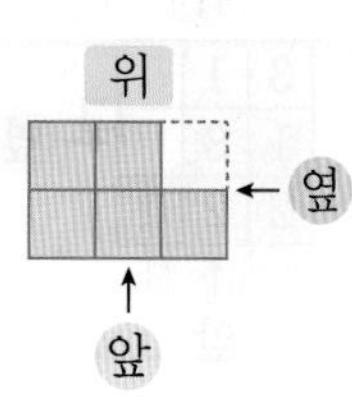

1

오른쪽은 오리 배를 타고 찍은 사진입니다. 어느 오리 배에서 찍은 것인지 찾아 기호를 쓰세요.

( )

[2-4] 쌓기나무로 쌓은 모양과 위에서 본 모양을 보고 물음에 답하세요.

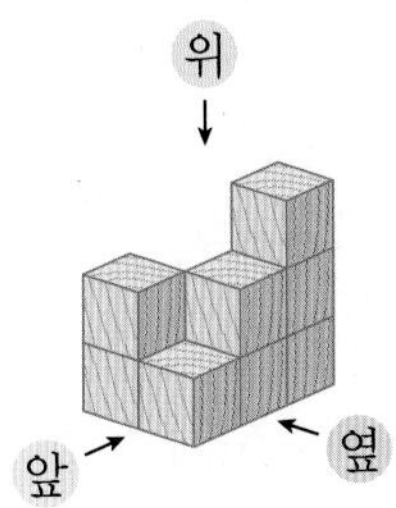

2

각 층에 쌓인 쌓기나무는 몇 개일까요?

1층: □개, 2층: □개, 3층: □개

3

똑같은 모양을 만들기 위해 필요한 쌓기나무는 몇 개일까요?

( )

4

쌓기나무로 쌓은 모양을 앞, 옆에서 본 모양을 그리세요.

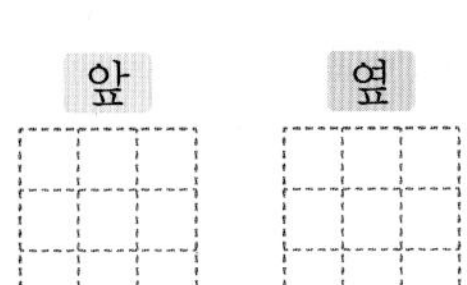

5

쌓기나무로 쌓은 모양을 보고 위에서 본 모양에 수를 쓰세요.

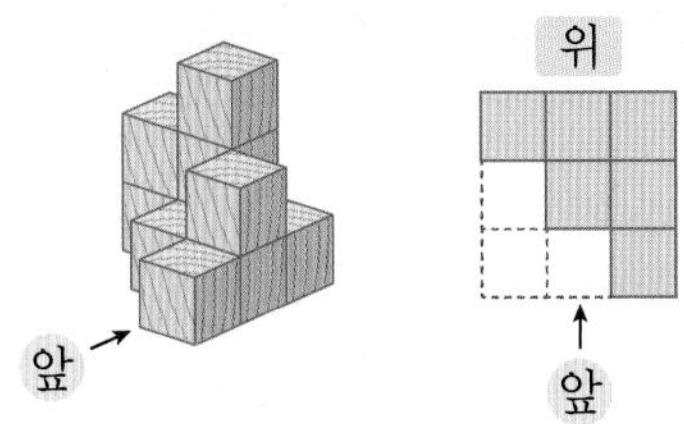

6

쌓기나무로 쌓은 모양과 1층 모양을 보고 2층과 3층 모양을 각각 그리세요.

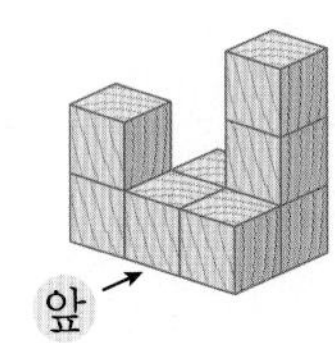

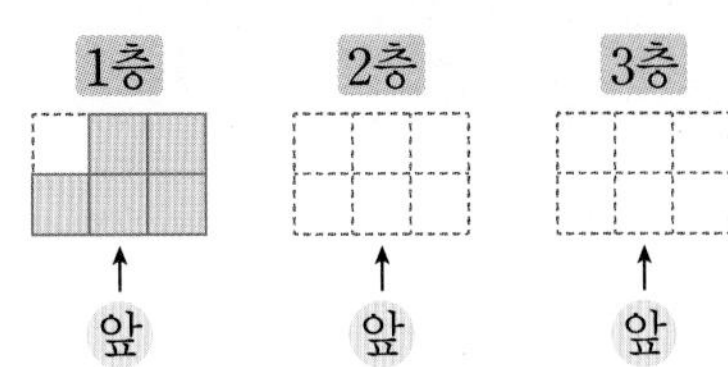

7

쌓기나무 4개로 만든 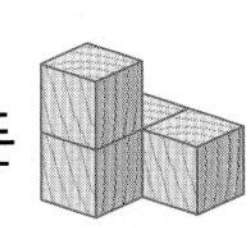 모양에 쌓기나무 1개를 붙여서 만들 수 없는 모양에 ×표 하세요.

( ) ( ) ( )

8

오른쪽은 쌓기나무로 쌓은 모양을 보고 위에서 본 모양에 수를 쓴 것입니다. 어떤 모양을 본 것인지 찾아 기호를 쓰세요.

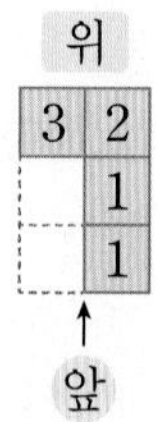

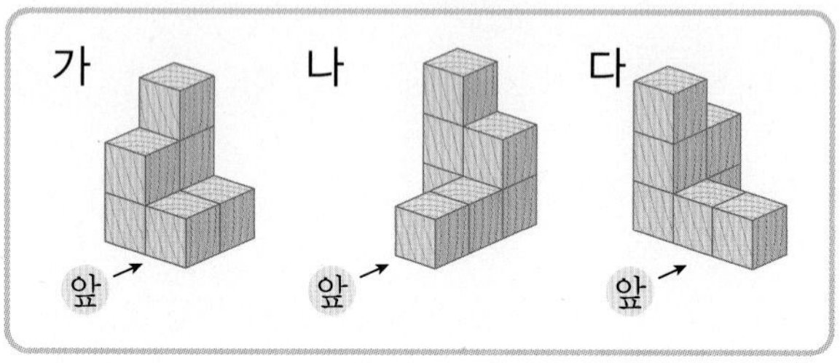

(   )

9

쌓기나무 4개로 만든 모양입니다. 서로 같은 모양끼리 짝 지어 기호를 쓰세요.

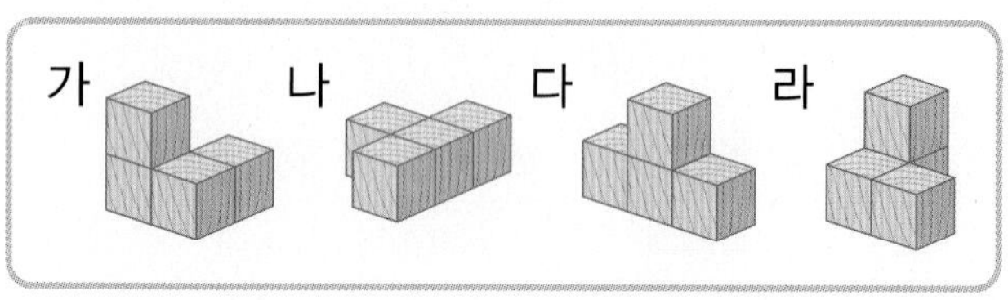

(   )와 (   ),
(   )와 (   )

10 서술형

쌓기나무로 쌓은 모양을 1층부터 3층까지 층별로 나타낸 모양입니다. 각각 몇 층을 나타낸 모양인지 □ 안에 알맞은 수를 써넣고, 그 이유를 쓰세요.

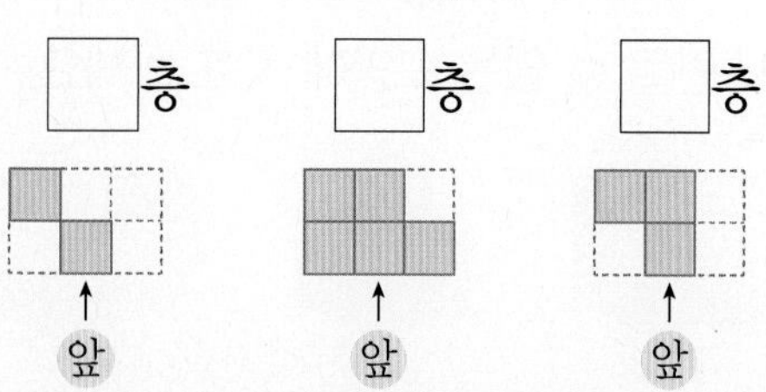

이유

[11-12] 쌓기나무로 쌓은 모양을 위, 앞, 옆에서 본 모양입니다. 물음에 답하세요.

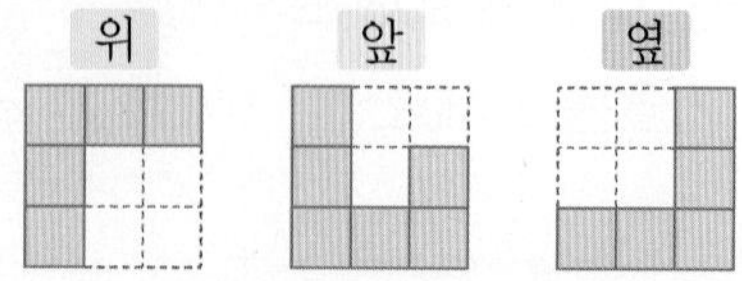

11

똑같은 모양으로 쌓는 데 필요한 쌓기나무는 몇 개일까요?

(   )

12

2층에 쌓은 쌓기나무는 몇 개일까요?

(   )

13

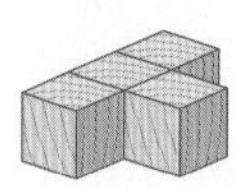 모양에 쌓기나무 1개를 붙여서 만들 수 있는 서로 다른 모양은 몇 가지일까요? (단, 뒤집거나 돌렸을 때 같은 모양은 한 가지로 생각합니다.)

(   )

14 서술형

쌓기나무로 쌓은 모양을 위, 앞에서 본 모양을 보고 옆에서 본 모습을 그리려고 합니다. 해결 과정을 쓰고, 답을 구하세요.

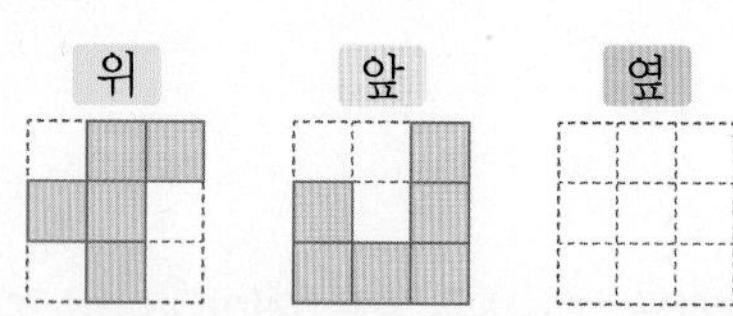

15

쌓기나무를 4개씩 붙여서 만든 두 가지 모양을 사용하여 새로운 모양을 만들었습니다. 어떤 쌓기나무 모양 두 가지로 만들었는지 구분하여 색칠하세요.

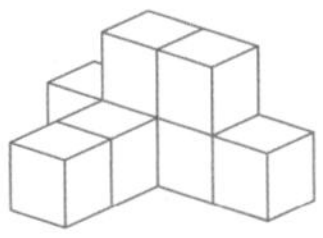

16

정호는 쌓기나무를 6개 가지고 있습니다. 주어진 모양과 똑같이 쌓으려면 쌓기나무는 몇 개 더 필요할까요?

( )

17 서술형

쌓기나무로 쌓은 모양을 보고 위에서 본 모양에 각각 수를 썼습니다. 앞에서 본 모양이 다른 하나는 어느 것인지 해결 과정을 쓰고, 답을 구하세요.

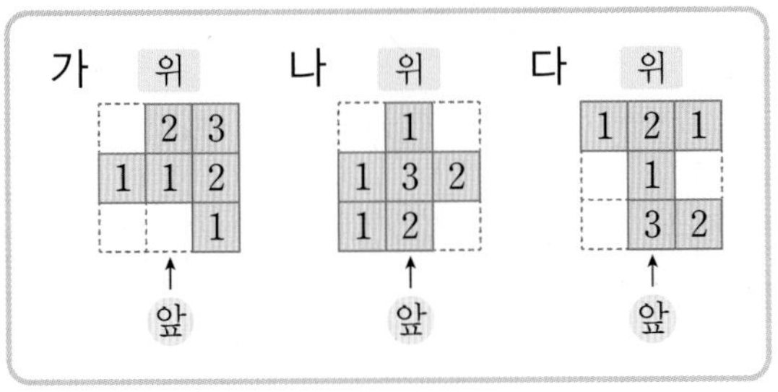

( )

18

쌓기나무로 쌓은 모양을 위, 앞, 옆에서 본 모양입니다. 쌓은 쌓기나무의 개수가 가장 적은 경우의 쌓기나무는 몇 개일까요?

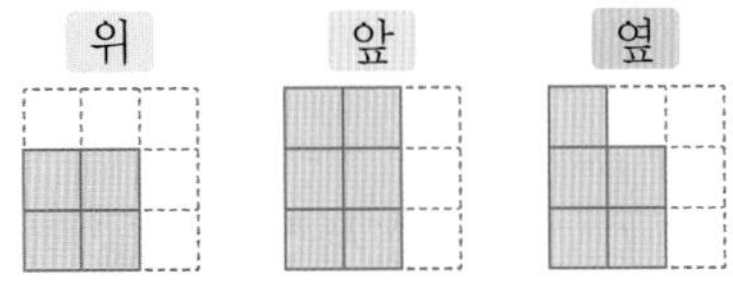

( )

19

정육면체 모양으로 쌓은 쌓기나무 모양에서 쌓기나무 몇 개를 빼냈더니 오른쪽과 같은 모양이 되었습니다. 빼낸 쌓기나무는 몇 개일까요?

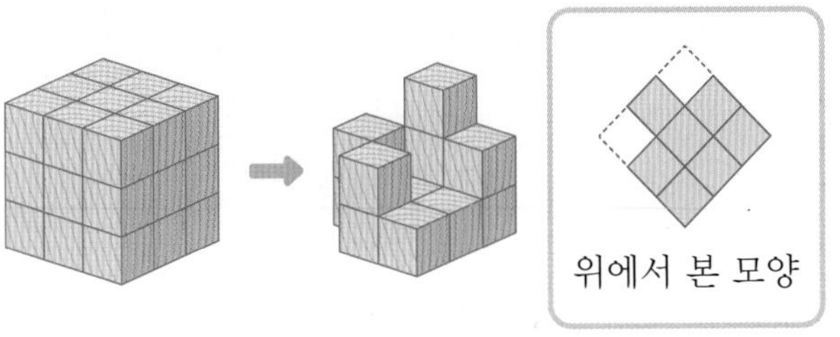

( )

20

오른쪽은 한 면의 넓이가 $1\,cm^2$인 쌓기나무 14개로 쌓은 모양입니다. 쌓기나무로 쌓은 모양의 겉넓이는 몇 cm^2인지 구하세요.

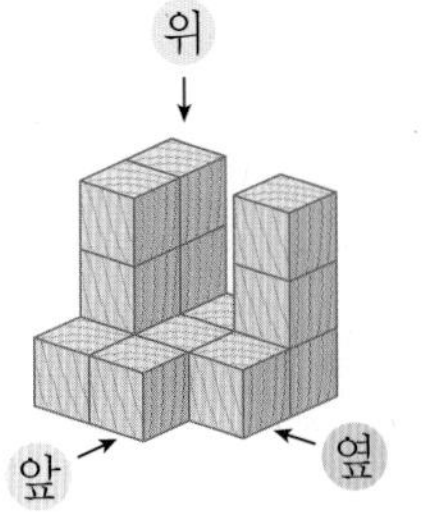

( )

평가 주제	어느 방향에서 본 것인지 알기, 쌓은 모양과 쌓기나무를 위에서 본 모양
평가 목표	• 실생활 속 물체의 사진을 보고 어느 방향에서 본 것인지 이해할 수 있습니다. • 쌓기나무로 쌓은 모양과 위에서 본 모양을 보고 쌓은 모양과 쌓기나무의 개수를 알 수 있습니다.

1 **오른쪽 사진은 집을 어느 방향에서 찍은 것인지 찾아 기호를 쓰세요.**

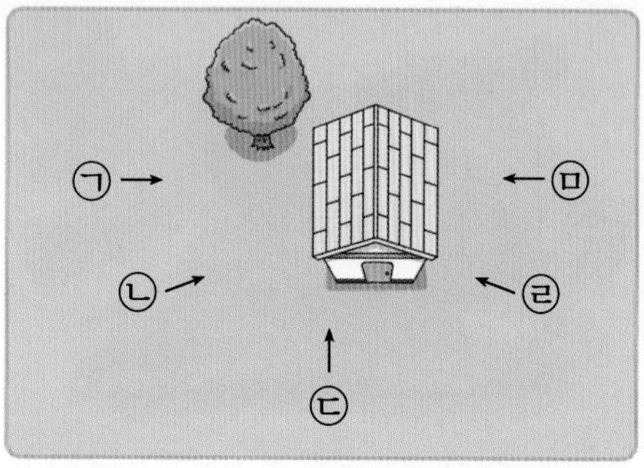

(1)

(　　　　)

(2)

(　　　　)

2 **공원에 있는 조형물 사진을 찍었습니다. 어느 방향에서 찍은 것인지 각각 쓰세요.**

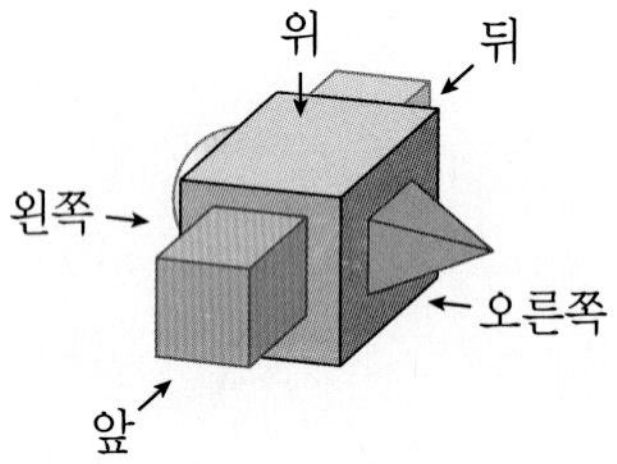

(1)
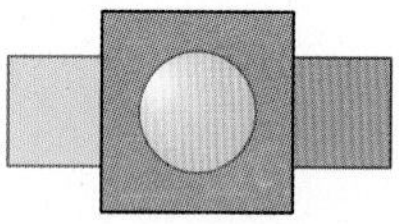
(　　　　)

(2)
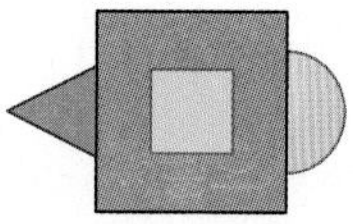
(　　　　)

(3)
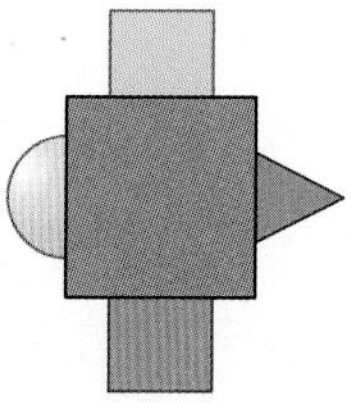
(　　　　)

3 **주어진 모양과 똑같이 쌓는 데 필요한 쌓기나무의 개수를 구하려고 합니다. □ 안에 알맞은 수를 써넣으세요.**

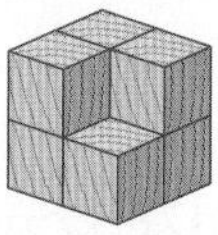

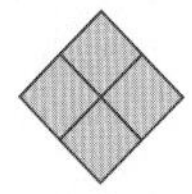
위에서 본 모양

1층에 □개, 2층에 □개이므로 주어진 모양과 똑같이 쌓는 데 필요한 쌓기나무는 □개입니다.

4 **주어진 모양과 똑같이 쌓는 데 필요한 쌓기나무의 개수를 구하세요.**

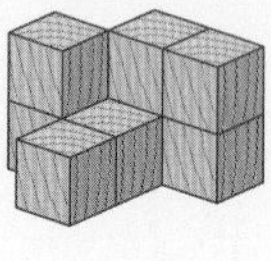

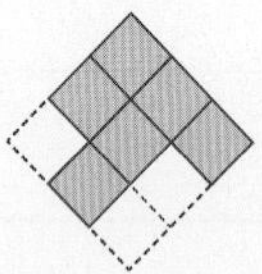
위에서 본 모양

(　　　　)

평가 주제	쌓기나무를 위, 앞, 옆에서 본 모양
평가 목표	쌓기나무로 쌓은 모양을 보고 위, 앞, 옆에서 본 모양을 그릴 수 있고, 위, 앞, 옆에서 본 모양을 보고 쌓은 모양과 쌓기나무의 개수를 알 수 있습니다.

1 쌓기나무로 쌓은 모양과 위에서 본 모양입니다. 앞과 옆에서 본 모양을 각각 그리세요.

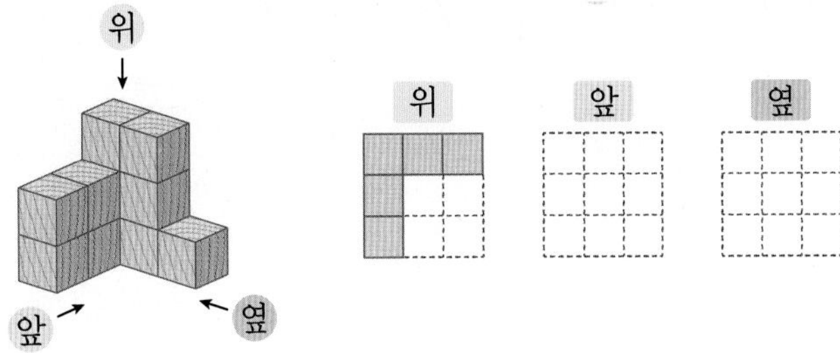

2 오른쪽은 쌓기나무 9개로 쌓은 모양입니다. 위, 앞, 옆에서 본 모양을 각각 그리세요.

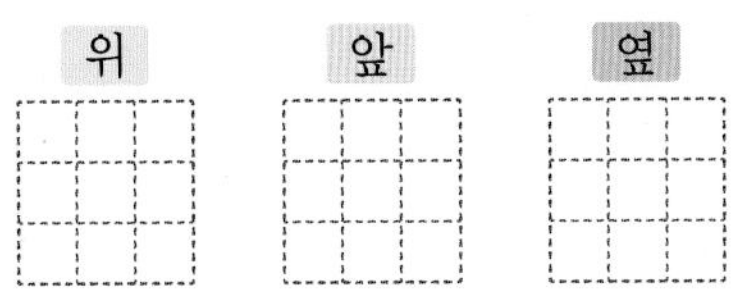

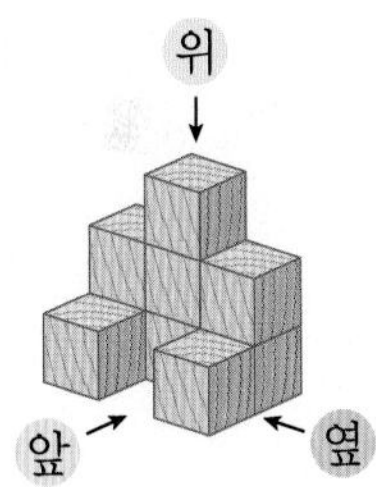

3 쌓기나무로 쌓은 모양을 위, 앞, 옆에서 본 모양입니다. 어떤 모양을 본 것인지 ○표 하세요.

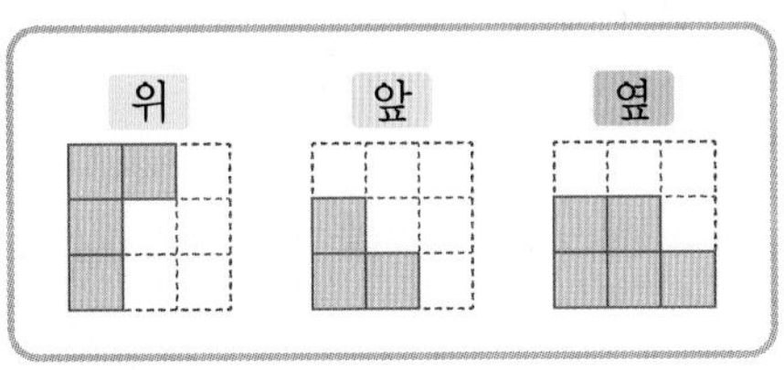

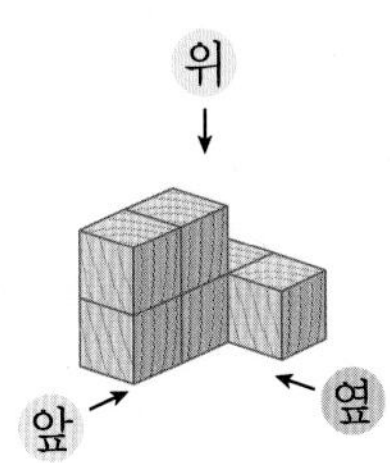

( )

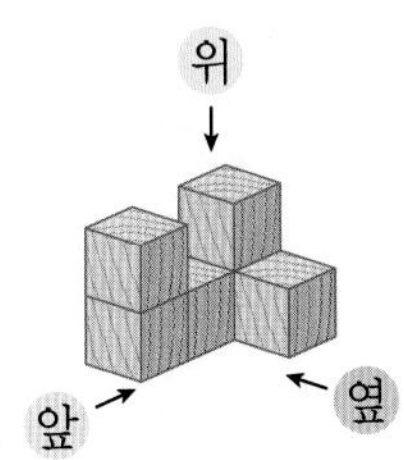

( )

4 쌓기나무로 쌓은 모양을 위, 앞, 옆에서 본 모양입니다. 똑같은 모양으로 쌓는 데 필요한 쌓기나무는 몇 개인지 구하세요.

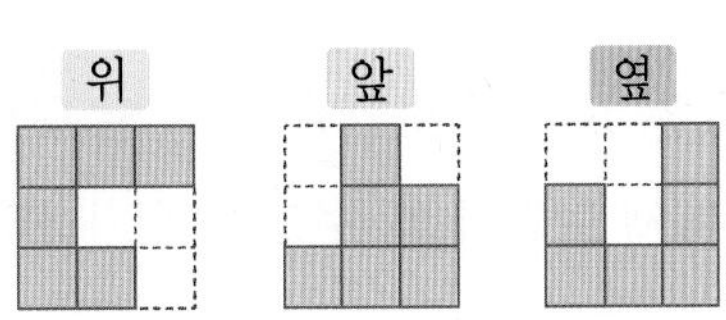

( )

정답 54쪽

평가 주제	위에서 본 모양에 수 쓰기
평가 목표	쌓기나무로 쌓은 모양을 위에서 본 모양에 수를 쓰는 방법으로 표현하고, 위에서 본 모양에 수를 쓴 것을 보고 쌓은 모양과 쌓기나무의 개수를 알 수 있습니다.

1 쌓기나무로 쌓은 모양과 위에서 본 모양을 보고 사용한 쌓기나무의 개수를 구하려고 합니다. 각 자리의 쌓기나무의 개수를 세어 표를 완성하고, □ 안에 알맞은 수를 써넣으세요.

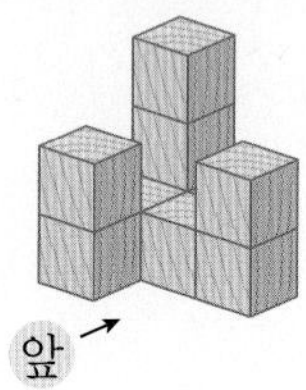

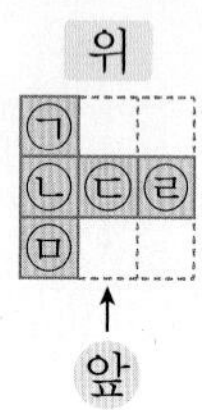

자리	㉠	㉡	㉢	㉣	㉤
개수(개)	3				

사용한 쌓기나무는 모두 □개입니다.

2 쌓기나무로 쌓은 모양을 보고 위에서 본 모양에 수를 써넣고, 똑같은 모양으로 쌓는 데 필요한 쌓기나무의 개수를 구하세요.

(1)

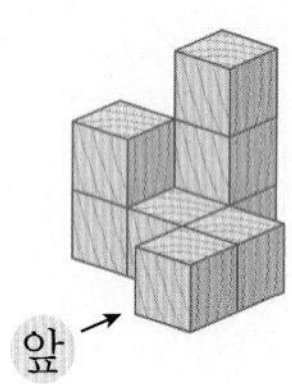

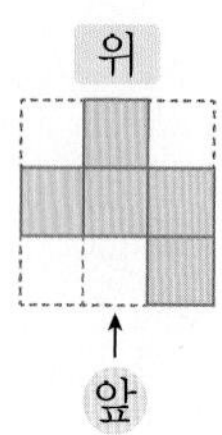

(   )

(2)

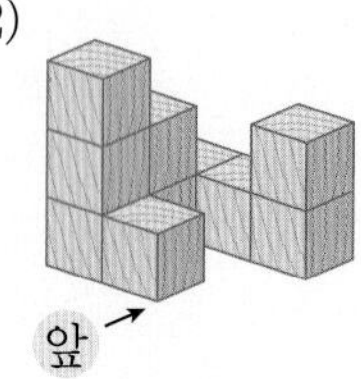

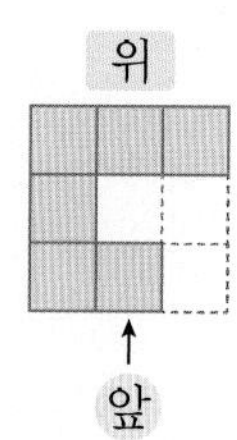

(   )

3 쌓기나무로 쌓은 모양을 보고 위에서 본 모양에 수를 쓴 것입니다. 앞에서 본 모양을 그리세요.

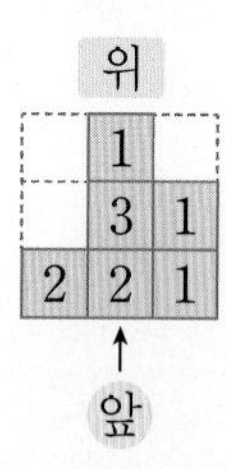

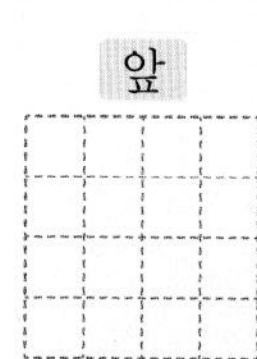

4 쌓기나무로 쌓은 모양을 보고 위에서 본 모양에 수를 쓴 것입니다. 쌓기나무로 쌓은 모양을 옆에서 보았을 때 보이는 쌓기나무는 몇 개인지 구하세요.

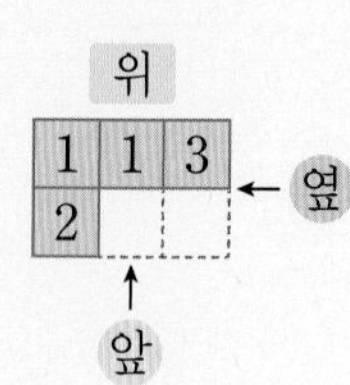

(   )

평가 주제	쌓기나무를 층별로 나타낸 모양, 여러 가지 모양 만들기
평가 목표	• 쌓기나무로 쌓은 모양을 층별로 나타낸 모양으로 표현하고, 층별로 나타낸 모양을 보고 쌓은 모양과 쌓기나무의 개수를 알 수 있습니다. • 쌓기나무로 여러 가지 모양을 만들 수 있습니다.

1 쌓기나무로 쌓은 모양과 1층 모양을 보고 2층과 3층 모양을 각각 그리세요.

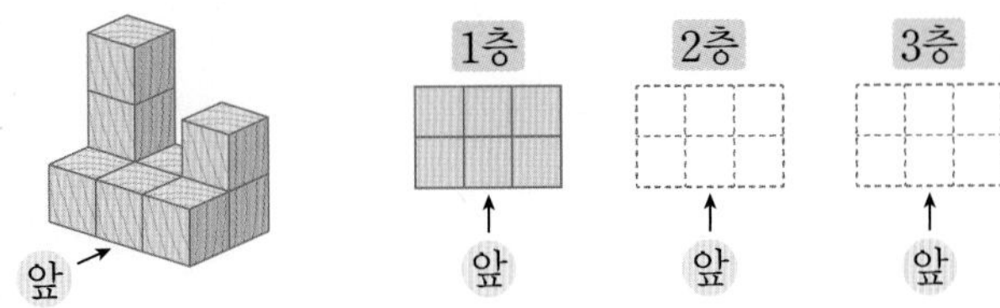

2 쌓기나무로 쌓은 모양을 층별로 나타낸 모양입니다. 위에서 본 모양에 수를 쓰는 방법으로 나타내고, 똑같은 모양으로 쌓는 데 필요한 쌓기나무의 개수를 구하세요.

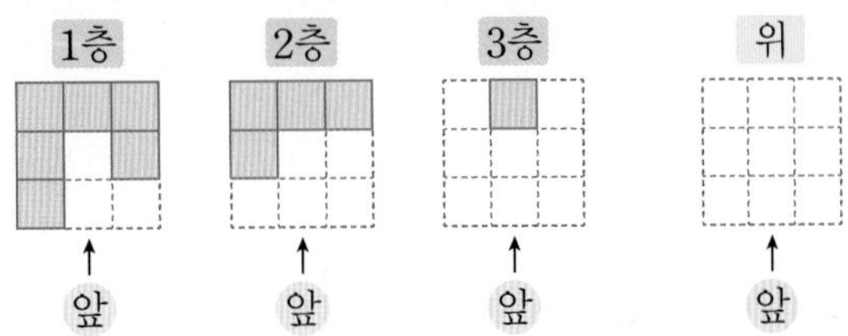

(　　　　　　　　　　)

3 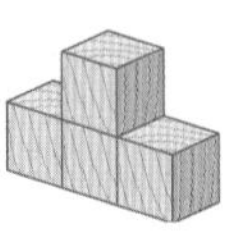 모양에 쌓기나무 1개를 붙여서 만들 수 없는 모양을 찾아 기호를 쓰세요.

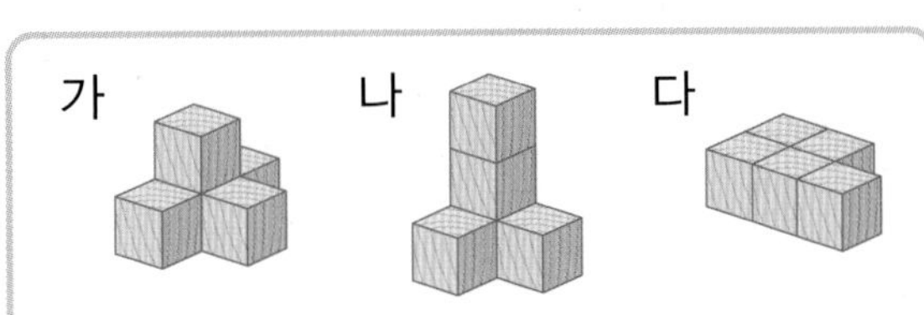

(　　　　　　　　　　)

4 쌓기나무를 4개씩 붙여 만든 두 가지 모양을 사용하여 오른쪽 모양을 만들었습니다. 어떻게 만들었는지 구분하여 색칠하세요.

(1) 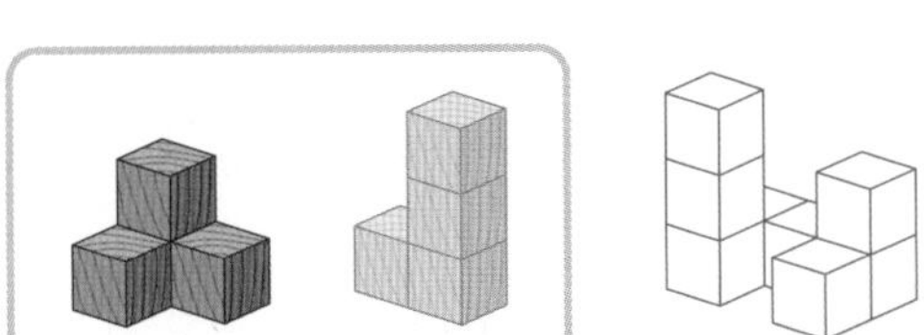

(2) 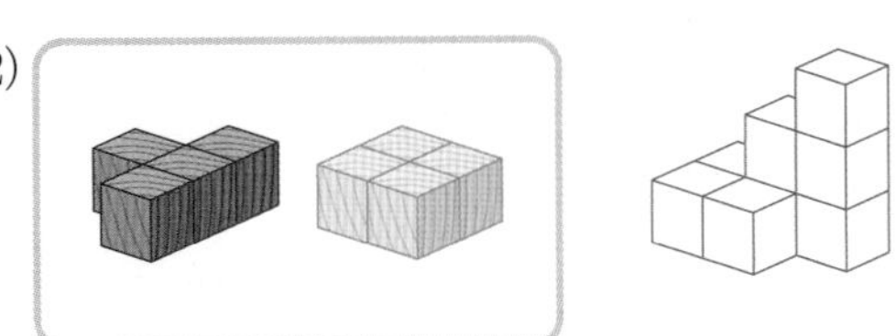

1

□ 안에 알맞은 수를 써넣으세요.

비례식 56 : 64=7 : 8에서
외항은 □ 와/과 □ 이고,
내항은 □ 와/과 □ 입니다.

2

비의 성질을 이용하여 □ 안에 알맞은 수를 써넣으세요.

×5

7 : 9=□ : 45

×□

3

비례식을 모두 고르세요. (   )

① 4×3=12　② 4 : 7=8 : 14
③ 12÷2=36÷6　④ 7+4>10
⑤ 3 : 1=9 : 3

4

후항이 다른 하나를 찾아 ○표 하세요.

6 : 5　　11 : 6　　11 : 5

5

간단한 자연수의 비로 나타내세요.

$\frac{2}{7} : \frac{1}{3}$

(   )

6

비례식의 성질을 이용하여 □ 안에 알맞은 수를 써넣으세요.

9 : 4=□ : 32

7

□ 안의 수를 주어진 비로 나누어 [,] 안에 쓰세요.

120　7 : 5 ➡ [,   ]

8

비의 성질을 이용하여 $63:36$과 비율이 같은 비를 2개 쓰세요.

( )

9

비례식으로 나타낼 수 있는 것끼리 이으세요.

$3:7$ •	• $10:62$
$5:31$ •	• $9:2$
$36:8$ •	• $9:21$

10 서술형

비례식에서 ㉠×㉡의 값은 얼마인지 해결 과정을 쓰고, 답을 구하세요.

$24:㉠=㉡:3$

( )

11

다음 비례식 중에서 □ 안에 들어갈 수가 다른 하나를 찾아 기호를 쓰세요.

㉠ $45:36=5:\square$ ㉡ $0.6:0.8=3:\square$

㉢ $9:\square=\frac{1}{4}:\frac{1}{9}$ ㉣ $\square:21=1:7$

( )

12 서술형

그림과 같은 직사각형 모양의 게시판이 있습니다. 게시판의 가로와 세로의 비를 간단한 자연수의 비로 나타내려고 합니다. 해결 과정을 쓰고, 답을 구하세요.

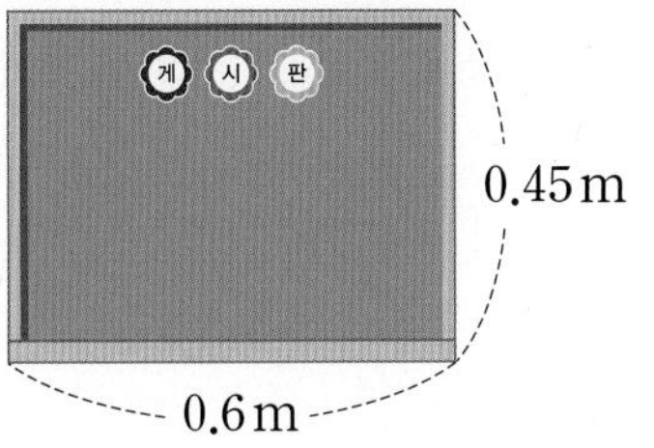

( )

13

철사와 찰흙을 이용하여 작품을 만들었습니다. 사용한 철사와 찰흙의 무게의 비가 $1:8$이고 작품의 무게가 18 kg일 때 철사와 찰흙을 각각 몇 kg씩 사용했는지 구하세요.

철사 ( )

찰흙 ( )

14

다음 삼각형의 밑변의 길이와 높이의 비는 15 : 7입니다. 밑변의 길이가 45 cm일 때 높이는 몇 cm일까요?

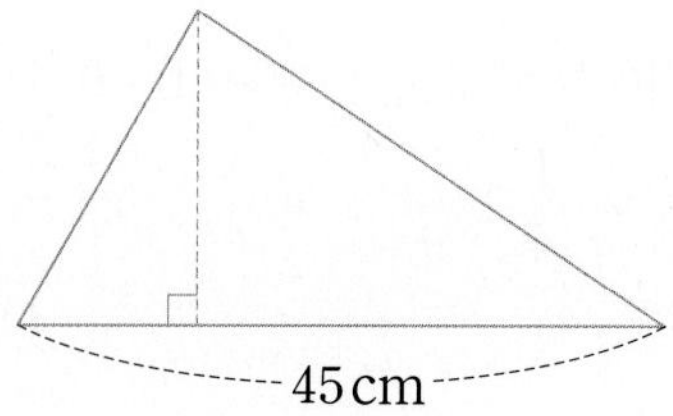

(   )

15

길이가 255 cm인 끈을 3 : 2로 나누려고 합니다. 나누어진 두 끈 중 더 긴 끈의 길이는 몇 cm일까요?

(   )

16

어느 날 낮과 밤의 길이의 비가 3 : 5라면 낮은 몇 시간일까요?

(   )

17

소금물 300 g을 증발시켰더니 소금 75 g을 얻을 수 있었습니다. 같은 진하기의 소금물 1 kg을 증발시킬 때 얻을 수 있는 소금은 몇 g인지 구하세요.

(   )

18

용돈 7000원을 형석이와 지민이가 ■ : ▲로 나누어 가졌더니 형석이가 4500원을 갖고, 나머지를 지민이가 갖게 되었습니다. 형석이와 지민이가 나누어 가진 용돈의 비를 간단한 자연수의 비로 나타내세요.

(   )

19

조건 에 맞게 비례식을 완성하세요.

조건

- 비율은 $\frac{3}{8}$입니다.
- 내항의 곱은 240입니다.

6 : □ = □ : □

20 서술형

둘레가 52 cm인 직사각형의 가로와 세로의 비가 8 : 5입니다. 이 직사각형의 넓이는 몇 cm^2인지 해결 과정을 쓰고, 답을 구하세요.

(   )

1

□ 안에 알맞은 수를 써넣어 간단한 자연수의 비로 나타내세요.

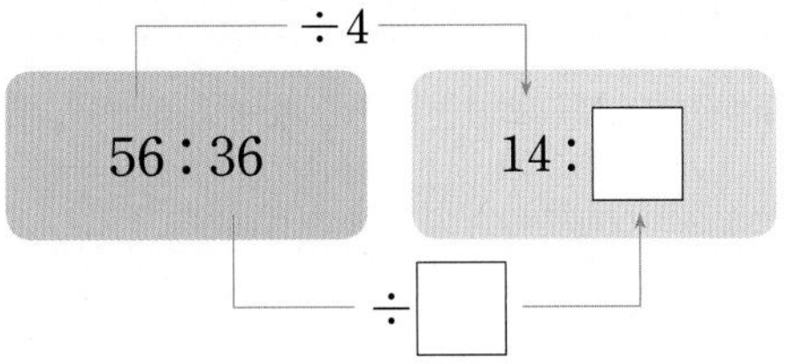

2

비례식 10 : 14=5 : 7에 대한 설명으로 틀린 것을 찾아 ×표 하세요.

- 전항은 10과 5입니다. ( )
- 외항은 10과 7입니다. ( )
- 후항은 14와 5입니다. ( )

3

140을 4 : 3으로 비례배분하려고 합니다. □ 안에 알맞은 수를 써넣으세요.

- $140 \times \dfrac{4}{\square + \square} = 140 \times \dfrac{\square}{\square} = \square$
- $140 \times \dfrac{3}{\square + \square} = 140 \times \dfrac{\square}{\square} = \square$

4

비례식에서 외항의 곱과 내항의 곱을 각각 구하세요.

4 : 5=12 : 15

외항의 곱 ( )
내항의 곱 ( )

5

비율이 $\dfrac{3}{4}$으로 같은 두 비로 비례식을 세웠습니다. □ 안에 알맞은 수를 써넣으세요.

□ : 16=24 : □

6

가로와 세로의 비가 5 : 3과 비율이 같은 직사각형을 모두 찾아 기호를 쓰세요.

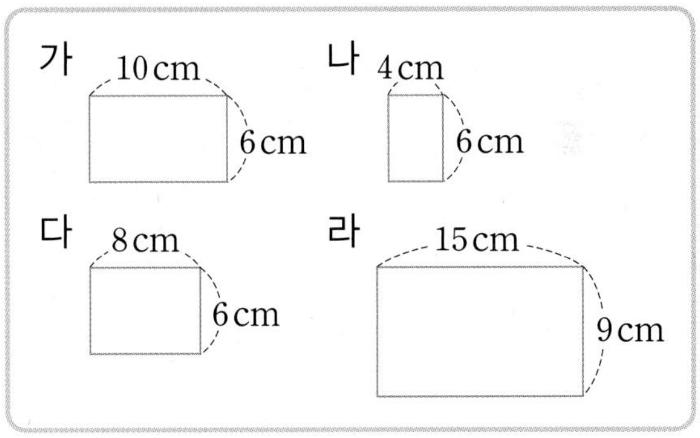

( )

7 서술형

다음 식이 비례식이 아닌 이유를 쓰세요.

24 : 16=2 : 3

이유

8

간단한 자연수의 비로 나타내세요.

$7\frac{1}{2}:3.5$

(　　　　　　　　)

9

㉠과 ㉡의 합을 구하세요.

$\frac{1}{7}:\frac{1}{9}=㉠:21$

$14:㉡=2.8:1.6$

(　　　　　　　　)

10

농장 체험에서 딴 밤 56개를 준영이와 희나가 4 : 3으로 나누어 가지려고 합니다. 준영이와 희나는 각각 밤을 몇 개 갖게 될까요?

준영 (　　　　　　　　)

희나 (　　　　　　　　)

11

떡볶이 양념장을 만드는 데 고추장과 설탕의 양의 비가 4 : 1입니다. 양념장을 만드는 데 고추장을 60 g 넣었다면 설탕은 몇 g 넣어야 할까요?

(　　　　　　　　)

12

검은 바둑돌과 흰 바둑돌이 있습니다. 전체 바둑돌이 80개이고, 이 중 검은 바둑돌이 44개일 때 검은 바둑돌 수와 흰 바둑돌 수의 비를 간단한 자연수의 비로 나타내세요.

(　　　　　　　　)

13 서술형

귤 6개가 2000원일 때 귤 30개는 얼마인지 비례식의 성질을 이용하여 구하려고 합니다. 해결 과정을 쓰고, 답을 구하세요.

(　　　　　　　　)

14

쌀 74 kg을 4.2 : 3.2로 나누어 가래떡과 식혜를 만들었습니다. 식혜를 만드는 데 쌀 몇 kg을 사용했는지 구하세요.

(　　　　　　　　)

15
$\frac{3}{8} : \frac{\square}{9}$ 를 간단한 자연수의 비 27 : 32로 나타냈습니다. □ 안에 알맞은 수를 구하세요.

( )

16
공책 800권을 두 반에 학생 수의 비로 나누어 주려고 합니다. 어느 반이 공책을 몇 권 더 많이 갖게 될까요?

반	1반	2반
학생 수(명)	22	18

( ), ( )

17
수 카드 중에서 4장을 골라 비례식을 세워 보세요.

4 6 14 18 21

( )

18 서술형
밑변의 길이가 14 cm이고 높이가 12 cm인 평행사변형 모양의 종이를 넓이의 비가 3 : 5가 되도록 자르려고 합니다. 나누어진 두 개의 종이 중 더 넓은 종이의 넓이는 몇 cm^2인지 해결 과정을 쓰고, 답을 구하세요.

( )

19
사각형에서 색칠한 부분의 넓이와 색칠하지 않은 부분의 넓이의 비는 3 : 7입니다. 색칠한 부분의 넓이가 45 cm^2라면 사각형의 전체 넓이는 몇 cm^2일까요?

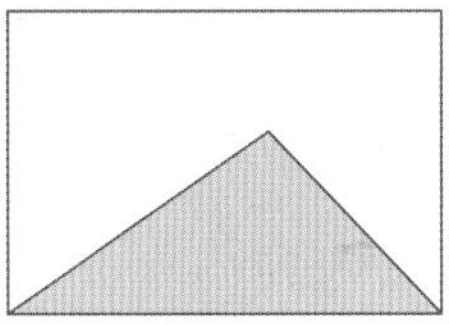

( )

20
그림에서 겹쳐진 부분의 넓이는 원 ㉮의 넓이의 $\frac{1}{5}$이고, 원 ㉯의 넓이의 $\frac{2}{7}$입니다. 원 ㉮의 넓이와 원 ㉯의 넓이의 비를 간단한 자연수의 비로 나타내세요.

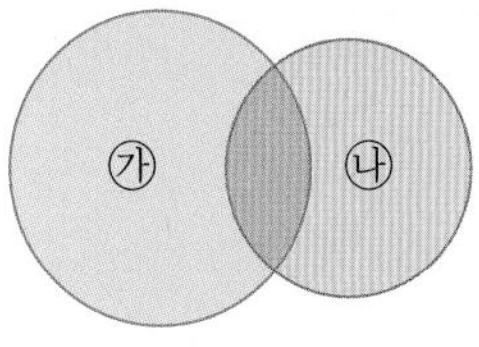

( )

평가 주제	비의 성질, 간단한 자연수의 비
평가 목표	비의 전항과 후항을 알고 비의 성질을 이해하여 간단한 자연수의 비로 나타낼 수 있습니다.

1 전항에 △표, 후항에 ○표 하세요.

(1) $9:21$

(2) $32:20$

2 $0.4:0.7$을 간단한 자연수의 비로 나타내려고 합니다. □ 안에 알맞은 수를 써넣으세요.

$0.4:0.7$ ➡ $(0.4\times\square):(0.7\times10)$ ➡ $\square:\square$

3 간단한 자연수의 비로 나타내세요.

(1) $54:27$ ➡ (　　　　　)

(2) $\frac{1}{7}:\frac{1}{3}$ ➡ (　　　　　)

4 가로와 세로의 비가 $3:2$와 비율이 같은 액자를 찾아 기호를 쓰세요.

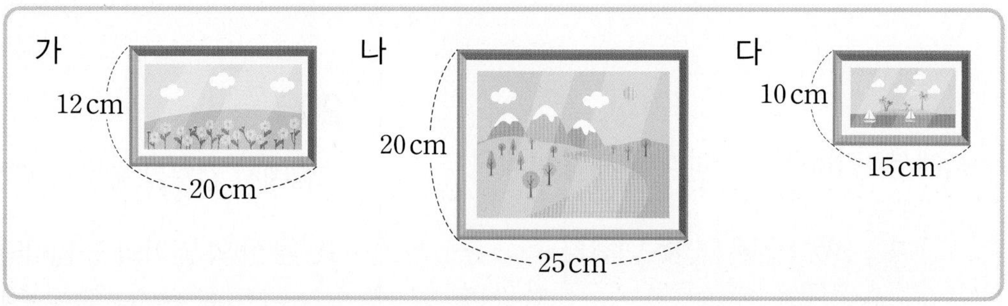

(　　　　　)

5 연수와 민기가 1시간 동안 같은 숙제를 했는데 연수는 전체의 $\frac{1}{2}$만큼, 민기는 전체의 $\frac{3}{5}$만큼 했습니다. 연수와 민기가 각각 1시간 동안 한 숙제의 양을 간단한 자연수의 비로 나타내세요.

(　　　　　)

평가 주제	비례식
평가 목표	비례식의 외항과 내항을 알고 비례식을 이해할 수 있습니다.

1 □ 안에 알맞은 수를 써넣으세요.

(1) 24 : 12 = 8 : 4
외항 □, □
내항 □, □

(2) 25 : 10 = 5 : 2
외항 □, □
내항 □, □

2 비례식 9 : 7 = 18 : 14에 대한 설명으로 틀린 것을 찾아 기호를 쓰세요.

㉠ 전항은 9, 18입니다. ㉡ 외항은 9, 14입니다.
㉢ 후항은 7, 14입니다. ㉣ 내항은 18, 14입니다.

( )

3 비례식을 찾아 기호를 쓰세요.

㉠ 8 : 5 = 24 : 14 ㉡ 9 : 5 = 18 : 12 ㉢ 7 : 4 = 21 : 12

( )

4 보기 에서 4 : 3과 비율이 같은 비를 찾아 비례식을 완성하세요.

보기
6 : 8 16 : 12 10 : 8 28 : 15

➡ 4 : 3 = □ : □

5 비율이 같은 두 비를 찾아 비례식을 세워 보세요.

2 : 5 6 : 10 1.4 : 3.5 15 : 6

( )

정답 57쪽

평가 주제	비례식의 성질
평가 목표	비례식의 성질을 알고 비례식의 성질을 이용하여 비례식 문제를 해결할 수 있습니다.

1 **비례식에서 외항의 곱과 내항의 곱을 구하고, 비례식의 성질을 쓰세요.**

$4:7=12:21$	외항의 곱	$\square\times\square=\square$
	내항의 곱	$\square\times\square=\square$

비례식의 성질

2 **비례식의 성질을 이용하여 □ 안에 알맞은 수를 써넣으세요.**

(1) $5:9=\square:45$

(2) $\square:11=16:44$

3 **□ 안에 알맞은 수가 더 큰 비례식의 기호를 쓰세요.**

㉠ $5.7:3.8=\square:2$ ㉡ $\square:9=\frac{1}{3}:\frac{3}{4}$

( )

4 **가로와 세로의 비가 $8:5$인 직사각형입니다. 이 직사각형의 가로가 24 cm일 때 세로는 몇 cm인지 구하세요.**

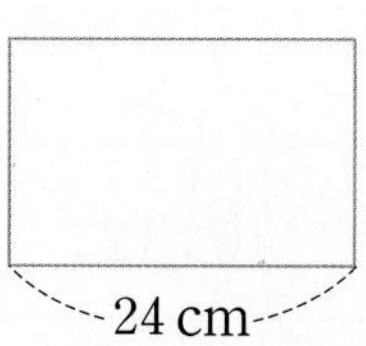

( )

5 **8초에 5장을 복사할 수 있는 복사기가 있습니다. 이 복사기로 45장을 복사하려면 몇 초가 걸리는지 구하세요.**

( )

평가 주제	비례배분
평가 목표	비례배분의 의미를 알고 주어진 양을 비례배분할 수 있습니다.

1 10을 1 : 4로 나누려고 합니다. □ 안에 알맞은 수를 써넣으세요.

• $10 \times \frac{1}{\square + \square} = 10 \times \frac{\square}{\square} = \square$ • $10 \times \frac{4}{\square + \square} = 10 \times \frac{\square}{\square} = \square$

2 □ 안의 수를 주어진 비로 나누어 [,] 안에 쓰세요.

(1) 72 5 : 3

➡ [,]

(2) 124 16 : 15

➡ [,]

3 비례배분을 잘못 계산한 것을 찾아 기호를 쓰세요.

㉠ 77을 4 : 3으로 비례배분하면 44, 33입니다.
㉡ 66을 1 : 2로 비례배분하면 20, 46입니다.
㉢ 55를 2 : 3으로 비례배분하면 22, 33입니다.

( )

4 영민이네 학교 전체 학생은 490명이고, 남학생 수와 여학생 수의 비는 4 : 3입니다. 남학생과 여학생은 각각 몇 명인지 구하세요.

남학생 ( ), 여학생 ( )

5 초콜릿 60개를 성우와 도현이에게 1 : 1.4로 나누어 주려고 합니다. 두 사람이 갖게 되는 초콜릿은 각각 몇 개인지 구하세요.

성우 ( ), 도현 ( )

1

그림을 보고 □ 안에 알맞은 수를 써넣으세요.

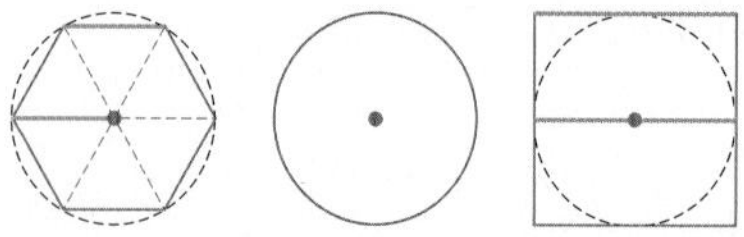

원주는 원의 지름의 □ 배보다 길고,
□ 배보다 짧습니다.

2

원의 지름에 대한 원주의 비율을 무엇이라고 할까요?

( )

3

원주를 구하려고 합니다. □ 안에 알맞은 수를 써넣으세요. (원주율: 3.14)

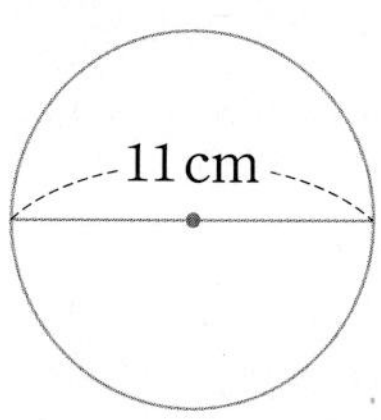

(원주)=(지름)×(원주율)
=□×□
=□(cm)

4

지름이 5cm인 원의 원주와 가장 비슷한 길이를 찾아 기호를 쓰세요.

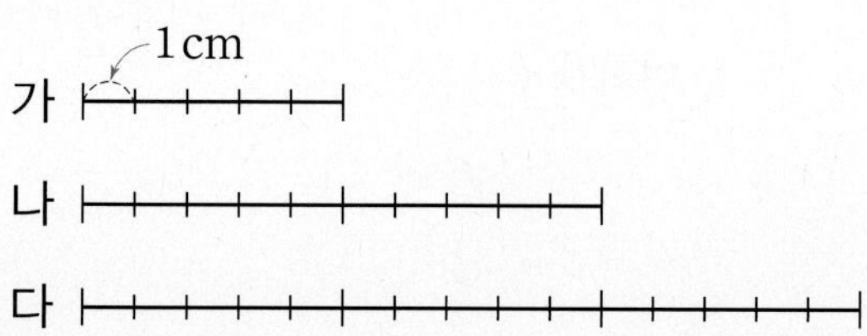

( )

[5-6] 원 모양 냄비 받침의 원주와 지름을 재어 나타낸 것입니다. 물음에 답하세요.

원주: 37.7 cm, 지름: 12 cm

5

냄비 받침의 (원주)÷(지름)의 몫을 반올림하여 주어진 자리까지 나타내세요.

소수 첫째 자리	소수 둘째 자리

6 서술형

원주율을 어림하여 사용하는 이유를 쓰세요.

이유

7

바르게 말한 사람의 이름을 쓰세요.

정민: 지름이 길어져도 원주는 항상 일정해.
두석: 원이 커져도 원주율은 항상 일정해.

( )

8

□ 안에 알맞은 수를 써넣으세요. (원주율: 3)

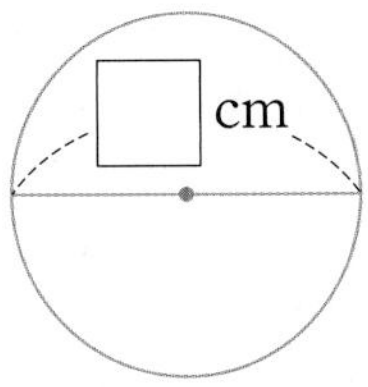

[9-10] 정사각형의 넓이를 이용하여 반지름이 10 cm인 원의 넓이를 어림하려고 합니다. 물음에 답하세요.

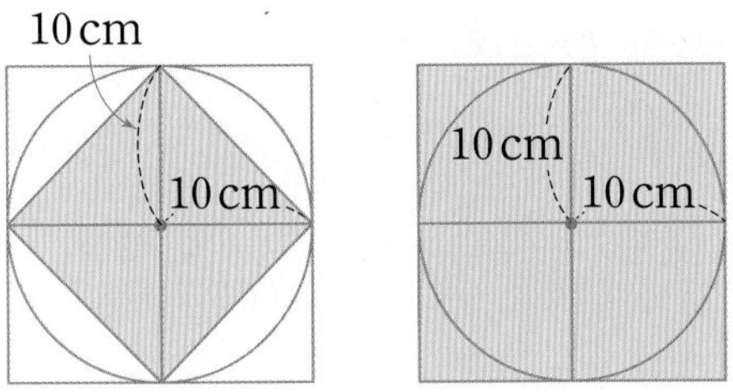

9

□ 안에 알맞은 수를 써넣으세요.

□ cm^2 < (원의 넓이)

(원의 넓이) < □ cm^2

10

원의 넓이는 몇 cm^2라고 어림할 수 있을까요?

(   )

11

원의 넓이는 몇 cm^2인지 구하세요. (원주율: 3.1)

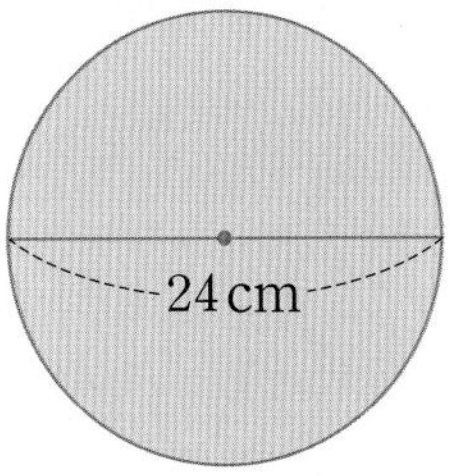

(   )

12 서술형

그림과 같이 컴퍼스를 벌려 원을 그렸습니다. 그린 원의 넓이는 몇 cm^2인지 해결 과정을 쓰고, 답을 구하세요. (원주율: 3.14)

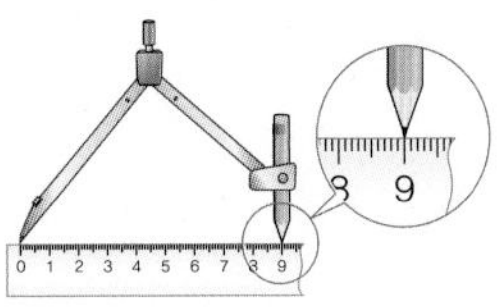

(   )

13

넓이가 좁은 원부터 차례로 기호를 쓰세요.

(원주율: 3.14)

㉠ 지름이 20 cm인 원
㉡ 넓이가 530.66 cm^2인 원
㉢ 반지름이 12 cm인 원

(   )

14

둘레가 56 cm인 정사각형 안에 그릴 수 있는 가장 큰 원의 원주는 몇 cm인지 구하세요. (원주율: 3.1)

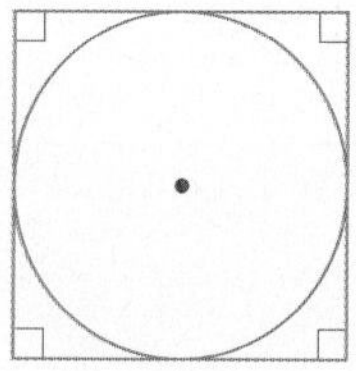

(　　　　　　　　)

15

반지름이 28 cm인 원 모양의 바퀴를 5바퀴 굴렸습니다. 바퀴가 굴러간 거리는 몇 cm일까요? (원주율: 3.1)

(　　　　　　　　)

16

색칠한 부분의 넓이는 몇 cm^2일까요? (원주율: 3.1)

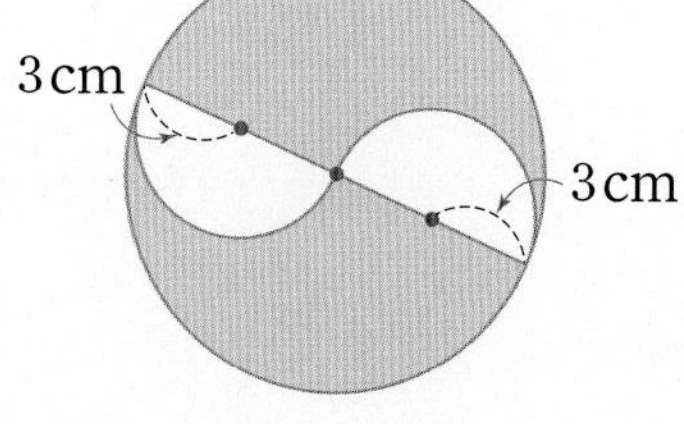

(　　　　　　　　)

17

원주가 37.2 cm인 원 모양의 거울이 있습니다. 이 거울의 넓이는 몇 cm^2인지 구하세요. (원주율: 3.1)

(　　　　　　　　)

18

길이가 각각 55.8 cm, 50.96 cm인 끈을 겹치지 않게 이어 붙여서 원을 만들었습니다. 만든 원의 반지름은 몇 cm인지 구하세요. (원주율: 3.14)

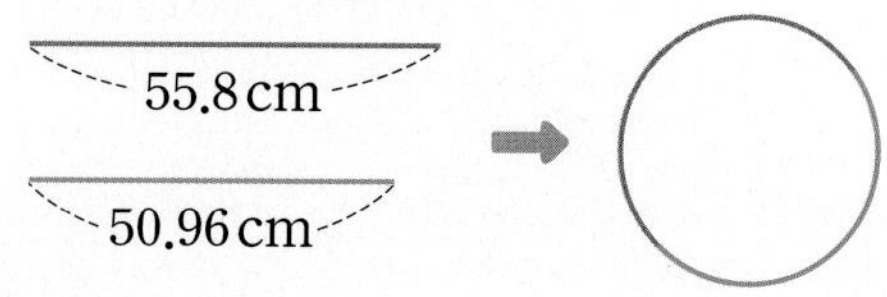

(　　　　　　　　)

19 서술형

색칠한 부분의 넓이는 몇 cm^2인지 해결 과정을 쓰고, 답을 구하세요. (원주율: 3)

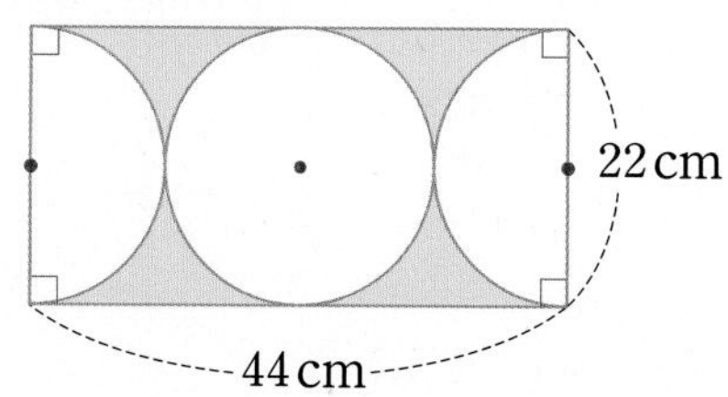

(　　　　　　　　)

20

넓이가 523.9 cm^2인 원이 있습니다. 이 원의 원주는 몇 cm인지 구하세요. (원주율: 3.1)

(　　　　　　　　)

1

다음 원의 원주는 몇 cm인지 구하세요. (원주율: 3)

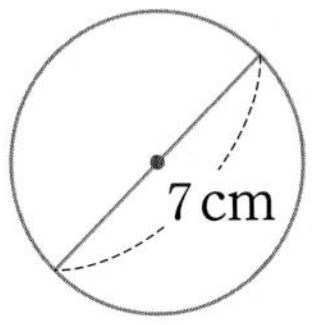

( )

2

원의 넓이를 구하려고 합니다. □ 안에 알맞은 수를 써넣으세요. (원주율: 3.14)

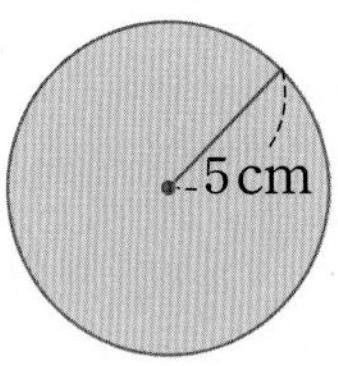

□×□×3.14=□(cm^2)

3

원주가 62 cm인 원의 지름은 몇 cm일까요? (원주율: 3.1)

( )

4

반지름이 10 cm인 원을 잘라서 다음과 같이 이어 붙였습니다. □ 안에 알맞은 수를 써넣으세요. (원주율: 3.14)

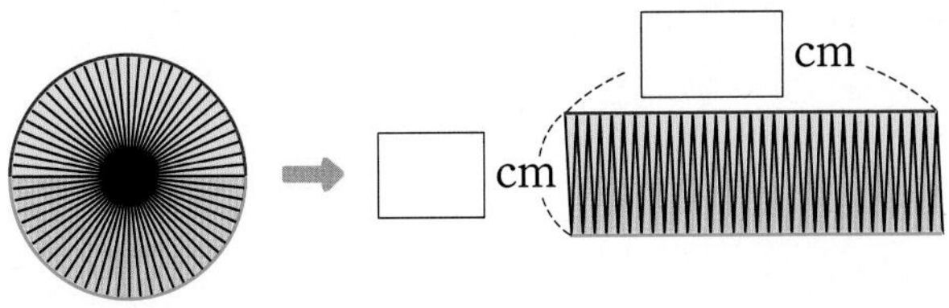

5 서술형

실을 이용하여 종이에 반지름이 30 cm인 원을 그렸습니다. 그린 원의 원주는 몇 cm인지 해결 과정을 쓰고, 답을 구하세요. (원주율: 3.1)

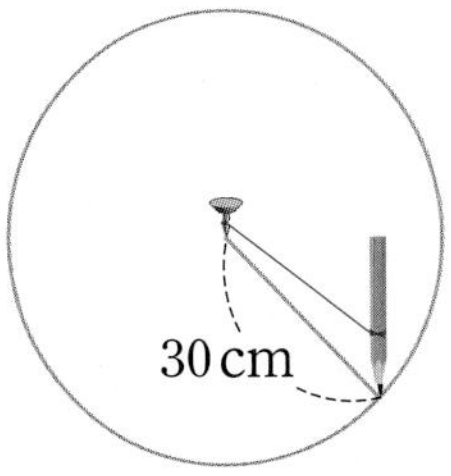

( )

6

반지름이 14 m인 원 모양의 연못의 넓이는 몇 m^2인지 구하세요. (원주율: 3)

( )

7

두 원의 (원주)÷(지름)을 비교하여 ○ 안에 >, =, <를 알맞게 써넣으세요.

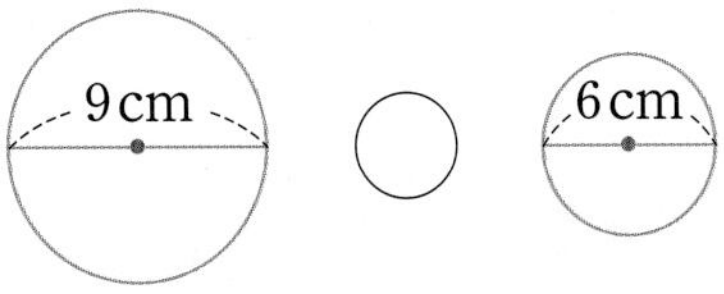

원주: 27.9 cm　　원주: 18.6 cm

8

지름이 더 긴 원을 찾아 기호를 쓰세요. (원주율: 3.1)

㉠ 반지름이 10 cm인 원
㉡ 원주가 58.9 cm인 원

(　　　　　　　　　　)

[9-10] 정육각형의 넓이를 이용하여 원의 넓이를 어림하려고 합니다. 물음에 답하세요.

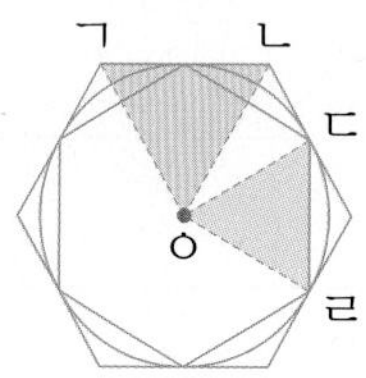

9

삼각형 ㄱㅇㄴ의 넓이는 56 cm^2이고, 삼각형 ㄷㅇㄹ의 넓이는 42 cm^2라면 원 밖의 정육각형의 넓이와 원 안의 정육각형의 넓이는 각각 몇 cm^2일까요?

(　　　　　　　　　　), (　　　　　　　　　　)

10

원의 넓이는 몇 cm^2라고 어림할 수 있을까요?

(　　　　　　　　　　)

11

직사각형 모양의 종이를 잘라 만들 수 있는 가장 큰 원의 넓이는 몇 cm^2인지 구하세요. (원주율: 3)

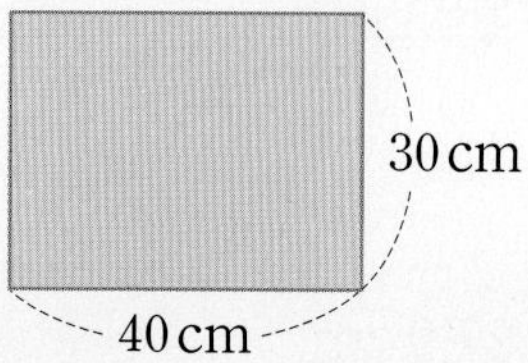

(　　　　　　　　　　)

12 서술형

큰 원의 원주는 몇 cm인지 해결 과정을 쓰고, 답을 구하세요. (원주율: 3.1)

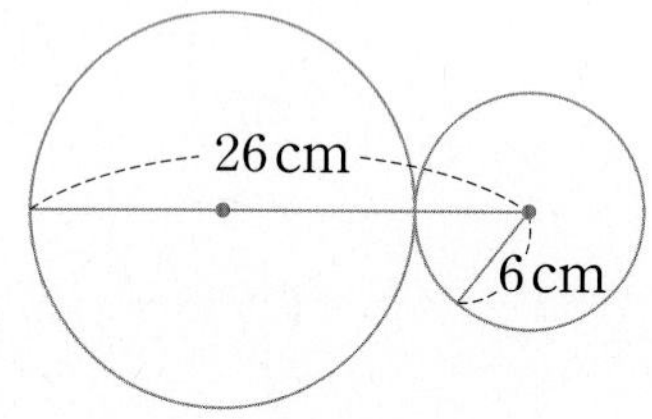

(　　　　　　　　　　)

13

원주가 117.8 cm인 원 모양의 피자를 밑면이 정사각형 모양인 상자에 넣어 포장하려고 합니다. 상자의 밑면의 한 변의 길이는 적어도 몇 cm이어야 할까요? (단, 상자의 두께는 생각하지 않습니다.) (원주율: 3.1)

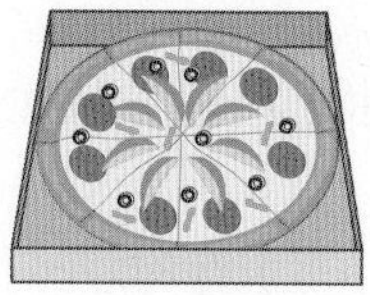

(　　　　　　　　　　)

14

두 원의 넓이의 차는 몇 cm^2일까요? (원주율: 3.1)

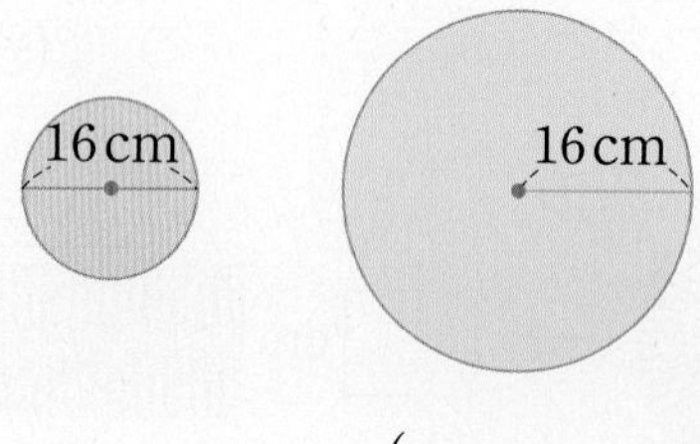

(　　　　　　　　　　)

15 서술형

지름이 35 cm인 원 모양의 굴렁쇠를 몇 바퀴 굴렸더니 앞으로 989.1 cm만큼 나아갔습니다. 굴렁쇠를 몇 바퀴 굴린 것인지 해결 과정을 쓰고, 답을 구하세요. (원주율: 3.14)

____

____

( )

16

지름이 60 m인 원 모양의 호수의 둘레를 따라 4 m 간격으로 나무를 심으려고 합니다. 나무는 몇 그루 필요할까요? (단, 나무의 굵기는 생각하지 않습니다.) (원주율: 3)

( )

17

색칠한 부분의 넓이는 몇 cm^2일까요? (원주율: 3)

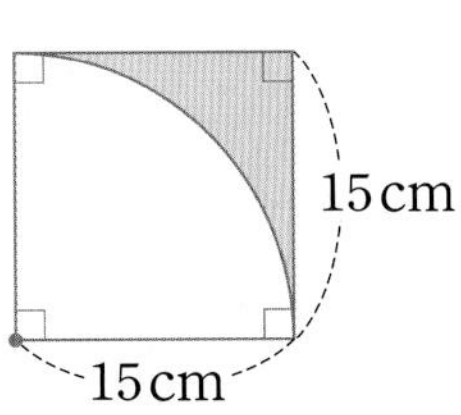

( )

18

평행사변형과 원의 넓이가 같을 때 원의 반지름은 몇 cm인지 구하세요. (원주율: 3)

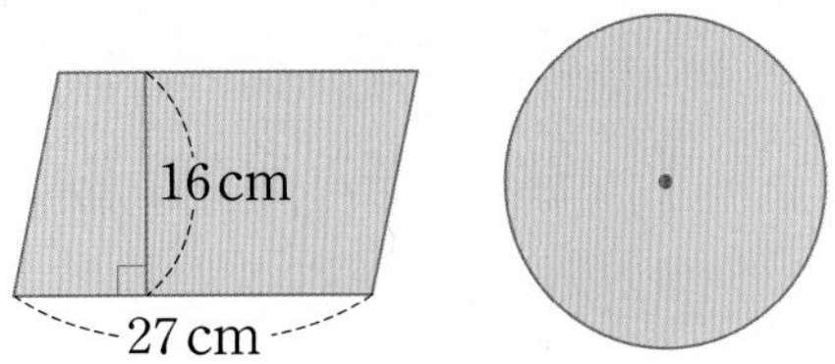

( )

19

색칠한 부분의 둘레는 몇 cm일까요? (원주율: 3.1)

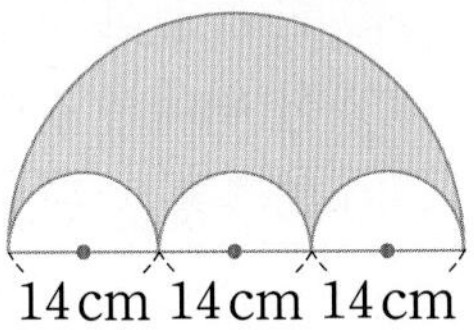

( )

20

도형의 둘레가 123.6 m일 때 도형의 넓이는 몇 m^2인지 구하세요. (원주율: 3.1)

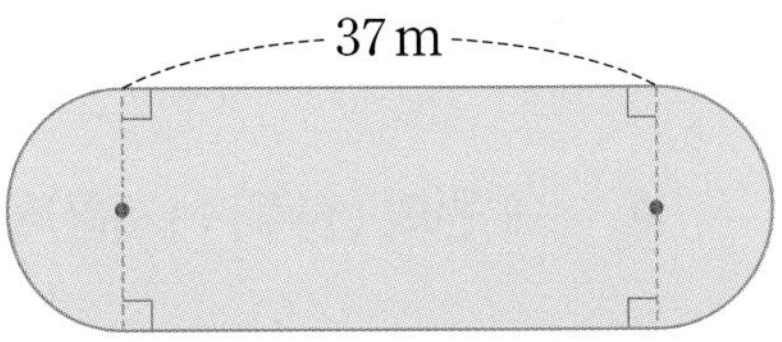

( )

수행 평가 1회 5. 원의 넓이

정답 60쪽

평가 주제	원주와 지름의 관계, 원주율
평가 목표	원주와 지름의 관계를 이해하고 원주율을 설명할 수 있습니다.

1 **원에 지름과 원주를 표시하세요.**

(1)

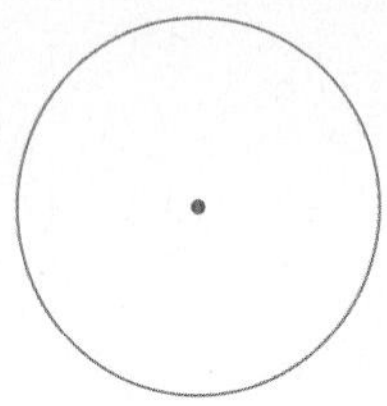

(2)

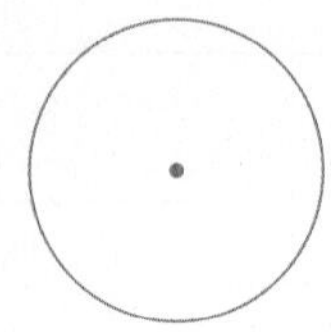

2 **원과 원주에 대한 설명으로 옳은 것에 ○표, 잘못된 것에 ×표 하세요.**

(1) 반지름이 길수록 원주도 깁니다. (　　　)

(2) 원주가 길수록 (원주)÷(지름)의 값이 커집니다. (　　　)

(3) 한 원에서 길이를 비교하면 (반지름)<(지름)<(원주)입니다. (　　　)

(4) 원주율은 필요에 따라 3, 3.1, 3.14 등으로 어림하여 사용합니다. (　　　)

3 **원의 원주와 지름을 나타낸 것입니다. 원주율을 반올림하여 주어진 자리까지 나타내세요.**

(1) 원주: 94.27 cm, 지름: 30 cm

소수 첫째 자리	소수 둘째 자리

(2) 원주: 18.85 cm, 지름: 6 cm

소수 첫째 자리	소수 둘째 자리

4 **세 원의 (원주)÷(지름)을 계산하여 원주율에 대해 알 수 있는 점을 쓰세요.**

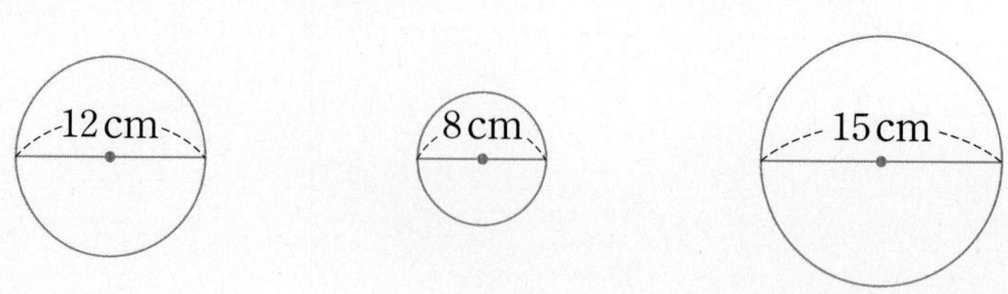

원주: 37.2 cm　　원주: 24.8 cm　　원주: 46.5 cm

알 수 있는 것

평가 주제	원주와 지름 구하기
평가 목표	원주율을 이용하여 원주와 지름을 구할 수 있습니다.

1 원주를 구하세요. (원주율: 3.1)

(1)

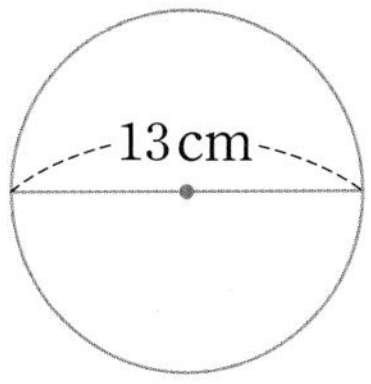

원주: □ cm

(2)

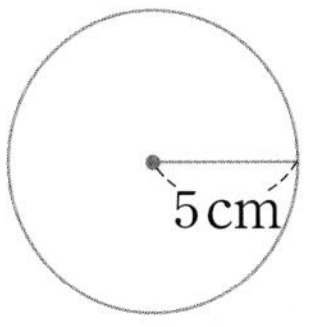

원주: □ cm

2 원주와 원주율이 다음과 같을 때 지름은 몇 cm인지 구하세요.

(1)

원주(cm)	원주율
24	3

(　　　　　　　　)

(2)

원주(cm)	원주율
86.8	3.1

(　　　　　　　　)

3 길이가 150 cm인 종이띠를 겹치지 않게 붙여서 원을 만들었습니다. 만들어진 원의 지름은 몇 cm인지 구하세요. (원주율: 3)

(　　　　　　　　)

4 반지름이 20 cm인 바퀴가 있습니다. 이 바퀴가 한 바퀴 굴러간 거리는 몇 cm인지 구하세요. (원주율: 3.14)

(　　　　　　　　)

5 수지와 준서는 훌라후프를 돌리고 있습니다. 수지의 훌라후프는 바깥쪽 지름이 82 cm이고 준서의 훌라후프는 바깥쪽 원주가 234 cm입니다. 누구의 훌라후프가 더 큰지 구하세요. (원주율: 3)

(　　　　　　　　)

● 정답 60쪽

평가 주제	원의 넓이 어림하기, 원의 넓이 구하기
평가 목표	원의 넓이를 어림하고 원의 넓이를 구하는 방법을 설명할 수 있습니다.

[1-2] 반지름이 4 cm인 원의 넓이를 어림하려고 합니다. 물음에 답하세요.

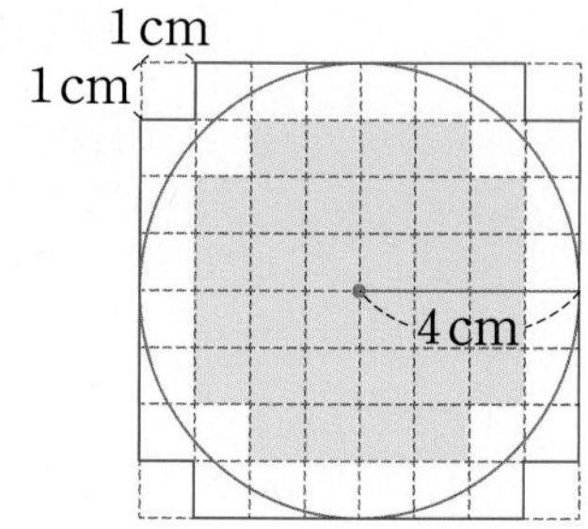

1 **모눈의 수를 세어 □ 안에 알맞은 수를 써넣으세요.**

- 초록색 모눈은 □칸이므로 넓이는 □ cm^2입니다.
- 빨간색 선 안쪽 모눈은 □칸이므로 넓이는 □ cm^2입니다.

2 **□ 안에 알맞은 수를 써넣으세요.**

□ cm^2 < (원의 넓이)

(원의 넓이) < □ cm^2

3 **원을 한없이 잘라서 이어 붙여 직사각형을 만들었습니다. □ 안에 알맞은 수를 써넣고, 원의 넓이는 몇 cm^2인지 구하세요. (원주율: 3.14)**

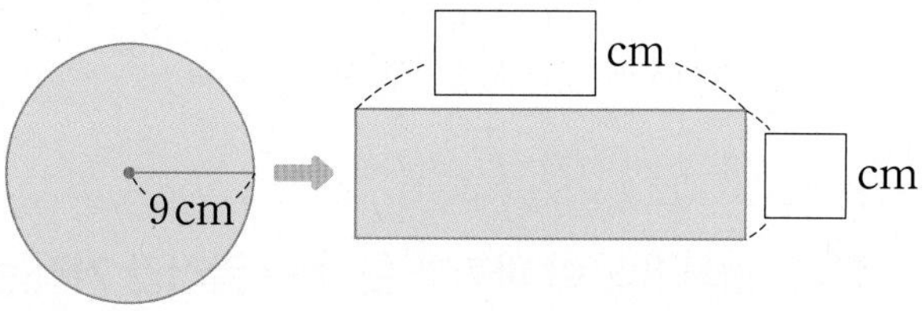

(   )

4 **원의 넓이는 몇 cm^2인지 구하세요. (원주율: 3.1)**

(1)

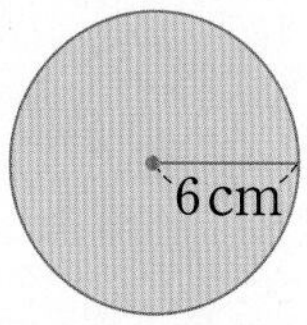

(   )

(2)

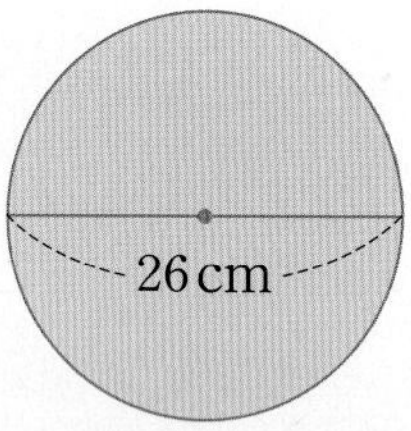

(   )

5 **현호가 산 카메라 렌즈는 지름이 6 cm인 원 모양입니다. 렌즈의 넓이는 몇 cm^2인지 구하세요. (원주율: 3.14)**

(   )

평가 주제	원의 넓이 활용하기
평가 목표	원의 넓이를 구하는 방법을 활용하여 여러 가지 원의 넓이를 구할 수 있습니다.

1 **원의 넓이를 구하여 표를 완성하고, □ 안에 알맞은 수를 써넣으세요. (원주율: 3)**

2배, □배

반지름(cm)	2	4	6
원의 넓이(cm^2)			

□배, □배

2 **색칠한 부분의 넓이를 구하려고 합니다. □ 안에 알맞은 수를 써넣으세요. (원주율: 3.14)**

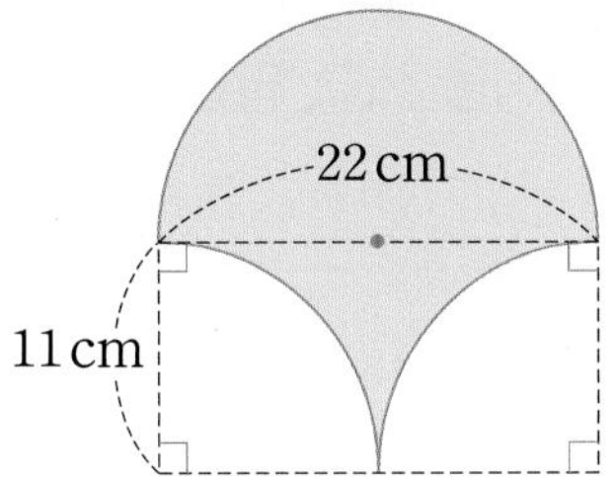

(색칠한 부분의 넓이)
=(가로가 22 cm, 세로가 11 cm인 직사각형의 넓이)
=□×□=□(cm^2)

3 **색칠한 부분의 넓이는 몇 cm^2인지 구하세요. (원주율: 3)**

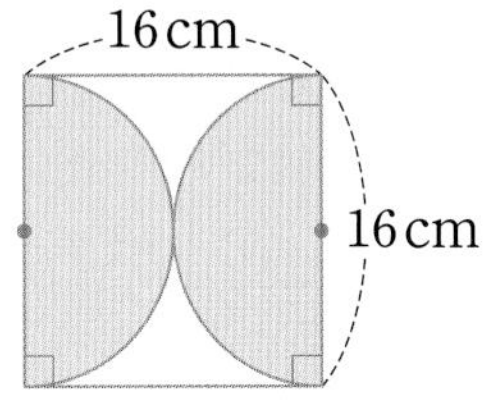

(　　　　　　　　　)

4 **색칠한 부분의 넓이는 몇 cm^2인지 구하세요. (원주율: 3.1)**

(1)

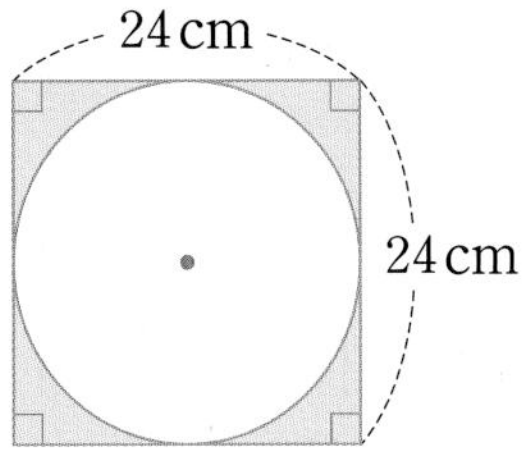

(　　　　　　　　　)

(2)

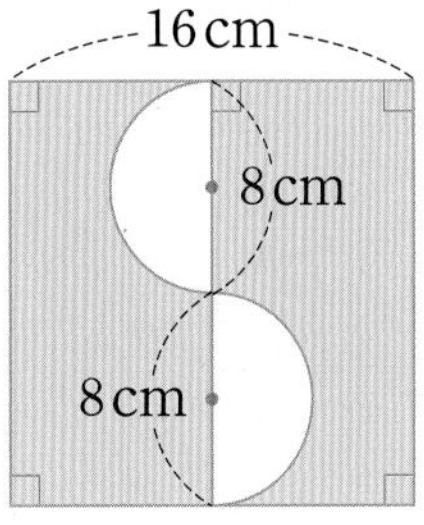

(　　　　　　　　　)

1

입체도형과 그 이름을 알맞게 이으세요.

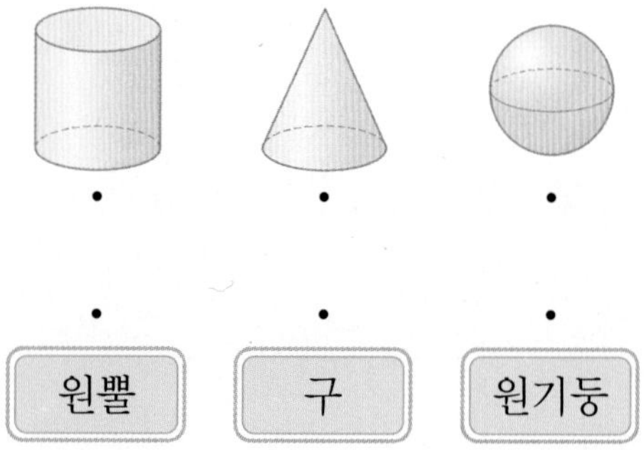

2

보기 에서 알맞은 말을 골라 □ 안에 써넣으세요.

보기
원뿔의 꼭짓점 모선 높이

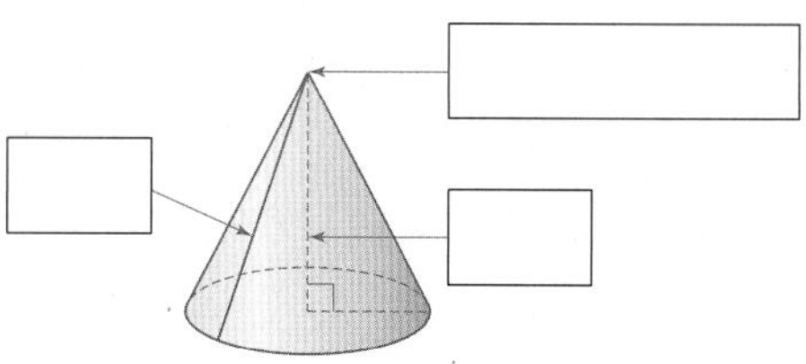

3

□ 안에 알맞은 말을 써넣으세요.

구에서 가장 안쪽에 있는 점을 □ 이라고 합니다.

4

원기둥에서 두 밑면에 수직인 선분의 길이를 무엇이라고 할까요?

( )

5

원뿔의 모선의 길이를 바르게 잰 것을 찾아 기호를 쓰세요.

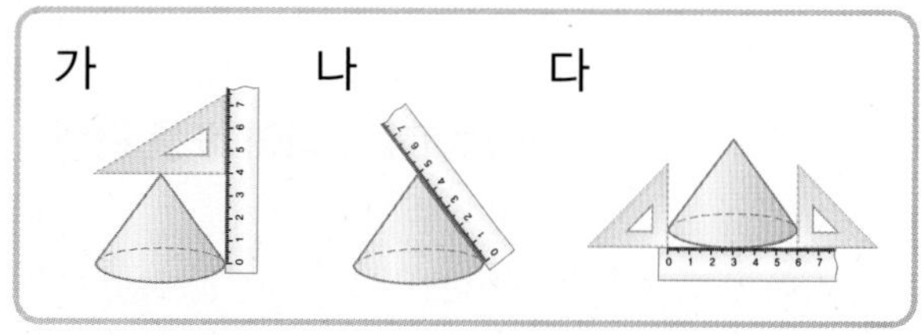

( )

6 서술형

오른쪽과 같이 지름을 기준으로 반원 모양의 종이를 한 바퀴 돌렸을 때 만들어지는 입체도형의 반지름은 몇 cm인지 해결 과정을 쓰고, 답을 구하세요.

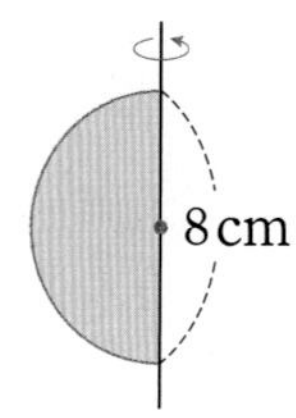

____

____

____

( )

7

원기둥 모형을 관찰하며 나눈 대화를 보고 밑면의 지름과 높이를 구하세요.

밑면의 지름: □ cm, 높이: □ cm

8
원기둥을 만들 수 있는 전개도는 어느 것일까요?
( )

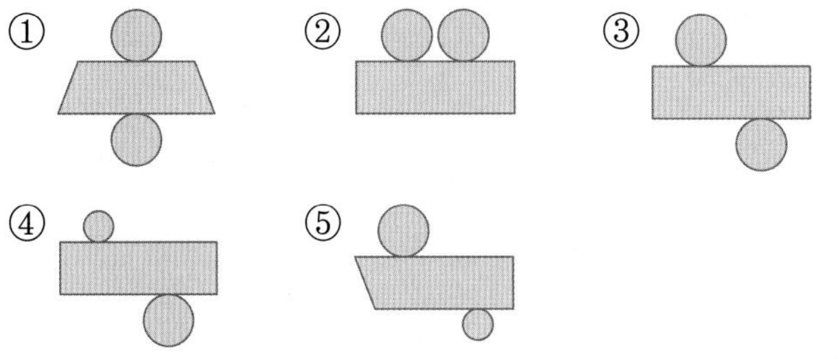

[9-10] 원기둥과 원기둥의 전개도를 보고 물음에 답하세요. (원주율: 3.14)

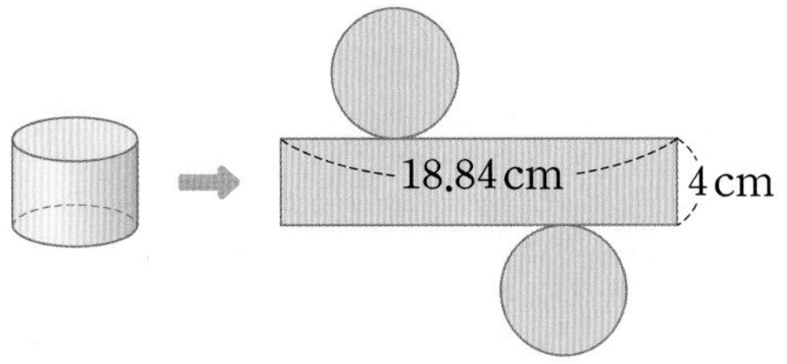

9
원기둥의 높이는 몇 cm일까요?
( )

10
원기둥의 한 밑면의 둘레는 몇 cm일까요?
( )

11
원뿔의 모선의 길이는 몇 cm이고, 모선은 몇 개인지 각각 구하세요.

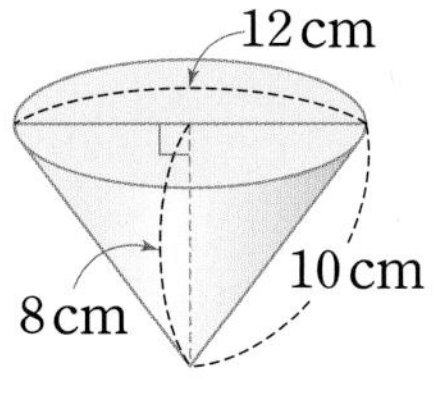

모선의 길이 ( )
모선의 개수 ( )

12
원기둥에 대해 바르게 설명한 사람의 이름을 쓰세요.

지성: 밑면인 두 원은 서로 수직입니다.
은하: 옆면은 굽은 면입니다.

( )

13
어느 방향에서 보아도 모양이 같은 입체도형을 찾아 쓰세요.

오각기둥	원기둥	원뿔	구

( )

14 서술형
원기둥과 원뿔의 공통점과 차이점을 한 가지씩 쓰세요.

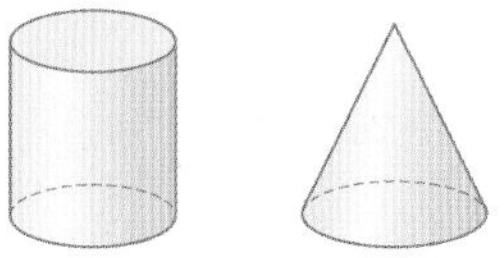

공통점

차이점

15

다음과 같이 직사각형 모양의 종이를 한 변을 기준으로 한 바퀴 돌려 입체도형을 만들려고 합니다. 만들어지는 입체도형의 밑면의 지름과 높이의 차는 몇 cm일까요?

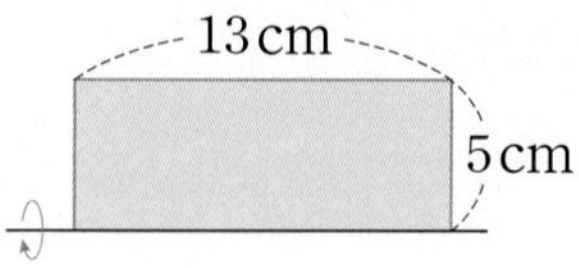

( )

16

다음 입체도형을 보고 길이가 긴 것부터 차례로 기호를 쓰세요.

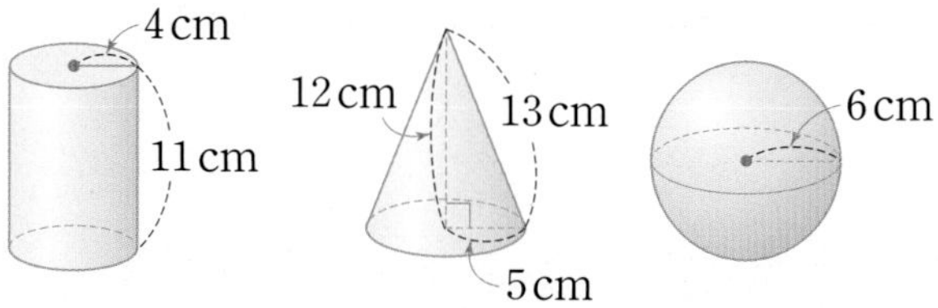

㉠ 구의 지름
㉡ 원기둥의 높이
㉢ 원뿔의 모선의 길이

( )

17

원뿔을 앞에서 본 모양의 둘레가 28 cm입니다. 밑면의 반지름은 몇 cm인지 구하세요.

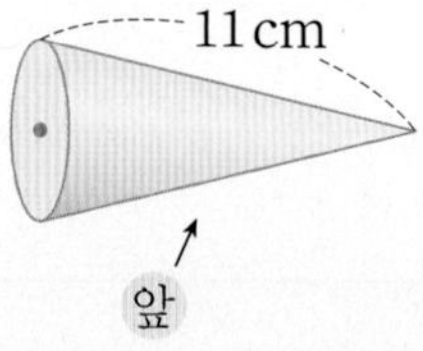

( )

18 서술형

구를 위에서 본 모양의 둘레는 몇 cm인지 해결 과정을 쓰고, 답을 구하세요. (원주율: 3.1)

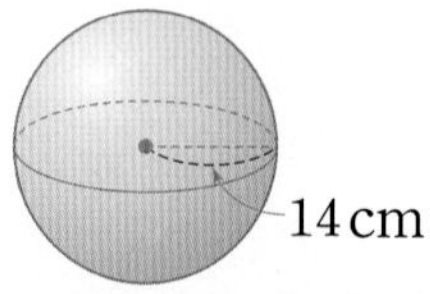

( )

19

어떤 평면도형의 한 변을 기준으로 한 바퀴 돌려서 만든 입체도형입니다. 돌리기 전 평면도형의 넓이는 몇 cm^2일까요?

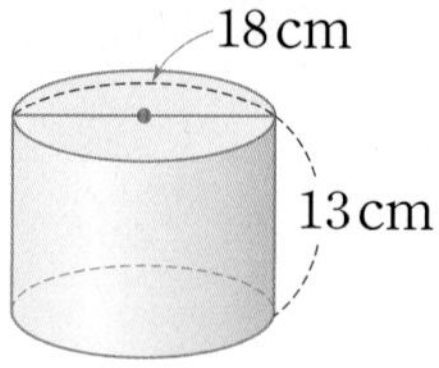

( )

20

원기둥의 전개도에서 옆면의 넓이가 628 cm^2일 때 전개도의 둘레는 몇 cm인지 구하세요.

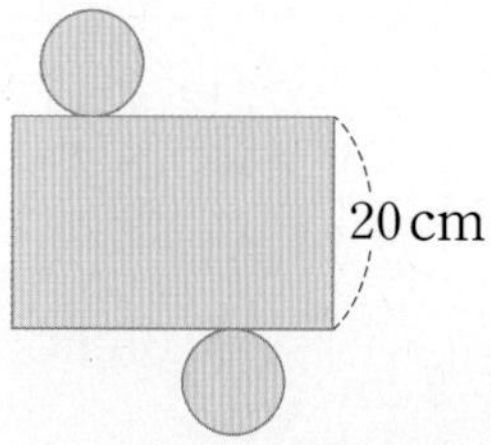

( )

[1-2] 여러 가지 모양의 물건을 보고 물음에 답하세요.

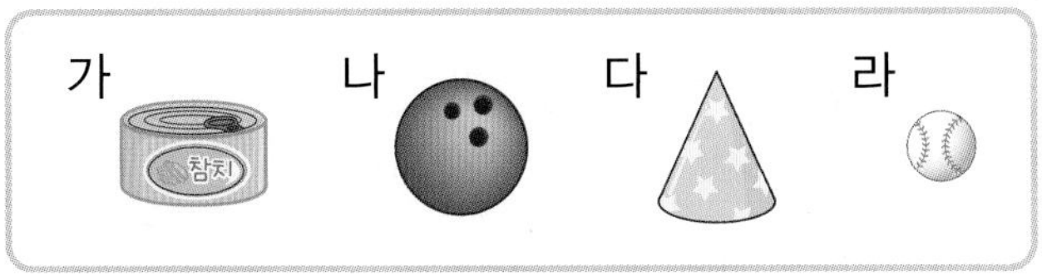

1
원기둥 모양인 물건을 찾아 기호를 쓰세요.

( )

2
구 모양인 물건을 모두 찾아 기호를 쓰세요.

( )

3
반원 모양의 종이를 지름을 기준으로 한 바퀴 돌렸을 때 만들어지는 입체도형의 이름을 쓰세요.

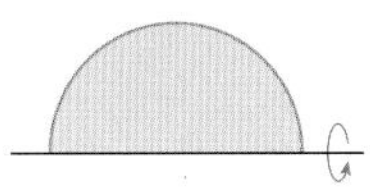

( )

4
표를 완성하세요.

입체도형		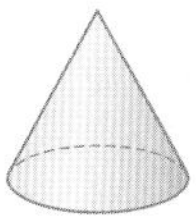
밑면의 모양	원	
밑면의 수(개)		

5
구의 지름은 몇 cm인지 구하세요.

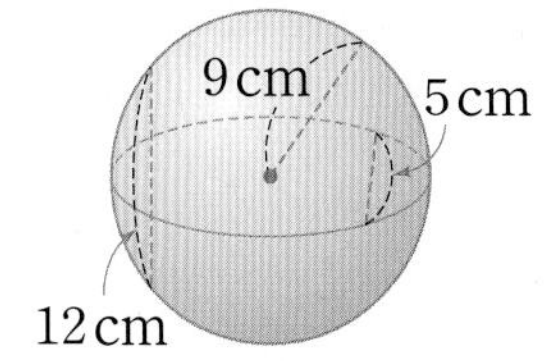

( )

6
원기둥에 대한 설명으로 옳은 것은 어느 것일까요? ( )

① 꼭짓점은 1개입니다.
② 공 모양의 도형입니다.
③ 두 밑면이 서로 평행하고 합동입니다.
④ 앞에서 본 모양은 원입니다.
⑤ 두 밑면에 평행한 선분의 길이를 높이라고 합니다.

7
원뿔을 위, 앞, 옆에서 본 모양을 보기 에서 골라 그리세요.

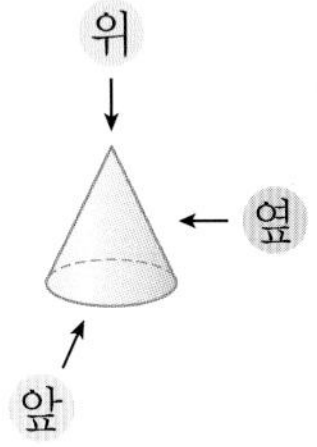

보기

위에서 본 모양	앞에서 본 모양	옆에서 본 모양

8
원기둥과 원뿔의 높이의 차는 몇 cm일까요?

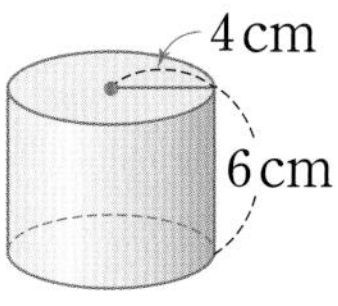

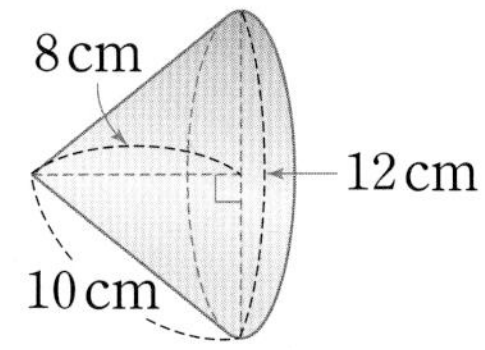

( )

9

원기둥과 원기둥의 전개도를 보고 선분 ㄱㄴ과 선분 ㄴㄷ의 길이를 각각 구하세요. (원주율: 3)

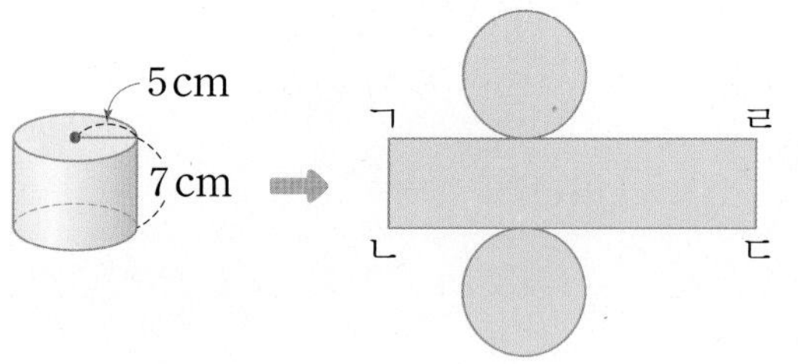

선분 ㄱㄴ의 길이 (   )

선분 ㄴㄷ의 길이 (   )

10 서술형

원기둥의 전개도에 대해 잘못 설명한 것을 찾아 기호를 쓰고, 바르게 고치세요.

㉠ 두 밑면은 모양과 크기가 같습니다.
㉡ 옆면의 세로의 길이는 밑면의 둘레와 같습니다.

기호

바르게 고친 내용

11

그림과 같이 직각삼각형 모양의 종이를 한 변을 기준으로 한 바퀴 돌려 만든 입체도형의 밑면의 지름과 높이는 각각 몇 cm일까요?

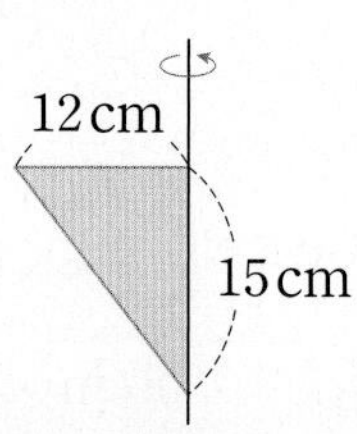

밑면의 지름 (   )

높이 (   )

12

오른쪽 그림과 같이 원기둥 안에 구가 꼭 맞게 들어가 있습니다. 원기둥의 한 밑면의 둘레는 몇 cm인지 구하세요. (원주율: 3.1)

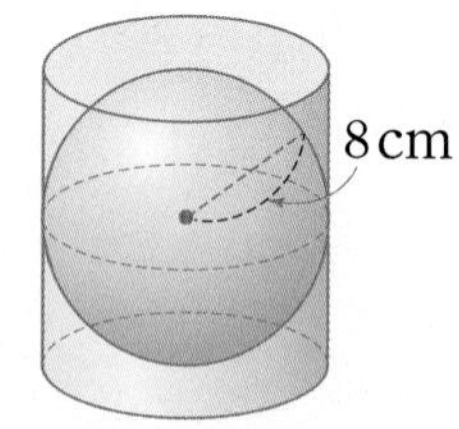

(   )

13

원뿔과 각뿔에 대한 설명으로 잘못된 것을 찾아 기호를 쓰세요.

㉠ 모두 뿔 모양입니다.
㉡ 옆면의 수가 같습니다.
㉢ 밑면이 1개이고, 밑면의 모양은 다릅니다.

(   )

14

오른쪽 원기둥의 전개도를 그리고, 옆면의 가로는 몇 cm인지 나타내세요.

(원주율: 3)

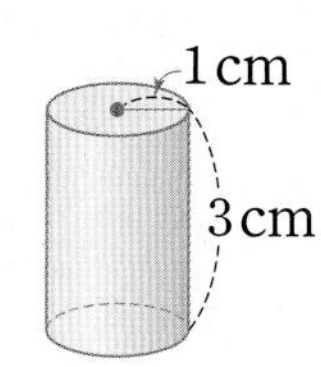

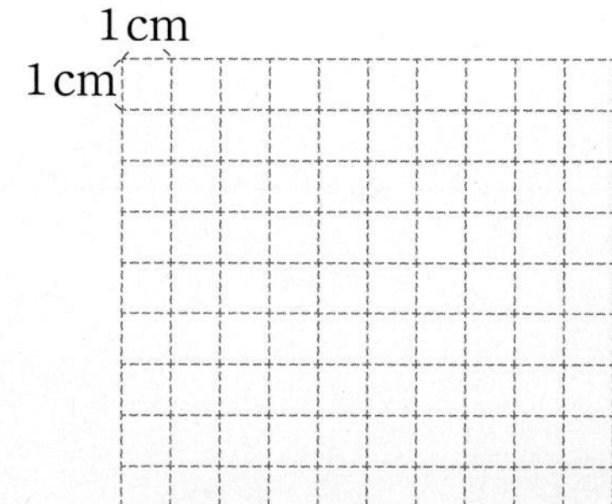

15

원기둥을 잘라서 펼쳤을 때 만들어지는 전개도에서 옆면의 넓이는 몇 cm^2인지 구하세요. (원주율: 3)

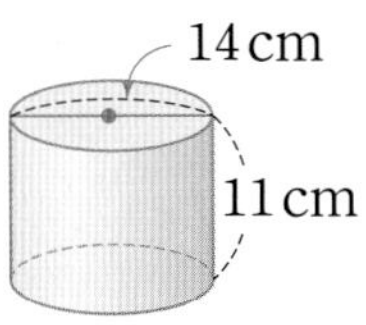

(   )

16 서술형

원기둥의 전개도에서 옆면의 가로가 30 cm, 세로가 11 cm일 때 원기둥의 밑면의 반지름은 몇 cm인지 해결 과정을 쓰고, 답을 구하세요. (원주율: 3)

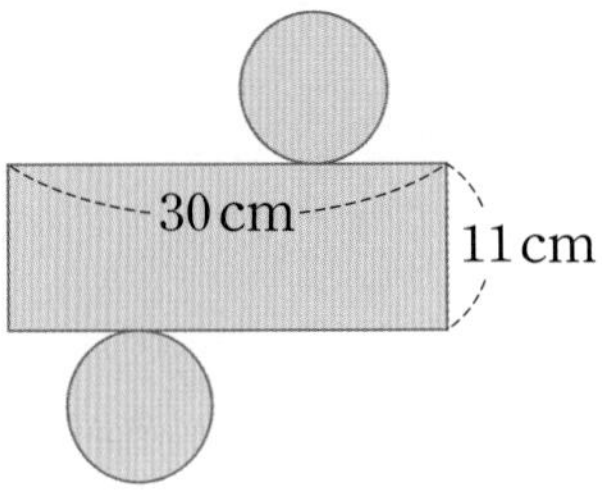

(   )

17

원뿔을 앞에서 본 모양의 넓이는 몇 cm^2일까요?

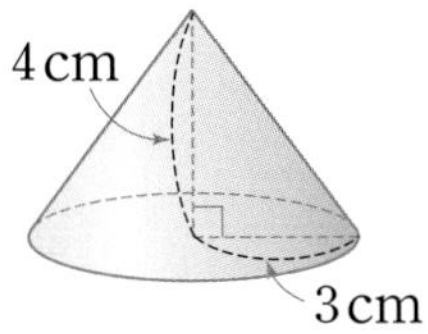

(   )

18 서술형

원기둥 모양의 롤러에 페인트를 묻힌 후 한 방향으로 3바퀴 굴렸습니다. 색칠된 부분의 넓이는 몇 cm^2인지 해결 과정을 쓰고, 답을 구하세요. (원주율: 3.14)

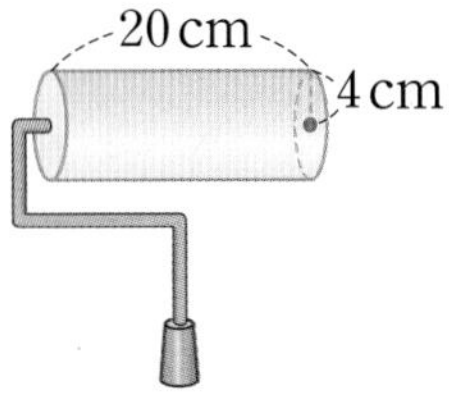

(   )

19

오른쪽 원기둥의 옆면의 넓이가 372 cm^2일 때 원기둥의 높이는 몇 cm인지 구하세요. (원주율: 3.1)

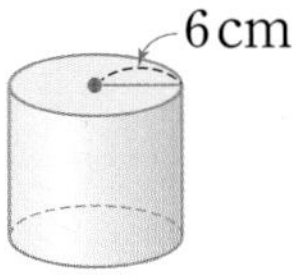

(   )

20

조건 을 모두 만족하는 원기둥의 높이는 몇 cm인지 구하세요. (원주율: 3)

조건
- 전개도에서 옆면의 둘레는 64 cm입니다.
- 원기둥의 높이와 밑면의 지름은 같습니다.

(   )

수행 평가 1회 6. 원기둥, 원뿔, 구

정답 63쪽

평가 주제	원기둥
평가 목표	원기둥의 의미와 구성 요소를 알고 그 특징을 이해할 수 있습니다.

1 원기둥을 모두 찾아 기호를 쓰세요.

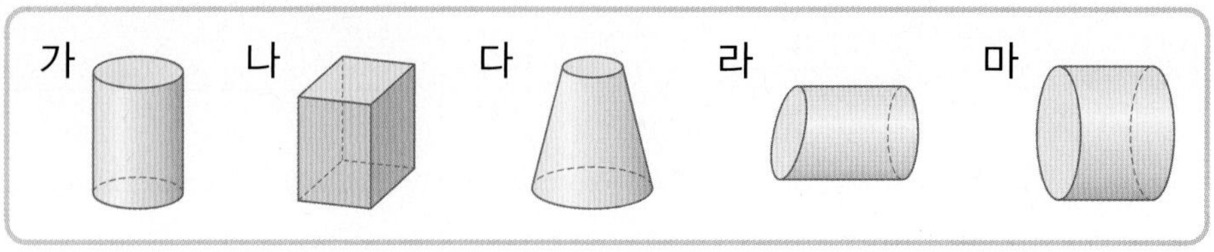

( )

2 원기둥에서 각 부분의 이름을 □ 안에 알맞게 써넣으세요.

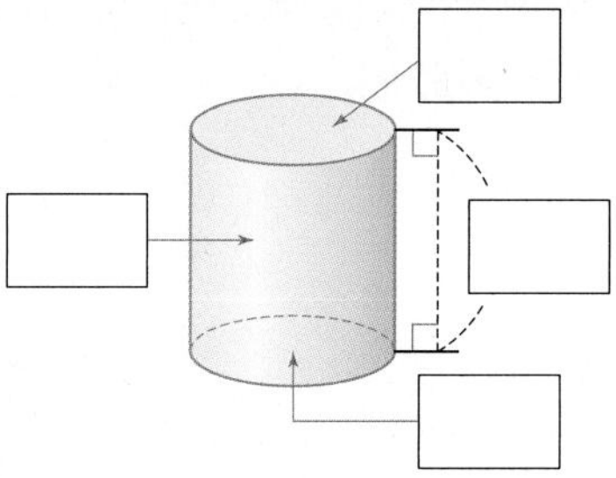

3 원기둥의 밑면의 지름과 높이를 각각 구하세요.

(1)

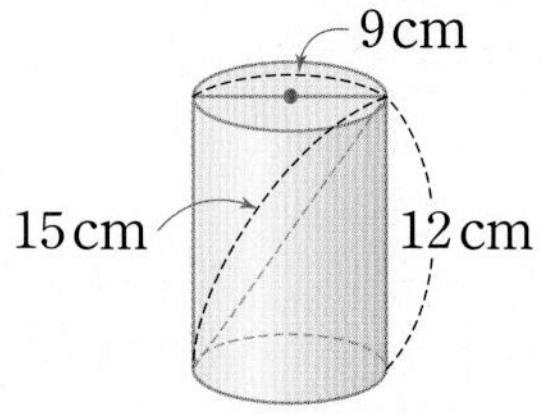

밑면의 지름: □ cm, 높이: □ cm

(2)

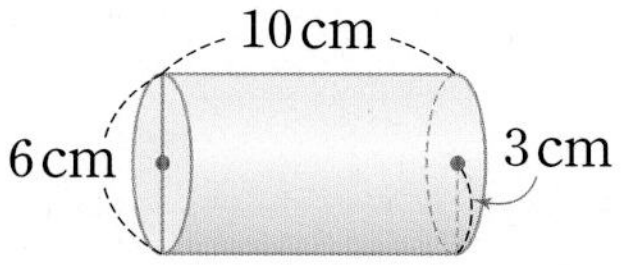

밑면의 지름: □ cm, 높이: □ cm

4 입체도형을 위, 앞, 옆에서 본 모양을 보기 에서 골라 그리세요.

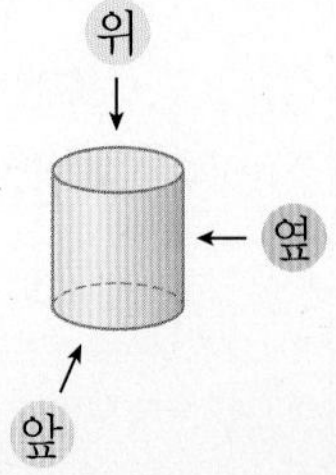

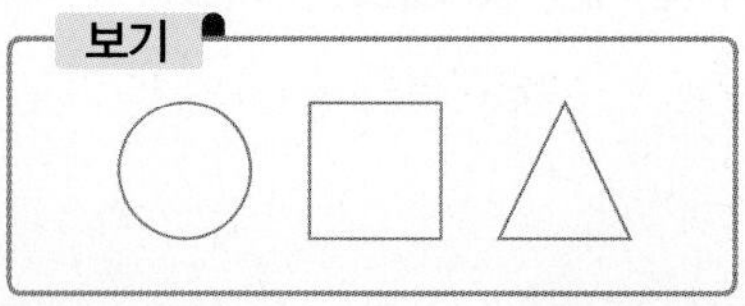

위에서 본 모양	앞에서 본 모양	옆에서 본 모양

평가 주제	원기둥의 전개도
평가 목표	원기둥의 전개도를 이해하고 그릴 수 있습니다.

1 원기둥의 전개도를 알맞게 그린 것을 찾아 기호를 쓰세요.

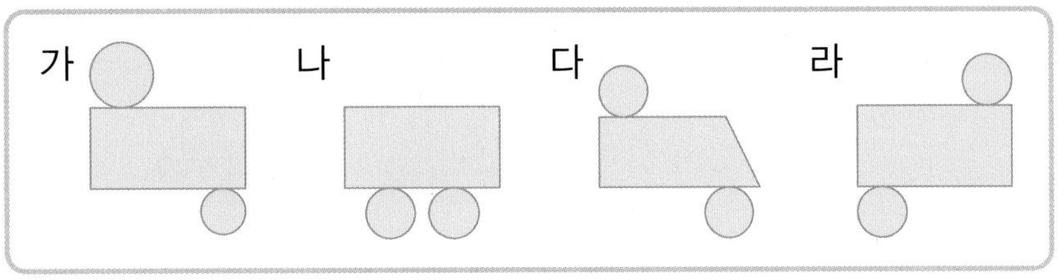

( )

2 원기둥과 원기둥의 전개도를 보고 □ 안에 알맞은 수를 써넣으세요. (원주율: 3.1)

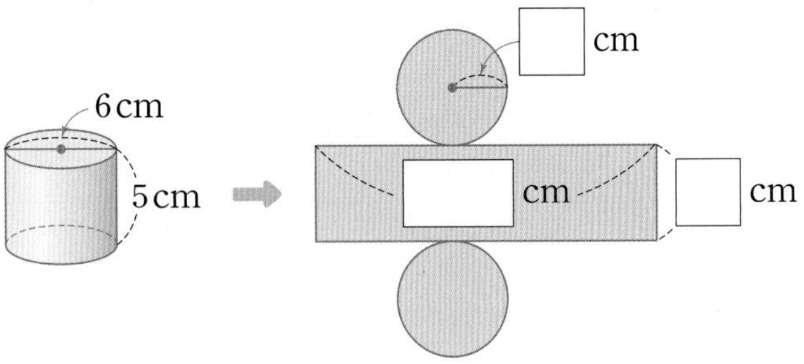

3 원기둥의 전개도를 보고 원기둥의 밑면의 반지름은 몇 cm인지 구하세요. (원주율: 3)

(1)

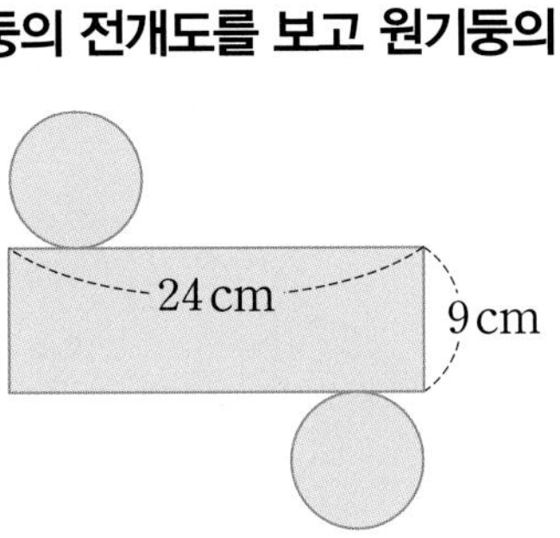

( )

(2)

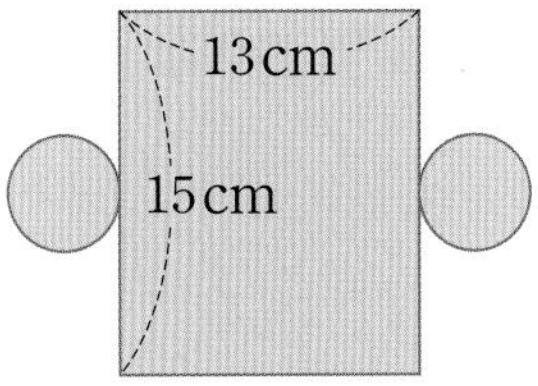

( )

4 원기둥의 전개도에서 옆면의 넓이는 몇 cm^2인지 구하세요. (원주율: 3)

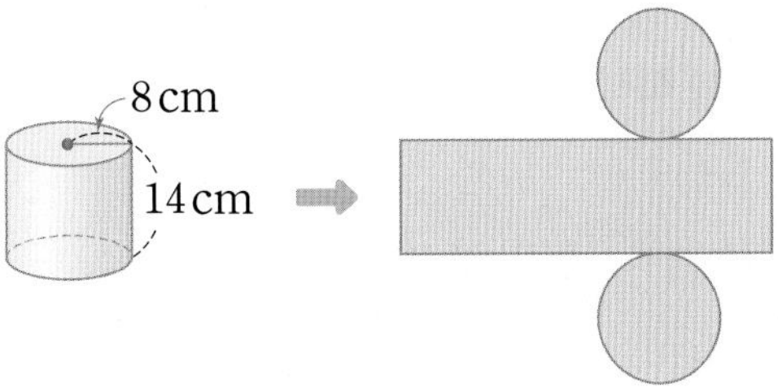

( )

평가 주제	원뿔
평가 목표	원뿔의 의미와 구성 요소를 알고 그 특징을 이해할 수 있습니다.

1 원뿔을 모두 찾아 기호를 쓰세요.

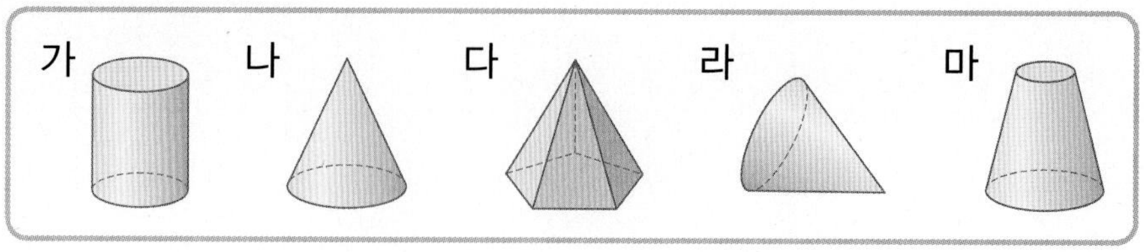

( )

2 원뿔에서 각 부분의 이름을 □ 안에 알맞게 써넣으세요.

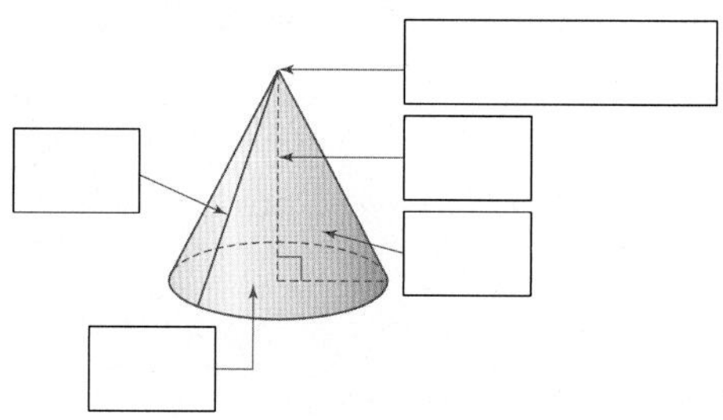

3 원뿔의 높이를 잰 것을 찾아 기호를 쓰세요.

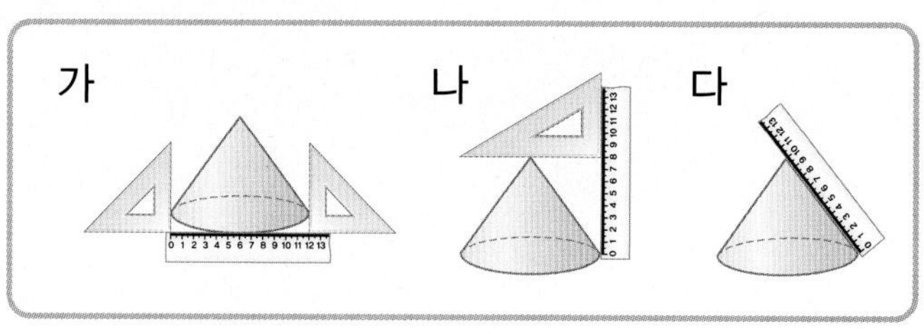

( )

4 다음과 같이 직각삼각형 모양의 종이를 한 바퀴 돌려 만든 입체도형의 각 부분의 길이를 구하세요.

(1)

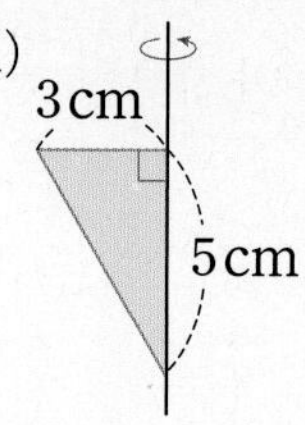

밑면의 지름: □ cm

높이: □ cm

(2)

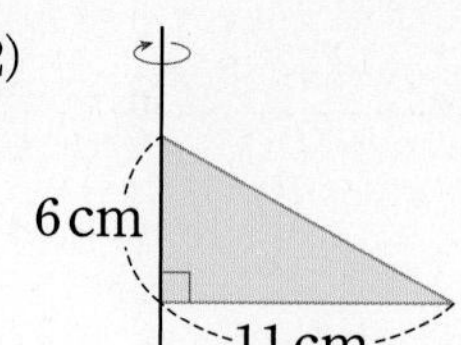

밑면의 지름: □ cm

높이: □ cm

평가 주제	구
평가 목표	구의 의미와 구성 요소를 알고 그 특징을 이해할 수 있습니다.

1 구는 모두 몇 개인지 구하세요.

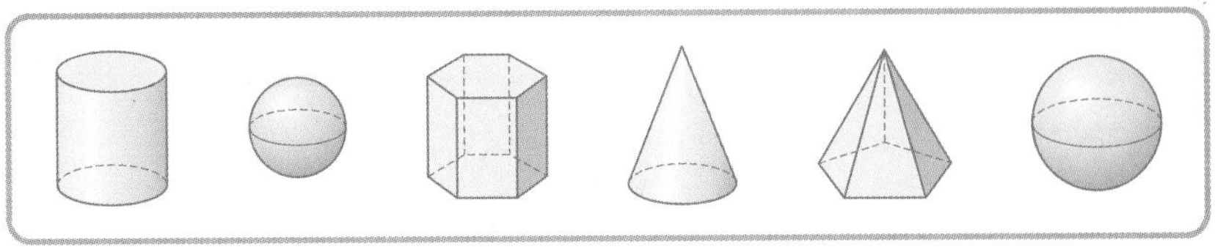

(　　　　　　　　)

2 구에서 각 부분의 이름을 □ 안에 알맞게 써넣으세요.

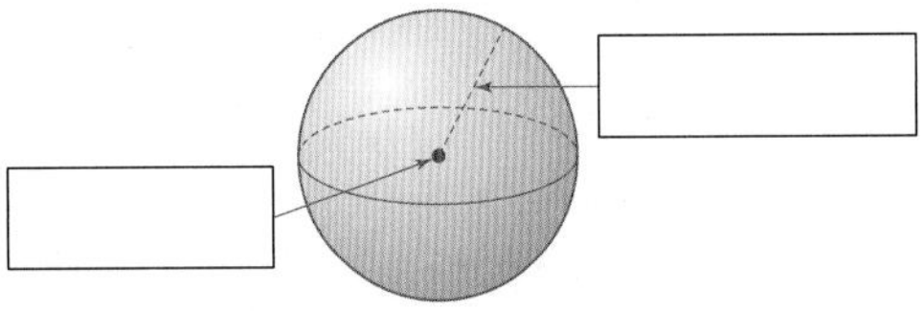

3 구의 반지름은 몇 cm인지 구하세요.

(1)

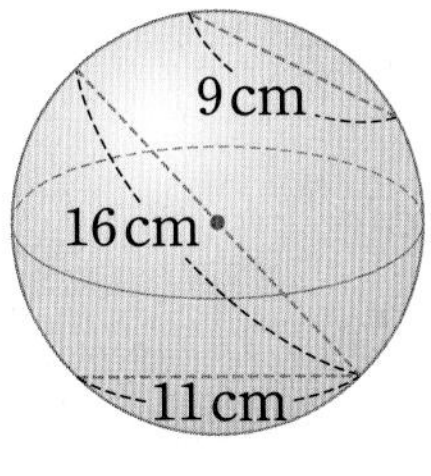

(　　　　　　　　)

(2)

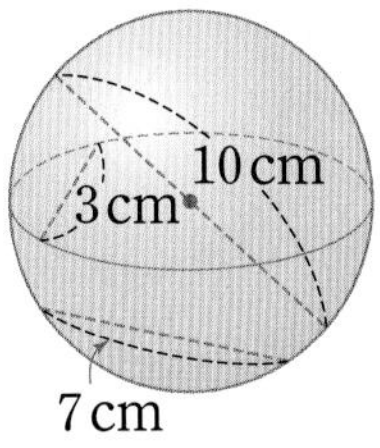

(　　　　　　　　)

4 다음과 같이 반원 모양의 종이를 한 바퀴 돌려 만든 입체도형의 각 부분의 길이를 구하세요.

(1)

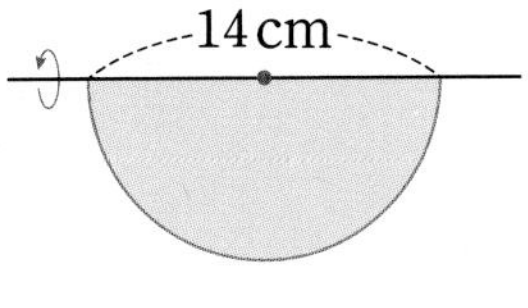

반지름: □ cm

지름: □ cm

(2)

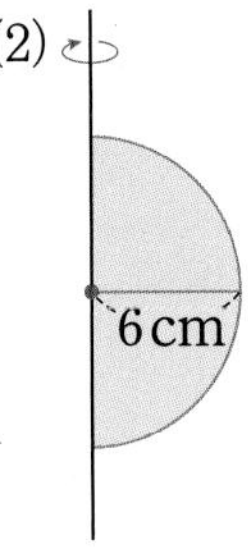

반지름: □ cm

지름: □ cm

1

□ 안에 알맞은 수를 써넣으세요.

$$\frac{2}{9} \div \frac{3}{7} = \frac{2}{9} \times \frac{\square}{\square} = \square$$

2

계산 결과를 비교하여 ○ 안에 >, =, <를 알맞게 써넣으세요.

$$\frac{7}{8} \div \frac{1}{8} \bigcirc \frac{24}{25} \div \frac{3}{25}$$

3

15 kg의 쌀을 하루에 $\frac{3}{4}$ kg씩 매일 먹으려고 합니다. 며칠 동안 먹을 수 있을까요?

(　　　　　　　　)

4

넓이가 $7\frac{3}{8}$ cm²인 직사각형이 있습니다. 이 직사각형의 가로가 $3\frac{5}{8}$ cm일 때 세로는 몇 cm일까요?

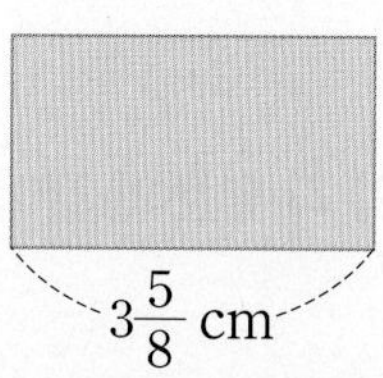

(　　　　　　　　)

5

보기 와 같이 분수의 나눗셈으로 계산하세요.

보기

$$51.46 \div 0.83 = \frac{5146}{100} \div \frac{83}{100}$$
$$= 5146 \div 83 = 62$$

$39.96 \div 0.74$

6

계산을 하세요.

$$0.4 \overline{)\,1\ 4}$$

7

집에서 공원까지의 거리는 2.88 km이고, 집에서 은행까지의 거리는 0.9 km입니다. 집에서 공원까지의 거리는 집에서 은행까지의 거리의 몇 배인지 식을 쓰고, 답을 구하세요.

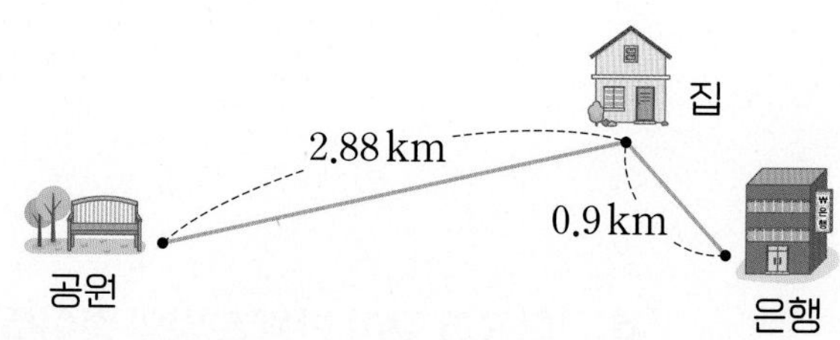

식

답

8 서술형

밀가루 반죽 $67.9\,kg$이 있습니다. 이 반죽을 접시 한 개에 $3\,kg$씩 남김없이 모두 담으려고 합니다. 반죽은 적어도 몇 kg 더 필요한지 해결 과정을 쓰고, 답을 구하세요.

( )

9

쌓기나무로 쌓은 모양과 1층 모양을 보고 2층과 3층 모양을 각각 그리세요.

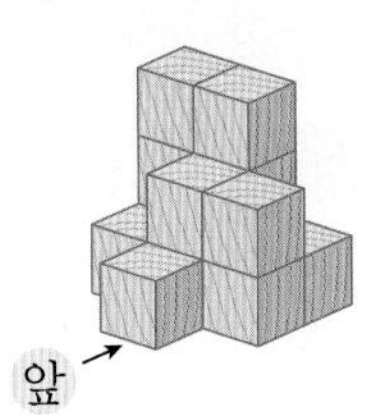

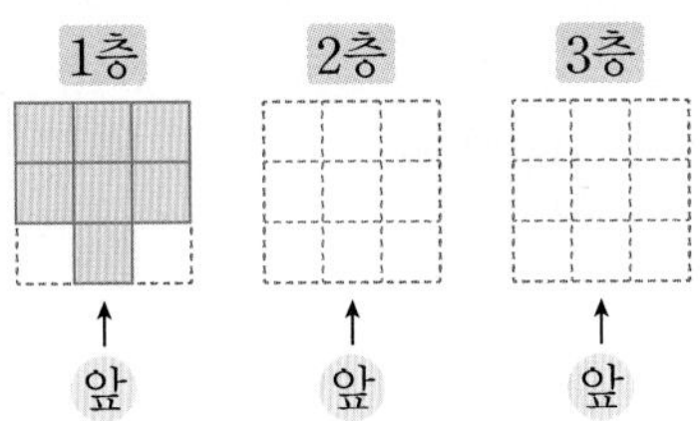

10 서술형

주어진 모양과 똑같이 쌓는 데 필요한 쌓기나무는 몇 개인지 해결 과정을 쓰고, 답을 구하세요.

( )

11

쌓기나무로 쌓은 모양을 위, 앞, 옆에서 본 모양입니다. 쌓기나무를 가장 많이 사용할 때의 쌓기나무의 개수를 구하세요.

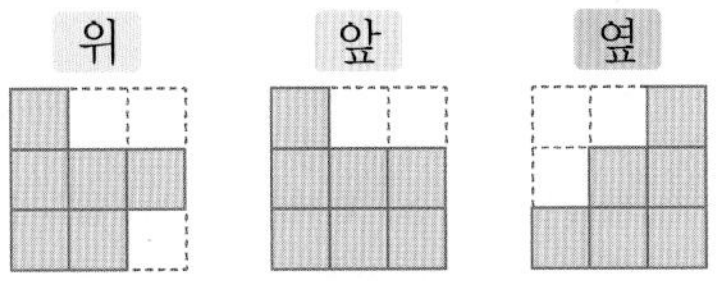

( )

12

옳은 비례식은 어느 것일까요? ( )

① $6:4=7:6$

② $5:2=10:2.4$

③ $\frac{1}{3}:\frac{1}{2}=12:18$

④ $27:45=8:10$

⑤ $0.4:0.6=20:24$

13

간단한 자연수의 비로 나타내세요.

$1\frac{3}{4}:2.8$

( )

14

우유 640 mL를 지수와 미나가 3 : 5로 나누어 마시려고 합니다. 두 사람은 각각 몇 mL씩 마시게 될까요?

지수 (　　　　　　　　)

미나 (　　　　　　　　)

15

원주가 56.52 cm일 때 □ 안에 알맞은 수를 써넣으세요. (원주율: 3.14)

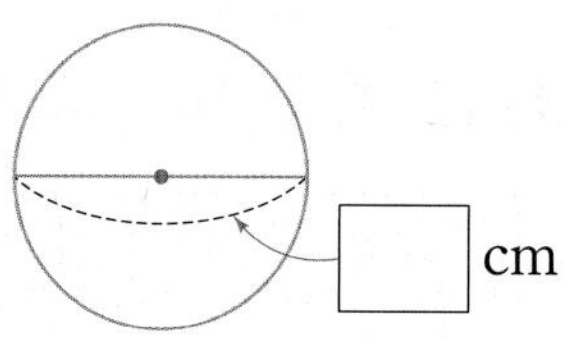

16

넓이가 가장 큰 원을 찾아 기호를 쓰세요. (원주율: 3.1)

㉠ 반지름이 5 cm인 원
㉡ 지름이 14 cm인 원
㉢ 넓이가 49.6 cm^2인 원

(　　　　　　　　)

17

색칠한 부분의 넓이는 몇 cm^2일까요? (원주율: 3)

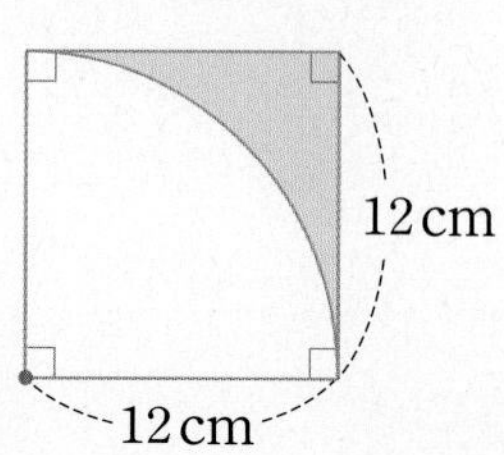

(　　　　　　　　)

18

원기둥과 원기둥의 전개도를 보고 □ 안에 알맞은 수를 써넣으세요. (원주율: 3.1)

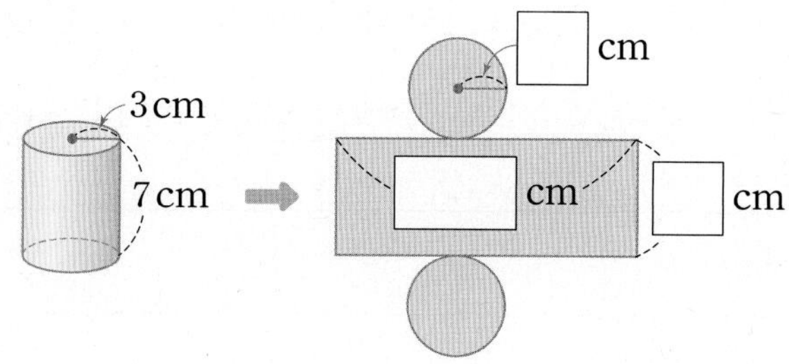

19

태우와 준서가 구에 대해 말하고 있습니다. 잘못 말한 사람은 누구일까요?

(　　　　　　　　)

20 서술형

원뿔과 각뿔의 공통점과 차이점을 한 가지씩 쓰세요.

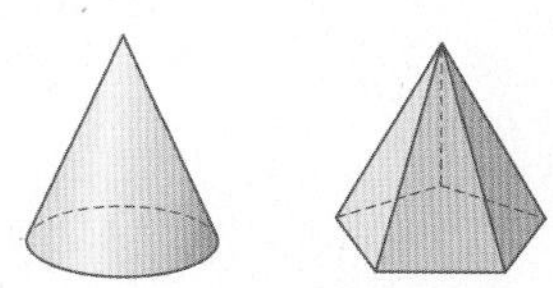

공통점 ________________________________

____

차이점 ________________________________

____

평가북

백점 수학 6·2

초등학교 학년 반 번 이름

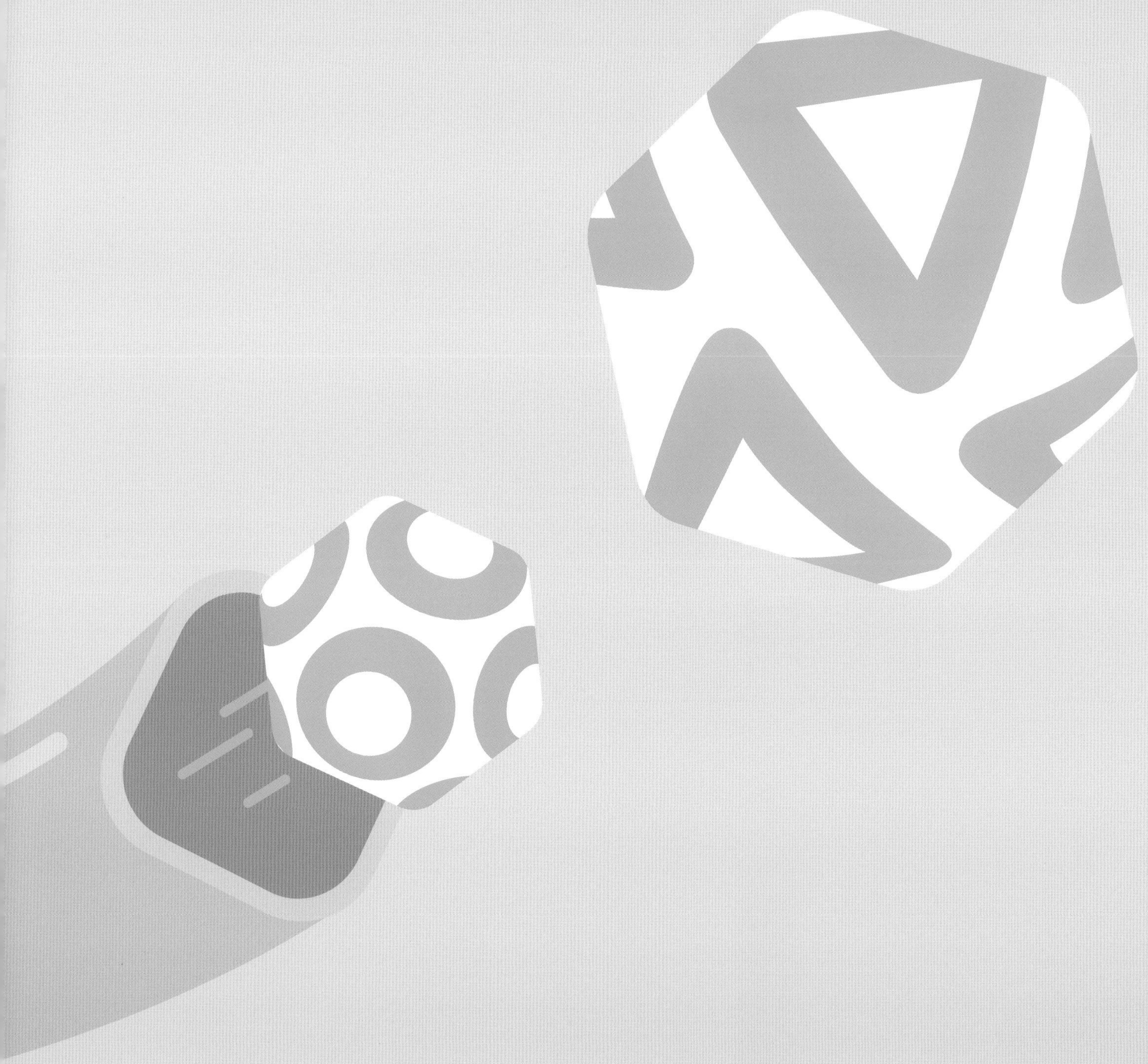

강의가 더해진, **교과서 맞춤 학습**

백점

수학 6·2

모바일 빠른 정답

친절한 해설북

- 한눈에 보이는 **정확한 답**
- 한번에 이해되는 **자세한 풀이**

동아출판

차례

백점 수학 빠른 정답

QR코드를 찍으면 **정답**과 **해설**을 쉽고 빠르게 확인할 수 있습니다.

모바일 빠른 정답

1 분수의 나눗셈

6쪽 개념 학습 1

1 (1) 3, 3 (2) 2, 2 (3) 5, 5
2 (1) 4, 2 / 4, 2, 2 (2) 9, 3 / 9, 3, 3
(3) 12, 3 / 12, 3, 4

2 (1) $\frac{4}{7}$는 $\frac{1}{7}$이 4개이고, $\frac{2}{7}$는 $\frac{1}{7}$이 2개이므로
$\frac{4}{7}\div\frac{2}{7}$는 $4\div2$를 계산한 결과와 같습니다.
(2) $\frac{9}{10}$는 $\frac{1}{10}$이 9개이고, $\frac{3}{10}$은 $\frac{1}{10}$이 3개이므로
$\frac{9}{10}\div\frac{3}{10}$은 $9\div3$을 계산한 결과와 같습니다.
(3) $\frac{12}{13}$는 $\frac{1}{13}$이 12개이고, $\frac{3}{13}$은 $\frac{1}{13}$이 3개이므로
$\frac{12}{13}\div\frac{3}{13}$은 $12\div3$을 계산한 결과와 같습니다.

7쪽 개념 학습 2

1 (1) 2, 1 / $2\frac{1}{2}$ (2) 2, 1 / $2\frac{1}{3}$
2 (1) 4, 3 / 4, 3, $\frac{4}{3}$, $1\frac{1}{3}$
(2) 7, 5 / 7, 5, $\frac{7}{5}$, $1\frac{2}{5}$

2 (1) $\frac{4}{5}$는 $\frac{1}{5}$이 4개이고, $\frac{3}{5}$은 $\frac{1}{5}$이 3개이므로
$\frac{4}{5}\div\frac{3}{5}$은 $4\div3$을 계산한 결과와 같습니다.
(2) $\frac{7}{8}$은 $\frac{1}{8}$이 7개이고, $\frac{5}{8}$는 $\frac{1}{8}$이 5개이므로
$\frac{7}{8}\div\frac{5}{8}$는 $7\div5$를 계산한 결과와 같습니다.

8쪽 개념 학습 3

1 (1) 6 (2) 8 (3) 6
2 (1) 10, 10, $\frac{10}{9}$, $1\frac{1}{9}$
(2) 24, 35, 24, 35, $\frac{24}{35}$
(3) 15, 15, $\frac{15}{4}$, $3\frac{3}{4}$
(4) 15, 20, 15, 20, $\frac{15}{20}\left(=\frac{3}{4}\right)$

2 분모가 다른 (분수)÷(분수)는 두 분수를 통분한 다음 분자끼리 나누어 계산합니다.

9쪽 개념 학습 4

1 (1) 26 (2) 78 (3) 2, 3, 78
2 (1) 3, 7, 7 (2) 3, 4, 8 (3) 4, 7, 14 (4) 2, 5, 25

1 (1) $52\div2=26$(cm)
(2) $26\times3=78$(cm)

2 (자연수)÷(분수)는 자연수를 분수의 분자로 나눈 다음 분모를 곱하여 계산합니다.

10쪽 개념 학습 5

1 $\frac{2}{9}$, $\frac{8}{9}$ / 3, 4, $\frac{8}{9}$
2 (1) $\frac{8}{5}$, $\frac{32}{35}$ (2) $\frac{5}{2}$, $\frac{15}{16}$ (3) $\frac{7}{2}$, $\frac{35}{18}$, $1\frac{17}{18}$
(4) $\frac{7}{3}$, $\frac{49}{39}$, $1\frac{10}{39}$

1 $\frac{1}{4}$통을 채울 수 있는 물의 양은
$\frac{2}{3}\div3=\frac{2}{3}\times\frac{1}{3}=\frac{2}{9}$(L)입니다.
➡ 한 통은 $\frac{1}{4}$통의 4배이므로 한 통을 가득 채울 수 있는 물의 양은 $\frac{2}{9}\times4=\frac{8}{9}$(L)입니다.

2 나눗셈을 곱셈으로 바꾸고 나누는 분수의 분모와 분자를 바꾸어 계산합니다.

11쪽 개념 학습 6

1 (1) 20, 20, $\frac{20}{9}$, $2\frac{2}{9}$ (2) 11, 77, 77, $\frac{77}{20}$, $3\frac{17}{20}$
(3) 52, 156, 26, 156, 26, 6
2 (1) $\frac{7}{3}$, $\frac{56}{15}$, $3\frac{11}{15}$ (2) 5, 5, $\frac{5}{2}$, $\frac{25}{6}$, $4\frac{1}{6}$
(3) 9, 9, $\frac{9}{5}$, $\frac{81}{20}$, $4\frac{1}{20}$

2 (1) 나눗셈을 곱셈으로 바꾸고 나누는 분수의 분모와 분자를 바꾸어 계산합니다.
(2) 대분수를 가분수로 바꾼 다음 분수의 곱셈으로 나타내어 계산합니다.

12쪽~13쪽 문제 학습 ①

1	( )(○)	2	(1) 3 (2) 4
3	9	4	2
5	수지	6	㉢
7	6명	8	5
9	㉡	10	18
11	4도막	12	3개

5 • 수지: $\frac{9}{16}\div\frac{3}{16}=9\div3=3$

• 태우: $\frac{8}{11}\div\frac{4}{11}=8\div4=2$

➡ 계산 결과가 3인 사람은 수지입니다.

6 ㉠ $\frac{5}{6}\div\frac{1}{6}=5\div1=5$ ㉡ $\frac{10}{13}\div\frac{2}{13}=10\div2=5$

㉢ $\frac{8}{9}\div\frac{1}{9}=8\div1=8$ ㉣ $\frac{15}{22}\div\frac{3}{22}=15\div3=5$

➡ 나눗셈의 몫이 다른 하나는 ㉢입니다.

7 (줄 수 있는 사람 수)

=(전체 지점토의 양)÷(한 사람에게 주는 지점토의 양)

$=\frac{24}{25}\div\frac{4}{25}=24\div4=6$(명)

8 ■$=\frac{9}{10}\div\frac{1}{10}=9\div1=9$

▲$=\frac{12}{13}\div\frac{3}{13}=12\div3=4$ ➡ $9-4=5$

9 ㉠ $\frac{16}{21}\div\frac{8}{21}=16\div8=2$

㉡ $\frac{8}{15}\div\frac{2}{15}=8\div2=4$

㉢ $\frac{15}{17}\div\frac{5}{17}=15\div5=3$

10 $\frac{\square}{23}\div\frac{6}{23}=\square\div6=3$ ➡ $\square=3\times6=18$

11 (사용하고 남은 색 테이프의 길이)

$=1-\frac{1}{9}=\frac{9}{9}-\frac{1}{9}=\frac{8}{9}$ (m)

➡ (자른 색 테이프 도막의 수)$=\frac{8}{9}\div\frac{2}{9}$

$=8\div2=4$(도막)

12 $\frac{10}{17}\div\frac{\square}{17}=10\div\square$이고 나눗셈의 몫이 자연수이므로 $10\div\square$의 몫은 자연수입니다. 따라서 □ 안에는 10의 약수가 들어가야 하므로 한 자리 수인 10의 약수를 구하면 1, 2, 5로 모두 3개입니다.

14쪽~15쪽 문제 학습 ②

1	(○)	2	(1) $1\frac{3}{4}$ (2) $\frac{8}{11}$
3	$\frac{5}{7}$	4	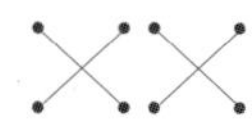
5	$\frac{5}{8}$, $1\frac{2}{3}$	6	=
7	㉢	8	준서
9	$1\frac{2}{5}$배	10	1, 2
11	$1\frac{5}{8}$배	12	$\frac{2}{3}$ cm

2 (1) $\frac{7}{8}\div\frac{4}{8}=7\div4=\frac{7}{4}=1\frac{3}{4}$

(2) $\frac{8}{15}\div\frac{11}{15}=8\div11=\frac{8}{11}$

참고 계산 결과를 기약분수나 대분수로 나타내지 않아도 정답으로 인정합니다.

6 • $\frac{11}{14}\div\frac{3}{14}=11\div3=\frac{11}{3}=3\frac{2}{3}$

• $\frac{11}{16}\div\frac{3}{16}=11\div3=\frac{11}{3}=3\frac{2}{3}$ ➡ $3\frac{2}{3}=3\frac{2}{3}$

참고 $\frac{▲}{■}\div\frac{●}{■}$의 몫은 ■의 값에 관계없이 ▲÷●의 몫과 같습니다.

7 ㉠ $\frac{3}{5}\div\frac{2}{5}=3\div2=\frac{3}{2}=1\frac{1}{2}$

㉡ $\frac{8}{9}\div\frac{5}{9}=8\div5=\frac{8}{5}=1\frac{3}{5}$

㉢ $\frac{5}{12}\div\frac{7}{12}=5\div7=\frac{5}{7}$

➡ 몫이 진분수인 나눗셈은 ㉢입니다.

8 • 지혜: $\frac{7}{10}\div\frac{5}{10}=7\div5=\frac{7}{5}=1\frac{2}{5}$

$\frac{7}{11}\div\frac{5}{11}=7\div5=\frac{7}{5}=1\frac{2}{5}$ 몫이 같습니다.

• 준서: $\frac{5}{9}\div\frac{2}{9}=5\div2=\frac{5}{2}=2\frac{1}{2}$로 몫이 2보다 큽니다.

➡ 바르게 말한 사람은 준서입니다.

9 (효진이가 사용한 물의 양)÷(재우가 사용한 물의 양)

$=\frac{7}{8}\div\frac{5}{8}=7\div5=\frac{7}{5}=1\frac{2}{5}$(배)

10 $\frac{9}{11}\div\frac{4}{11}=9\div4=\frac{9}{4}=2\frac{1}{4}$

➡ $\square<2\frac{1}{4}$이므로 □ 안에 들어갈 수 있는 자연수는 1, 2입니다.

11 (남은 리본의 길이)$=\frac{21}{25}-\frac{8}{25}=\frac{13}{25}$(m)

➡ $\frac{13}{25}\div\frac{8}{25}=13\div8=\frac{13}{8}=1\frac{5}{8}$(배)

12 (다른 대각선의 길이)

$=$(마름모의 넓이)$\times2\div$(한 대각선의 길이)

$=\frac{3}{13}\times2\div\frac{9}{13}=\frac{6}{13}\div\frac{9}{13}$

$=6\div9=\frac{6}{9}=\frac{2}{3}$(cm)

16쪽~17쪽 문제 학습 ③

1 $\frac{4}{6}$, $\frac{4}{5}$

2 (1) 9 (2) $1\frac{1}{14}$

3 $\frac{1}{5}\div\frac{2}{3}=\frac{3}{15}\div\frac{10}{15}=3\div10=\frac{3}{10}$

4 예 $\frac{8}{9}\div\frac{4}{7}=\frac{56}{63}\div\frac{36}{63}=56\div36=\frac{56}{36}$

$=1\frac{20}{36}=1\frac{5}{9}$

5 (위에서부터) $\frac{25}{36}$, $1\frac{1}{54}$

6 강우

7 $2\frac{1}{12}$

8 ㉢, ㉠, ㉡

9 $1\frac{1}{2}$배

10 $3\frac{11}{27}$

11 10

12 ㉯ 자동차

3 **보기** 는 분수를 통분한 다음 분자끼리 나누어 계산하는 방법입니다.

4 분모가 다른 (분수)÷(분수)를 계산하려면 분수를 통분한 다음 분자끼리 나누어 계산해야 하는데 분수를 통분하지 않고 분자끼리 나누어 잘못 계산한 것입니다.

5 • $\frac{5}{9}\div\frac{4}{5}=\frac{25}{45}\div\frac{36}{45}=25\div36=\frac{25}{36}$

• $\frac{5}{9}\div\frac{6}{11}=\frac{55}{99}\div\frac{54}{99}=55\div54=\frac{55}{54}=1\frac{1}{54}$

6 • 수민: $\frac{5}{7}\div\frac{5}{13}=\frac{65}{91}\div\frac{35}{91}=65\div35=\frac{65}{35}$

$=\frac{13}{7}=1\frac{6}{7}$

• 강우: $\frac{7}{8}\div\frac{7}{24}=\frac{21}{24}\div\frac{7}{24}=21\div7=3$

➡ 몫이 자연수인 나눗셈식을 말한 사람은 강우입니다.

7 $\frac{1}{6}$이 5개인 수는 $\frac{5}{6}$입니다.

➡ $\frac{5}{6}\div\frac{2}{5}=\frac{25}{30}\div\frac{12}{30}=25\div12=\frac{25}{12}=2\frac{1}{12}$

8 ㉠ $\frac{3}{4}\div\frac{6}{7}=\frac{21}{28}\div\frac{24}{28}=21\div24=\frac{21}{24}=\frac{7}{8}$

㉡ $\frac{5}{12}\div\frac{2}{3}=\frac{5}{12}\div\frac{8}{12}=5\div8=\frac{5}{8}$

㉢ $\frac{15}{24}\div\frac{5}{8}=\frac{15}{24}\div\frac{15}{24}=1$

➡ ㉢ $1>$ ㉠ $\frac{7}{8}>$ ㉡ $\frac{5}{8}$

9 $\frac{3}{8}\div\frac{1}{4}=\frac{3}{8}\div\frac{2}{8}=3\div2=\frac{3}{2}=1\frac{1}{2}$(배)

10 • $\frac{2}{3}\div\frac{1}{2}=\frac{4}{6}\div\frac{3}{6}=4\div3=\frac{4}{3}=1\frac{1}{3}$

• $\frac{8}{9}\div\frac{3}{7}=\frac{56}{63}\div\frac{27}{63}=56\div27=\frac{56}{27}=2\frac{2}{27}$

➡ $1\frac{1}{3}+2\frac{2}{27}=1\frac{9}{27}+2\frac{2}{27}=3\frac{11}{27}$

11 $\square\times\frac{2}{45}=\frac{4}{9}$

➡ $\square=\frac{4}{9}\div\frac{2}{45}=\frac{20}{45}\div\frac{2}{45}=20\div2=10$

12 각 자동차가 1분 동안 갈 수 있는 거리를 구합니다.

㉮: $\frac{4}{15}\div\frac{2}{5}=\frac{4}{15}\div\frac{6}{15}=4\div6=\frac{4}{6}=\frac{2}{3}$(km)

㉯: $\frac{2}{9}\div\frac{1}{4}=\frac{8}{36}\div\frac{9}{36}=8\div9=\frac{8}{9}$(km)

➡ $\frac{2}{3}<\frac{8}{9}$이므로 1분 동안 갈 수 있는 거리가 더 긴 자동차는 ㉯ 자동차입니다.

18쪽~19쪽 문제 학습 ④

1 6

2 $(14\div2)\times7$

3 (1) 18 (2) 14

4 20

5 22배

6

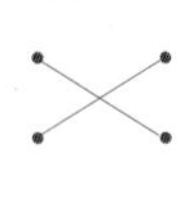

7 $\frac{4}{5}$

8 ( )( )(○)

9 ㉠

10 20개

11 2

12 24

13 20병

14 2, 3, 4

1 $5=\frac{30}{6}$ ➡ $5\div\frac{5}{6}=\frac{30}{6}\div\frac{5}{6}=30\div5=6$

2 $14\div\frac{2}{7}=(14\div2)\times7$

3 (1) $4\div\frac{2}{9}=(4\div2)\times9=18$

(2) $6\div\frac{3}{7}=(6\div3)\times7=14$

4 $8\div\frac{2}{5}=(8\div2)\times5=20$

5 $8\div\frac{4}{11}=(8\div4)\times11=22$(배)

7 $40\div\frac{4}{5}=(40\div4)\times5$

8 • $8\div\frac{2}{3}=(8\div2)\times3=12$

• $10\div\frac{5}{6}=(10\div5)\times6=12$

• $15\div\frac{5}{9}=(15\div5)\times9=27$

9 ㉠ $16\div\frac{2}{3}=(16\div2)\times3=24$

㉡ $24\div\frac{4}{7}=(24\div4)\times7=42$

㉢ $18\div\frac{3}{5}=(18\div3)\times5=30$

➡ ㉠ 24<㉢ 30<㉡ 42

10 (만들 수 있는 꽃 모양의 개수)

=(전체 리본의 길이)

÷(꽃 모양 한 개를 만드는 데 필요한 리본의 길이)

$=16\div\frac{4}{5}=(16\div4)\times5=20$(개)

11 ㉠ $35\div\frac{5}{6}=(35\div5)\times6=42$

㉡ $9\div\frac{3}{7}=(9\div3)\times7=21$

➡ ㉠÷㉡=42÷21=2

12 어떤 수를 □라 하면 $\square\times\frac{7}{8}=21$입니다.

➡ $\square=21\div\frac{7}{8}=(21\div7)\times8=24$

13 (전체 참기름의 양)=2×7=14 (L)

➡ (나누어 담을 수 있는 참기름 병 수)

$=14\div\frac{7}{10}=(14\div7)\times10=20$(병)

14 $6\div\frac{1}{\square}=6\times\square$이므로 $6\times\square<30$입니다.

6×2=12, 6×3=18, 6×4=24, 6×5=30이므로 □ 안에 들어갈 수 있는 수는 2, 3, 4입니다.

20쪽~21쪽 문제 학습 ⑤

1

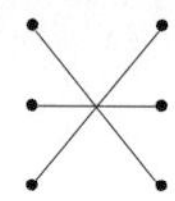

2 (1) $\frac{3}{8}\div\frac{4}{5}=\frac{3}{8}\times\frac{5}{4}=\frac{15}{32}$

(2) $\frac{3}{4}\div\frac{5}{7}=\frac{3}{4}\times\frac{7}{5}=\frac{21}{20}=1\frac{1}{20}$

3 $\frac{16}{27}$

4 ( )
(○)

5 (위에서부터) $3\frac{1}{13}$ / $\frac{9}{14}$ / $\frac{35}{39}$, $\frac{3}{16}$

6 >

7 $2\frac{1}{4}$ kg

8 $\frac{5}{6}$, $\frac{15}{24}$

9 $1\frac{1}{15}$ m

10 3번

11 $1\frac{7}{30}$

12 $\frac{14}{25}$ L

13 3

2 나눗셈을 곱셈으로 바꾸고 나누는 분수의 분모와 분자를 바꾸어 계산합니다.

4 $\frac{6}{11}\div\frac{2}{7}=\frac{\overset{3}{\cancel{6}}}{11}\times\frac{7}{\underset{1}{\cancel{2}}}=\frac{21}{11}=1\frac{10}{11}$

5 • $\frac{5}{13}\div\frac{1}{8}=\frac{5}{13}\times8=\frac{40}{13}=3\frac{1}{13}$

• $\frac{3}{7}\div\frac{2}{3}=\frac{3}{7}\times\frac{3}{2}=\frac{9}{14}$

• $\frac{5}{13}\div\frac{3}{7}=\frac{5}{13}\times\frac{7}{3}=\frac{35}{39}$

• $\frac{1}{8}\div\frac{2}{3}=\frac{1}{8}\times\frac{3}{2}=\frac{3}{16}$

6 • $\frac{8}{11}\div\frac{3}{5}=\frac{8}{11}\times\frac{5}{3}=\frac{40}{33}=1\frac{7}{33}$

• $\frac{7}{15}\div\frac{10}{21}=\frac{7}{\underset{5}{\cancel{15}}}\times\frac{\overset{7}{\cancel{21}}}{10}=\frac{49}{50}$

➡ $1\frac{7}{33}>\frac{49}{50}$

7 (철근 1 m의 무게)

$=\frac{9}{10}\div\frac{2}{5}=\frac{9}{\cancel{10}_{2}}\times\frac{\cancel{5}^{1}}{2}=\frac{9}{4}=2\frac{1}{4}$(kg)

8 • $\frac{4}{5}\div\frac{5}{24}=\frac{4}{5}\times\frac{24}{5}=\frac{96}{25}$

• $\frac{5}{6}\div\frac{5}{24}=\frac{\cancel{5}^{1}}{\cancel{6}_{1}}\times\frac{\cancel{24}^{4}}{\cancel{5}_{1}}=4$

• $\frac{3}{8}\div\frac{5}{24}=\frac{3}{\cancel{8}_{1}}\times\frac{\cancel{24}^{3}}{5}=\frac{9}{5}$

• $\frac{15}{24}\div\frac{5}{24}=15\div5=3$

참고 $\frac{▲}{■}\div\frac{5}{24}=\frac{▲}{■}\times\frac{24}{5}$이므로 몫이 자연수이려면 ▲는 5의 배수, ■는 24의 약수여야 합니다.

9 (가로)=(직사각형의 넓이)÷(세로)

$=\frac{16}{25}\div\frac{3}{5}=\frac{16}{\cancel{25}_{5}}\times\frac{\cancel{5}^{1}}{3}=\frac{16}{15}=1\frac{1}{15}$ (m)

10 $\frac{5}{6}\div\frac{3}{8}=\frac{5}{\cancel{6}_{3}}\times\frac{\cancel{8}^{4}}{3}=\frac{20}{9}=2\frac{2}{9}$

➡ 들이가 $\frac{3}{8}$L인 컵으로 2번 덜어 내면 남는 물이 있으므로 적어도 2+1=3(번) 덜어 내야 합니다.

11 ㉠$\times\frac{5}{7}=\frac{7}{12}$ → ㉠$=\frac{7}{12}\div\frac{5}{7}=\frac{7}{12}\times\frac{7}{5}=\frac{49}{60}$

㉡$=\frac{1}{3}\div\frac{4}{5}=\frac{1}{3}\times\frac{5}{4}=\frac{5}{12}$

➡ ㉠+㉡$=\frac{49}{60}+\frac{5}{12}=\frac{49}{60}+\frac{25}{60}$

$=\frac{74}{60}=\frac{37}{30}=1\frac{7}{30}$

12 50분$=\frac{50}{60}$시간$=\frac{5}{6}$시간

➡ (1시간 동안 틀어 놓았을 때 뿜어내는 물의 양)

$=\frac{7}{15}\div\frac{5}{6}=\frac{7}{\cancel{15}_{5}}\times\frac{\cancel{6}^{2}}{5}=\frac{14}{25}$ (L)

13 $\frac{8}{9}\div\frac{3}{11}=\frac{8}{9}\times\frac{11}{3}=\frac{88}{27}=3\frac{7}{27}$

➡ □$<3\frac{7}{27}$이므로 □ 안에 들어갈 수 있는 자연수는 1, 2, 3이고, 그중 가장 큰 수는 3입니다.

22쪽~23쪽 문제 학습 ❻

1 ( )
(○)

2 (1) $1\frac{13}{27}$ (2) $1\frac{11}{25}$

3 $2\frac{1}{2}\div\frac{2}{3}=\frac{5}{2}\div\frac{2}{3}=\frac{15}{6}\div\frac{4}{6}=15\div4$

$=\frac{15}{4}=3\frac{3}{4}$

4 방법 1 예 $\frac{7}{2}\div\frac{2}{5}=\frac{35}{10}\div\frac{4}{10}=35\div4$

$=\frac{35}{4}=8\frac{3}{4}$

방법 2 예 $\frac{7}{2}\div\frac{2}{5}=\frac{7}{2}\times\frac{5}{2}=\frac{35}{4}=8\frac{3}{4}$

5 $4\frac{9}{10}$

6 태우

7 ㉡

8 18잔

9 예 $2\frac{1}{4}\div\frac{5}{7}=\frac{9}{4}\div\frac{5}{7}=\frac{9}{4}\times\frac{7}{5}=\frac{63}{20}=3\frac{3}{20}$ /
예 대분수를 가분수로 바꾸지 않고 계산했기 때문입니다.

10 $4\frac{4}{5}$

11 정육각형

12 $19\frac{1}{3}$ kg

1 (대분수)÷(분수)를 계산할 때, 가장 먼저 대분수를 가분수로 바꿔야 합니다.

2 (1) $\frac{10}{9}\div\frac{3}{4}=\frac{10}{9}\times\frac{4}{3}=\frac{40}{27}=1\frac{13}{27}$

(2) $1\frac{1}{5}\div\frac{5}{6}=\frac{6}{5}\div\frac{5}{6}=\frac{6}{5}\times\frac{6}{5}=\frac{36}{25}=1\frac{11}{25}$

3 보기 는 대분수를 가분수로 바꾼 다음 분수를 통분하여 분자끼리 나누어 계산하는 방법입니다.

4 분수를 통분하여 분자끼리 나누어 계산하거나 분수의 나눗셈을 분수의 곱셈으로 나타내어 계산합니다.

5 $\frac{3}{7}$: 진분수, $2\frac{1}{10}$: 대분수

$2\frac{1}{10}\div\frac{3}{7}=\frac{21}{10}\div\frac{3}{7}=\frac{\cancel{21}^{7}}{10}\times\frac{7}{\cancel{3}_{1}}=\frac{49}{10}=4\frac{9}{10}$

6 $\frac{15}{4}\div\frac{5}{6}=\frac{\cancel{15}^{3}}{\cancel{4}_{2}}\times\frac{\cancel{6}^{3}}{\cancel{5}_{1}}=\frac{9}{2}=4\frac{1}{2}$

➡ 몫을 바르게 구한 사람은 태우입니다.

7 ㉠ $\frac{5}{3}\div\frac{6}{7}=\frac{5}{3}\times\frac{7}{6}=\frac{35}{18}=1\frac{17}{18}$

㉡ $1\frac{4}{5}\div\frac{5}{8}=\frac{9}{5}\div\frac{5}{8}=\frac{9}{5}\times\frac{8}{5}=\frac{72}{25}=2\frac{22}{25}$

㉢ $2\frac{1}{6}\div1\frac{1}{3}=\frac{13}{6}\div\frac{4}{3}=\frac{13}{6}\div\frac{8}{6}=13\div8$

$=\frac{13}{8}=1\frac{5}{8}$

➡ ㉡ $2\frac{22}{25}>$ ㉠ $1\frac{17}{18}>$ ㉢ $1\frac{5}{8}$

8 (만들 수 있는 초콜릿 음료의 잔 수)

=(전체 코코아 가루의 양)

÷(한 잔을 만드는 데 필요한 코코아 가루의 양)

$=\frac{12}{5}\div\frac{2}{15}=\frac{36}{15}\div\frac{2}{15}=36\div2=18$(잔)

9 대분수를 가분수로 바꾼 후 분수를 통분하여 계산하거나 분수의 나눗셈을 분수의 곱셈으로 나타내어 계산합니다.

[평가 기준] 이유에서 '대분수를 가분수로 바꾸지 않고 계산했다.'라는 표현이 있으면 정답으로 인정합니다.

10 $2\frac{4}{5}\div\frac{7}{8}=\frac{14}{5}\div\frac{7}{8}=\frac{\overset{2}{\cancel{14}}}{5}\times\frac{8}{\underset{1}{\cancel{7}}}=\frac{16}{5}$

$\square\times\frac{2}{3}=\frac{16}{5}$이므로 $\square=\frac{16}{5}\div\frac{2}{3}$입니다.

➡ $\square=\frac{16}{5}\div\frac{2}{3}=\frac{\overset{8}{\cancel{16}}}{5}\times\frac{3}{\underset{1}{\cancel{2}}}=\frac{24}{5}=4\frac{4}{5}$

11 (만든 정다각형의 변의 개수)

=(철사의 길이)÷(만든 정다각형의 한 변의 길이)

$=8\frac{1}{4}\div1\frac{3}{8}=\frac{33}{4}\div\frac{11}{8}=\frac{66}{8}\div\frac{11}{8}$

$=66\div11=6$(개)

➡ 변이 6개인 정다각형이므로 정육각형입니다.

12 (나무 막대 1 m의 무게)

$=6\frac{1}{4}\div\frac{15}{16}=\frac{25}{4}\div\frac{15}{16}=\frac{\overset{5}{\cancel{25}}}{\underset{1}{\cancel{4}}}\times\frac{\overset{4}{\cancel{16}}}{\underset{3}{\cancel{15}}}$

$=\frac{20}{3}=6\frac{2}{3}$ (kg)

➡ (나무 막대 $2\frac{9}{10}$ m의 무게)

$=6\frac{2}{3}\times2\frac{9}{10}=\frac{\overset{2}{\cancel{20}}}{3}\times\frac{29}{\underset{1}{\cancel{10}}}=\frac{58}{3}=19\frac{1}{3}$ (kg)

24쪽 응용 학습 ❶

1단계	11	1·1	$\frac{5}{12}\div\frac{11}{12}=\frac{5}{11}$
2단계	$\frac{10}{11}\div\frac{7}{11}=1\frac{3}{7}$	1·2	$\frac{5}{9}\div\frac{8}{9}=\frac{5}{8}$, $\frac{5}{10}\div\frac{8}{10}=\frac{5}{8}$

1단계 두 분수의 분모가 같은 진분수의 나눗셈이고 $10\div7$을 이용하여 계산할 수 있으므로 나눗셈식은 $\frac{10}{\square}\div\frac{7}{\square}$입니다.

분모는 10보다 크고 12보다 작아야 하므로 분모가 될 수 있는 수는 11입니다.

2단계 $\frac{10}{11}\div\frac{7}{11}=10\div7=\frac{10}{7}=1\frac{3}{7}$

1·1 두 분수의 분모가 같은 진분수의 나눗셈이고 $5\div11$을 이용하여 계산할 수 있으므로 나눗셈식은 $\frac{5}{\square}\div\frac{11}{\square}$입니다. 분모는 11보다 크고 13보다 작아야 하므로 분모가 될 수 있는 수는 12입니다.

➡ $\frac{5}{12}\div\frac{11}{12}=5\div11=\frac{5}{11}$

1·2 두 분수의 분모가 같은 진분수의 나눗셈이고 $5\div8$을 이용하여 계산할 수 있으므로 나눗셈식은 $\frac{5}{\square}\div\frac{8}{\square}$입니다. 분모는 8보다 크고 11보다 작아야 하므로 분모가 될 수 있는 수는 9, 10입니다.

➡ $\frac{5}{9}\div\frac{8}{9}=5\div8=\frac{5}{8}$, $\frac{5}{10}\div\frac{8}{10}=5\div8=\frac{5}{8}$

25쪽 응용 학습 ❷

1단계	$6\frac{3}{5}$	2·1	$4\frac{7}{8}$ / $7\frac{1}{2}$
2단계	$8\frac{4}{5}$	2·2	8, 6 / $\frac{9}{20}$

1단계 몫이 가장 큰 나눗셈식을 만들려면 나누어지는 수는 가장 큰 $6\frac{3}{5}$이어야 합니다.

2단계 $6\frac{3}{5}\div\frac{3}{4}=\frac{33}{5}\div\frac{3}{4}=\frac{\overset{11}{\cancel{33}}}{5}\times\frac{4}{\underset{1}{\cancel{3}}}=\frac{44}{5}=8\frac{4}{5}$

2·1 몫이 가장 작은 나눗셈식을 만들려면 나누어지는 수는 가장 작은 $4\frac{7}{8}$이어야 합니다.

$\Rightarrow 4\frac{7}{8}\div\frac{13}{20}=\frac{39}{8}\div\frac{13}{20}=\frac{\overset{3}{\cancel{39}}}{\underset{2}{\cancel{8}}}\times\frac{\overset{5}{\cancel{20}}}{\underset{1}{\cancel{13}}}$

$=\frac{15}{2}=7\frac{1}{2}$

2·2 몫이 가장 작은 나눗셈식을 만들려면 나누는 수는 가장 큰 $\frac{5}{6}$, 나누어지는 수는 가장 작은 $\frac{3}{8}$이어야 합니다.

$\Rightarrow \frac{3}{8}\div\frac{5}{6}=\frac{3}{\underset{4}{\cancel{8}}}\times\frac{\overset{3}{\cancel{6}}}{5}=\frac{9}{20}$

26쪽 응용 학습 ❸

1단계 $2\frac{1}{2}$	**3·1** $10\frac{1}{2}$
2단계 $3\frac{1}{3}$	**3·2** 3

1단계 어떤 수를 □라 하면 $\square\div\frac{4}{3}=1\frac{7}{8}$,

$\square=1\frac{7}{8}\times\frac{4}{3}=\frac{\overset{5}{\cancel{15}}}{\underset{2}{\cancel{8}}}\times\frac{\overset{1}{\cancel{4}}}{\underset{1}{\cancel{3}}}=\frac{5}{2}=2\frac{1}{2}$입니다.

2단계 $2\frac{1}{2}\div\frac{3}{4}=\frac{5}{2}\div\frac{3}{4}=\frac{5}{\underset{1}{\cancel{2}}}\times\frac{\overset{2}{\cancel{4}}}{3}$

$=\frac{10}{3}=3\frac{1}{3}$

3·1 어떤 수를 □라 하면 $\square\div1\frac{5}{7}=4\frac{3}{8}$,

$\square=4\frac{3}{8}\times1\frac{5}{7}=\frac{\overset{5}{\cancel{35}}}{\underset{2}{\cancel{8}}}\times\frac{\overset{3}{\cancel{12}}}{\underset{1}{\cancel{7}}}=\frac{15}{2}=7\frac{1}{2}$입니다.

$\Rightarrow 7\frac{1}{2}\div\frac{5}{7}=\frac{15}{2}\div\frac{5}{7}=\frac{\overset{3}{\cancel{15}}}{2}\times\frac{7}{\underset{1}{\cancel{5}}}$

$=\frac{21}{2}=10\frac{1}{2}$

3·2 어떤 수를 □라 하면 $\square\times\frac{2}{9}=\frac{4}{27}$,

$\square=\frac{4}{27}\div\frac{2}{9}=\frac{\overset{2}{\cancel{4}}}{\underset{3}{\cancel{27}}}\times\frac{\overset{1}{\cancel{9}}}{\underset{1}{\cancel{2}}}=\frac{2}{3}$입니다.

$\Rightarrow \frac{2}{3}\div\frac{2}{9}=\frac{6}{9}\div\frac{2}{9}=6\div2=3$

27쪽 응용 학습 ❹

1단계 $\frac{3}{7}$	**4·1** 36 m
2단계 28개	**4·2** 72개

1단계 남은 귤은 처음 바구니에 있던 귤의 $1-\frac{4}{7}=\frac{3}{7}$입니다.

2단계 처음 바구니에 있던 귤을 □개라 하면 $\square\times\frac{3}{7}=12$입니다.

$\Rightarrow \square=12\div\frac{3}{7}=(12\div3)\times7=28$

4·1 남은 색 테이프는 처음에 채아가 가지고 있던 색 테이프의 $1-\frac{4}{9}=\frac{5}{9}$입니다. 처음에 채아가 가지고 있던 색 테이프를 □m라 하면 $\square\times\frac{5}{9}=20$입니다.

$\Rightarrow \square=20\div\frac{5}{9}=(20\div5)\times9=36$

4·2 노란색 구슬은 상자에 들어 있는 구슬 전체의 $1-\frac{2}{9}-\frac{5}{12}=\frac{7}{9}-\frac{5}{12}=\frac{28}{36}-\frac{15}{36}=\frac{13}{36}$입니다.

따라서 상자에 들어 있는 구슬 전체의 수를 □개라 하면 $\square\times\frac{13}{36}=26$입니다.

$\Rightarrow \square=26\div\frac{13}{36}=(26\div13)\times36=72$

28쪽 응용 학습 ❺

1단계 $\frac{32}{45}$ m^2	**5·1** $5\frac{1}{7}$ m^2
2단계 $1\frac{1}{15}$ m^2	**5·2** 9 m^2

1단계 (벽의 넓이)$=\frac{8}{9}\times\frac{4}{5}=\frac{32}{45}$ (m^2)

2단계 (페인트 1 L로 칠할 수 있는 벽의 넓이)

$=\frac{32}{45}\div\frac{2}{3}=\frac{\overset{16}{\cancel{32}}}{\underset{15}{\cancel{45}}}\times\frac{\overset{1}{\cancel{3}}}{\underset{1}{\cancel{2}}}=\frac{16}{15}=1\frac{1}{15}$ (m^2)

5·1 (벽의 넓이)$=4\times\frac{4}{7}=\frac{16}{7}=2\frac{2}{7}$ (m^2)

➡ (페인트 1 L로 칠할 수 있는 벽의 넓이)

$=2\frac{2}{7}\div\frac{4}{9}=\frac{16}{7}\div\frac{4}{9}=\frac{\overset{4}{\cancel{16}}}{7}\times\frac{9}{\underset{1}{\cancel{4}}}$

$=\frac{36}{7}=5\frac{1}{7}$ (m^2)

5·2 (벽의 넓이)$=\frac{9}{10}\times\frac{1}{2}=\frac{9}{20}$ (m^2)

(페인트 1 L로 칠할 수 있는 벽의 넓이)

$=\frac{9}{20}\div\frac{3}{5}=\frac{\overset{3}{\cancel{9}}}{\underset{4}{\cancel{20}}}\times\frac{\overset{1}{\cancel{5}}}{\underset{1}{\cancel{3}}}=\frac{3}{4}$ (m^2)

➡ (페인트 12 L로 칠할 수 있는 벽의 넓이)

$=\frac{3}{\underset{1}{\cancel{4}}}\times\overset{3}{\cancel{12}}=9$ (m^2)

29쪽 응용 학습 ❻

1단계 $\frac{1}{2}$, $\frac{1}{2}$

2단계 $2\frac{1}{2}$ m

6·1 $9\frac{1}{7}$ m

6·2 54 m

2단계 $■\times\frac{1}{2}\times\frac{1}{2}=\frac{5}{8}$, $■\times\frac{1}{4}=\frac{5}{8}$

➡ $■=\frac{5}{8}\div\frac{1}{4}=\frac{5}{8}\div\frac{2}{8}=5\div2=\frac{5}{2}=2\frac{1}{2}$

6·1 처음 공을 떨어뜨린 높이를 □m라 하면

$□\times\frac{3}{4}\times\frac{3}{4}=5\frac{1}{7}$, $□\times\frac{9}{16}=5\frac{1}{7}$입니다.

➡ $□=5\frac{1}{7}\div\frac{9}{16}=\frac{36}{7}\div\frac{9}{16}=\frac{\overset{4}{\cancel{36}}}{7}\times\frac{16}{\underset{1}{\cancel{9}}}$

$=\frac{64}{7}=9\frac{1}{7}$

6·2 처음 공을 떨어뜨린 높이를 □m라 하면

$□\times\frac{2}{3}\times\frac{2}{3}\times\frac{2}{3}=16$, $□\times\frac{8}{27}=16$입니다.

➡ $□=16\div\frac{8}{27}=(16\div8)\times27=54$

30쪽 교과서 통합 핵심 개념

1 2, 3 / 8, 8, 2, 2 / 14, 15, 14, 14

2 4, 10

3 $\frac{9}{4}$, $\frac{27}{32}$

4 방법 1 9, 27, 27, 27, 3, 3

방법 2 9, 9, $\frac{3}{2}$, 27, 3, 3

31쪽～33쪽 단원 평가

1 4, 4

2 2, 7, 21

3 (　)(○)

4 $3\frac{1}{5}$

5 $\frac{11}{6}\div\frac{5}{7}=\frac{77}{42}\div\frac{30}{42}=77\div30=\frac{77}{30}=2\frac{17}{30}$

6 $1\frac{1}{9}$

7 

8 (　)(×)(　)

9 ❶ ㉠ $\frac{9}{11}\div\frac{2}{11}=9\div2=\frac{9}{2}=4\frac{1}{2}$이고,

㉡ $\frac{18}{23}\div\frac{5}{23}=18\div5=\frac{18}{5}=3\frac{3}{5}$입니다.

❷ 따라서 $4\frac{1}{2}>3\frac{3}{5}$이므로 몫이 더 큰 것은 ㉠입니다.

답 ㉠

10 ④

11 4개

12 ㉠, ㉡, ㉢

13 ❶ 가방 무게를 비교하면 $\frac{21}{5}\left(=4\frac{1}{5}\right)>3\frac{1}{8}>\frac{3}{4}$이므로 가장 무거운 가방 무게는 $\frac{21}{5}$ kg, 가장 가벼운 가방 무게는 $\frac{3}{4}$ kg입니다.

❷ 따라서 가장 무거운 가방 무게는 가장 가벼운 가방 무게의 $\frac{21}{5}\div\frac{3}{4}=\frac{21}{5}\times\frac{4}{3}=\frac{84}{15}=\frac{28}{5}=5\frac{3}{5}$ (배)입니다.

답 $5\frac{3}{5}$배

14 32권 **15** 10

16 4개 **17** 콩

18 $9\frac{1}{3}$ kg

19 ❶ 어떤 수를 □라 하면 $\square\times\frac{3}{4}=1\frac{4}{5}$,

$\square=1\frac{4}{5}\div\frac{3}{4}=\frac{9}{5}\div\frac{3}{4}=\frac{9}{5}\times\frac{4}{3}=\frac{36}{15}=\frac{12}{5}=2\frac{2}{5}$

입니다.

❷ 따라서 바르게 계산하면

$2\frac{2}{5}\div\frac{3}{4}=\frac{12}{5}\div\frac{3}{4}=\frac{12}{5}\times\frac{4}{3}$

$=\frac{48}{15}=\frac{16}{5}=3\frac{1}{5}$입니다. 답 $3\frac{1}{5}$

20 $3\frac{1}{2}\,\mathrm{m}^2$

2 (자연수)÷(분수)는 자연수를 분수의 분자로 나눈 다음 분모를 곱하여 계산합니다.

4 $\frac{16}{17}\div\frac{5}{17}=16\div5=\frac{16}{5}=3\frac{1}{5}$

5 **보기** 는 분수를 통분한 다음 분자끼리 나누어 계산하는 방법입니다.

7 • $3\frac{3}{4}\div\frac{5}{6}=\frac{15}{4}\div\frac{5}{6}=\frac{\overset{3}{\cancel{15}}}{\underset{2}{\cancel{4}}}\times\frac{\overset{3}{\cancel{6}}}{\underset{1}{\cancel{5}}}=\frac{9}{2}=4\frac{1}{2}$

• $1\frac{1}{3}\div\frac{8}{9}=\frac{4}{3}\div\frac{8}{9}=\frac{\overset{1}{\cancel{4}}}{\underset{1}{\cancel{3}}}\times\frac{\overset{3}{\cancel{9}}}{\underset{2}{\cancel{8}}}=\frac{3}{2}=1\frac{1}{2}$

8 • $5\div\frac{1}{3}=5\times3=15$

• $15\div\frac{9}{11}=\overset{5}{\cancel{15}}\times\frac{11}{\underset{3}{\cancel{9}}}=\frac{55}{3}=18\frac{1}{3}$ ➡ 자연수(×)

• $30\div\frac{5}{7}=(30\div5)\times7=42$

9

채점 기준			
	❶ ㉠과 ㉡의 몫을 각각 구한 경우	4점	5점
	❷ 몫이 더 큰 것을 찾아 기호를 쓴 경우	1점	

10 ① $\frac{3}{5}\div\frac{1}{5}=3\div1=3$ ② $\frac{6}{7}\div\frac{2}{7}=6\div2=3$

③ $\frac{9}{11}\div\frac{3}{11}=9\div3=3$ ④ $\frac{8}{13}\div\frac{4}{13}=8\div4=2$ (몫이 다릅니다.)

⑤ $\frac{15}{16}\div\frac{5}{16}=15\div5=3$

11 (만들 수 있는 도넛의 개수)

$=\frac{6}{7}\div\frac{3}{14}=\frac{12}{14}\div\frac{3}{14}=12\div3=4$(개)

12 ㉠ $\frac{15}{2}\div\frac{5}{8}=\frac{60}{8}\div\frac{5}{8}=60\div5=12$

㉡ $4\frac{8}{9}\div\frac{11}{15}=\frac{44}{9}\div\frac{11}{15}=\frac{\overset{4}{\cancel{44}}}{\underset{3}{\cancel{9}}}\times\frac{\overset{5}{\cancel{15}}}{\underset{1}{\cancel{11}}}=\frac{20}{3}=6\frac{2}{3}$

㉢ $\frac{4}{5}\div\frac{5}{6}=\frac{4}{5}\times\frac{6}{5}=\frac{24}{25}$

➡ ㉠ 12 > ㉡ $6\frac{2}{3}$ > ㉢ $\frac{24}{25}$

13

채점 기준			
	❶ 가장 무거운 가방과 가장 가벼운 가방의 무게를 구한 경우	2점	5점
	❷ 가장 무거운 가방 무게는 가장 가벼운 가방 무게의 몇 배인지 구한 경우	3점	

14 $12\frac{1}{4}\div\frac{3}{8}=\frac{49}{4}\div\frac{3}{8}=\frac{98}{8}\div\frac{3}{8}=98\div3$

$=\frac{98}{3}=32\frac{2}{3}$

➡ 포장할 수 있는 책은 32권입니다.

15 $\square\times\frac{2}{25}=\frac{4}{5}$ ➡ $\square=\frac{4}{5}\div\frac{2}{25}=\frac{20}{25}\div\frac{2}{25}$

$=20\div2=10$

16 $\frac{15}{19}\div\frac{3}{19}=15\div3=5$

➡ 5 > □이므로 □ 안에 들어갈 수 있는 자연수는 1, 2, 3, 4로 모두 4개입니다.

17 • 콩: $4\frac{1}{6}\div\frac{5}{18}=\frac{25}{6}\div\frac{5}{18}=\frac{75}{18}\div\frac{5}{18}$

$=75\div5=15$(봉지)

• 팥: $3\div\frac{1}{4}=3\times4=12$(봉지)

➡ 15 > 12이므로 콩을 담은 봉지가 더 많습니다.

18 (1분 동안 흘러 나오는 모래의 무게)

$=\frac{7}{9}\div\frac{1}{3}=\frac{7}{9}\div\frac{3}{9}=7\div3=\frac{7}{3}=2\frac{1}{3}$ (kg)

➡ (4분 동안 흘러 나오는 모래의 무게)

$=2\frac{1}{3}\times4=\frac{7}{3}\times4=\frac{28}{3}=9\frac{1}{3}$ (kg)

19

채점 기준			
	❶ 어떤 수를 구한 경우	3점	5점
	❷ 바르게 계산한 몫을 구한 경우	2점	

20 (담의 넓이) $=3\times\frac{7}{8}=\frac{21}{8}=2\frac{5}{8}\,(\mathrm{m}^2)$

(페인트 1 L로 칠할 수 있는 담의 넓이)

$=2\frac{5}{8}\div\frac{3}{4}=\frac{21}{8}\div\frac{3}{4}=\frac{\overset{7}{\cancel{21}}}{\underset{2}{\cancel{8}}}\times\frac{\overset{1}{\cancel{4}}}{\underset{1}{\cancel{3}}}=\frac{7}{2}=3\frac{1}{2}\,(\mathrm{m}^2)$

2 소수의 나눗셈

36쪽 개념 학습 1

1 (위에서부터) (1) 188, 4, 47, 47
(2) 10, 10, 162, 27, 27
(3) 100, 100, 832, 16, 16
2 (1) 105, 7, 105, 7, 15 (2) 144, 2, 144, 2, 72
(3) 532, 38, 532, 38, 14
(4) 696, 24, 696, 24, 29

1 나누어지는 수와 나누는 수를 똑같이 10배 또는 100배 하여 자연수의 나눗셈으로 계산합니다.

2 • 소수 한 자리 수끼리의 나눗셈에서 두 소수를 각각 분모가 10인 분수로 바꾸어 분수의 나눗셈으로 계산합니다.
• 소수 두 자리 수끼리의 나눗셈에서 두 소수를 각각 분모가 100인 분수로 바꾸어 분수의 나눗셈으로 계산합니다.

37쪽 개념 학습 2

1 (1) (○) (   ) (2) (   ) (○) (3) (   ) (○)
(4) (   ) (○)
2 (1) 23, 18, 27, 27 (2) 16, 46, 276, 276

1 나누는 수와 나누어지는 수의 소수점을 똑같이 옮겨야 합니다.

2 나누는 수와 나누어지는 수의 소수점을 각각 오른쪽으로 똑같이 옮겨 자연수의 나눗셈으로 계산합니다.

38쪽 개념 학습 3

1 (1) 520, 1.3 (2) 67.6, 52, 1.3
(3) 1.3, 1.3, 같습니다
2 (1) 1, 7, 32, 224, 224 (2) 1, 1, 770, 770, 770

1 (1) 6.76을 100배 하면 676, 5.2를 100배 하면 520입니다. ➡ $676 \div 520 = 1.3$
(2) 6.76을 10배 하면 67.6, 5.2를 10배 하면 52입니다. ➡ $67.6 \div 52 = 1.3$

39쪽 개념 학습 4

1 (1) 100, 25, 100, 25, 4
(2) 3800, 152, 3800, 152, 25
(3) 1800, 24, 1800, 24, 75
2 (1) 6, 270 (2) 48, 100, 200, 200

1 자연수와 소수를 각각 분모가 같은 분수로 바꾸어 분수의 나눗셈으로 계산합니다.

2 나누는 수가 자연수가 되도록 나누는 수와 나누어지는 수의 소수점을 각각 오른쪽으로 똑같이 옮겨 자연수의 나눗셈과 같은 방법으로 계산합니다.

40쪽 개념 학습 5

1 (1) 6, 0.2 (2) 6, 0.17 (3) 6, 0.167
2 (1) 0.8, 24, 1 / 1
(2) 5.44, 45, 40, 36, 40, 36, 4 / 5.4

2 (1) $2.5 \div 3$의 몫의 소수 첫째 자리 숫자가 8이므로 올림합니다. ➡ 1
(2) $4.9 \div 0.9$의 몫의 소수 둘째 자리 숫자가 4이므로 버림합니다. ➡ 5.4

41쪽 개념 학습 6

1 (1) 2.6, 2.6 (2) 1.9, 3, 1.9 (3) 4.5, 4, 4.5
2 (1) 1.7 (2) 0.45

1 (1) $11.6-3=8.6$, $8.6-3=5.6$, $5.6-3=2.6$이므로 11.6에서 3을 3번 덜어 내면 2.6이 남습니다.
(2) $16.9-5=11.9$, $11.9-5=6.9$, $6.9-5=1.9$이므로 16.9에서 5를 3번 덜어 내면 1.9가 남습니다.
(3) $32.5-7=25.5$, $25.5-7=18.5$, $18.5-7=11.5$, $11.5-7=4.5$이므로 32.5에서 7을 4번 덜어 내면 4.5가 남습니다.

2 남는 수의 소수점은 나누어지는 수의 소수점 위치에 맞추어 찍어야 합니다.

42쪽~43쪽 문제 학습 ①

1 (×) (○)

2 408, 8, 408, 408, 51

3 $7.2 \div 0.4 = \frac{72}{10} \div \frac{4}{10} = 72 \div 4 = 18$

4 (1) 17 (2) 9

5 ( )(○)( )

6 (위에서부터) 14, 2

7 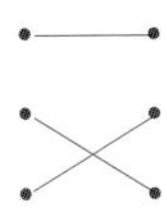

8 <

9 5개

10 10배

11 $8.75 \div 0.07 = 125$

12 6 cm

13 213 km

1 나누어지는 수와 나누는 수 모두 소수 한 자리 수이므로 분모가 10인 분수로 바꾸어 계산합니다.

2 1 m는 100 cm이므로 4.08 m=408 cm, 0.08 m=8 cm입니다.
➡ $4.08\,\text{m} \div 0.08\,\text{m} = 51$
$\downarrow \quad \downarrow \quad \uparrow$
$408\,\text{cm} \div 8\,\text{cm} = 51$

3 보기 는 소수 한 자리 수를 각각 분모가 10인 분수로 바꾸어 분수의 나눗셈으로 계산하는 방법입니다.

4 (1) $8.5 \div 0.5 = 85 \div 5 = 17$
(2) $2.88 \div 0.32 = 288 \div 32 = 9$

5 나누어지는 수와 나누는 수에 0이 아닌 같은 수를 곱해도 몫은 변하지 않습니다.
➡ $2.47 \div 0.19 = 247 \div 19$ (나누어지는 수 ×100, 나누는 수 ×100)

6 • $1.12 \div 0.08 = 112 \div 8 = 14$
• $1.12 \div 0.56 = 112 \div 56 = 2$

7 • $13.2 \div 0.6 = 132 \div 6 = 22$
• $23.4 \div 0.9 = 234 \div 9 = 26$
• $6.25 \div 0.25 = 625 \div 25 = 25$

8 $29.6 \div 3.7 = 296 \div 37 = 8$
$21.6 \div 2.4 = 216 \div 24 = 9$ ➡ $8 < 9$

9 (필요한 유리병의 개수)
=(전체 주스의 양)÷(유리병 한 개에 담는 주스의 양)
$= 9.25 \div 1.85 = 5$(개)

10 나눗셈에서 나누어지는 수와 나누는 수를 똑같이 10배 하면 몫이 같습니다.
➡ 두 나눗셈의 몫이 같고 ■가 1.4의 10배이므로 ㉡은 ㉠의 10배입니다.

11 875와 7을 각각 $\frac{1}{100}$배 하면 8.75와 0.07입니다.
따라서 조건 을 만족하는 소수의 나눗셈식을 찾아 계산하면 $8.75 \div 0.07 = 125$입니다.

12 (평행사변형의 넓이)=(밑변의 길이)×(높이)이므로 (밑변의 길이)=(평행사변형의 넓이)÷(높이)입니다.
➡ $31.2 \div 5.2 = 6$(cm)

13 1시간 30분$=1\frac{30}{60}$시간$=1\frac{5}{10}$시간$=1.5$시간
➡ (기차가 1시간 동안 가는 거리)
=(간 거리)÷(걸린 시간)
$= 319.5 \div 1.5 = 3195 \div 15 = 213$(km)

44쪽~45쪽 문제 학습 ②

1 (1) 43 (2) 11

2 13

3 16

4 12

5 14, 9, 18

6 ㉠

7 $19.24 \div 1.48 = 13$, 13일

8
$$\begin{array}{r} 23 \\ 1.2\overline{)\,27.6} \\ \underline{24} \\ 36 \\ \underline{36} \\ 0 \end{array}$$

9 8

10 7개

11 3개

12 수민

1 (1)
$$\begin{array}{r} 43 \\ 0.4\overline{)\,17.2} \\ \underline{16} \\ 12 \\ \underline{12} \\ 0 \end{array}$$
(2)
$$\begin{array}{r} 11 \\ 0.24\overline{)\,2.64} \\ \underline{24} \\ 24 \\ \underline{24} \\ 0 \end{array}$$

4 1.36<16.32 ➡ 16.32÷1.36=12

6 ㉠ 7.38÷1.23=6 ㉡ 17.78÷2.54=7
㉢ 6.51÷0.93=7
➡ 몫이 다른 하나는 ㉠입니다.

7 (전체 울타리의 길이)
÷(하루에 칠하는 울타리의 길이)
=19.24÷1.48=13(일)

8 몫의 소수점은 나누어지는 수의 옮긴 소수점 위치에 맞추어 찍어야 합니다.

9 □×6.4=51.2 ➡ □=51.2÷6.4=8

10 (남은 밀가루의 양)=10.9−0.4=10.5(kg)
➡ (밀가루를 담은 통의 수)=10.5÷1.5=7(개)

11 3.32÷0.83=4 ➡ 4>□
□ 안에 들어갈 수 있는 자연수는 1, 2, 3으로 모두 3개입니다.

12 • (강우가 물을 담은 병의 수)=2.5÷0.5=5(병)
• (수민이가 물을 담은 병의 수)=2.45÷0.35=7(병)
➡ 5병<7병이므로 물을 담은 병의 수가 더 많은 사람은 수민입니다.

46쪽~47쪽 문제 학습 ③

1 ( )(○)(○)　2 (1) 1.3 (2) 1.8
3 630, 1.4　4 12.6
5 3.4　6 수지
7 ㉡　8 2.3배
9

1.2	1.1	1.5
6.7)8.04	2.7)2.97	4.9)7.35
67	27	49
134	27	245
134	27	245
0	0	0
②	③	①

10 (위에서부터) 2.8, 2.6
11 4배　12 3.4배

2 (1)
```
      1.3
3.8)4.9 4
    3 8
    1 1 4
    1 1 4
        0
```
(2)
```
      1.8
4.7)8.4 6
    4 7
    3 7 6
    3 7 6
        0
```

3 나누어지는 수를 100배 했으므로 나누는 수도 100배 해야 합니다. 8.82÷6.3=882÷630=1.4이므로 ㉠은 630, ㉡은 1.4입니다.

5 소수 두 자리 수: 9.52, 소수 한 자리 수: 2.8
➡ 9.52÷2.8=3.4

6 2.96÷0.8의 나누어지는 수와 나누는 수에 각각 같은 수를 곱하여 계산합니다.
2.96÷0.8=296÷80=3.7 또는
2.96÷0.8=29.6÷8=3.7
➡ 몫을 바르게 구한 사람은 수지입니다.

7 ㉠ 8.76÷7.3=1.2 ㉡ 0.84÷0.6=1.4
➡ 1.2<1.4이므로 나눗셈의 몫이 더 큰 것은 ㉡입니다.

8 (집에서 은행까지의 거리)÷(집에서 학교까지의 거리)
=3.45÷1.5=2.3(배)

9 8.04÷6.7=1.2, 2.97÷2.7=1.1,
7.35÷4.9=1.5
➡ 몫의 크기를 비교하면 1.5>1.2>1.1입니다.

10 • 1.96÷0.7=2.8
• 8.58÷□=3.3 ➡ □=8.58÷3.3=2.6

11 ㉠ 45.24÷8.7=5.2 ㉡ 4.42÷3.4=1.3
➡ ㉠÷㉡=5.2÷1.3=4(배)

12 (민아와 준영이가 캔 감자의 양의 합)
=3.8+5.38=9.18(kg)
➡ 9.18÷2.7=3.4(배)

48쪽~49쪽 문제 학습 ④

1 $11 \div 2.2 = \frac{110}{10} \div \frac{22}{10} = 110 \div 22 = 5$
2 (1) 14 (2) 25　3 5, 50, 500
4 8, 12　5 ( )(○)( )
6 ④　7 <
8 ㉣　9 15병

10 16 **11** 6개
12 50 **13** 싱싱 가게

1 보기 는 자연수와 소수를 분모가 같은 분수로 바꾸어 분수의 나눗셈으로 계산하는 방법입니다.

2 (1)
```
       1 4
2.5 ) 3 5.0
      2 5
      1 0 0
      1 0 0
          0
```
(2)
```
        2 5
1.56 ) 3 9.0 0
       3 1 2
         7 8 0
         7 8 0
             0
```

3 나누어지는 수가 같을 때 나누는 수가 $\frac{1}{10}$배, $\frac{1}{100}$배가 되면 몫은 10배, 100배가 됩니다.

5 • $56 \div 3.5 = 560 \div 35 = 16$
• $18 \div 1.5 = 180 \div 15 = 12$
• $20 \div 1.25 = 2000 \div 125 = 16$
➡ 몫이 다른 나눗셈식은 $18 \div 1.5$입니다.

6 ④ $48 \div 0.32 = \frac{4800}{100} \div \frac{32}{100} = 4800 \div 32 = 150$

7 $378 \div 8.4 = 45$, $204 \div 4.25 = 48$
➡ $45 < 48$

8 ㉠ 나누어지는 수가 같을 때 나누는 수가 10배가 되면 몫은 $\frac{1}{10}$배가 됩니다. ➡ $546 \div 84 = 6.5$
㉡ 나누는 수가 같을 때 나누어지는 수가 $\frac{1}{10}$배가 되면 몫도 $\frac{1}{10}$배가 됩니다. ➡ $54.6 \div 8.4 = 6.5$
㉢ 나누는 수가 같을 때 나누어지는 수가 $\frac{1}{100}$배가 되면 몫도 $\frac{1}{100}$배가 됩니다. ➡ $5.46 \div 8.4 = 0.65$

9 (만들 수 있는 딸기잼 병의 수)
=(전체 딸기의 양)
÷(딸기잼 한 병을 만드는 데 필요한 딸기의 양)
$= 9 \div 0.6 = 15$(병)

10 어떤 수를 □라 하면 □$\times 3.75 = 60$입니다.
➡ □$= 60 \div 3.75 = 16$

11 (점의 수)=(원의 둘레)÷(점 사이의 간격)
$= 27 \div 4.5 = 6$(개)

12 $0 < 1 < 8 < 9$이므로 수 카드 중 3장을 골라 한 번씩만 사용하여 만들 수 있는 가장 작은 소수 두 자리 수는 0.18입니다.
➡ 남은 수 카드의 수 9를 만든 소수 두 자리 수 0.18로 나누었을 때의 몫은 $9 \div 0.18 = 50$입니다.

13 • (싱싱 가게에서 파는 오렌지주스 1 L의 가격)
$= 1500 \div 0.8 = 1875$(원)
• (햇살 가게에서 파는 오렌지주스 1 L의 가격)
$= 2340 \div 1.2 = 1950$(원)
➡ 1875원<1950원이므로 같은 양의 오렌지주스를 산다면 싱싱 가게가 더 저렴합니다.

50쪽~51쪽 문제 학습 ⑤

1
```
     3.2 8 5
7 ) 2 3
    2 1
      2 0
      1 4
        6 0
        5 6
          4 0
          3 5
            5
```
2 3, 3.3, 3.29
3 (1) 1.5 (2) 0.4
4 8.67
5 지혜
6 >
7 $28.5 \div 7$, $23 \div 6$
8 ㉡
9 ㉢, ㉣, ㉡, ㉠
10 18 km
11 3.5 kg
12 0.03

1 몫을 소수 셋째 자리까지 구하려면 소수점 아래 0을 3번 내려 나눗셈을 합니다.

2 • 몫의 소수 첫째 자리 숫자가 2이므로 버림합니다.
➡ 3
• 몫의 소수 둘째 자리 숫자가 8이므로 올림합니다.
➡ 3.3
• 몫의 소수 셋째 자리 숫자가 5이므로 올림합니다.
➡ 3.29

3 (1) $13.4 \div 9 = 1.48\cdots$에서 몫의 소수 둘째 자리 숫자가 8이므로 올림합니다. ➡ 1.5
(2) $2.5 \div 6 = 0.41\cdots$에서 몫의 소수 둘째 자리 숫자가 1이므로 버림합니다. ➡ 0.4

4 $26 \div 3 = 8.666\cdots$에서 몫의 소수 셋째 자리 숫자가 6이므로 올림합니다. ➡ 8.67

5 $3.3 \div 1.8 = 1.83\cdots$
몫을 반올림하여 일의 자리까지 나타내면 2, 몫을 반올림하여 소수 첫째 자리까지 나타내면 1.8입니다.
➡ 잘못 나타낸 사람은 지혜입니다.

6 $63 \div 11 = 5.7\cdots$이므로 몫을 반올림하여 일의 자리까지 나타내면 6입니다.
➡ $6 > 5.7\cdots$

7 • $32 \div 9.2 = 3.\underline{4}\cdots$ ➡ 3 • $28.5 \div 7 = 4.\underline{0}\cdots$ ➡ 4
• $23 \div 6 = 3.\underline{8}\cdots$ ➡ 4 • $9.7 \div 3.1 = 3.\underline{1}\cdots$ ➡ 3

8 ㉠ $22 \div 1.5 = 14.66\cdots$
→ 몫을 소수 첫째 자리까지 구한 값은 14.6이고, 몫을 반올림하여 소수 첫째 자리까지 나타내면 14.7입니다.
㉡ $4.2 \div 1.9 = 2.21\cdots$
→ 몫을 소수 첫째 자리까지 구한 값은 2.2이고, 몫을 반올림하여 소수 첫째 자리까지 나타내면 2.2입니다.
➡ 몫을 소수 첫째 자리까지 구한 값과 몫을 반올림하여 소수 첫째 자리까지 나타낸 값이 같은 것은 ㉡입니다.

9 ㉠ $13 \div 3 = 4.33\underline{3}\cdots$ ➡ 4.33
㉡ $31 \div 6 = 5.16\underline{6}\cdots$ ➡ 5.17
㉢ $47 \div 9 = 5.22\underline{2}\cdots$ ➡ 5.22
㉣ $57 \div 11 = 5.18\underline{1}\cdots$ ➡ 5.18
㉢ 5.22 > ㉣ 5.18 > ㉡ 5.17 > ㉠ 4.33

10 (1시간 동안 달린 거리)
=(달린 거리)÷(달린 시간)$=21.1 \div 1.2 = 17.5\cdots$
➡ 몫을 반올림하여 일의 자리까지 나타내면 18이므로 이 선수가 1시간 동안 달린 거리를 반올림하여 일의 자리까지 나타내면 18 km입니다.

11 2 m 30 cm = 2.3 m
(통나무의 무게)÷(통나무의 길이)$=8 \div 2.3 = 3.47\cdots$
➡ 몫을 반올림하여 소수 첫째 자리까지 나타내면 3.5이므로 통나무 1 m의 무게를 반올림하여 소수 첫째 자리까지 나타내면 3.5 kg입니다.

12 $1.7 \div 0.3 = 5.666\cdots$
몫을 반올림하여 소수 첫째 자리까지 나타내면 5.7, 몫을 반올림하여 소수 둘째 자리까지 나타내면 5.67입니다.
➡ $5.7 - 5.67 = 0.03$

52쪽~53쪽 문제 학습 6

1 3, 3, 3, 3, 1.8, 4, 1.8
2 4, 36, 2.6 / 4명, 2.6 m^2
3 2, 2.5 4 현호
5 ( ) (○) ( )
6 방법 1 예 16.8−4−4−4−4=0.8 / 4, 0.8
방법 2 예 $4 \overline{)16.8}$ → 몫 4, $16.8-16=0.8$ / 4, 0.8
7 ㉠ 8 6상자
9 6개
10 예 사람 수는 소수로 나타낼 수 없으므로 몫을 자연수까지만 구해야 합니다.
11 수민

2 $38.6 \div 9$의 몫을 자연수까지 구하면 몫은 4이고 2.6이 남습니다.
➡ 밭을 4명이 사용할 수 있고, 남는 밭의 넓이는 2.6 m^2입니다.

3 $8 \overline{)18.5}$: 몫 2 ← 자연수까지 구한 몫, $18.5 - 16 = 2.5$ ← 남는 수

4 남는 양의 소수점은 나누어지는 수의 소수점 위치와 같은 자리에 찍어야 합니다.
➡ 남는 흙의 양은 0.3 kg이므로 바르게 구한 사람은 현호입니다.

5 $5 \overline{)25.2}$: 몫 5, $25.2-25=0.2$ $2 \overline{)17.2}$: 몫 8, $17.2-16=1.2$ $4 \overline{)10.2}$: 몫 2, $10.2-8=2.2$

6 남는 털실의 길이를 구하는 방법에는 16.8에서 4씩 덜어 내는 방법과 $16.8 \div 4$의 몫을 자연수까지만 구하는 방법이 있습니다.

7 ㉠ 12.5−3−3−3−3=0.5
㉡ 23.1−7−7−7=2.1
㉢ 14.3−6−6=2.3
㉣ 21.5−5−5−5−5=1.5
➡ ㉠ 0.5 < ㉣ 1.5 < ㉡ 2.1 < ㉢ 2.3

8 $2 \overline{)12.7}$: 몫 6, $12.7-12=0.7$ ➡ 6상자까지 팔 수 있습니다.

9 $$\begin{array}{r} 5 \\ 6\overline{)\,32.7} \\ 30 \\ \hline 2.7 \end{array}$$
➡ 소금을 그릇 5개에 나누어 담을 수 있고, 남는 소금은 2.7 kg입니다.

남는 소금도 모두 그릇에 담아야 하므로 그릇은 적어도 5+1=6(개) 필요합니다.

10 **[평가 기준]** '몫을 자연수까지만 구해야 한다.'라는 표현이 있으면 정답으로 인정합니다.

11 태우: $$\begin{array}{r} 4 \\ 5\overline{)\,20.8} \\ 20 \\ \hline 0.8 \end{array}$$ 수민: $$\begin{array}{r} 6 \\ 3\overline{)\,19.3} \\ 18 \\ \hline 1.3 \end{array}$$

➡ 0.8 cm < 1.3 cm이므로 남는 수수깡의 길이가 더 긴 사람은 수민입니다.

54쪽 응용 학습 ❶

1단계	1.6 m	**1·1**	2배
2단계	2.5배	**1·2**	1.9배

1단계 (가로)+(세로)=11.2÷2=5.6 (m)
➡ (세로)=5.6−4=1.6 (m)

2단계 4÷1.6=2.5(배)

1·1 (긴 변의 길이)+(짧은 변의 길이)
=19.2÷2=9.6 (cm)
(평행사변형의 긴 변의 길이)=9.6−3.2=6.4 (cm)
➡ 6.4÷3.2=2(배)

1·2 (긴 변 2개의 길이의 합)=13.44−2.8=10.64 (m)
(긴 변의 1개의 길이)=10.64÷2=5.32 (m)
➡ 5.32÷2.8=1.9(배)

55쪽 응용 학습 ❷

1단계	8봉지, 1.6 kg	**2·1**	2.3 m
2단계	1.4 kg	**2·2**	1.8 L

1단계 $$\begin{array}{r} 8 \\ 3\overline{)\,25.6} \\ 24 \\ \hline 1.6 \end{array}$$
➡ 돼지고기를 8봉지에 포장할 수 있고, 남는 돼지고기는 1.6 kg입니다.

2단계 돼지고기를 남김없이 모두 포장하려면 남는 1.6 kg도 포장해야 하므로 돼지고기는 적어도 3−1.6=1.4 (kg) 더 필요합니다.

2·1 $$\begin{array}{r} 7 \\ 6\overline{)\,45.7} \\ 42 \\ \hline 3.7 \end{array}$$
➡ 철사를 7명에게 나누어 줄 수 있고, 남는 철사는 3.7 m입니다.

철사를 남김없이 모두 나누어 주려면 남는 3.7 m도 나누어 주어야 하므로 철사는 적어도 6−3.7=2.3 (m) 더 필요합니다.

2·2 (전체 우유의 양)=0.4×48=19.2 (L)
$$\begin{array}{r} 6 \\ 3\overline{)\,19.2} \\ 18 \\ \hline 1.2 \end{array}$$
➡ 우유를 6통에 나누어 담을 수 있고, 남는 우유는 1.2 L입니다.

우유를 남김없이 모두 담으려면 남는 1.2 L도 통에 담아야 하므로 우유는 적어도 3−1.2=1.8 (L) 더 필요합니다.

56쪽 응용 학습 ❸

1단계	7.3	**3·1**	11, 0.3
2단계	8, 0.1	**3·2**	3.2

1단계 어떤 수를 □라 하면
□=1.3×5+0.8=6.5+0.8=7.3입니다.

2단계 $$\begin{array}{r} 8 \\ 0.9\overline{)\,7.3} \\ 7\,2 \\ \hline 0.1 \end{array}$$
➡ 몫: 8, 남는 수: 0.1

3·1 어떤 수를 □라 하면
□=4.2×7+0.6=29.4+0.6=30입니다.
$$\begin{array}{r} 11 \\ 2.7\overline{)\,30.0} \\ 27 \\ \hline 30 \\ 27 \\ \hline 0.3 \end{array}$$
➡ 몫: 11, 남는 수: 0.3

3·2 어떤 수를 □라 하면
□$=2.8\times12+1.9=33.6+1.9=35.5$입니다.

```
        3.2 2
   11)35.5 0
      3 3
      ───
        2 5
        2 2
      ───
          3 0
          2 2
      ───
            8
```

소수 둘째 자리 숫자가 2이므로 버림합니다.
➡ 3.2

57쪽 응용 학습 ④

1단계 예 몫의 소수 홀수째 자리 숫자는 3, 소수 짝수째 자리 숫자는 6인 규칙이 있습니다.
2단계 6
4·1 7 **4·2** ㉡

1단계 $75\div55=1.363636\cdots$
2단계 12는 짝수이므로 몫의 소수 12째 자리 숫자는 6입니다.

4·1 $6\div2.2=2.727272\cdots$
몫의 소수 홀수째 자리 숫자는 7, 소수 짝수째 자리 숫자는 2인 규칙이 있습니다.
➡ 15는 홀수이므로 몫의 소수 15째 자리 숫자는 7입니다.

4·2 ㉠ $1.2\div1.8=0.666666\cdots$
몫의 소수점 아래 숫자가 6이 반복되는 규칙이므로 몫의 소수 20째 자리 숫자는 6입니다.
㉡ $4\div22=0.181818\cdots$
몫의 소수 홀수째 자리 숫자는 1, 소수 짝수째 자리 숫자는 8인 규칙이므로 몫의 소수 20째 자리 숫자는 8입니다.
➡ $6<8$이므로 몫의 소수 20째 자리 숫자가 더 큰 것은 ㉡입니다.

58쪽 응용 학습 ⑤

1단계 0.92 kg **5·1** 5개
2단계 2권 **5·2** 3개

1단계 (꺼낸 책의 무게의 합)$=4.37-3.45=0.92$ (kg)
2단계 $0.92\div0.46=2$(권)

5·1 (꺼낸 공의 무게의 합)$=571.4-420.9=150.5$ (g)
➡ (꺼낸 공의 수)$=150.5\div30.1=5$(개)

5·2 (사탕 10개의 무게)$=158.6-84.6=74$ (g)
(사탕 1개의 무게)$=74\div10=7.4$ (g)
➡ (꺼낸 사탕의 무게의 합)
$=158.6-136.4=22.2$ (g)이므로
(꺼낸 사탕의 수)$=22.2\div7.4=3$(개)입니다.

59쪽 응용 학습 ⑥

1단계 12.6 km **6·1** 26260원
2단계 6 L **6·2** 33642원
3단계 11880원

1단계 $17.64\div1.4=12.6$ (km)
2단계 $75.6\div12.6=6$ (L)
3단계 $1980\times6=11880$(원)

6·1 (휘발유 1 L로 갈 수 있는 거리)
$=13.68\div1.2=11.4$ (km)
(집에서 할머니 댁까지 가는 데 사용하는 휘발유의 양)
$=148.2\div11.4=13$ (L)
➡ (집에서 할머니 댁까지 가는 데 사용하는 휘발유의 가격)$=2020\times13=26260$(원)

6·2 (휘발유 1 L로 갈 수 있는 거리)
$=22.08\div2.3=9.6$ (km)
(집에서 휴게소를 거쳐 해수욕장까지의 거리)
$=78.73+92.15=170.88$ (km)
(집에서 휴게소를 거쳐 해수욕장까지 가는 데 필요한 휘발유의 양)$=170.88\div9.6=17.8$ (L)
➡ (집에서 휴게소를 거쳐 해수욕장까지 가는 데 필요한 휘발유의 가격)
$=1890\times17.8=33642$(원)

60쪽 교과서 통합 핵심 개념

1 방법 1 1.3 / 5
방법 2 442, 442, 1.3 / 40, 40, 5
방법 3 1.3, 102, 102 / 5, 40
2 2, 2.3 **3** 4, 2.7

61쪽~63쪽 단원 평가

1 (위에서부터) 10, 10, 7, 62, 62

2 551, 29, 551, 29, 19

3 $34.04 \div 3.7 = \frac{3404}{100} \div \frac{370}{100}$
$= 3404 \div 370 = 9.2$

4 7

5 8, 48, 2.1

6 51, 510, 5100

7 12.4

8 ③

9 (위에서부터) 4.8, 4, 7.2, 6

10 ㉡

11 ❶

```
          2 5
1.3 6 ) 3 4
        2 7 2
          6 8 0
          6 8 0
              0
```

/ ❷ 예 몫의 소수점은 나누어지는 수의 옮긴 소수점 위치에 맞추어 찍어야 하는데 처음 위치에 맞추어 찍었으므로 잘못되었습니다.

12 16병, 0.8 L

13 23개

14 2.1배

15 ㉠

16 ❶ 2시간 45분$=2\frac{45}{60}$시간$=2\frac{3}{4}$시간$=2.75$시간입니다.
❷ 따라서 이 자동차가 한 시간 동안 달린 거리는 $209 \div 2.75 = 76$ (km)입니다.
답 76 km

17 16

18 3

19 ❶ (가로)+(세로)$=8.16 \div 2 = 4.08$ (m)입니다. 따라서 (세로)$=4.08-1.2=2.88$ (m)입니다.
❷ $2.88 \div 1.2 = 2.4$(배)
답 2.4배

20 4

3 보기 는 두 소수를 각각 분모가 100인 분수로 바꾸어 분수의 나눗셈으로 계산하는 방법입니다.

5 $50.1 \div 6$의 몫을 자연수까지 구하면 몫은 8이고, $6 \times 8 = 48$이므로 $50.1 - 48 = 2.1$이 남습니다.

6 나누는 수가 같을 때 나누어지는 수가 10배, 100배가 되면 몫도 10배, 100배가 됩니다.

7 $74.5 \div 6 = 12.41\cdots$
몫의 소수 둘째 자리 숫자가 1이므로 버림합니다.
➡ 12.4

8 $15 \div 2.5 = 150 \div 25 = 6$
① $1500 \div 2500 = 0.6$ ② $1.5 \div 2.5 = 0.6$
③ $150 \div 25 = 6$ ④ $150 \div 2.5 = 60$
⑤ $0.15 \div 0.25 = 0.6$

다른 풀이 나누어지는 수와 나누는 수에 0이 아닌 같은 수를 곱해도 몫은 변하지 않습니다. ➡ $15 \div 2.5 = 150 \div 25 = 6$

9 $17.28 \div 3.6 = 4.8$, $2.4 \div 0.6 = 4$
$17.28 \div 2.4 = 7.2$, $3.6 \div 0.6 = 6$

10 ㉠ $65.6 \div 8.2 = 8$ ㉡ $4.55 \div 0.65 = 7$
➡ $8 > 7$이므로 몫이 더 작은 것은 ㉡입니다.

11

채점 기준			
	❶ 바르게 계산한 경우	2점	5점
	❷ 잘못 계산한 이유를 쓴 경우	3점	

[평가 기준] 이유에서 '몫의 소수점은 나누어지는 수의 옮긴 소수점 위치에 맞추어 찍어야 한다.'라는 표현이 있으면 정답으로 인정합니다.

12

```
      1 6
3 ) 4 8.8
    3
    1 8
    1 8
      0.8
```

➡ 16병에 나누어 담을 수 있고, 0.8 L가 남습니다.

13 (포장할 수 있는 선물 상자의 수)
$= 40.25 \div 1.75 = 23$(개)

14 $12.5 \div 6 = 2.08\cdots$
소수 둘째 자리 숫자가 8이므로 올림합니다.
➡ 2.1배

15 ㉠ $\square \times 0.42 = 2.94$에서 $\square = 2.94 \div 0.42 = 7$입니다.
㉡ $3.6 \times \square = 21.6$에서 $\square = 21.6 \div 3.6 = 6$입니다.
➡ $7 > 6$이므로 □ 안에 알맞은 수가 더 큰 것은 ㉠입니다.

16

채점 기준			
	❶ 2시간 45분이 몇 시간인지 소수로 나타낸 경우	2점	5점
	❷ 자동차가 한 시간 동안 달린 거리를 구한 경우	3점	

17 • $26 \div 3.25 = 8$ ➡ ▲$=8$
• $8 \div 0.5 = 16$ ➡ ★$=16$

18 어떤 수를 □라 하면 $\square \times 5.4 = 87.48$,
$\square = 87.48 \div 5.4 = 16.2$입니다.
➡ 바르게 계산하면 $16.2 \div 5.4 = 3$입니다.

19

채점 기준			
	❶ 직사각형의 세로를 구한 경우	2점	5점
	❷ 세로는 가로의 몇 배인지 구한 경우	3점	

20 $1.5 \div 3.3 = 0.454545\cdots$
몫의 소수 홀수째 자리 숫자는 4, 소수 짝수째 자리 숫자는 5인 규칙이 있습니다.
➡ 9는 홀수이므로 몫의 소수 9째 자리 숫자는 4입니다.

❸ 공간과 입체

66쪽 개념 학습 ❶

1 (1) ㉠ (2) ㉡
2 (1) ( ) (○) (2) (○) ( )

1 (1) 굴뚝이 앞에 보이므로 ㉠에서 찍은 사진입니다.
(2) 지붕 위의 창문이 정면으로 보이므로 ㉡에서 찍은 사진입니다.

2 (1) 다 방향에서 보면 트럭의 운전석 부분이 왼쪽에 보입니다.
(2) 라 방향에서 보면 트럭의 짐을 싣는 부분이 정면으로 보입니다.

67쪽 개념 학습 ❷

1 (1) (○) (2) (×)
2 (1) 2, 1, 2, 1, 9 (2) 2, 1, 2, 1, 7

1 (1) 보이는 위의 면과 위에서 본 모양이 다르므로 보이지 않는 부분에 숨겨진 쌓기나무가 있습니다.
(2) 보이는 위의 면과 위에서 본 모양이 같으므로 보이지 않는 부분에 숨겨진 쌓기나무가 없습니다.

2 (1) 보이는 위의 면과 위에서 본 모양이 같으므로 보이지 않는 부분에 숨겨진 쌓기나무가 없습니다.
➡ 1층에 6개, 2층에 2개, 3층에 1개로 쌓기나무는 모두 $6+2+1=9$(개)입니다.
(2) 보이는 위의 면과 위에서 본 모양이 같으므로 보이지 않는 부분에 숨겨진 쌓기나무가 없습니다.
➡ 1층에 4개, 2층에 2개, 3층에 1개로 쌓기나무는 모두 $4+2+1=7$(개)입니다.

68쪽 개념 학습 ❸

1 (1) 앞 (2) 위 (3) 옆
2 (1) 1 (2) 1 (3) 3 (4) 6

1 (1) 왼쪽부터 2층, 1층으로 보이므로 앞에서 본 모양입니다.
(2) 1층에 쌓은 모양과 같으므로 위에서 본 모양입니다.
(3) 왼쪽부터 1층, 1층, 2층으로 보이므로 옆에서 본 모양입니다.

2 (4) (쌓기나무의 개수)$=1+3+1+1=6$(개)

69쪽 개념 학습 ❹

1 (1) 2, 1, 2, 1, 8 (2) 2, 1, 2, 1, 7
2 (1) ( ) (○) (2) ( ) (○) (3) (○) ( )

1 (1) (쌓기나무의 개수)$=2+3+2+1=8$(개)
(2) (쌓기나무의 개수)$=1+3+2+1=7$(개)

2 앞과 옆에서 본 모양을 그릴 때에는 각 줄의 가장 큰 수만큼 그립니다.
(1) 앞에서 보면 왼쪽부터 2층, 3층, 2층으로 보입니다.
(2) 앞에서 보면 왼쪽부터 1층, 3층, 2층으로 보입니다.
(3) 앞에서 보면 왼쪽부터 1층, 2층, 3층으로 보입니다.

70쪽 개념 학습 ❺

1 (1) 2층 (2) 1층 (3) 3층
2 (1) 2, 1, 2, 1, 7 (2) 3, 1, 3, 1, 9

1
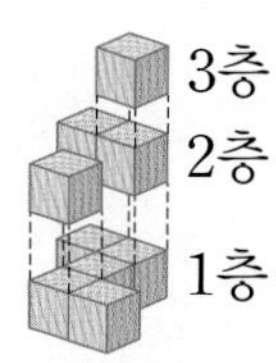

2 (1) (쌓기나무의 개수)$=4+2+1=7$(개)
(2) (쌓기나무의 개수)$=5+3+1=9$(개)

71쪽 개념 학습 ❻

1 (1) (○) ( ) (2) ( ) (○) (3) (○) ( )
2 (1) (×) (2) (○)

1 (1) 쌓기나무 1개를 더 붙여서 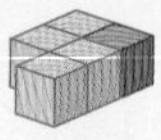 모양을 만들 수 있습니다.
(2) 쌓기나무 1개를 더 붙여서  모양을 만들 수 있습니다.

(3) 쌓기나무 1개를 더 붙여서 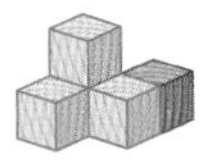 모양을 만들 수 있습니다.

2 (1) 두 가지 모양을 사용하여 만들 수 없습니다.

(2) 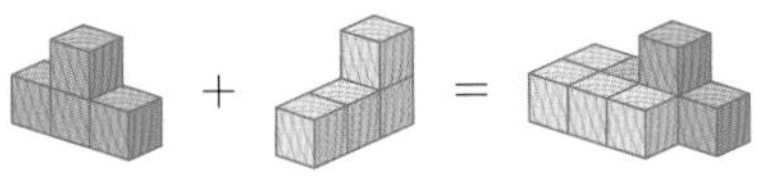

72쪽~73쪽 문제 학습 ❶

1	라		
2	(1) ㉢ (2) ㉤ (3) ㉣ (4) ㉠		
3	라	4	가
5	(1) 위 (2) 오른쪽	6	나
7	(1) 5 (2) 2	8	다

1 보라색 직육면체 위에 노란색 공이 보이므로 라 방향에서 찍은 사진입니다.

2 (1) 두 집의 문 쪽 정면이 보이고 두 집 사이에 나무가 있으므로 ㉢에서 찍은 사진입니다.

(2) 나무가 가장 오른쪽에 있으므로 ㉤에서 찍은 사진입니다.

(3) 노란색 지붕 집이 왼쪽에 있고 나무가 파란색 지붕 집에 가려서 일부만 보이므로 ㉣에서 찍은 사진입니다.

(4) 나무가 가장 왼쪽에 있으므로 ㉠에서 찍은 사진입니다.

3 파란색 공이 가운데 있고 빨간색 공이 왼쪽, 초록색 공이 오른쪽에 있으므로 라에서 찍은 사진입니다.

4 연잎 줄기 앞에 개구리가 보이는 사진을 찾으면 가입니다.

참고 • 나: 연잎과 받침대만 보이므로 승재(드론)가 찍은 사진입니다.
• 다: 개구리 뒷모습이 보이고 연잎이 개구리의 왼쪽에 있으므로 은영이가 찍은 사진입니다.
• 라: 연잎 줄기 뒤로 개구리가 보이므로 소현이가 찍은 사진입니다.

5 (1) 계단이 아래로 보이고, 미끄럼을 타는 부분이 오른쪽에 있으므로 위에서 찍은 사진입니다.

(2) 계단이 왼쪽에 있고, 미끄럼을 타는 부분이 정면으로 보이므로 오른쪽에서 찍은 사진입니다.

6 가는 왼쪽에서 찍은 사진, 다는 앞쪽에서 찍은 사진, 라는 뒤쪽에서 찍은 사진입니다.
➡ 찍을 수 없는 사진은 나입니다.

7 (1) 올려다보는 얼굴과 손끝이 보이므로 5번 카메라에서 촬영하고 있는 장면입니다.

(2) 왼쪽 모습이므로 2번 카메라에서 촬영하고 있는 장면입니다.

8 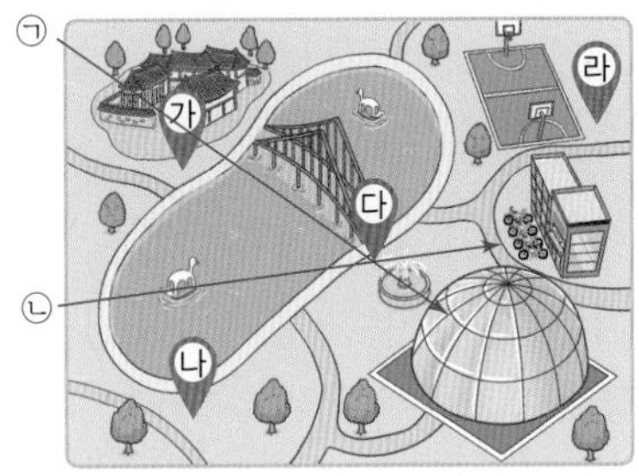

• 왼쪽 사진에서 분수와 동그란 건물이 보이므로 ㉠ 방향에서 찍은 사진입니다.
• 오른쪽 사진에서 자전거와 매점의 정면이 보이므로 ㉡ 방향에서 찍은 사진입니다.
➡ 혜수의 위치는 ㉠과 ㉡이 서로 만나는 지점인 다입니다.

74쪽~75쪽 문제 학습 ❷

1	다	2	
3	9개	4	(○)( )( )
5	예 보이지 않는 부분에 숨겨진 쌓기나무가 있을 수 있기 때문입니다.		
6	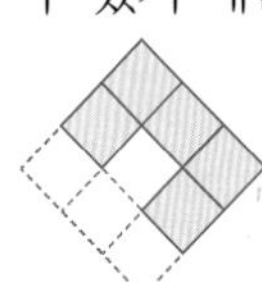	7	준서
8	나	9	2개
10	9개	11	2가지

1 다를 돌려 보면 빨간색으로 표시한 쌓기나무가 보이게 됩니다.

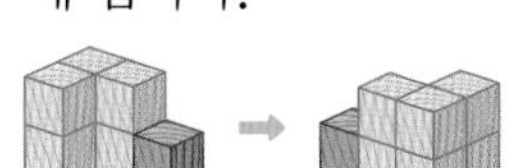

2 위에서 본 모양은 1층에 쌓은 쌓기나무의 모양과 같습니다.

3 보이는 위의 면과 위에서 본 모양이 같으므로 보이지 않는 부분에 숨겨진 쌓기나무가 없습니다.
쌓기나무가 1층에 6개, 2층에 2개, 3층에 1개입니다.
➡ (쌓기나무의 개수)$=6+2+1=9$(개)

4 삼각뿔 모양을 만들고 있는 막대가 가운데에서 만나기 때문에 왼쪽 모양을 위에서 내려다 본 모양은 첫 번째 모양입니다.

5 **[평가 기준]** '보이지 않는 부분에 숨겨진 쌓기나무가 있을 수 있다.'라는 표현이 있으면 정답으로 인정합니다.

6 보이는 부분에 쌓은 쌓기나무가 11개이므로 보이지 않는 부분에 숨겨진 쌓기나무가 없습니다. 1층에 쌓은 쌓기나무 모양대로 그립니다.

7 지혜와 준서가 쌓은 모양에서 숨겨진 쌓기나무는 없습니다.
• 지혜: 1층에 6개, 2층에 3개, 3층에 1개이므로 사용한 쌓기나무는 $6+3+1=10$(개)입니다.
• 준서: 1층에 6개, 2층에 3개, 3층에 2개이므로 사용한 쌓기나무는 $6+3+2=11$(개)입니다.
10개<11개이므로 쌓기나무를 더 많이 사용한 사람은 준서입니다.

8 나의 ★표 한 자리는 문제에 주어진 모양과 같이 보았을 때 보여야 합니다. 따라서 위에서 본 모양이 될 수 없는 것은 나입니다.

나
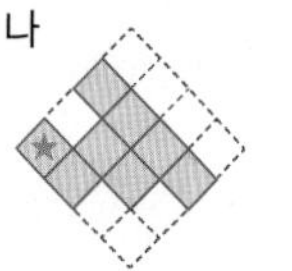

참고 • 가는 보이지 않는 부분에 숨겨진 쌓기나무가 있는 경우입니다.
• 다는 보이지 않는 부분에 숨겨진 쌓기나무가 없는 경우입니다.

9 보이는 위의 면과 위에서 본 모양이 같으므로 보이지 않는 부분에 숨겨진 쌓기나무가 없습니다.
쌓기나무가 1층에 5개, 2층에 4개, 3층에 1개이므로 주어진 모양과 똑같이 쌓는 데 필요한 쌓기나무는 $5+4+1=10$(개)입니다.
➡ (더 필요한 쌓기나무의 개수)$=10-8=2$(개)

10 보이는 위의 면과 위에서 본 모양이 같으므로 보이지 않는 부분에 숨겨진 쌓기나무가 없습니다.
쌓기나무가 1층에 7개, 2층에 3개, 3층에 2개이므로 처음 쌓은 모양의 쌓기나무는 $7+3+2=12$(개)입니다.
➡ (남은 쌓기나무의 개수)$=12-3=9$(개)

11 위에서 본 모양을 보면 ㉠ 부분에 숨겨진 쌓기나무가 1개 또는 2개이므로 뒤에서 보았을 때 다음과 같은 모양이 나올 수 있습니다.

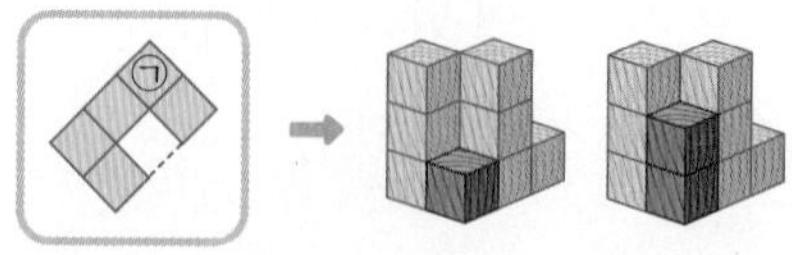

만들 수 있는 쌓기나무 모양은 2가지입니다.

76쪽～77쪽 문제 학습 ③

1 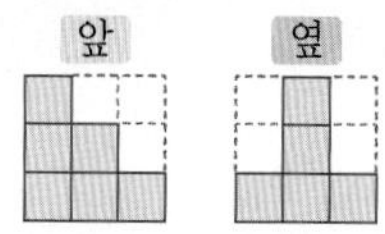

2 ( )(○)

3 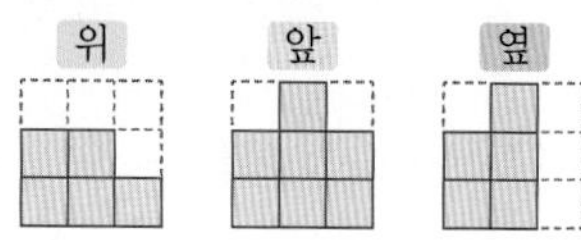

4 2개
5 ㉠, ㉡
6 나
7 7개
8 가, 다
9 지혜
10 ㉢
11 나

1 각 방향에서 보았을 때 각 줄의 가장 높은 층의 모양과 같게 그립니다.
• 앞에서 본 모양은 왼쪽부터 3층, 2층, 1층으로 그립니다.
• 옆에서 본 모양은 왼쪽부터 1층, 3층, 1층으로 그립니다.

2 앞에서 보면 왼쪽부터 1층, 2층으로 보이고, 옆에서 보면 왼쪽부터 2층, 1층, 1층으로 보이는 것은 오른쪽 모양입니다.

참고 왼쪽 모양을 앞에서 본 모양은  입니다.

3 보이는 부분에 쌓은 쌓기나무가 10개이므로 보이지 않는 부분에 숨겨진 쌓기나무가 없습니다.
• 위에서 본 모양은 1층에 쌓은 모양과 같게 그립니다.
• 앞에서 본 모양은 왼쪽부터 2층, 3층, 2층으로 그립니다.
• 옆에서 본 모양은 왼쪽부터 2층, 3층으로 그립니다.

4 

• 앞에서 본 모양을 보면 △ 부분은 쌓기나무가 2개, ○ 부분은 쌓기나무가 1개입니다.

• 옆에서 본 모양을 보면 ◇ 부분은 쌓기나무가 1개 입니다.
• 앞과 옆에서 본 모양을 보면 ♥ 부분은 쌓기나무가 2개입니다.

5 쌓기나무를 더 쌓아야 하는 곳은 ㉠과 ㉡입니다.

6 앞에서 본 모양은 각각 다음과 같습니다.

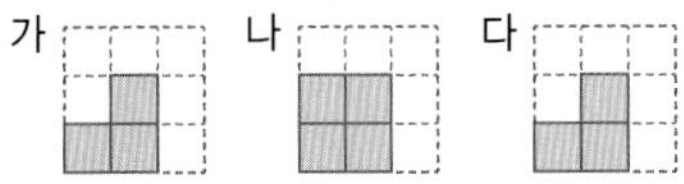

➡ 앞에서 본 모양이 다른 하나는 나입니다.

7 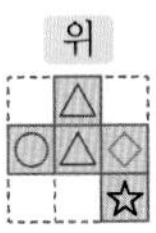

• 앞에서 본 모양을 보면 ○ 부분은 쌓기나무가 2개, △ 부분은 쌓기나무가 1개씩입니다.
• 옆에서 본 모양을 보면 ☆ 부분은 쌓기나무가 1개입니다.
• 앞과 옆에서 본 모양을 보면 ◇ 부분은 쌓기나무가 2개입니다.
➡ (쌓기나무의 개수)$=1+2+1+2+1=7$(개)

8 • 위와 앞에서 본 모양을 보면 쌓을 수 있는 모양은 가, 나, 다입니다.
• 옆에서 본 모양을 보면 쌓을 수 있는 모양은 가, 다입니다.
➡ 쌓을 수 있는 모양은 가, 다입니다.

참고 나 모양을 옆에서 본 모양은 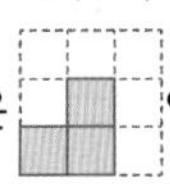 입니다.

9 • 강우가 만든 모양을 넣으려면 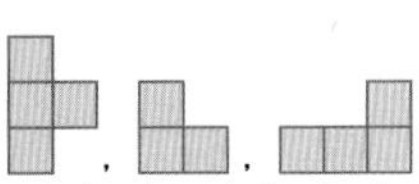 모양의 구멍이 필요하므로 ㉠에 넣을 수 없습니다.
• 지혜가 만든 모양을 넣으려면 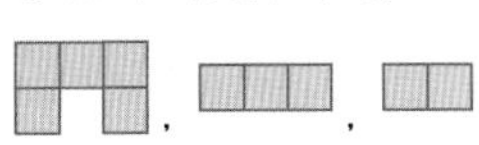 모양이 필요하므로 ㉠과 ㉡에 모두 넣을 수 있습니다.

10 • ㉠을 빼면 위, 옆에서 본 모양이 달라집니다.
• ㉡을 빼면 옆에서 본 모양이 달라집니다.
• ㉣을 빼면 앞에서 본 모양이 달라집니다.
➡ 빼낸 쌓기나무는 ㉢입니다.

11 위, 앞, 옆에서 본 모양을 보고 만들 수 있는 모양은 각각 다음과 같습니다.

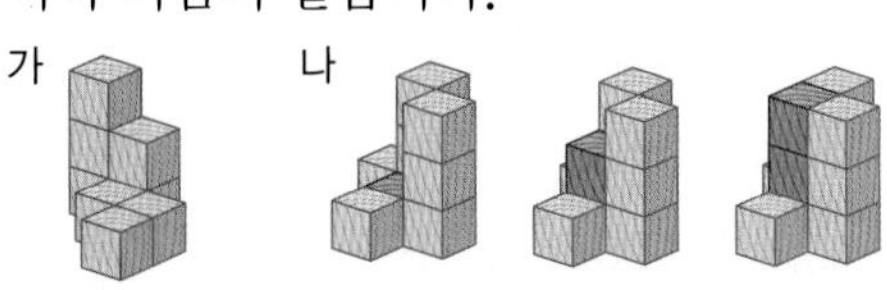

➡ 만들 수 있는 모양이 여러 가지인 것은 나입니다.

78쪽~79쪽 문제 학습 ❹

1 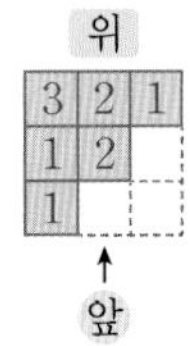

2 12개

3 앞, 옆

4 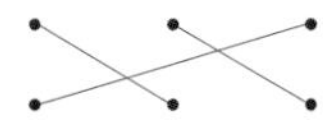

5 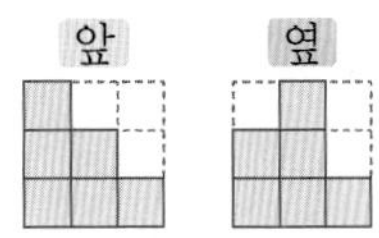

6 나

7 2, 1, 1, 3, 1 / 8개

8 준서

9 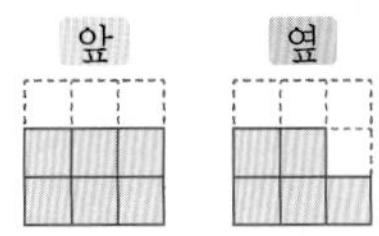

10 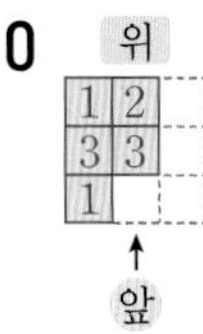

11 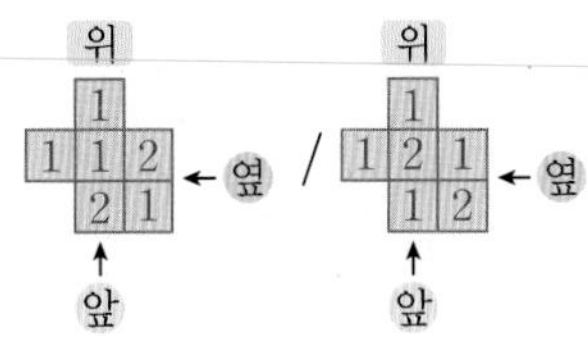

1 각 자리에 쌓인 쌓기나무의 개수를 세어 위에서 본 모양에 수를 씁니다.

2 각 자리에 쌓은 쌓기나무 개수를 모두 더합니다.
➡ (쌓기나무의 개수)
$=3+1+2+2+1+3=12$(개)

3 • 앞에서 보면 왼쪽부터 1층, 2층, 3층으로 보입니다.
• 옆에서 보면 왼쪽부터 2층, 2층, 3층으로 보입니다.

4 쌓기나무로 쌓은 세 모양은 위에서 본 모양이 서로 같습니다.
위에서 본 모양의 각 자리에 쌓인 쌓기나무의 개수를 세어서 비교합니다.

5 앞과 옆에서 본 모양은 각 줄에서 가장 높은 층만큼 그립니다.
• 앞에서 본 모양은 왼쪽부터 3층, 2층, 1층으로 그립니다.
• 옆에서 본 모양은 왼쪽부터 2층, 3층, 1층으로 그립니다.

6 앞에서 본 모양은 각각 다음과 같습니다.

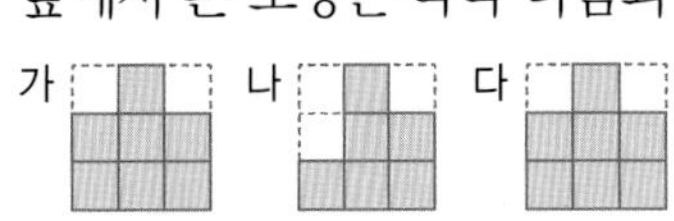

➡ 앞에서 본 모양이 다른 하나는 나입니다.

7 앞과 옆에서 본 모양을 보고 위에서 본 모양에 수를 쓰면 오른쪽과 같습니다.

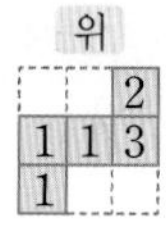

➡ (쌓기나무의 개수)
$=2+1+1+3+1=8$(개)

8 • (준서가 사용한 쌓기나무의 개수)
$=2+1+1+3+2+3=12$(개)
• (수민이가 사용한 쌓기나무의 개수)
$=3+2+2+3+1+2=13$(개)
➡ 12개 $<$ 13개이므로 쌓기나무를 더 적게 사용한 사람은 준서입니다.

9 (보이지 않는 부분의 쌓기나무의 개수)
$=10-(1+1+1+2+2+1)=2$(개)
➡ 앞에서 본 모양은 왼쪽부터 2층, 2층, 2층으로 그리고, 옆에서 본 모양은 왼쪽부터 2층, 2층, 1층으로 그립니다.

10 보이는 부분에 쌓은 쌓기나무가 9개이므로 보이지 않는 부분에 숨겨진 쌓기나무가 $10-9=1$(개) 있습니다.
각 자리에 맞게 수를 쓰고 오른쪽과 같이 ㉠ 부분에 숨겨진 쌓기나무 1개를 씁니다.

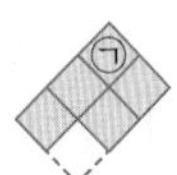

11 위에서 본 모양을 보면 1층에 쌓은 쌓기나무는 6개이므로 2층 이상에 쌓은 쌓기나무는 2개입니다. 1층에 쌓은 쌓기나무를 제외하고 남은 2개의 위치를 이동하면서 놓아 앞, 옆에서 본 모양이 서로 같은 두 모양을 만듭니다.

80쪽~81쪽 문제 학습 ⑤

1
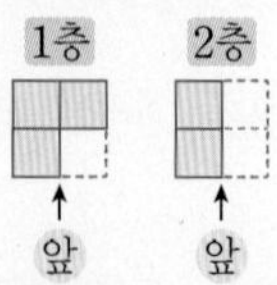

2
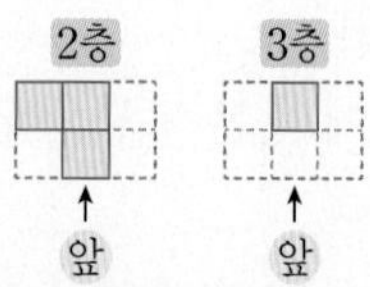

3 11개
4 ( )(○)( )
5 다
6 가
7
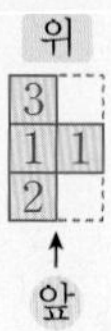

8
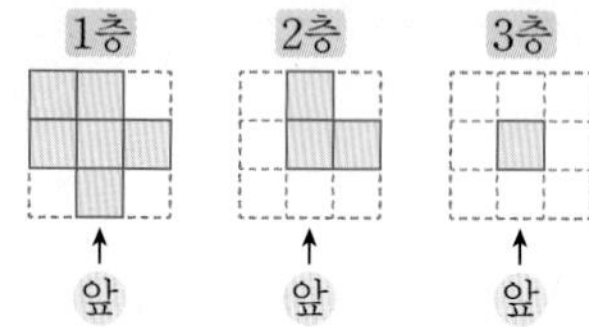

9
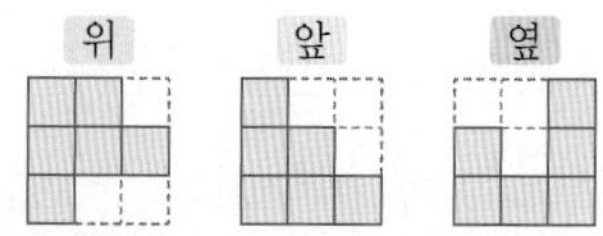

10
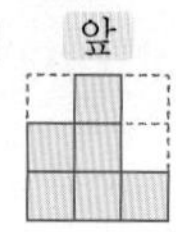

/ 10개

11 예
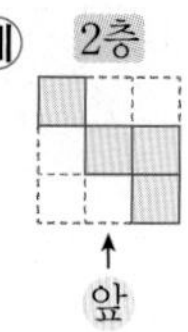

12 라, 다

1 쌓기나무 5개로 쌓은 모양이므로 보이지 않는 부분에 숨겨진 쌓기나무가 없습니다.
➡ 1층의 쌓기나무 3개와 2층의 쌓기나무 2개를 위치에 맞게 그립니다.

2 쌓은 모양과 1층 모양을 보면 보이지 않는 부분에 숨겨진 쌓기나무가 없습니다.
➡ 2층의 쌓기나무 3개와 3층의 쌓기나무 1개를 위치에 맞게 그립니다.

3 1층에 6개, 2층에 3개, 3층에 2개입니다.
➡ (쌓기나무의 개수)$=6+3+2=11$(개)

4
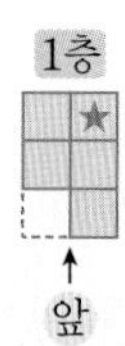

쌓기나무로 쌓은 모양을 층별로 나타낸 모양에서 1층의 ★ 부분은 쌓기나무가 3층까지 있고, 나머지 부분은 1층만 있습니다. 따라서 2층과 3층의 쌓기나무 1개는 1층 모양의 ★ 부분과 같은 위치에 나타내어야 합니다.
➡ 층별로 나타낸 모양이 잘못된 것은 2층 모양입니다.

5 1층 모양대로 쌓은 모양은 가와 다입니다.
가의 2층 모양이 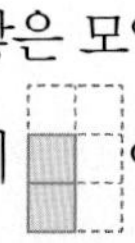 이므로 쌓은 모양은 다입니다.

6 2층 모양은 1층 위에 쌓아야 하므로 1층에 쌓기나무가 없는 곳에 쌓을 수 없습니다.
➡ 2층 모양이 될 수 있는 것은 가입니다.

7 위에서 본 모양은 1층의 모양과 같습니다.

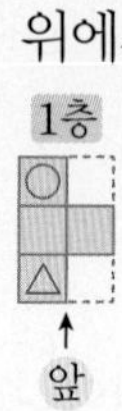

층별로 나타낸 모양에서 1층의 ○ 부분은 쌓기나무가 3층까지 있고, △ 부분은 쌓기나무가 2층까지 있고, 나머지 부분은 쌓기나무가 1층만 있습니다.

8 1층 모양은 위에서 본 모양과 같습니다.
■층 모양은 ■ 이상의 수가 쓰인 칸에 모두 색칠합니다.
(주의) 2층 모양을 나타낼 때 2가 적힌 칸만 색칠하지 않도록 주의합니다.

9 층별로 나타낸 모양을 보고 쌓은 모양을 나타내면 오른쪽과 같습니다.

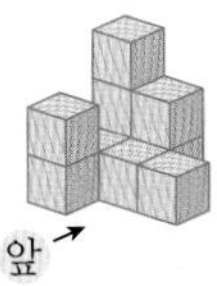

➡ 위에서 본 모양은 1층의 모양과 같게 그리고, 앞에서 본 모양은 왼쪽부터 3층, 2층, 1층으로 그리고, 옆에서 본 모양은 왼쪽부터 2층, 1층, 3층으로 그립니다.

10 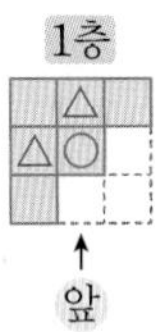

• 쌓기나무로 쌓은 모양을 층별로 나타낸 모양에서 1층의 ○ 부분은 쌓기나무가 3층까지 있고, △ 부분은 쌓기나무가 2층까지 있고, 나머지 부분은 쌓기나무가 1층만 있습니다.
• 앞에서 본 모양은 왼쪽부터 2층, 3층, 1층으로 그립니다.
➡ (쌓기나무의 개수)$=6+3+1=10$(개)

11 1층에 쌓기나무가 있는 곳에만 2층에 쌓기나무를 쌓을 수 있고, 3층에 쌓기나무를 쌓으려면 2층에 쌓기나무가 있어야 하므로

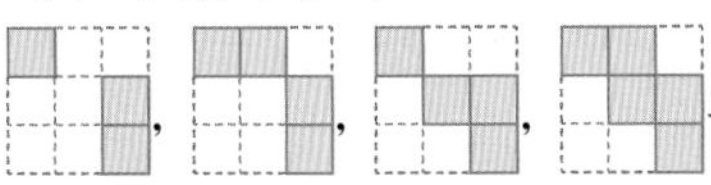

와 같은 모양이 가능합니다.

12 2층으로 가능한 모양은 나, 다, 라입니다.
2층 모양이 나 또는 다이면 3층으로 가능한 모양이 없습니다.
2층 모양이 라이면 3층 모양은 다입니다.
➡ 2층 모양은 라, 3층 모양은 다입니다.

82쪽~83쪽 문제 학습 ⑥

1 다 **2** 다
3 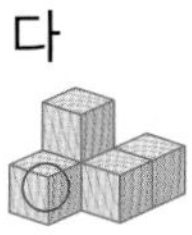 **4** 가, 나
5 가, 바 / 나, 마 / 다, 라
6 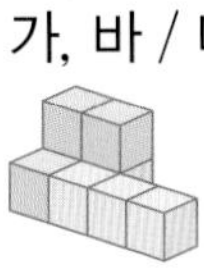 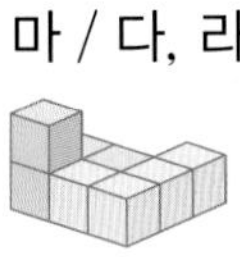

7 2가지 **8** 가 / 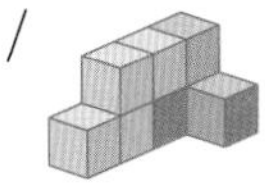
9 8가지 **10** 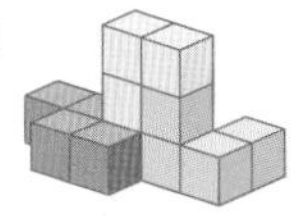
11 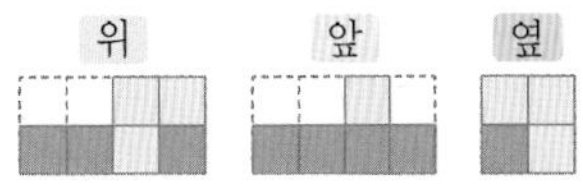

1 오른쪽 모양을 뒤집거나 돌려도 다는 만들 수 없으므로 같은 모양이 아닙니다.

2 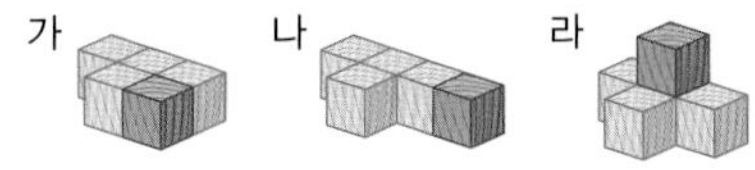

3 만든 모양에서 어느 쌓기나무 1개를 빼면 처음 쌓기나무 모양과 같아지는지 찾습니다.

4 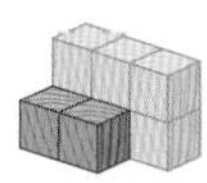 ➡ 사용한 두 가지 모양은 가와 나입니다.

5 모양을 뒤집거나 돌렸을 때 같은 모양이 되는 것끼리 짝 지어 씁니다.

7 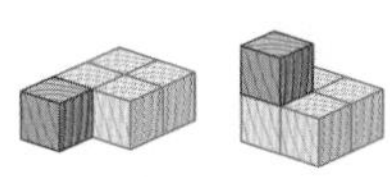 ➡ 2가지

9 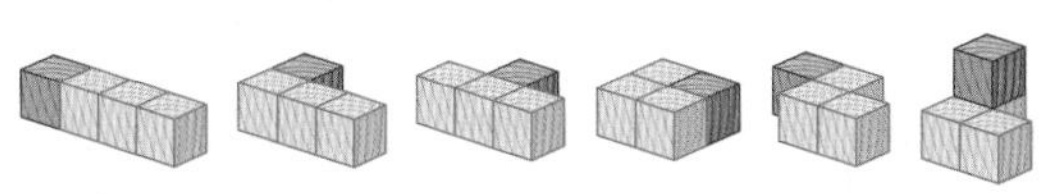
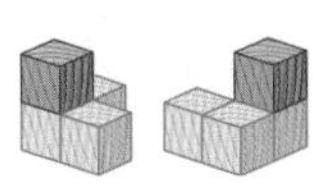 ➡ 8가지

11 어떻게 만들었는지 나타내면 다음과 같습니다.

84쪽 응용 학습 ①

1단계	9개	1·1	6개
2단계	5개	1·2	3개

1단계 1층에 5개, 2층에 3개, 3층에 1개이므로 똑같은 모양으로 쌓는 데 필요한 쌓기나무는 $5+3+1=9$(개)입니다.
2단계 $48\div9=5\cdots3$이므로 똑같은 모양으로 쌓는다면 모양을 5개까지 만들 수 있습니다.

1·1 1층에 6개, 2층에 2개, 3층에 2개이므로 똑같은 모양으로 쌓는 데 필요한 쌓기나무는
$6+2+2=10$(개)입니다.
➡ $62\div10=6\cdots2$이므로 똑같은 모양으로 쌓는다면 모양을 6개까지 만들 수 있습니다.

1·2 보이는 위의 면과 위에서 본 모양이 같으므로 보이지 않는 부분에 숨겨진 쌓기나무가 없습니다.
쌓기나무가 1층에 5개, 2층에 4개, 3층에 2개이므로 똑같은 모양으로 쌓는 데 필요한 쌓기나무는
$5+4+2=11$(개)입니다.
➡ $40\div11=3\cdots7$이므로 똑같은 모양으로 쌓는다면 모양을 3개까지 만들 수 있습니다.

85쪽 응용 학습 ❷

1단계
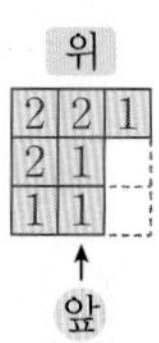

2단계
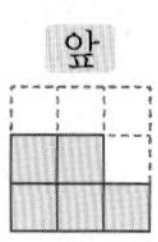

2·1
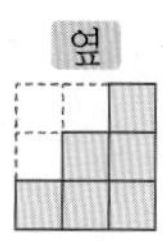

2·2
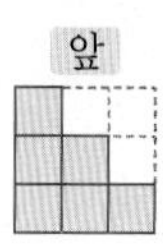

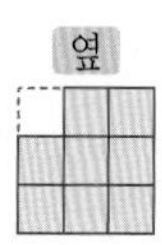

1단계 보이는 쌓기나무가 12개이므로 보이지 않는 부분에 숨겨진 쌓기나무가 없습니다.
숨겨진 쌓기나무가 없으므로 보이는 위의 면과 위에서 본 모양이 같습니다.

2단계 앞에서 본 모양은 왼쪽부터 2층, 2층, 1층으로 그립니다.

2·1 보이는 쌓기나무가 14개이므로 보이지 않는 부분에 숨겨진 쌓기나무가 없습니다.
색칠한 쌓기나무 3개를 빼냈을 때 쌓인 모양을 위에서 본 모양에 수를 쓰는 방법으로 나타내면 오른쪽과 같습니다.
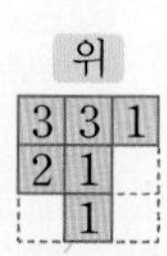

➡ 옆에서 본 모양은 왼쪽부터 1층, 2층, 3층으로 그립니다.

2·2 보이는 쌓기나무가 10개이므로 보이지 않는 부분에 숨겨진 쌓기나무가 없습니다.
㉠과 ㉡ 자리에 쌓기나무를 1개씩 더 쌓았을 때 쌓인 모양을 위에서 본 모양에 수를 쓰는 방법으로 나타내면 오른쪽과 같습니다.
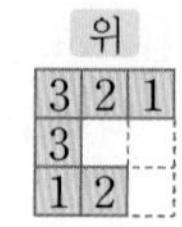

➡ 앞에서 본 모양은 왼쪽부터 3층, 2층, 1층으로 그리고, 옆에서 본 모양은 왼쪽부터 2층, 3층, 3층으로 그립니다.

86쪽 응용 학습 ❸

1단계 27개
2단계 8개
3단계 19개
3·1 47개
3·2 17개

1단계 가로, 세로, 높이에서 가장 많이 쌓인 쌓기나무가 3개이므로 한 모서리에 쌓기나무를 3개씩 쌓아 정육면체를 만듭니다.
➡ (가장 작은 정육면체 모양을 만드는 데 필요한 쌓기나무의 개수)$=3\times3\times3=27$(개)

2단계 쌓기나무가 1층에 5개, 2층에 2개, 3층에 1개이므로 쌓여 있는 쌓기나무는 $5+2+1=8$(개)입니다.

3단계 (더 필요한 쌓기나무의 개수)$=27-8=19$(개)

3·1 가로, 세로, 높이에서 가장 많이 쌓인 쌓기나무가 4개이므로 한 모서리에 쌓기나무를 4개씩 쌓아 정육면체를 만듭니다.
(가장 작은 정육면체 모양을 만드는 데 필요한 쌓기나무의 개수)$=4\times4\times4=64$(개)
쌓기나무가 1층에 7개, 2층에 6개, 3층에 3개, 4층에 1개이므로 쌓여 있는 쌓기나무는
$7+6+3+1=17$(개)입니다.
➡ (더 필요한 쌓기나무의 개수)$=64-17=47$(개)

3·2 가로, 세로, 높이에서 가장 많이 쌓인 쌓기나무가 3개이므로 한 모서리에 쌓기나무를 3개씩 쌓아 정육면체를 만듭니다.
(가장 작은 정육면체 모양을 만드는 데 필요한 쌓기나무의 개수)$=3\times3\times3=27$(개)
위에서 본 모양에 쌓기나무의 개수를 쓰면 오른쪽과 같으므로 쌓여 있는 쌓기나무는
$2+3+1+3+1=10$(개)입니다.
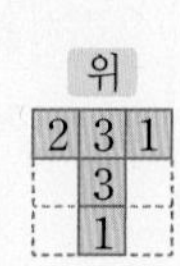

➡ (더 필요한 쌓기나무의 개수)$=27-10=17$(개)

87쪽 응용 학습 ❹

1단계 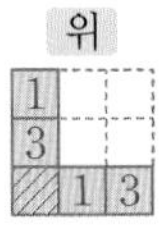

2단계 3개

3단계 11개

4·1 9개

4·2 2개

1단계 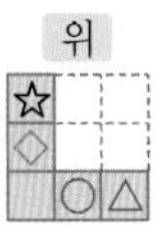

• 앞에서 본 모양을 보면 ○ 부분은 쌓기나무가 1개, △ 부분은 쌓기나무가 3개입니다.

• 옆에서 본 모양을 보면 ◇ 부분은 쌓기나무가 3개, ☆ 부분은 쌓기나무가 1개입니다.

2단계 수를 쓰지 않은 자리에 쌓을 수 있는 쌓기나무는 1개, 2개, 3개이고 이 중 쌓기나무를 가장 많이 사용하려면 3개를 쌓아야 합니다.

3단계 (쌓기나무의 개수)$=1+3+3+1+3=11$(개)

4·1 위에서 본 모양에 확실한 쌓기나무의 개수를 쓰면 다음과 같습니다.

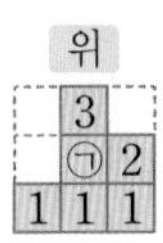

㉠ 부분에 쌓을 수 있는 쌓기나무는 1개, 2개이고 이 중 쌓기나무를 가장 적게 사용하려면 1개를 쌓아야 합니다.

➡ (쌓기나무의 개수)

$=3+1+2+1+1+1=9$(개)

4·2 쌓기나무를 다음과 같이 쌓을 수 있습니다.

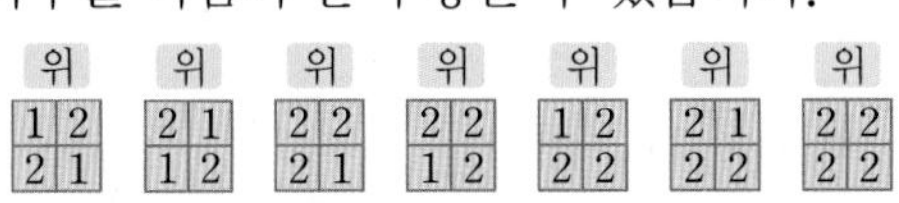

쌓기나무를 가장 많이 사용할 때는 8개이고, 가장 적게 사용할 때는 6개입니다.

➡ (쌓기나무의 개수의 차)$=8-6=2$(개)

88쪽 응용 학습 ❺

1단계 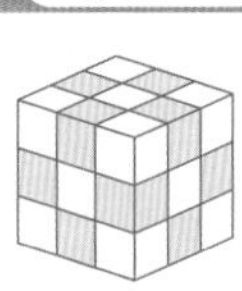

2단계 12개

5·1 8개

5·2 24개

2단계 두 면이 색칠된 쌓기나무는 각 모서리에 1개씩 있고, 정육면체의 모서리는 12개이므로 두 면이 색칠된 쌓기나무는 12개입니다.

5·1 세 면이 색칠된 쌓기나무를 찾아 색칠하면 다음과 같습니다.

➡ 세 면이 색칠된 쌓기나무는 꼭짓점에 1개씩 있고, 정육면체의 꼭짓점은 8개이므로 세 면이 색칠된 쌓기나무는 8개입니다.

5·2 한 면이 색칠된 쌓기나무를 찾아 색칠하면 다음과 같습니다.

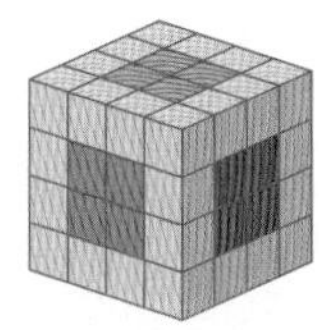

➡ 한 면이 색칠된 쌓기나무는 각 면에 4개씩 있고, 정육면체의 면은 6개이므로 한 면이 색칠된 쌓기나무는 $4\times6=24$(개)입니다.

89쪽 응용 학습 ❻

1단계 7, 7, 6

2단계 $1\,cm^2$

3단계 $40\,cm^2$

6·1 $38\,cm^2$

6·2 $44\,cm^2$

1단계 보이는 쌓기나무가 13개이므로 보이지 않는 부분에 숨겨진 쌓기나무가 없습니다.

2단계 (쌓기나무 한 면의 넓이)$=1\times1=1\,(cm^2)$

3단계 (쌓은 모양의 겉넓이)$=(7+7+6)\times2=40\,(cm^2)$

6·1 보이는 쌓기나무가 11개이므로 보이지 않는 부분에 숨겨진 쌓기나무가 없습니다.

쌓은 모양을 위, 앞, 옆에서 보면 보이는 면은 각각 6개, 7개, 6개입니다.

(쌓기나무 한 면의 넓이)$=1\times1=1\,(cm^2)$

➡ (쌓은 모양의 겉넓이)

$=(6+7+6)\times2=38\,(cm^2)$

6·2 보이는 쌓기나무가 12개이므로 보이지 않는 부분에 숨겨진 쌓기나무가 없습니다.
쌓은 모양을 위, 앞, 옆에서 보면 보이는 면은 각각 6개, 8개, 7개이고 어느 방향에서도 보이지 않는 면은 2개입니다.

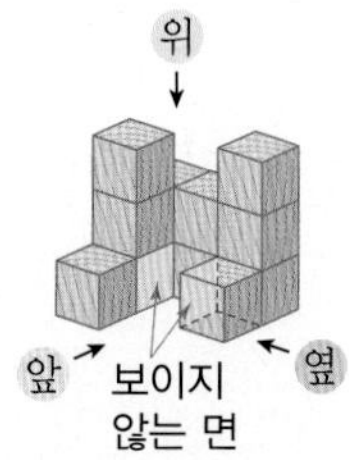

(쌓기나무 한 면의 넓이)
$=1\times1=1\,(cm^2)$
➡ (쌓은 모양의 겉넓이)
$=(6+8+7)\times2+2=44\,(cm^2)$

90쪽 교과서 통합 핵심 개념

1 나, 가
2 (왼쪽 단부터) 2, 1, 7 / 2, 1, 5 /

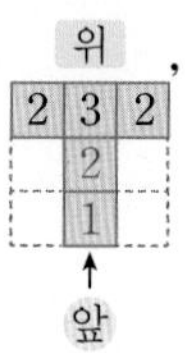

, 2, 1, 10 / 3, 1, 8
3 나, 다

91쪽~93쪽 단원 평가

1

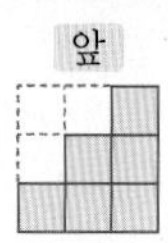

2

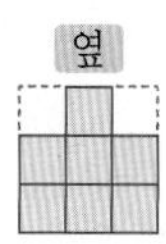

3

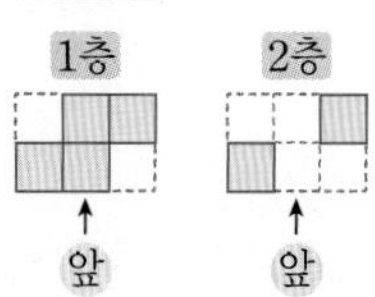

4 6개
5 다
6 (×) (   )
7

8 12개
9

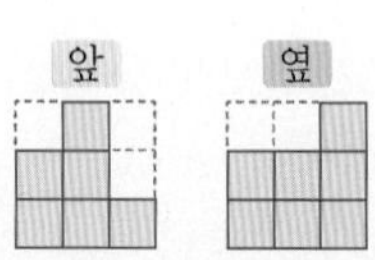

10 예 보이지 않는 부분에 숨겨진 쌓기나무가 있을 수 있기 때문입니다.
11 나
12 8개
13

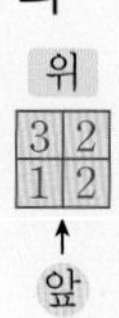

14 4개
15

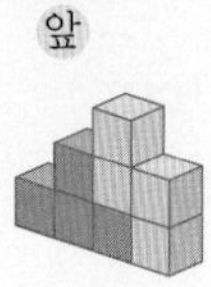

16 ❶ 앞과 옆에서 본 모양을 보고 위에서 본 모양에 수를 쓰면 오른쪽과 같습니다.

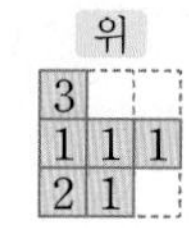

❷ 따라서 똑같은 모양으로 쌓는 데 필요한 쌓기나무는 $3+1+1+1+2+1=9$(개)입니다.
답 9개

17 나
18 ❶ 쌓기나무가 1층에 5개, 2층에 3개, 3층에 1개이므로 모양 1개를 만들 때 필요한 쌓기나무는 $5+3+1=9$(개)입니다.
❷ (남은 쌓기나무의 개수)$=22-9\times2=22-18=4$(개)
답 4개

19

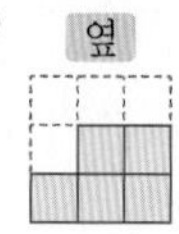

20 13개

1 앞에서 본 모양은 왼쪽부터 1층, 2층, 3층으로 그립니다.

2 옆에서 본 모양은 왼쪽부터 2층, 3층, 2층으로 그립니다.

3 • 1층 모양은 위에서 본 모양과 같게 그립니다.
• 2층의 쌓기나무 2개를 위치에 맞게 그립니다.

4 1층에 4개, 2층에 2개입니다.
➡ (쌓기나무의 개수)$=4+2=6$(개)

5 노란색 상자가 왼쪽, 분홍색 상자가 가운데, 초록색 상자가 오른쪽에 보이므로 다 방향에서 찍은 사진입니다.

6 오른쪽 사진은 노란색 상자가 왼쪽, 초록색 상자가 가운데, 분홍색 상자가 오른쪽에 보이므로 라 방향에서 찍은 사진입니다.

8 보이는 위의 면과 위에서 본 모양이 같으므로 보이지 않는 부분에 숨겨진 쌓기나무가 없습니다.
쌓기나무가 1층에 7개, 2층에 4개, 3층에 1개입니다.
➡ (쌓기나무의 개수)$=7+4+1=12$(개)

9 • 앞에서 본 모양은 왼쪽부터 2층, 3층, 1층으로 그립니다.
• 옆에서 본 모양은 왼쪽부터 2층, 2층, 3층으로 그립니다.

10

채점 기준	위에서 본 모양이 다른 이유를 알맞게 쓴 경우	5점

[채점 기준] '보이지 않는 부분에 숨겨진 쌓기나무가 있을 수 있다.'라는 표현이 있으면 정답으로 인정합니다.

11 가  다 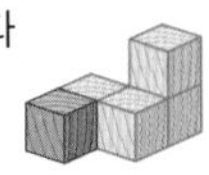

12 쌓기나무가 1층에 4개, 2층에 3개, 3층에 1개입니다.
➡ (쌓기나무의 개수)$=4+3+1=8$(개)

13 쌓은 모양을 위에서 본 모양은 1층의 모양과 같습니다.

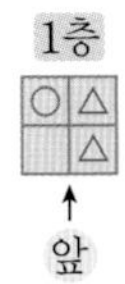

층별로 나타낸 모양에서 1층의 ○ 부분은 쌓기나무가 3층까지 있고, △ 부분은 쌓기나무가 2층까지 있고, 나머지 부분은 쌓기나무가 1층만 있습니다.

14 위에서 본 모양에 쓴 수가 2 이상이면 2층에 쌓기나무가 쌓인 것입니다.
2 이상인 수가 쓰인 자리는 4곳이므로 2층에 쌓은 쌓기나무는 4개입니다.

16

채점 기준			
	❶ 위에서 본 모양의 각 자리에 쌓인 쌓기나무의 개수를 구한 경우	3점	5점
	❷ 필요한 쌓기나무의 개수를 구한 경우	2점	

17 옆에서 본 모양은 각각 다음과 같습니다.

가 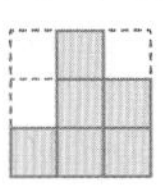 나 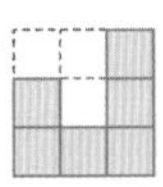 다 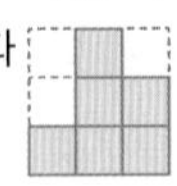

➡ 옆에서 본 모양이 다른 하나는 나입니다.

18

채점 기준			
	❶ 모양 1개를 만들 때 필요한 쌓기나무의 개수를 구한 경우	3점	5점
	❷ 남은 쌓기나무의 개수를 구한 경우	2점	

19 보이는 쌓기나무가 10개이므로 보이지 않는 부분에 숨겨진 쌓기나무가 없습니다.
색칠한 쌓기나무 2개를 빼냈을 때 쌓인 모양을 위에서 본 모양에 수를 쓰는 방법으로 나타내면 오른쪽과 같습니다.

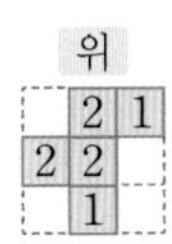

➡ 옆에서 본 모양은 왼쪽부터 1층, 2층, 2층으로 그립니다.

20 위에서 본 모양에 확실한 쌓기나무의 개수를 쓰면 다음과 같습니다.

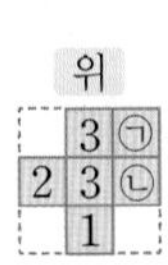

㉠과 ㉡ 부분에는 쌓기나무가 가장 많을 때 2개씩 쌓을 수 있습니다.
➡ (쌓기나무의 개수)
$=3+2+2+3+2+1=13$(개)

❹ 비례식과 비례배분

96쪽 개념 학습 ❶

1 (1) 4, 14 (2) 4, 3
2 (위에서부터) (1) 10, 7 (2) 8, 28 (3) 4, 4

2 비의 전항과 후항에 0이 아닌 같은 수를 곱하거나 전항과 후항을 0이 아닌 같은 수로 나누어도 비율은 같습니다.

97쪽 개념 학습 ❷

1 (1) ○ (2) × (3) × (4) ○ (5) × (6) ○
2 (1) 2, 18 / 9, 4 (2) 24, 4 / 16, 6
(3) 5, 12 / 4, 15 (4) 20, 3 / 30, 2

1 비율이 같은 두 비를 기호 '='를 사용하여 나타낸 식을 비례식이라고 합니다.

2 비례식에서 바깥쪽에 있는 두 항을 외항, 안쪽에 있는 두 항을 내항이라고 합니다.

98쪽 개념 학습 ❸

1 (1) 24, 240, 30, 240 / 같습니다
(2) 45, 180, 20, 180 / 외항, 내항
2 (1) 4, 12, 6 (2) 18, 90, 45 (3) 9, 63, 3

99쪽 개념 학습 ❹

1 (1) 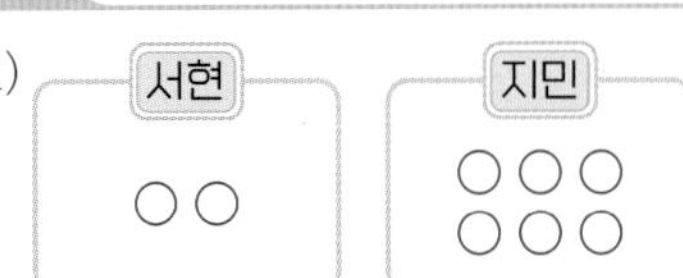

/ 2, 6

(2) 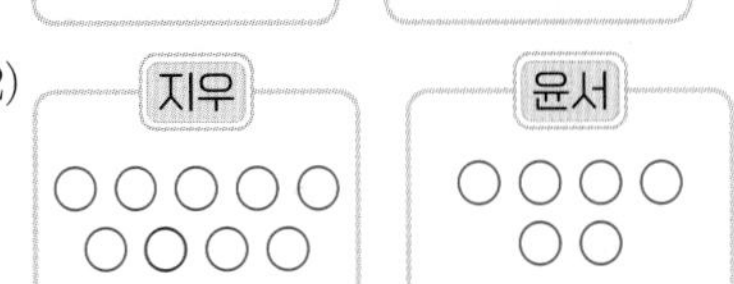

/ 9, 6

2 (1) 3, $\frac{5}{8}$, 60 / 3, $\frac{3}{8}$, 36
(2) 4, $\frac{4}{5}$, 160 / 4, $\frac{1}{5}$, 40

1 (1) 사과 8개를 $1:3$으로 나누면 2개와 6개로 나눌 수 있습니다.
(2) 조개 15개를 $3:2$로 나누면 9개와 6개로 나눌 수 있습니다.

100쪽~101쪽 문제 학습 ①

1 ( )(○)( ) 2 (위에서부터) 12, 4
3 ①, ③ 4 $15:10$
5 (1) 예 $9:13$ (2) 예 $20:27$
6

7 예 후항의 분수를 소수로 바꾸면 $1\frac{1}{2}=1.5$입니다.
$0.2:1.5$의 전항과 후항에 10을 곱하면 $2:15$가 됩니다.
8 예 $40:140$, $2:7$ 9 ㉢
10 가 / 예 가의 가로와 세로의 비 $18:12$의 전항과 후항을 6으로 나누면 $3:2$가 되기 때문입니다.
11 40 12 예 $9:14$
13 예 $3:2$

1 기호 '$:$'의 앞에 있는 수가 4인 비를 찾으면 $4:13$입니다.

3 $10:4$의 전항과 후항에 0이 아닌 같은 수를 곱하거나 전항과 후항을 0이 아닌 같은 수로 나누어도 비율은 같습니다.

5 (1) $0.9:1.3$의 전항과 후항에 10을 곱하면 $9:13$이 됩니다.
(2) $\frac{4}{9}:\frac{3}{5}$의 전항과 후항에 두 분모의 최소공배수인 45를 곱하면 $20:27$이 됩니다.

6 • $6:5$는 전항과 후항에 20을 곱한 $120:100$과 비율이 같습니다.
• $16:6$은 전항과 후항을 2로 나눈 $8:3$과 비율이 같습니다.
• $9:12$는 전항과 후항에 5를 곱한 $45:60$과 비율이 같습니다.

8 $20:70$의 전항과 후항에 0이 아닌 같은 수를 곱하거나 전항과 후항을 0이 아닌 같은 수로 나누어 비율이 같은 비를 찾습니다.

9 ㉠ $4:\frac{1}{5}$의 전항과 후항에 5를 곱하면 $20:1$이 됩니다.
㉡ $25:70$의 전항과 후항을 5로 나누면 $5:14$가 됩니다.
㉢ $10:6.2$의 전항과 후항에 10을 곱하면 $100:62$가 되고 $100:62$의 전항과 후항을 2로 나누면 $50:31$이 됩니다.

10 참고 나의 가로와 세로의 비 $10:8$의 전항과 후항을 2로 나누면 $5:4$가 됩니다.
[평가 기준] 이유에서 '전항과 후항을 6으로 나누면 $3:2$가 된다.'는 표현이 있으면 정답으로 인정합니다.

11 $10\div2=5$이므로 $2:8$의 전항에 5를 곱한 것입니다. 따라서 후항에도 5를 곱해야 비율이 같습니다.
➡ $2:8$은 전항과 후항에 5를 곱한 $10:40$과 비율이 같으므로 ♣에 알맞은 수는 40입니다.

12 $\frac{2}{7}:\frac{4}{9}$의 전항과 후항에 두 분모의 최소공배수인 63을 곱하면 $18:28$이 됩니다. $18:28$의 전항과 후항을 두 수의 최대공약수인 2로 나누면 $9:14$가 됩니다.

13 (높이)$=294\div21=14$ (cm)
평행사변형의 밑변의 길이와 높이의 비는 $21:14$이므로 전항과 후항을 7로 나누면 $3:2$가 됩니다.

102쪽~103쪽 문제 학습 ②

1 $2:5=10:25$ 2 12, 15, 12, 15, 3
3 22 4 5, 15
5 태우 6 ㉠, ㉤
7 $2:5=8:20$ (또는 $8:20=2:5$)
8 예 $4:8$의 비율은 $\frac{4}{8}=\frac{1}{2}$이고, $1:3$의 비율은 $\frac{1}{3}$이므로 두 비의 비율이 다르기 때문입니다.
9

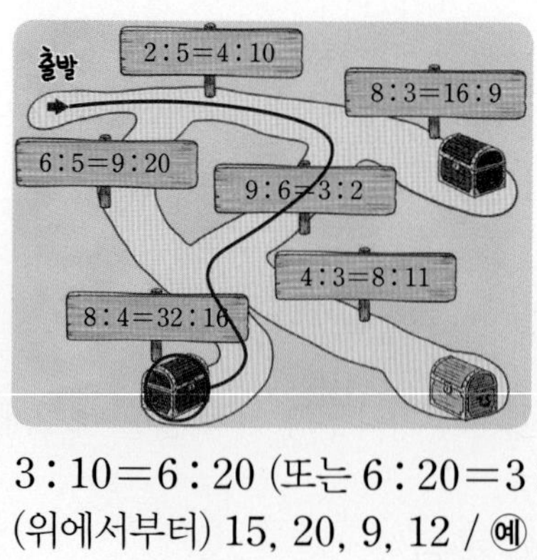

10 $3:10=6:20$ (또는 $6:20=3:10$)
11 (위에서부터) 15, 20, 9, 12 / 예 $1:5=4:20$
12 12, 4, 6

1 비율이 같은 두 비를 기호 '='를 사용하여 나타낸 식을 비례식이라고 합니다.

3 $3:11=6:22$ ➡ 외항이면서 후항인 수는 22입니다.
(외항: 3, 22 / 후항: 11, 22)

4 보기 의 비의 비율을 구합니다.
• $6:20$ ➡ $\frac{6}{20}=\frac{3}{10}$ • $16:24$ ➡ $\frac{16}{24}=\frac{2}{3}$
• $5:15$ ➡ $\frac{5}{15}=\frac{1}{3}$
$1:3$의 비율은 $\frac{1}{3}$이므로 $1:3=5:15$입니다.

5 비례식 $9:6=27:18$에서 외항은 9와 18이고, 내항은 6과 27입니다. 따라서 잘못 말한 사람은 태우입니다.

7 각 비의 비율을 구합니다.
• $2:5 \rightarrow \frac{2}{5}$ • $10:15 \rightarrow \frac{10}{15}=\frac{2}{3}$
• $8:20 \rightarrow \frac{8}{20}=\frac{2}{5}$
➡ $2:5$와 $8:20$의 비율이 같으므로 비례식을 세우면 $2:5=8:20$ 또는 $8:20=2:5$입니다.

8 **[평가 기준]** '두 비의 비율이 다르다.'라는 표현이 있으면 정답으로 인정합니다.

9 두 비의 비율이 같은 비례식을 찾습니다.
• $2:5$의 비율 $\rightarrow \frac{2}{5}$, $4:10$의 비율 $\rightarrow \frac{4}{10}=\frac{2}{5}$
• $9:6$의 비율 $\rightarrow \frac{9}{6}=\frac{3}{2}$, $3:2$의 비율 $\rightarrow \frac{3}{2}$
• $8:4$의 비율 $\rightarrow \frac{8}{4}=2$, $32:16$의 비율 $\rightarrow \frac{32}{16}=2$
비례식이 바르게 적힌 것을 찾으면 $2:5=4:10$, $9:6=3:2$, $8:4=32:16$입니다.

10 • 비율이 $\frac{3}{10}$인 비 $\rightarrow 3:10$
• 비율이 $\frac{6}{20}$인 비 $\rightarrow 6:20$
➡ $3:10=6:20$

참고 (비율)$=\frac{(\text{비교하는 양})}{(\text{기준량})}$이므로 비율 $\frac{▲}{■}$를 비로 나타내면 ▲ : ■입니다.

11 **[평가 기준]** (상자 수) : (팥빵 수), (상자 수) : (크림빵 수), (상자 수) : (팥빵과 크림빵 수의 합) 등의 비를 이용하여 비례식을 바르게 세웠으면 정답으로 인정합니다.

12 $8:㉠=㉡:㉢$
• $8:㉠$의 비율이 $\frac{2}{3}$이므로 $\frac{8}{㉠}=\frac{2}{3}=\frac{8}{12}$에서 ㉠$=12$입니다.
• $8:12=㉡:㉢$에서 외항의 곱 $8\times㉢=48$이므로 ㉢$=6$입니다.
• $㉡:6$의 비율이 $\frac{2}{3}$이므로 $\frac{㉡}{6}=\frac{2}{3}=\frac{4}{6}$에서 ㉡$=4$입니다.

104쪽~105쪽 문제 학습 ③

1	$21:7=3:1$	2	(1) 4 (2) 25
3	80	4	예 $6:30=\square:170$
5	34분	6	4
7	$\frac{1}{3}$	8	㉢
9	6컵	10	32분
11	예 $3:7500=\square:20000$, 8개		
12	5	13	$480\,cm^2$

1 외항의 곱과 내항의 곱이 같은지 확인합니다.
• $4:5=12:14$ ➡ $4\times14=56$, $5\times12=60$
• $21:7=3:1$ ➡ $21\times1=21$, $7\times3=21$
• $16:10=8:2$ ➡ $16\times2=32$, $10\times8=80$

2 비례식에서 외항의 곱과 내항의 곱은 같습니다.
(1) $35\times\square=20\times7$, $35\times\square=140$, $\square=4$
(2) $5\times45=9\times\square$, $9\times\square=225$, $\square=25$

3 비례식에서 외항의 곱과 내항의 곱은 같으므로 $8\times●=5\times16=80$입니다.

4 걸린 시간과 이동한 거리의 비는 $6:30$이므로 기차가 170 km를 가는 데 걸리는 시간을 □분이라 하면 $6:30=\square:170$으로 비례식을 세울 수 있습니다.

5 $6:30=\square:170$
➡ $6\times170=30\times\square$, $30\times\square=1020$, $\square=34$

6 ㉠$\times$㉡$=\square\times9$이고 ㉠$\times$㉡$=36$이므로 $\square\times9=36$, $\square=4$입니다.

7 (내항의 곱)$=15\times\frac{2}{5}=6$
➡ (외항의 곱)$=18\times■=6$,
$■=6\div18=\frac{6}{18}=\frac{1}{3}$

BOOK 1 개념북 4단원

8 ㉠ $35\times8=20\times\square$, $20\times\square=280$, $\square=14$

㉡ $\frac{2}{3}\times\square=\frac{1}{6}\times36$, $\frac{2}{3}\times\square=6$, $\square=9$

㉢ $10\times\frac{1}{5}=\square\times\frac{1}{8}$, $\square\times\frac{1}{8}=2$, $\square=16$

➡ ㉢ 16 > ㉠ 14 > ㉡ 9

9 넣어야 할 잡곡을 □컵이라 하고 비례식을 세우면 7 : 3=14 : □입니다.

➡ $7\times\square=3\times14$, $7\times\square=42$, $\square=6$

10 물을 받아야 하는 시간을 □분이라 하고 비례식을 세우면 2 : 15=□ : 240입니다.

➡ $2\times240=15\times\square$, $15\times\square=480$, $\square=32$

11 살 수 있는 사과의 수를 □개라 하고 비례식을 세우면 3 : 7500=□ : 20000입니다.

➡ $3\times20000=7500\times\square$, $7500\times\square=60000$, $\square=8$

12 • 3 : 7=♥ : 35에서 3×35=7×♥, 7×♥=105, ♥=15입니다.

• ♥ : 42=㉠ : 14이므로 15 : 42=㉠ : 14에서 15×14=42×㉠, 42×㉠=210, ㉠=5입니다.

13 두건의 높이를 □cm라 하고 비례식을 세우면 5 : 3=40 : □에서 $5\times\square=3\times40$, $5\times\square=120$, □=24입니다.

➡ (두건의 넓이)=$40\times24\div2=480\,(cm^2)$

106쪽~107쪽 문제 학습 4

1 5, $\frac{5}{7}$ / 2, $\frac{2}{7}$
2 $\frac{5}{7}$, 5000 / $\frac{2}{7}$, 2000
3 ( )(×)( )
4 28장, 21장
5 지혜
6 25포기, 30포기
7 90 cm
8 10시간
9 ㅅ, ㅓ, ㄴ, ㅁ, ㅜ, ㄹ / 선물
10 12 cm
11 480 mL, 320 mL
12 27장

3 60을 3 : 7로 비례배분하면

• $60\times\frac{3}{3+7}=60\times\frac{3}{10}$

• $60\times\frac{7}{3+7}=60\times\frac{7}{10}$로 나누어집니다.

4 • 하은: $49\times\frac{4}{4+3}=49\times\frac{4}{7}=28$(장)

• 민준: $49\times\frac{3}{4+3}=49\times\frac{3}{7}=21$(장)

5 여학생 수는 전체의 $\frac{2}{3+2}$이므로 $150\times\frac{2}{5}=60$(명)입니다.

➡ 여학생 수를 잘못 구한 사람은 지혜입니다.

6 (혜미네 가족 수) : (준이네 가족 수)=5 : 6

• 혜미네 가족: $55\times\frac{5}{5+6}=55\times\frac{5}{11}=25$(포기)

• 준이네 가족: $55\times\frac{6}{5+6}=55\times\frac{6}{11}=30$(포기)

7 • $270\times\frac{3}{3+6}=270\times\frac{3}{9}=90\,(cm)$

• $270\times\frac{6}{3+6}=270\times\frac{6}{9}=180\,(cm)$

➡ 짧은 리본의 길이는 90 cm입니다.

8 하루는 24시간입니다.

➡ (밤의 길이)=$24\times\frac{5}{7+5}=24\times\frac{5}{12}=10$(시간)

9 ㅅ: $52\times\frac{8}{13}=32$ ㅜ: $52\times\frac{5}{13}=20$

ㅁ: $130\times\frac{7}{10}=91$ ㄹ: $130\times\frac{3}{10}=39$

ㅓ: $440\times\frac{2}{11}=80$ ㄴ: $440\times\frac{9}{11}=360$

10 (가로)+(세로)=$68\div2=34\,(cm)$

➡ (가로)=$34\times\frac{6}{6+11}=34\times\frac{6}{17}=12\,(cm)$

11 $\frac{1}{2}:\frac{1}{3}$의 전항과 후항에 6을 곱하여 간단한 자연수의 비로 나타내면 3 : 2이므로 주스 800 mL를 3 : 2로 나눕니다.

• 가 컵: $800\times\frac{3}{3+2}=800\times\frac{3}{5}=480\,(mL)$

• 나 컵: $800\times\frac{2}{3+2}=800\times\frac{2}{5}=320\,(mL)$

참고 비가 분수나 소수로 나타나 있을 때에는 간단한 자연수의 비로 나타낸 다음 비례배분합니다.

12 세호가 가진 카드 수가 동생이 가진 카드 수의 3배이므로 세호와 동생이 가진 카드 수의 비는 3 : 1입니다.

➡ (세호가 가진 카드의 수)

$=36\times\frac{3}{3+1}=36\times\frac{3}{4}=27$(장)

108쪽 응용 학습 ①

1단계	4, 12 / 8, 6	1·1	예 3 : 8=9 : 24
2단계	예 4 : 8=6 : 12	1·2	예 3 : 6=7 : 14, 예 3 : 6=9 : 18

1단계 $4\times12=48$, $8\times6=48$

2단계 4와 12를 외항(또는 내항), 8과 6을 내항(또는 외항)에 각각 놓아 비례식을 세웁니다.
4 : 8=6 : 12, 4 : 6=8 : 12, 8 : 4=12 : 6, 6 : 4=12 : 8 등

1·1 두 수의 곱이 같은 카드를 찾으면
$3\times24=72$, $8\times9=72$입니다.
3과 24를 외항(또는 내항), 8과 9를 내항(또는 외항)에 각각 놓아 비례식을 세웁니다.
➡ 3 : 8=9 : 24, 3 : 9=8 : 24, 8 : 3=24 : 9, 9 : 3=24 : 8 등

1·2 두 수의 곱이 같은 카드를 모두 찾아 외항의 곱과 내항의 곱이 같도록 비례식을 세웁니다.
- $3\times14=42$, $6\times7=42$
  ➡ 3 : 6=7 : 14, 14 : 6=7 : 3, ...
- $3\times18=54$, $6\times9=54$
  ➡ 3 : 6=9 : 18, 9 : 3=18 : 6, ...
- $7\times18=126$, $9\times14=126$
  ➡ 7 : 9=14 : 18, 14 : 18=7 : 9, ...

참고 ●×▲=■×♠에서 ●, ▲를 외항(또는 내항), ■, ♠를 내항(또는 외항)에 각각 놓아 비례식을 세울 수 있습니다.

109쪽 응용 학습 ②

1단계	예 11 : 12	2·1	272 cm²
2단계	330 cm²	2·2	104 cm²

1단계 평행사변형 가와 나의 높이가 같으므로 가와 나의 넓이의 비는 밑변의 길이의 비와 같은 22 : 24이고, 전항과 후항을 2로 나누면 11 : 12가 됩니다.

2단계 (가의 넓이)$=690\times\frac{11}{11+12}=690\times\frac{11}{23}$
$=330\,(\text{cm}^2)$

2·1 직사각형 가와 나의 세로가 같으므로 가와 나의 넓이의 비는 가로의 비와 같은 28 : 16이고, 전항과 후항을 4로 나누면 7 : 4가 됩니다.
➡ (나의 넓이)$=748\times\frac{4}{7+4}$
$=748\times\frac{4}{11}=272\,(\text{cm}^2)$

2·2 사다리꼴과 삼각형의 높이가 같으므로 높이를 □cm라 하면
(사다리꼴의 넓이) : (삼각형의 넓이)
$=(\underbrace{(11+15)}_{26}\times\square\div2) : (13\times\square\div2)$입니다.
전항과 후항을 □로 나누고, 전항과 후항에 2를 곱하면 26 : 13입니다.
26 : 13의 전항과 후항을 13으로 나누어 간단한 자연수의 비로 나타내면 2 : 1입니다.
➡ (사다리꼴의 넓이)$=156\times\frac{2}{2+1}$
$=156\times\frac{2}{3}=104\,(\text{cm}^2)$

110쪽 응용 학습 ③

1단계	$\frac{1}{5}$, $\frac{1}{4}$, $\frac{1}{4}$, $\frac{1}{5}$	3·1	예 14 : 5
2단계	예 5 : 4	3·2	예 3 : 4

1단계 가$\times\frac{1}{5}$=나$\times\frac{1}{4}$이므로 비례식에서 외항의 곱과 내항의 곱이 같다는 성질을 이용하여 비례식으로 나타내면 가 : 나$=\frac{1}{4}:\frac{1}{5}$입니다.

2단계 $\frac{1}{4}:\frac{1}{5}$의 전항과 후항에 두 분모의 최소공배수인 20을 곱하면 5 : 4가 됩니다.

3·1 가$\times\frac{1}{7}$=나$\times\frac{2}{5}$이므로 비례식에서 외항의 곱과 내항의 곱이 같다는 성질을 이용하여 비례식으로 나타내면 가 : 나$=\frac{2}{5}:\frac{1}{7}$입니다. $\frac{2}{5}:\frac{1}{7}$의 전항과 후항에 두 분모의 최소공배수인 35를 곱하면 14 : 5입니다.

3·2 가$\times\frac{4}{9}$=나$\times\frac{1}{3}$이므로 비례식에서 외항의 곱과 내항의 곱이 같다는 성질을 이용하여 비례식으로 나타내면 가 : 나$=\frac{1}{3}:\frac{4}{9}$입니다. $\frac{1}{3}:\frac{4}{9}$의 전항과 후항에 두 분모의 최소공배수인 9를 곱하면 3 : 4입니다.

111쪽 응용 학습 ❹

1단계 예 4 : 3　　　4·1 72바퀴
2단계 예 3 : 4　　　4·2 25바퀴
3단계 56바퀴

1단계 (㉮의 톱니 수) : (㉯의 톱니 수)=20 : 15이고 전항과 후항을 5로 나누면 4 : 3이 됩니다.

2단계 맞물려 돌아갈 때 맞물린 톱니의 수는 같아야 합니다. ㉮와 ㉯의 톱니 수의 비가 4 : 3이므로
4×(㉮의 회전수)=3×(㉯의 회전수)입니다.
➡ ㉮와 ㉯의 회전수의 비는 3 : 4입니다.

3단계 ㉮가 42바퀴 도는 동안 ㉯가 □바퀴 돈다고 하고 비례식을 세우면 3 : 4=42 : □입니다.
➡ 3×□=4×42, 3×□=168, □=56

4·1 (㉮의 톱니 수) : (㉯의 톱니 수)=36 : 30이고 전항과 후항을 6으로 나누면 6 : 5가 됩니다.
㉮와 ㉯의 톱니 수의 비가 6 : 5이므로 ㉮와 ㉯의 회전수의 비는 5 : 6입니다.
㉮가 60바퀴 도는 동안 ㉯가 □바퀴 돈다고 하고 비례식을 세우면 5 : 6=60 : □입니다.
➡ 5×□=6×60, 5×□=360, □=72

4·2 (㉮의 톱니 수) : (㉯의 톱니 수)=27 : 45이고 전항과 후항을 9로 나누면 3 : 5가 됩니다.
㉮와 ㉯의 톱니 수의 비가 3 : 5이므로 ㉮와 ㉯의 회전수의 비는 5 : 3입니다.
㉯가 15바퀴 도는 동안 ㉮가 □바퀴 돈다고 하고 비례식을 세우면 5 : 3=□ : 15입니다.
➡ 5×15=3×□, 3×□=75, □=25

112쪽 교과서 통합 핵심 개념

1 곱하여도 / (위에서부터) 10, 3, 1, 6
2 내항　　3 20, 140 / 140, 35
4 1, $\frac{1}{3}$, 4 / 2, $\frac{2}{3}$, 8

113쪽~115쪽 단원 평가

1 13, 15　　2 3 : 7=15 : 35
3 $\frac{1}{6} : \frac{3}{4} = 2 : 9$
4 (위에서부터) 14, 2　　5 24, 24
6 5　　7 60, 80
8 ❶ 비의 전항과 후항에 0이 아닌 같은 수를 곱하거나 비의 전항과 후항을 0이 아닌 같은 수로 나누어도 비율은 같습니다.
❷ 16 : 36의 전항과 후항에 2를 곱하면 32 : 72가 됩니다.
16 : 36의 전항과 후항을 4로 나누면 4 : 9가 됩니다.
답 예 32 : 72, 4 : 9
9 예 6 : 29
10 15 : 12=3 : 2.4 (또는 3 : 2.4=15 : 12)
11 예 32 : 7　　12 ㉡
13 1080 mL
14 ❶ 88장을 인쇄하는 데 걸리는 시간을 □초라 하고 비례식을 세우면 3 : 11=□ : 88입니다.
❷ 비례식에서 외항의 곱과 내항의 곱이 같으므로
3×88=11×□, 11×□=264, □=24입니다.
답 24초
15 27분　　16 6, 7, 21
17 ❶ $\frac{1}{7} : \frac{1}{8}$의 전항과 후항에 두 분모의 최소공배수인 56을 곱하면 8 : 7입니다.
❷ $90\times\frac{7}{8+7}=90\times\frac{7}{15}=42$이므로 서준이가 갖게 되는 단풍잎은 42장입니다.
답 42장
18 6 cm　　19 예 2 : 4=7 : 14
20 189 cm^2

6 45×2=18×□, 18×□=90, □=5

7 • $140\times\frac{3}{3+4}=140\times\frac{3}{7}=60$
• $140\times\frac{4}{3+4}=140\times\frac{4}{7}=80$

8

채점 기준			
	❶ 비율이 같은 비를 만드는 방법을 설명한 경우	3점	5점
	❷ 비율이 같은 비를 2개 만든 경우	2점	

9 후항을 분수로 바꾸면 $\frac{3}{5} : \frac{29}{10}$입니다.
전항과 후항에 두 분모의 최소공배수인 10을 곱하면 6 : 29가 됩니다.

11 넣은 고춧가루 양과 설탕 양의 비는 25.6 : 5.6입니다. 25.6 : 5.6의 전항과 후항에 10을 곱하면 256 : 56이고 256 : 56의 전항과 후항을 8로 나누면 32 : 7이 됩니다.

12 ㉠ 25×□=7×125, 25×□=875, □=35
㉡ 3.6×13=□×6, □×6=46.8, □=7.8
㉢ $1\frac{5}{6}\times96=2\frac{2}{7}\times$□, $2\frac{2}{7}\times$□=176, □=77
➡ ㉡ 7.8<㉠ 35<㉢ 77

13 넣어야 하는 물의 양을 □mL라 하고 비례식을 세우면 5 : 9=600 : □입니다.

➡ 5×□=9×600, 5×□=5400, □=1080

14

채점 기준		
❶ 88장을 인쇄하는 데 걸리는 시간을 □초라 하고 비례식을 세운 경우	2점	5점
❷ □의 값을 바르게 구한 경우	3점	

다른 풀이 3 : 11=□ : 88에서 비의 성질을 이용하면 88은 11의 8배이므로 □=3×8=24입니다.

15 1시간은 60분입니다.

➡ (독서를 한 시간)$=60\times\frac{9}{9+11}$

$=60\times\frac{9}{20}=27$(분)

16 ㉠ : ㉡=18 : ㉢

• 18 : ㉢의 비율이 $\frac{6}{7}$이므로 $\frac{18}{㉢}=\frac{6}{7}=\frac{18}{21}$에서 ㉢=21입니다.

• ㉠ : ㉡=18 : 21에서 내항의 곱 ㉡×18=126이므로 ㉡=7입니다.

• ㉠ : 7의 비율이 $\frac{6}{7}$이므로 $\frac{㉠}{7}=\frac{6}{7}$에서 ㉠=6입니다.

17

채점 기준		
❶ 주어진 비를 간단한 자연수의 비로 나타낸 경우	2점	5점
❷ 서준이가 갖게 되는 단풍잎 수를 구한 경우	3점	

18 (가로)+(세로)=132÷2=66 (cm)

• 가로: $66\times\frac{6}{6+5}=66\times\frac{6}{11}=36$ (cm)

• 세로: $66\times\frac{5}{6+5}=66\times\frac{5}{11}=30$ (cm)

➡ 36−30=6 (cm)

19 두 수의 곱이 같은 카드를 찾으면 2×14=28, 4×7=28입니다.
2와 14를 외항(또는 내항), 4와 7을 내항(또는 외항)에 각각 놓아 비례식을 세웁니다.

➡ 2 : 4=7 : 14, 2 : 7=4 : 14, 4 : 2=14 : 7, 7 : 2=14 : 4 등

20 삼각형 가와 나의 높이가 같으므로 가와 나의 넓이의 비는 밑변의 길이의 비와 같은 18 : 14이고, 전항과 후항을 2로 나누면 9 : 7이 됩니다.

➡ (가의 넓이)$=336\times\frac{9}{9+7}=336\times\frac{9}{16}$

$=189$ (cm^2)

5 원의 넓이

118쪽 개념 학습 ❶

1 (1) 예 (2) 예 (3) 예

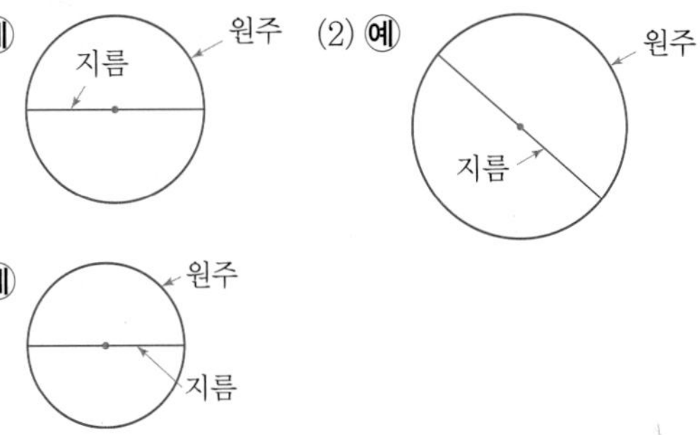

2 (1) 3 (2) 3.1 (3) 3.14

1 • 지름: 원의 중심을 지나도록 원 위의 두 점을 잇는 선분을 그립니다.
• 원주: 원의 둘레를 따라 그립니다.

2 (원주율)=(원주)÷(지름)
(1) 21.99÷7=3.1··· ➡ 3
(2) 43.98÷14=3.14··· ➡ 3.1
(3) 59.69÷19=3.141··· ➡ 3.14

119쪽 개념 학습 ❷

1 (1) 16, 48 (2) 12, 36 (3) 14, 42
2 (1) 27.9, 9 (2) 40.3, 13 (3) 24.8, 8

1 (원주)=(지름)×(원주율)

2 (지름)=(원주)÷(원주율)

120쪽 개념 학습 ❸

1 (1) 12, 12, 72 (2) 12, 12, 144 (3) 72, 144
2 (1) 7, 7, 147 (2) 5, 5, 75

1 (1) 두 대각선의 길이가 12 cm인 마름모의 넓이를 구합니다.
(2) 한 변의 길이가 12 cm인 정사각형의 넓이를 구합니다.
(3) (원 안에 있는 정사각형의 넓이)<(원의 넓이),
(원의 넓이)<(원 밖에 있는 정사각형의 넓이)이므로 72 cm^2<(원의 넓이),
(원의 넓이)<144 cm^2입니다.

2 (원의 넓이)=(반지름)×(반지름)×(원주율)

121쪽 개념 학습 ④

1 (1) (위에서부터) 108, 9, 243 (2) 4, 9
2 (1) 4, 4, 48, 252 (2) 6, 6, 108, 36

1 (1) • (원 ㉢의 반지름) $= 18 \div 2 = 9$ (cm)
• (원 ㉡의 넓이) $= 6 \times 6 \times 3 = 108$ (cm^2)
• (원 ㉢의 넓이) $= 9 \times 9 \times 3 = 243$ (cm^2)
(2) $108 \div 27 = 4$, $243 \div 27 = 9$
반지름이 2배, 3배가 되면 원의 넓이는 4배, 9배가 됩니다.

122쪽~123쪽 문제 학습 ①

1 (1) (○) (2) (×) (3) (○)
2 3, 3.1, 3.14
3 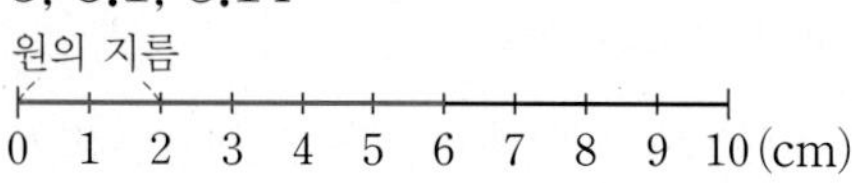

/ 3
4 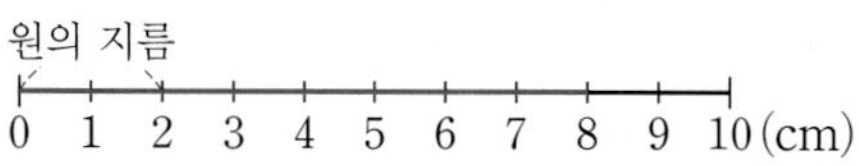

/ 4
5 3, 4
6 ㉮ 7 cm
7 다
8 승호, 민지
9 3.1, 3.14
10 ㉢
11 =
12 3.14, 3.14, 3.14 / ㉮ 원의 크기가 달라도 원주율은 같습니다.

1 (1) 선분 ㄱㄴ은 원의 중심을 지나도록 파란색 원 위의 두 점을 이은 선분이므로 파란색 원의 지름입니다.
(2) 원주는 지름의 3배보다 길고, 4배보다 짧습니다.
(3) 원주율은 원의 크기에 관계없이 일정합니다.

2 원주율을 반올림하여 일의 자리까지 나타내면 3, 반올림하여 소수 첫째 자리까지 나타내면 3.1, 반올림하여 소수 둘째 자리까지 나타내면 3.14입니다.

6 **[평가 기준]** 지름이 2 cm인 원의 원주를 6 cm보다 길고, 8 cm보다 짧게 썼으면 정답으로 인정합니다.

7 지름이 4 cm인 원의 원주는 지름의 3배인 12 cm보다 길고, 지름의 4배인 16 cm보다 짧으므로 원주와 가장 비슷한 길이는 다입니다.

8 • 예은: 지름은 원 위의 두 점을 이은 선분 중 가장 긴 선분입니다.
• 준서: 원의 지름이 길어지면 원주도 길어집니다.

9 (원주) ÷ (지름) $= 81.68 \div 26 = 3.141\cdots$
따라서 반올림하여 소수 첫째 자리까지 나타내면 3.1이고, 반올림하여 소수 둘째 자리까지 나타내면 3.14입니다.

10 원의 지름이 길어지면 원주도 길어지므로 원주가 가장 긴 원은 원의 지름이 가장 긴 ㉢입니다.

11 $28.26 \div 9 = 3.14$, $34.54 \div 11 = 3.14$
➡ 원의 크기가 달라도 원주율은 같습니다.

12 **[평가 기준]** '원의 크기가 달라도 원주율은 같다.'는 표현이 있으면 정답으로 인정합니다.

124쪽~125쪽 문제 학습 ②

1	47.1 cm	2	6 cm
3	15 cm	4	30 cm
5	84.78 cm	6	설아
7	강우, 지혜, 수지	8	35 cm
9	18 cm	10	15대
11	15700 cm	12	4바퀴

1 (원주) $= 15 \times 3.14 = 47.1$ (cm)

2 (원의 반지름) $= 37.2 \div 3.1 \div 2 = 6$ (cm)

3 프로펠러의 길이가 5 cm이므로 지름이 5 cm인 원의 원주를 구합니다.
(원주) $= 5 \times 3 = 15$ (cm)

4 길이가 93 cm인 종이띠를 겹치지 않게 붙여서 만든 원의 원주는 93 cm입니다.
➡ (원의 지름) $= 93 \div 3.1 = 30$ (cm)

5 (왼쪽 원의 원주) $= 8.5 \times 2 \times 3.14 = 53.38$ (cm)
(오른쪽 원의 원주) $= 10 \times 3.14 = 31.4$ (cm)
➡ $53.38 + 31.4 = 84.78$ (cm)

6 (설아의 훌라후프의 바깥쪽 원주)
$= 85 \times 3.1 = 263.5$(cm)
➡ 263.5 cm > 248 cm이므로 훌라후프가 더 큰 사람은 설아입니다.

다른 풀이 (현우의 훌라후프의 바깥쪽 지름)
$= 248 \div 3.1 = 80$ (cm)
➡ 85 cm > 80 cm이므로 훌라후프가 더 큰 사람은 설아입니다.

7 • (지혜가 그린 원의 지름)$=14$ cm
• (강우가 그린 원의 지름)$=8\times2=16$ (cm)
• (수지가 그린 원의 지름)$=39\div3=13$ (cm)
➡ 16 cm >14 cm >13 cm이므로 큰 원을 그린 사람부터 차례로 이름을 쓰면 강우, 지혜, 수지입니다.

8 (로봇 청소기의 지름)$=109.9\div3.14=35$ (cm)
➡ 상자의 밑면의 한 변의 길이는 적어도 35 cm이어야 합니다.

9 (큰 원의 지름)$=111.6\div3.1=36$ (cm)
➡ (작은 원의 지름)=(큰 원의 반지름)
$=36\div2=18$ (cm)

10 (대관람차 바퀴의 둘레)$=25\times3=75$ (m)
➡ (매달려 있는 관람차의 수)$=75\div5=15$(대)

11 (바퀴 자가 한 바퀴 굴러간 거리)
=(바퀴 자의 원주)$=50\times3.14=157$ (cm)
➡ (집에서 학교까지의 거리)
$=157\times100=15700$ (cm)

12 (굴렁쇠를 한 바퀴 굴린 거리)$=65\times3=195$ (cm)
➡ (굴렁쇠를 굴린 횟수)$=780\div195=4$(바퀴)

126쪽~127쪽 문제 학습 ③

1	60, 88	2	9.3, 3
3	432 cm^2	4	1240 cm^2
5	예 168 cm^2	6	148.8 cm^2
7	㉡, ㉠, ㉢	8	697.5 cm^2
9	9	10	77.5 cm^2
11	1962.5 cm^2		

1 • 초록색 모눈은 60칸이므로 넓이는 60 cm^2입니다.
• 빨간색 선 안쪽 모눈은 88칸이므로 넓이는 88 cm^2입니다.
➡ 60 cm^2 <(원의 넓이)
(원의 넓이)< 88 cm^2

2 (직사각형의 가로)=(원주)$\times\frac{1}{2}$
$=3\times2\times3.1\times\frac{1}{2}=9.3$ (cm)
(직사각형의 세로)=(반지름)$=3$ cm

3 (원의 넓이)$=12\times12\times3=432$ (cm^2)

4 (반지름)$=40\div2=20$ (cm)
➡ (원의 넓이)$=20\times20\times3.1=1240$ (cm^2)

5 • (원 안에 있는 정육각형의 넓이)
=(삼각형 ㄷㅇㄹ의 넓이)$\times6$
$=24\times6=144$ (cm^2)
• (원 밖에 있는 정육각형의 넓이)
=(삼각형 ㄱㅇㄴ의 넓이)$\times6$
$=32\times6=192$ (cm^2)
➡ 원의 넓이는 144 cm^2보다 넓고, 192 cm^2보다 좁으므로 168 cm^2쯤 될 것입니다.
[평가 기준] 원의 넓이를 144 cm^2보다 넓고, 192 cm^2보다 좁게 썼으면 정답으로 인정합니다.

6 • (왼쪽 원의 넓이)$=4\times4\times3.1=49.6$ (cm^2)
• (오른쪽 원의 반지름)$=16\div2=8$ (cm)이므로
(오른쪽 원의 넓이)$=8\times8\times3.1=198.4$ (cm^2)입니다.
➡ (두 원의 넓이의 차)$=198.4-49.6$
$=148.8$ (cm^2)

7 ㉠ (반지름)$=22\div2=11$ (cm)
(원의 넓이)$=11\times11\times3=363$ (cm^2)
㉡ (원의 넓이)$=14\times14\times3=588$ (cm^2)
➡ ㉡ 588 cm^2 > ㉠ 363 cm^2 > ㉢ 300 cm^2이므로 넓이가 넓은 원부터 차례로 기호를 쓰면 ㉡, ㉠, ㉢입니다.

8 만들 수 있는 가장 큰 원의 지름은 30 cm입니다.
(반지름)$=30\div2=15$ (cm)
➡ (만들 수 있는 가장 큰 원의 넓이)
$=15\times15\times3.1=697.5$ (cm^2)

9 $\square\times\square\times3.14=254.34$, $\square\times\square=81$, $9\times9=81$이므로 $\square=9$입니다.

10 큰 원의 지름은 직사각형의 세로와 같으므로 12 cm입니다.
(작은 원의 지름)$=22-$(큰 원의 지름)
$=22-12=10$ (cm)
(작은 원의 반지름)$=10\div2=5$ (cm)
➡ (작은 원의 넓이)$=5\times5\times3.1=77.5$ (cm^2)

11 (반지름)$=157\div3.14\div2=25$ (cm)
➡ (원의 넓이)$=25\times25\times3.14=1962.5$ (cm^2)

128쪽～129쪽 문제 학습 ④

1	$78.5\,cm^2$	2	$192\,m^2$
3	16배	4	20, 1 / $942\,m^2$
5	$303.8\,cm^2$	6	$57.6\,cm^2$
7	$729\,cm^2$	8	$258.94\,cm^2$
9	$1296\,cm^2$	10	$37.2\,cm^2$
11	나		

1 색칠한 부분의 넓이는 지름이 10 cm인 원의 넓이와 같습니다.
➡ $5\times5\times3.14=78.5\,(cm^2)$

2 (꽃밭의 반지름)$=12-4=8\,(m)$
➡ (꽃밭의 넓이)$=8\times8\times3=192\,(m^2)$

3 • (원 ㉮의 넓이)$=5\times5\times3=75\,(cm^2)$
• (원 ㉯의 반지름)$=5\times4=20\,(cm)$이므로
(원 ㉯의 넓이)$=20\times20\times3=1200\,(cm^2)$입니다.
➡ $1200\div75=16$(배)

다른 풀이 반지름이 4배가 되면 원의 넓이는 $4\times4=16$(배)가 됩니다.
➡ 원 ㉯의 넓이는 원 ㉮의 넓이의 16배입니다.

4 (도형의 넓이)
=(반지름이 20 m인 원의 넓이)÷2
+(반지름이 10 m인 원의 넓이)
$=20\times20\times3.14\div2+10\times10\times3.14$
$=628+314=942\,(m^2)$

5 (색칠한 부분의 넓이)
=(큰 원의 넓이)−(작은 원의 넓이)×2
$=14\times14\times3.1-7\times7\times3.1\times2$
$=607.6-303.8=303.8\,(cm^2)$

6 (색칠한 부분의 넓이)
=(정사각형의 넓이)−(반지름이 8 cm인 원의 넓이)
$=16\times16-8\times8\times3.1$
$=256-198.4=57.6\,(cm^2)$

7 종이는 반지름이 18 cm인 원의 $\frac{1}{4}$을 오려 낸 모양이므로 종이의 넓이는 반지름이 18 cm인 원의 넓이의 $\frac{3}{4}$입니다.
➡ (종이의 넓이)$=18\times18\times3\times\frac{3}{4}$
$=972\times\frac{3}{4}=729\,(cm^2)$

8 (색칠한 부분의 넓이)
=(원의 넓이)−(삼각형의 넓이)
$=11\times11\times3.14-22\times11\div2$
$=379.94-121=258.94\,(cm^2)$

9 (빨간색이 칠해진 부분의 넓이)
=(반지름이 24 cm인 원의 넓이)
−(반지름이 12 cm인 원의 넓이)
$=24\times24\times3-12\times12\times3$
$=1728-432=1296\,(cm^2)$

10 그림과 같이 뒤집어서 옮기면 원 2개로 만들어진 도형이 됩니다.

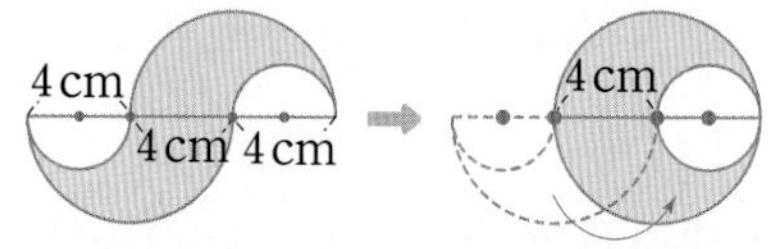

➡ (색칠한 부분의 넓이)
=(반지름이 4 cm인 원의 넓이)
−(반지름이 2 cm인 원의 넓이)
$=4\times4\times3.1-2\times2\times3.1$
$=49.6-12.4=37.2\,(cm^2)$

11 • (가의 넓이)$=14\times14\times3=588\,(cm^2)$
• (나의 넓이)$=(28\times28-28\times28\times3\div4)\times2$
$=(784-588)\times2$ 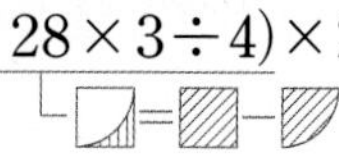
$=196\times2=392\,(cm^2)$
• (다의 넓이)$=28\times28\times3\div4=588\,(cm^2)$
➡ 색칠한 부분의 넓이가 나머지와 다른 하나는 나입니다.

130쪽 응용 학습 ❶

1단계	13 cm	1·1	94.2 cm
2단계	80.6 cm	1·2	162 cm

1단계 반지름을 □cm라 하면 □×□×3.1=523.9, □×□=169, 13×13=169이므로 □=13입니다.

2단계 (원주)$=13\times2\times3.1=80.6\,(cm)$

1·1 반지름을 □cm라 하면 □×□×3.14=706.5, □×□=225, 15×15=225이므로 □=15입니다.
➡ (원주)$=15\times2\times3.14=94.2\,(cm)$

1·2 반지름을 □cm라 하면 □×□×3=243,
□×□=81, 9×9=81이므로 □=9입니다.
(원반이 한 바퀴 굴러간 거리)
=(원반의 원주)=9×2×3=54 (cm)
➡ (원반이 굴러간 거리)=54×3=162 (cm)

131쪽 응용 학습 ❷

1단계	78 cm	2·1	47.1 cm
2단계	12 cm	2·2	36 cm
3단계	90 cm		

1단계 (곡선 부분의 길이의 합)
=(반지름이 16 cm인 원의 원주)÷2
+(반지름이 10 cm인 원의 원주)÷2
=16×2×3÷2+10×2×3÷2
=48+30=78 (cm)

2단계 (직선 부분의 길이의 합)=6×2=12 (cm)

3단계 (색칠한 부분의 둘레)=78+12=90 (cm)

2·1 (색칠한 부분의 둘레)
=(반지름이 15 cm인 원의 원주)÷4×2
=15×2×3.14÷4×2=47.1 (cm)

2·2 • (왼쪽 도형에서 색칠한 부분의 둘레)
=(지름이 18 cm인 원의 원주)
+(정사각형의 둘레)
=18×3.1+18×4=55.8+72=127.8 (cm)
• (오른쪽 도형에서 색칠한 부분의 둘레)
=(지름이 18 cm인 원의 원주)
+(정사각형의 두 변의 길이의 합)
=18×3.1+18×2=55.8+36=91.8 (cm)
➡ (색칠한 부분의 둘레의 차)
=127.8−91.8=36 (cm)

132쪽 응용 학습 ❸

1단계	12 cm	3·1	361.9 m^2
2단계	84.78 cm^2	3·2	525 cm^2

1단계 (큰 원의 지름)=37.68÷3.14=12 (cm)

2단계 (색칠한 부분의 넓이)
=(큰 원의 넓이)−(작은 원의 넓이)
=6×6×3.14−3×3×3.14
=113.04−28.26=84.78 (cm^2)

3·1 반원의 지름을 □m라 하면 도형의 둘레는
(지름이 □m인 원의 원주)+15×2입니다.
□×3.1+15×2=73.4, □×3.1+30=73.4,
□×3.1=43.4, □=43.4÷3.1=14
➡ (도형의 넓이)
=(지름이 14 m인 원의 넓이)
+(직사각형의 넓이)
=7×7×3.1+15×14
=151.9+210=361.9 (m^2)

3·2 반원의 지름을 □cm라 하면 색칠한 부분의 둘레는
(지름이 □cm인 원의 원주)+40×2입니다.
□×3+40×2=170, □×3+80=170,
□×3=90, □=90÷3=30
➡ (색칠한 부분의 넓이)
=(직사각형의 넓이)
−(지름이 30 cm인 원의 넓이)
=40×30−15×15×3
=1200−675=525 (cm^2)

133쪽 응용 학습 ❹

1단계	55.8 cm	4·1	274.2 cm
2단계	72 cm	4·2	135 cm
3단계	127.8 cm		

1단계 (곡선 부분의 길이의 합)
=(반지름이 9 cm인 원의 원주)
=9×2×3.1=55.8 (cm)

2단계 (직선 부분의 길이의 합)=9×4×2=72 (cm)

3단계 (사용한 끈의 길이)=55.8+72=127.8 (cm)

4·1 (곡선 부분의 길이의 합)
=(반지름이 15 cm인 원의 원주)
=15×2×3.14=94.2 (cm)
(직선 부분의 길이의 합)=15×6×2=180 (cm)
➡ (사용한 끈의 길이)=94.2+180=274.2 (cm)

4·2 (곡선 부분의 길이의 합)
=(반지름이 10 cm인 원의 원주)
=10×2×3=60 (cm)
(직선 부분의 길이의 합)=10×2×3=60 (cm)
➡ (사용한 끈의 길이)=60+60+15=135 (cm)

134쪽 교과서 통합 핵심 개념

1 길어집니다, 지름　　2 8, 24.8 / 21.7, 7
3 50, 100 / 4, 49.6　　4 3, 3, 27, 336

135쪽~137쪽 단원 평가

1 원주　　2 3.14배
3 28, 3, 84　　4 162, 324
5 18, 6 / 108 cm^2　　6 314 cm^2
7 ❶ ㉡
❷ 예 지름이 길어져도 원주율은 일정합니다.
8 49.6 cm　　9 17 cm
10 같습니다　　11 예 110 cm^2
12 ㉡
13 ❶ 만들 수 있는 가장 큰 원의 지름은 26 cm이므로 만들 수 있는 가장 큰 원의 반지름은 $26 \div 2 = 13$ (cm)입니다.
❷ 따라서 만들 수 있는 가장 큰 원의 넓이는 $13 \times 13 \times 3.1 = 523.9$ (cm^2)입니다.　답 523.9 cm^2
14 75 cm^2　　15 44.1 cm^2
16 15그루　　17 142.8 m
18 ❶ 반지름을 □cm라 하면 □×□×3=432, □×□=144, 12×12=144이므로 □=12입니다.
❷ 따라서 원주는 $12 \times 2 \times 3 = 72$ (cm)입니다.
답 72 cm
19 37.68 cm, 37.68 cm^2
20 426 cm

5 (직사각형의 가로)=(원주)$\times \frac{1}{2}$
$= 6 \times 2 \times 3 \times \frac{1}{2} = 18$ (cm)
(직사각형의 세로)=(반지름)=6 cm
➡ (원의 넓이)$= 18 \times 6 = 108$ (cm^2)

6 (원의 반지름)$= 20 \div 2 = 10$ (cm)
➡ (원의 넓이)$= 10 \times 10 \times 3.14 = 314$ (cm^2)

7

채점 기준			
	❶ 설명이 틀린 것을 찾은 경우	2점	5점
	❷ 바르게 고친 경우	3점	

8 그린 원의 반지름은 8 cm입니다.
➡ (원주)$= 8 \times 2 \times 3.1 = 49.6$ (cm)

9 (지름)$= 51 \div 3 = 17$ (cm)

10 • 왼쪽 액자: $94.2 \div 30 = 3.14$
• 오른쪽 액자: $100.48 \div 32 = 3.14$
➡ 두 액자의 (원주)÷(지름)은 같습니다.

11 • 초록색 모눈은 88칸이므로 넓이는 88 cm^2입니다.
• 빨간색 선 안쪽 모눈은 132칸이므로 넓이는 132 cm^2입니다.
➡ 원의 넓이는 88 cm^2보다 넓고, 132 cm^2보다 좁으므로 110 cm^2쯤 될 것입니다.
[평가 기준] 원의 넓이를 88 cm^2보다 넓고, 132 cm^2보다 좁게 썼으면 정답으로 인정합니다.

12 ㉠ $8 \times 8 \times 3.14 = 200.96$ (cm^2)
㉡ $11 \times 11 \times 3.14 = 379.94$ (cm^2)
➡ ㉡ 379.94 cm^2 > ㉢ 254.34 cm^2 > ㉠ 200.96 cm^2이므로 넓이가 가장 넓은 원은 ㉡입니다.

13

채점 기준			
	❶ 만들 수 있는 가장 큰 원의 반지름을 구한 경우	2점	5점
	❷ 만들 수 있는 가장 큰 원의 넓이를 구한 경우	3점	

14 (컵 받침의 반지름)$= 30 \div 3 \div 2 = 5$ (cm)
➡ (컵 받침의 넓이)$= 5 \times 5 \times 3 = 75$ (cm^2)

15 (색칠한 부분의 넓이)
=(정사각형의 넓이)−(반지름이 7 cm인 원의 넓이)
$= 14 \times 14 - 7 \times 7 \times 3.1$
$= 196 - 151.9 = 44.1$ (cm^2)

16 (호수의 둘레)$= 40 \times 3 = 120$ (m)
➡ (필요한 가로수의 수)$= 120 \div 8 = 15$(그루)

17 (색칠한 부분의 둘레)
=(지름이 20 m인 원의 둘레)$+ 40 \times 2$
$= 20 \times 3.14 + 40 \times 2$
$= 62.8 + 80 = 142.8$ (m)

18

채점 기준			
	❶ 반지름을 구한 경우	3점	5점
	❷ 원주를 구한 경우	2점	

19 • (색칠한 부분의 둘레)
$= 8 \times 3.14 + 4 \times 3.14$
$= 25.12 + 12.56 = 37.68$ (cm)
• (색칠한 부분의 넓이)
$= 4 \times 4 \times 3.14 - 2 \times 2 \times 3.14$
$= 50.24 - 12.56 = 37.68$ (cm^2)

20 (곡선 부분의 길이의 합)
=(반지름이 30 cm인 원의 원주)
$= 30 \times 2 \times 3.1 = 186$ (cm)
(직선 부분의 길이의 합)$= 30 \times 2 \times 4 = 240$ (cm)
➡ (사용한 끈의 길이)$= 186 + 240 = 426$ (cm)

6 원기둥, 원뿔, 구

140쪽 개념 학습 ①

1 (1) (×) (○) (2) (○) (×) (3) (○) (×)

2 (1) 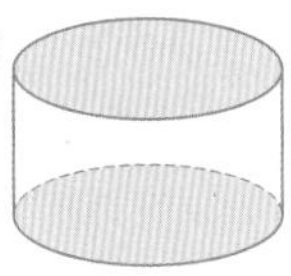 / 2개 (2) 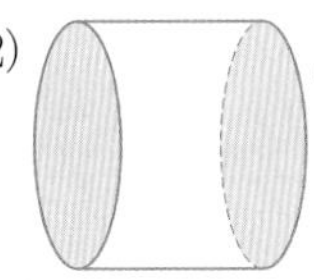 / 평평한

(3) 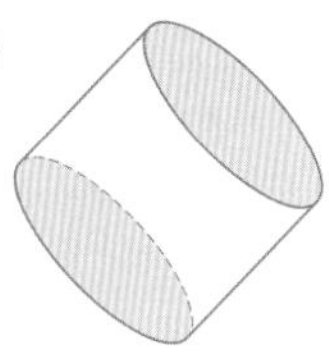 / 평행합니다

1 원기둥은 위와 아래에 있는 면이 서로 평행하고 합동인 원으로 이루어진 입체도형입니다.
(1) 왼쪽 도형은 밑면이 삼각형이고, 서로 평행한 두 면이 없으므로 원기둥이 아닙니다.
(2) 오른쪽 도형은 위와 아래에 있는 면이 합동이 아니므로 원기둥이 아닙니다.
(3) 오른쪽 도형은 위와 아래에 있는 면이 원이 아니므로 원기둥이 아닙니다.

2 서로 평행하고 합동인 두 면을 찾아 색칠합니다.

141쪽 개념 학습 ②

1 (1) 전개도 (2) 원, 직사각형 (3) 가로 (4) 높이

2 (1) (○) (2) (×) (3) (×) (4) (○)

3 (1) 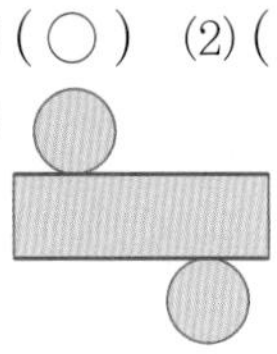 (2) 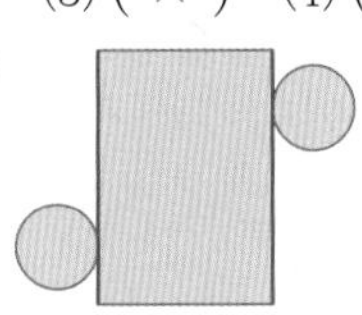

2 (2) 두 밑면이 겹쳐지므로 원기둥의 전개도가 아닙니다.
(3) 옆면이 직사각형이 아니므로 원기둥의 전개도가 아닙니다.

142쪽 개념 학습 ③

1 (1) (○) (×) (2) (×) (○) (3) (×) (○)

2 (1) 예  (2) 예 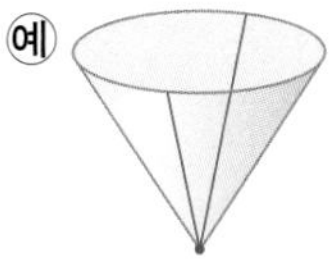

(3) 예 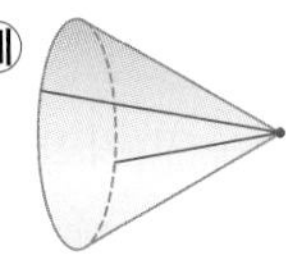

1 원뿔은 평평한 면이 원이고 옆을 둘러싼 면이 굽은 면인 뿔 모양의 입체도형입니다.
(1) 오른쪽 도형은 뿔 모양이 아니므로 원뿔이 아닙니다.
(2) 왼쪽 도형은 밑면이 원이 아니므로 원뿔이 아닙니다.
(3) 왼쪽 도형은 뿔 모양이 아니므로 원뿔이 아닙니다.

2 뾰족한 부분의 점을 찾아 '•'으로 표시하고, 원뿔의 꼭짓점에서 밑면의 둘레의 한 점을 이은 선분을 2개 긋습니다.
참고 한 원뿔에서 모선은 무수히 많습니다.

143쪽 개념 학습 ④

1 (1) ㉢ / 예 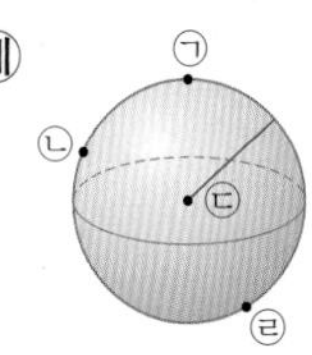

(2) ㉡ / 예 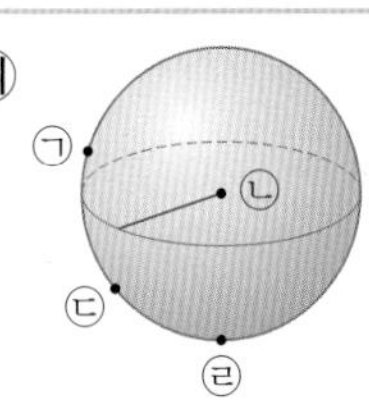

(3) ㉠ / 예 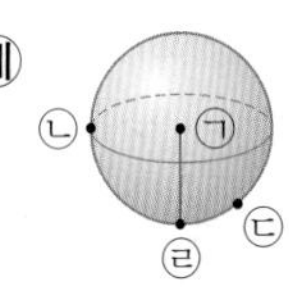

2 (1) 3 cm (2) 7 cm (3) 5 cm

1 구의 중심은 구에서 가장 안쪽에 있는 점입니다. 구의 중심과 구의 겉면의 한 점을 이은 선분이 구의 반지름입니다.

2 구의 반지름은 구의 중심에서 구의 겉면의 한 점을 이은 선분입니다.

144쪽~145쪽 문제 학습 ①

1 나, 라
2 ( ) (○)
3 (위에서부터) 밑면, 옆면, 높이
4 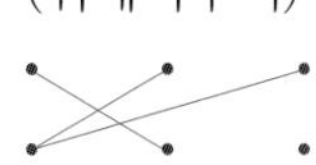
5 12 cm

6
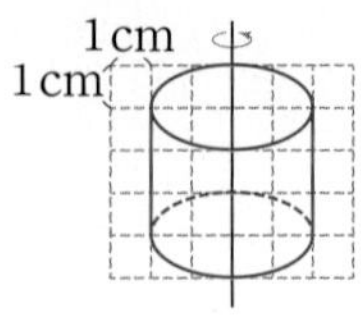

7 (위에서부터) 원, 오각형, 2, 2

8 6cm

9 예 두 밑면은 서로 평행하고 합동인 원입니다. / 예 옆면은 굽은 면입니다.

10 ㉢

11 나

12 12cm

1 위와 아래에 있는 면이 서로 평행하고 합동인 원으로 이루어진 입체도형을 모두 찾으면 나, 라입니다.

참고 • 가: 두 밑면이 원이 아닙니다.
• 다: 두 밑면이 서로 평행하지 않습니다.
• 마: 두 밑면이 합동이 아닙니다.
• 바: 밑면이 1개입니다.

3 • 밑면: 서로 평행하고 합동인 두 면
• 옆면: 두 밑면과 만나는 면
• 높이: 두 밑면에 수직인 선분의 길이

5 원기둥의 높이는 두 밑면에 수직인 선분의 길이이므로 12cm입니다.

6 직사각형 모양의 종이를 한 변을 기준으로 한 바퀴 돌리면 밑면의 지름은 4cm, 높이는 3cm인 원기둥이 만들어집니다.

7 • 원기둥의 밑면의 모양은 원이고, 밑면은 2개 있습니다.
• 오각기둥의 밑면의 모양은 오각형이고, 밑면은 2개 있습니다.

8 만들어지는 입체도형은 원기둥입니다.
직사각형 모양의 종이의 세로가 원기둥의 밑면의 반지름이 되므로 만든 입체도형의 밑면의 지름은 $3 \times 2 = 6$ (cm)입니다.

9 [평가 기준] 원기둥의 특징을 2가지 썼으면 정답으로 인정합니다.

10 ㉢ 원기둥에는 꼭짓점과 모서리가 없습니다.

11 원기둥을 만들려면 직사각형을 한 변을 기준으로 한 바퀴 돌려야 합니다.
• 나: 밑면의 반지름이 5cm, 높이는 15cm인 원기둥이 됩니다.
• 다: 밑면의 반지름이 10cm, 높이는 15cm인 원기둥이 됩니다.
➡ 준서가 말하는 원기둥의 밑면의 지름이 10cm이므로 반지름이 5cm인 나로 만들 수 있습니다.

12 위에서 본 모양은 한 밑면이므로 밑면의 지름은 $6 \times 2 = 12$ (cm)입니다.
➡ 앞에서 본 모양이 정사각형이므로 높이는 밑면의 지름과 같은 12cm입니다.

146쪽~147쪽 문제 학습 ❷

1 나

2 2, 1

3 수지

4 7cm

5 31.4cm, 6cm

6 (위에서부터) 4, 24.8, 8

7 예 옆면이 직사각형이 아니기 때문입니다.

8
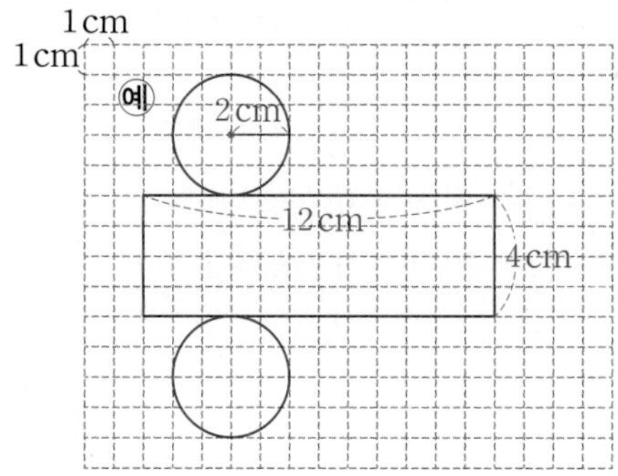

9 98.6cm

10 43.96cm

11 7cm

1 • 가: 두 밑면이 합동이 아닙니다.
• 다: 밑면이 한 개입니다.
• 라: 접었을 때 두 밑면이 마주 보지 않습니다.

2 원기둥의 전개도에서 밑면인 원은 2개, 옆면인 직사각형은 1개입니다.

3 수지: 원기둥의 높이는 전개도에서 옆면의 세로와 같습니다.

4 (원기둥의 높이)
=(도화지의 가로)−(밑면의 지름)×2
$=13-3\times2=13-6=7$ (cm)

5 (원기둥의 밑면의 둘레)=(전개도에서 옆면의 가로)
=31.4cm
(원기둥의 높이)=(전개도에서 옆면의 세로)=6cm

6 (밑면의 반지름)=4cm
(전개도에서 옆면의 가로)=(원기둥의 밑면의 둘레)
$=4\times2\times3.1=24.8$ (cm)
(전개도에서 옆면의 세로)=(원기둥의 높이)=8cm

7 [평가 기준] '옆면이 직사각형이 아니다.' 또는 '밑면의 둘레와 옆면의 가로의 길이가 다르다.'라는 표현이 있으면 정답으로 인정합니다.

8 (전개도에서 옆면의 가로)=(원기둥의 밑면의 둘레)
=2×2×3=12 (cm)
(전개도에서 옆면의 세로)=(원기둥의 높이)=4 cm

9 (전개도에서 옆면의 가로)
=(원기둥의 밑면의 둘레)=40.3 cm
➡ (옆면의 둘레)=(40.3+9)×2
=49.3×2=98.6 (cm)

10 직사각형 모양의 종이를 한 변을 기준으로 돌렸을 때 만들어지는 입체도형은 밑면의 반지름이 7 cm, 높이가 6 cm인 원기둥입니다.
➡ (전개도에서 옆면의 가로)
=(원기둥의 밑면의 둘레)
=7×2×3.14=43.96 (cm)

11 (밑면의 반지름)×2×3=42
➡ (밑면의 반지름)=42÷3÷2=7 (cm)

148쪽~149쪽 문제 학습 ③

1 2개 **2** 원뿔, 원
3 ㉡ **4** 
5 12 cm, 15 cm, 18 cm
6 강우 **7** 3 cm
8 예은 **9** ㉢
10 ㉡ / 예 모선은 무수히 많습니다.
11 12 cm **12** 48 cm²

1 평평한 면이 원이고 옆을 둘러싼 면이 굽은 면인 뿔 모양의 입체도형을 찾으면 나, 라이므로 모두 2개입니다.

3 ㉡ 원뿔의 꼭짓점에서 밑면인 원의 둘레의 한 점을 이은 선분은 모선입니다.

5 원뿔의 높이는 12 cm, 모선의 길이는 15 cm입니다. 밑면의 반지름이 9 cm이므로 지름은 9×2=18 (cm)입니다.

6 (지혜가 만든 원뿔의 밑면의 지름)=2×2=4 (cm)
(강우가 만든 원뿔의 밑면의 지름)=3×2=6 (cm)
➡ 밑면의 지름이 6 cm인 원뿔을 만든 사람은 강우입니다.

7 원기둥의 높이는 19 cm, 원뿔의 높이는 16 cm입니다. ➡ 19−16=3 (cm)

8 예은: 밑면의 지름이 8−2=6 (cm)이므로 반지름은 6÷2=3 (cm)입니다.
주의 밑면의 지름을 잴 때 눈금 0이 아닌 눈금 2에 맞추었으므로 밑면의 지름은 8 cm가 아니라 8−2=6 (cm)입니다.

9 ㉠ 원뿔과 각뿔의 밑면은 1개입니다.
㉡ 원뿔은 옆면이 굽은 면이고, 각뿔은 옆면이 삼각형입니다.
㉢ 원뿔과 각뿔은 꼭짓점이 있습니다.

11 원뿔에서 모선의 길이는 모두 같으므로
(선분 ㄱㄷ)=(선분 ㄱㄴ)=10 cm입니다.
➡ (선분 ㄴㄷ)=32−10−10=12 (cm)

12 직각삼각형 모양의 종이를 한 변을 기준으로 한 바퀴 돌렸을 때 만들어지는 입체도형은 밑면의 반지름이 4 cm, 높이가 5 cm인 원뿔입니다.
➡ (만들어지는 입체도형의 밑면의 넓이)
=4×4×3=48 (cm²)

150쪽~151쪽 문제 학습 ④

1 ①, ③, ⑤ **2** 나
3 5 cm **4** 8 cm
5 ㉢
6

위에서 본 모양	○	○	○
앞에서 본 모양	□	△	○
옆에서 본 모양	□	△	○

7 가 **8** ㉢
9 원기둥, 원뿔, 구 /
예 원기둥, 원뿔, 구를 위에서 본 모양은 모두 원입니다. /
예 원기둥과 구는 뾰족한 부분이 없지만 원뿔은 뾰족한 부분이 있습니다.
10 10 cm **11** 4개
12 42 cm

1 공 모양의 입체도형이 아닌 것을 모두 고르면 ①, ③, ⑤입니다.
참고 ① 원뿔 ③ 원기둥 ⑤ 삼각기둥

BOOK ❶ 개념북 6단원

3 (구의 반지름)=(반원의 반지름)=10÷2=5 (cm)

4 (구의 반지름)=4 cm
➡ (구의 지름)=4×2=8 (cm)

5 ㉠ (구의 반지름)=12÷2=6 (cm)
㉡ 한 구에서 반지름은 무수히 많습니다.
㉢ 구는 밑면이 없습니다.
➡ 잘못 설명한 것은 ㉢입니다.

6 • 원기둥: 위에서 본 모양은 원, 앞과 옆에서 본 모양은 직사각형입니다.
• 원뿔: 위에서 본 모양은 원, 앞과 옆에서 본 모양은 삼각형입니다.
• 구: 위, 앞, 옆에서 본 모양은 모두 원입니다.

7 어느 방향에서 보아도 원 모양인 것은 구이므로 가입니다.

8

	원뿔	구
㉠ 꼭짓점의 수	1개	없음
㉡ 밑면의 수	1개	없음
㉢ 위에서 본 모양	원	원
㉣ 앞에서 본 모양	삼각형	원

9 **[평가 기준]** 공통점으로 '위에서 본 모양', '평면도형을 한 바퀴 돌려 만들 수 있다.', 차이점으로 '앞 · 옆에서 본 모양', '밑면의 수' 등을 이용하여 바르게 설명하면 정답으로 인정합니다.

10 구가 정육면체 모양의 상자에 딱 맞으므로 정육면체의 한 모서리의 길이는 구의 지름과 같습니다.
➡ (구의 반지름)=20÷2=10 (cm)

11 ㉠ 원기둥의 밑면의 수는 2개입니다.
㉡ 원뿔의 꼭짓점의 수는 1개입니다.
㉢ 구의 중심의 수는 1개입니다.
➡ ㉠+㉡+㉢=2+1+1=4(개)

12 구를 똑같이 반으로 잘랐을 때 나오는 단면은 지름이 14 cm인 원입니다.
➡ (둘레)=14×3=42 (cm)

152쪽 응용 학습 ①

1단계 삼각형
2단계 120 cm²
1·1 154 cm²
1·2 27.9 cm²

1단계 원뿔을 앞에서 본 모양은 밑변의 길이가 8×2=16 (cm), 높이가 15 cm인 삼각형입니다.
2단계 (앞에서 본 모양의 넓이)
=16×15÷2=120 (cm²)

1·1 원기둥을 앞에서 본 모양은 가로가 7×2=14 (cm), 세로가 11 cm인 직사각형입니다.
➡ (앞에서 본 모양의 넓이)
=14×11=154 (cm²)

1·2 어느 방향에서 보아도 모양이 같은 입체도형은 구입니다.
구를 앞에서 본 모양은 반지름이 3 cm인 원입니다.
➡ (구를 앞에서 본 모양의 넓이)
=3×3×3.1=27.9 (cm²)

153쪽 응용 학습 ②

1단계
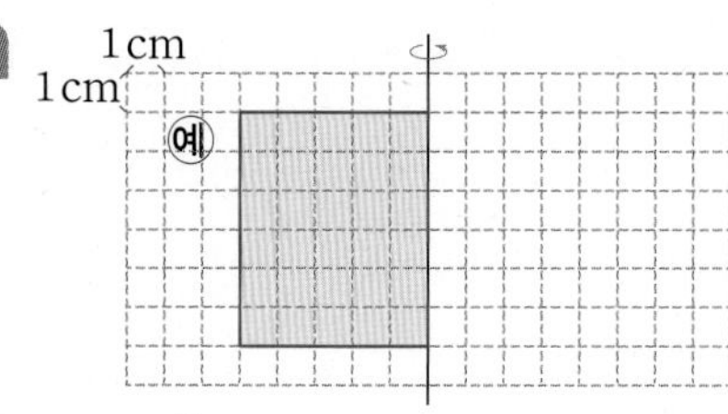

2단계 30 cm²
2·1 30 cm²
2·2 76.93 cm²

1단계 돌리기 전의 평면도형은 가로가 5 cm, 세로가 6 cm인 직사각형입니다.
2단계 (돌리기 전의 평면도형의 넓이)=5×6=30 (cm²)

2·1 돌리기 전의 평면도형은 밑변의 길이가 24÷2=12 (cm), 높이가 5 cm인 직각삼각형입니다.

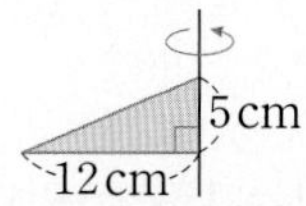

➡ (넓이)=12×5÷2=30 (cm²)

2·2 돌리기 전의 평면도형은 반지름이 14÷2=7 (cm)인 반원입니다.

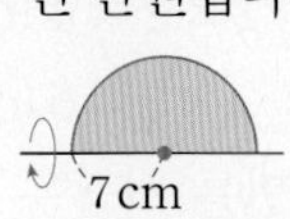

➡ (넓이)=7×7×3.14÷2=76.93 (cm²)

154쪽 응용 학습 ③

1단계	$240\,cm^2$	3·1	3바퀴
2단계	4바퀴	3·2	3 cm

1단계 (롤러를 한 바퀴 굴렸을 때 페인트가 칠해지는 부분의 넓이)
=(원기둥의 옆면의 넓이)
$=4\times2\times3\times10=240\,(cm^2)$

2단계 (롤러를 굴린 횟수)$=960\div240=4$(바퀴)

3·1 (롤러를 한 바퀴 굴렸을 때 페인트가 칠해지는 부분의 넓이)
=(원기둥의 옆면의 넓이)
$=10\times2\times3.14\times15=942\,(cm^2)$
➡ (롤러를 굴린 횟수)$=2826\div942=3$(바퀴)

3·2 (롤러를 한 바퀴 굴렸을 때 페인트가 칠해지는 부분의 넓이)$=2232\div5=446.4\,(cm^2)$
원기둥의 옆면의 넓이가 $446.4\,cm^2$이므로
(원기둥의 밑면의 둘레)$=446.4\div24=18.6\,(cm)$
입니다.
➡ (롤러의 밑면의 반지름)
$=18.6\div3.1\div2=3\,(cm)$

155쪽 응용 학습 ④

1단계	36 cm	4·1	5 cm
2단계	나	4·2	강우, 11 cm
3단계	10 cm		

1단계 (옆면의 가로)=(원기둥의 밑면의 둘레)
$=6\times2\times3=36\,(cm)$

2단계 전개도에서 옆면의 가로가 36 cm이므로 나와 같이 옆면의 가로와 주어진 종이의 가로가 평행한 방법으로만 그릴 수 있습니다.

3단계 (원기둥의 높이)=(옆면의 세로)이고,
(전개도에서 옆면의 세로)
=(종이의 세로)−(밑면의 지름)×2입니다.
➡ (높이)$=34-6\times2\times2=34-24=10\,(cm)$

4·1 (옆면의 가로)=(원기둥의 밑면의 둘레)
$=5\times2\times3=30\,(cm)$
전개도에서 옆면의 가로가 30 cm이므로 옆면의 가로와 주어진 종이의 세로가 평행하게 그립니다.

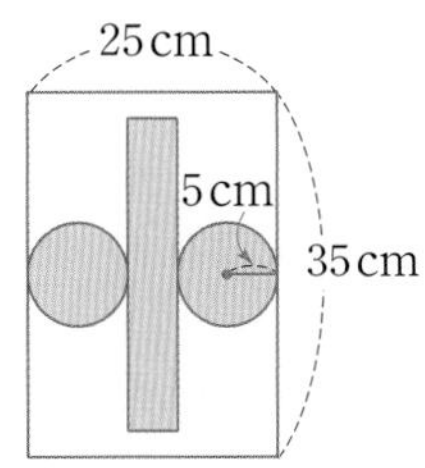

(전개도에서 옆면의 세로)
$=25-5\times2\times2=5\,(cm)$
➡ (상자의 높이)
=(옆면의 세로)=5 cm

4·2 • 강우: (전개도에서 옆면의 가로)
$=7\times2\times3=42\,(cm)$
옆면의 가로가 42 cm이므로 두 가지 방법으로 전개도를 그릴 수 있습니다.
그중 높이가 높으려면 옆면의 가로와 종이의 세로가 평행하게 그려야 합니다.
(전개도에서 옆면의 세로)
=(상자의 높이)
$=49-7\times2\times2=21\,(cm)$

• 지혜: (전개도에서 옆면의 가로)
$=8\times2\times3=48\,(cm)$
옆면의 가로가 48 cm이므로 옆면의 가로와 주어진 종이의 가로가 평행하게 그립니다.
(전개도에서 옆면의 세로)
=(상자의 높이)
$=42-8\times2\times2=10\,(cm)$

➡ 21 cm > 10 cm이므로 강우가 만든 상자의 높이가 $21-10=11\,(cm)$ 더 높습니다.

156쪽 교과서 통합 핵심 개념

1 원기둥 / (위에서부터) 높이, 밑면 / 굽은, 직사각형
2 둘레, 높이
3

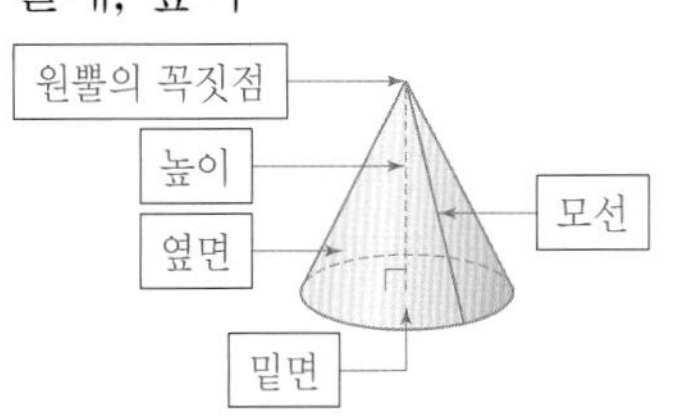

4 구의 중심, 1

157쪽~159쪽 단원 평가

1 나, 라 **2** 다
3 바 **4**

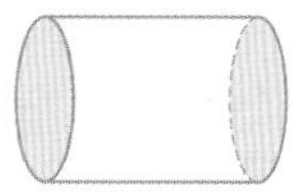

5 밑면, 옆면, 높이, 밑면
6

7 다
8 구
9 예 서로 평행한 두 면이 합동이 아니므로 원기둥이 아닙니다.
10 원기둥
11 ❶ 원뿔의 높이는 12 cm이고, 모선의 길이는 13 cm입니다.
❷ 원뿔의 높이와 모선의 길이의 차는 $13-12=1$ (cm)입니다. 답 1 cm
12 하은 **13** 10 cm
14 (위에서부터) 7, 8, 43.96
15 $243\,cm^2$ **16** 4 cm
17 ❶ 원기둥의 전개도에서 옆면의 가로는 밑면의 둘레와 같으므로 $7\times2\times3=42$ (cm)이고 옆면의 세로는 원기둥의 높이와 같으므로 10 cm입니다.
❷ 따라서 필요한 포장지의 넓이는 적어도 $42\times10=420$ (cm^2)입니다. 답 $420\,cm^2$
18 142 cm **19** $35\,cm^2$
20 5 cm

1 위와 아래에 있는 면이 서로 평행하고 합동인 원으로 이루어진 입체도형을 모두 찾으면 나, 라입니다.

2 평평한 면이 원이고 옆을 둘러싼 굽은 면이 뿔 모양인 입체도형을 찾으면 다입니다.

3 공 모양인 입체도형을 찾으면 바입니다.

4 원기둥에서 서로 평행하고 합동인 두 원을 색칠합니다.

7 • 가: 두 밑면이 서로 겹쳐지는 위치에 있습니다.
• 나: 두 밑면이 합동이 아닙니다.
• 라: 옆면이 직사각형이 아니고, 옆면의 가로의 길이와 밑면의 둘레가 다릅니다.

8 반원 모양의 종이를 지름을 기준으로 한 바퀴 돌렸을 때 만들어지는 입체도형은 구입니다.

9

채점 기준		
	원기둥이 아닌 이유를 쓴 경우	5점

[평가 기준] '서로 평행한 두 면이 합동이 아니다.'라는 표현이 있으면 정답으로 인정합니다.

10 위에서 본 모양이 원인 것은 원기둥, 원뿔, 구이고, 그중 앞과 옆에서 본 모양이 직사각형인 것은 원기둥입니다.

11

채점 기준			
	❶ 원뿔의 높이와 모선의 길이를 각각 구한 경우	4점	5점
	❷ 원뿔의 높이와 모선의 길이의 차를 구한 경우	1점	

12 하은: 원기둥은 밑면이 2개, 원뿔은 밑면이 1개입니다.

13 직사각형 모양의 종이를 한 변을 기준으로 한 바퀴 돌려 만든 입체도형은 밑면의 반지름이 4 cm, 높이가 10 cm인 원기둥입니다.

14 (밑면의 반지름)$=7$ cm
(전개도에서 옆면의 가로)=(밑면의 둘레)
$=7\times2\times3.14$
$=43.96$ (cm)
(전개도에서 옆면의 세로)=(원기둥의 높이)$=8$ cm

15 구를 똑같이 반으로 잘랐을 때 나오는 단면은 지름이 18 cm인 원입니다.
➡ (구를 똑같이 반으로 잘랐을 때 나오는 단면의 넓이)
$=9\times9\times3=243$ (cm^2)

16 (옆면의 가로)=(밑면의 둘레)
=(밑면의 반지름)$\times2\times3.1=24.8$
➡ (밑면의 반지름)$=24.8\div3.1\div2=4$ (cm)

17

채점 기준			
	❶ 옆면의 가로와 세로의 길이를 구한 경우	3점	5점
	❷ 필요한 포장지의 넓이를 구한 경우	2점	

18 (한 밑면의 둘레)=(옆면의 가로)
$=5\times2\times3.1=31$(cm)
(옆면의 세로)$=9$ cm
➡ (전개도의 둘레)
$=31\times2+(31+9)\times2=62+80=142$ (cm)

19 원뿔을 앞에서 본 모양은 밑변의 길이가 7 cm이고 높이가 10 cm인 삼각형입니다.
➡ (앞에서 본 모양의 넓이)
$=7\times10\div2=35$ (cm^2)

20 (롤러를 한 바퀴 굴렸을 때 페인트가 칠해지는 부분의 넓이)
=(원기둥의 옆면의 넓이)
$=1099\div5=219.8$ (cm^2)
(원기둥의 밑면의 둘레)$=219.8\div14=15.7$ (cm)
➡ (롤러의 밑면의 지름)$=15.7\div3.14=5$ (cm)

34쪽 쉬어가기

예

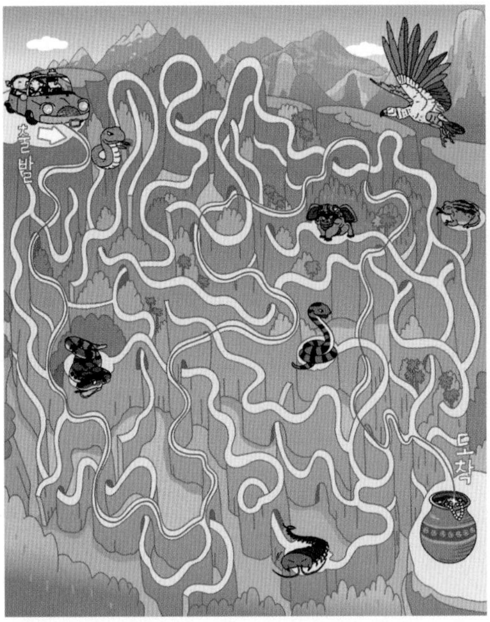

116쪽 쉬어가기

예

64쪽 쉬어가기

138쪽 쉬어가기

94쪽 쉬어가기

160쪽 쉬어가기

① 분수의 나눗셈

2쪽~4쪽 단원 평가 기본

1 2, 1, 2, 1

2 20, 20, 19, $1\frac{1}{19}\left(=\frac{20}{19}\right)$

3 84

4 $\frac{7}{8}\div\frac{2}{3}=\frac{7}{8}\times\frac{3}{2}=\frac{21}{16}=1\frac{5}{16}$

5 (위에서부터) $3\frac{3}{7}$, $1\frac{1}{2}$

6 ⑤　　**7** $<$

8 ㉡　　**9** $1\frac{3}{8}$배

10 ❶ 예 분수의 나눗셈을 분수의 곱셈으로 나타낼 때 나누는 분수의 분모와 분자를 바꾸지 않고 그대로 곱하여 계산이 잘못되었습니다.

❷ 예 $\frac{7}{12}\div\frac{3}{10}=\frac{7}{\underset{6}{\cancel{12}}}\times\frac{\overset{5}{\cancel{10}}}{3}=\frac{35}{18}=1\frac{17}{18}$

11 12명　　**12** $\frac{8}{9}\div\frac{2}{9}=4$, 4

13 15개

14 ❶ 영아가 먹은 케이크의 양을 형우가 먹은 케이크의 양으로 나누어야 하므로 $\frac{1}{6}\div\frac{1}{8}$을 계산합니다.

❷ $\frac{1}{6}\div\frac{1}{8}=\frac{4}{24}\div\frac{3}{24}=4\div3=\frac{4}{3}=1\frac{1}{3}$(배)

답 $1\frac{1}{3}$배

15 $4\frac{1}{2}$　　**16** $11\frac{1}{5}$배

17 $\frac{11}{12}\div\frac{6}{12}=1\frac{5}{6}$, $\frac{11}{13}\div\frac{6}{13}=1\frac{5}{6}$

18 1, 2, 3　　**19** 7

20 ❶ 남은 색종이는 처음 가지고 있던 색종이의 $1-\frac{1}{4}=\frac{3}{4}$입니다.

❷ 혜수가 처음 가지고 있던 색종이를 □장이라 하면 $\square\times\frac{3}{4}=60$에서 $\square=60\div\frac{3}{4}=(60\div3)\times4=80$이므로 혜수가 처음 가지고 있던 색종이는 80장입니다.

답 80장

7 $\frac{16}{19}\div\frac{8}{19}=16\div8=2$ ➡ $2<5$

10

채점 기준			
	❶ 계산이 잘못된 이유를 알맞게 쓴 경우	3점	5점
	❷ 바르게 고쳐 계산한 경우	2점	

[평가 기준] 이유에서 '분수의 곱셈으로 나타낼 때 나누는 분수의 분모와 분자를 바꾸지 않았다.'라는 표현이 있으면 정답으로 인정합니다.

11 (나누어 줄 수 있는 사람 수)

$=$(전체 쌀의 양)$\div$(한 사람에게 나누어 주는 쌀의 양)

$=\frac{18}{10}\div\frac{3}{20}=\frac{36}{20}\div\frac{3}{20}=36\div3=12$(명)

12 그림에서 $\frac{8}{9}$을 $\frac{2}{9}$씩 묶으면 4묶음이 됩니다.

➡ $\frac{8}{9}\div\frac{2}{9}=4$

13 (물을 줄 수 있는 화분 수)

$=$(전체 물의 양)$\div$(화분 한 개에 주는 물의 양)

$=6\div\frac{2}{5}=(6\div2)\times5=15$(개)

14

채점 기준			
	❶ 문제에 알맞은 나눗셈식을 세운 경우	2점	5점
	❷ 영아가 먹은 케이크 양은 형우가 먹은 케이크 양의 몇 배인지 구한 경우	3점	

15 $\square\times\frac{5}{6}=3\frac{3}{4}$

➡ $\square=3\frac{3}{4}\div\frac{5}{6}=\frac{15}{4}\div\frac{5}{6}=\frac{\overset{3}{\cancel{15}}}{\underset{2}{\cancel{4}}}\times\frac{\overset{3}{\cancel{6}}}{\underset{1}{\cancel{5}}}=\frac{9}{2}=4\frac{1}{2}$

16 ㉠ $2\frac{4}{5}\div\frac{7}{10}=\frac{14}{5}\div\frac{7}{10}=\frac{\overset{2}{\cancel{14}}}{\underset{1}{\cancel{5}}}\times\frac{\overset{2}{\cancel{10}}}{\underset{1}{\cancel{7}}}=4$

➡ ㉠$\div$㉡$=4\div\frac{5}{14}=4\times\frac{14}{5}=\frac{56}{5}=11\frac{1}{5}$(배)

17 분모가 같은 진분수의 나눗셈이고 $11\div6$을 이용하여 계산할 수 있으므로 나눗셈식은 $\frac{11}{\square}\div\frac{6}{\square}$입니다.

분모가 11보다 크고 14보다 작아야 하므로 분모는 12와 13이 될 수 있습니다.

➡ $\frac{11}{12}\div\frac{6}{12}=1\frac{5}{6}$, $\frac{11}{13}\div\frac{6}{13}=1\frac{5}{6}$

18 $5\div\frac{1}{\square}=5\times\square$이므로 $5\times\square<20$입니다.

➡ $5\times1=5$, $5\times2=10$, $5\times3=15$, $5\times4=20$, …이므로 □ 안에 들어갈 수 있는 자연수는 1, 2, 3입니다.

19 $\frac{3}{4}\star\frac{1}{8}=\left(\frac{3}{4}+\frac{1}{8}\right)\div\frac{1}{8}=\left(\frac{6}{8}+\frac{1}{8}\right)\div\frac{1}{8}$

$=\frac{7}{8}\div\frac{1}{8}=7\div1=7$

20

채점 기준			
	❶ 남은 색종이는 처음 가지고 있던 색종이의 몇 분의 몇인지 구한 경우	2점	5점
	❷ 처음 가지고 있던 색종이는 몇 장인지 구한 경우	3점	

5쪽~7쪽 단원 평가 심화

1 $9,\ 9,\ 1\frac{4}{9}\left(=\frac{13}{9}\right)$ **2** 9

3

4 $2\frac{2}{5}$

5 4, 3 **6** $3\frac{9}{10}$

7 ❶ 수의 크기를 비교하면

$\frac{15}{29}>\frac{10}{29}>\frac{8}{29}>\frac{5}{29}>\frac{4}{29}$이므로

가장 큰 수는 $\frac{15}{29}$, 가장 작은 수는 $\frac{4}{29}$입니다.

❷ 따라서 가장 큰 수를 가장 작은 수로 나누면

$\frac{15}{29}\div\frac{4}{29}=15\div4=\frac{15}{4}=3\frac{3}{4}$입니다. 답 $3\frac{3}{4}$

8 예 $1\frac{4}{5}\div\frac{2}{7}=\frac{9}{5}\div\frac{2}{7}=\frac{9}{5}\times\frac{7}{2}=\frac{63}{10}=6\frac{3}{10}$

9 ( )( )(○) **10** >

11 ❶ 전체 폐식용유의 양을 비누 한 개를 만드는 데 필요한 폐식용유의 양으로 나누어야 하므로 $12\div\frac{4}{9}$를 계산합니다.

❷ $12\div\frac{4}{9}=(12\div4)\times9=27$이므로 만들 수 있는 비누는 27개입니다. 답 27개

12 ㉡

13 $1\frac{1}{21}\div\frac{8}{15}=1\frac{27}{28}$, $1\frac{27}{28}$ m

14 6개 **15** 60

16 $1\frac{1}{4}$ **17** 65마리

18 ❶ (나희가 1시간 동안 걸을 수 있는 거리)

$=\frac{3}{4}\div\frac{4}{15}=\frac{3}{4}\times\frac{15}{4}=\frac{45}{16}=2\frac{13}{16}$(km)

❷ (나희가 $1\frac{1}{6}$시간 동안 걸을 수 있는 거리)

$=2\frac{13}{16}\times1\frac{1}{6}=\frac{\overset{15}{\cancel{45}}}{16}\times\frac{7}{\underset{2}{\cancel{6}}}=\frac{105}{32}=3\frac{9}{32}$(km)

답 $3\frac{9}{32}$ km

19 $4\frac{4}{9}$ **20** 48

7

채점 기준			
	❶ 가장 큰 수와 가장 작은 수를 각각 찾은 경우	2점	5점
	❷ 가장 큰 수를 가장 작은 수로 나눈 몫을 구한 경우	3점	

참고 분모가 같으면 분자가 클수록 큰 분수입니다.

8 대분수를 가분수로 나타내어 계산하지 않아 잘못되었습니다.

11

채점 기준			
	❶ 문제에 알맞은 나눗셈식을 세운 경우	2점	5점
	❷ 만들 수 있는 비누의 개수를 구한 경우	3점	

13 (가로)=(직사각형의 넓이)÷(세로)

$=1\frac{1}{21}\div\frac{8}{15}=\frac{22}{21}\div\frac{8}{15}=\frac{\overset{11}{\cancel{22}}}{\underset{7}{\cancel{21}}}\times\frac{\overset{5}{\cancel{15}}}{\underset{4}{\cancel{8}}}$

$=\frac{55}{28}=1\frac{27}{28}$(m)

14 $\frac{3}{8}\div\frac{3}{56}=\frac{21}{56}\div\frac{3}{56}=21\div3=7$ ➡ □<7

따라서 □ 안에 들어갈 수 있는 자연수는 1, 2, 3, 4, 5, 6으로 6개입니다.

15 ㉡$\times\frac{2}{5}=18$에서 ㉡$=18\div\frac{2}{5}=(18\div2)\times5=45$입니다. ㉠$\times\frac{3}{4}=$㉡, ㉠$\times\frac{3}{4}=45$이므로

㉠$=45\div\frac{3}{4}=(45\div3)\times4=60$입니다.

16 0과 1 사이를 똑같이 7칸으로 나눈 작은 눈금 한 칸의 크기는 $\frac{1}{7}$이므로 ㉠$=\frac{4}{7}$, ㉡$=\frac{5}{7}$입니다.

➡ ㉡÷㉠$=\frac{5}{7}\div\frac{4}{7}=5\div4=\frac{5}{4}=1\frac{1}{4}$

17 지난달 물고기 수를 □마리라 하면 $□\times\frac{3}{10}=15$이므로 $□=15\div\frac{3}{10}=(15\div3)\times10=50$입니다.

➡ (지금 수족관에 있는 물고기 수)

$=50+15=65$(마리)

18

채점 기준			
	❶ 나희가 1시간 동안 걸을 수 있는 거리를 구한 경우	3점	5점
	❷ 나희가 $1\frac{1}{6}$시간 동안 걸을 수 있는 거리를 구한 경우	2점	

19 $1\frac{1}{9}\div\frac{3}{5}=\frac{10}{9}\div\frac{3}{5}=\frac{10}{9}\times\frac{5}{3}=\frac{50}{27}=1\frac{23}{27}$이므로 $□\times\frac{5}{12}=1\frac{23}{27}$입니다.

➡ $□=1\frac{23}{27}\div\frac{5}{12}=\frac{50}{27}\div\frac{5}{12}=\frac{\overset{10}{\cancel{50}}}{\underset{9}{\cancel{27}}}\times\frac{\overset{4}{\cancel{12}}}{\underset{1}{\cancel{5}}}$

$=\frac{40}{9}=4\frac{4}{9}$

20 어떤 수를 □라 하면 $□\times\frac{9}{14}=27$에서

$□=27\div\frac{9}{14}=(27\div9)\times14=42$이므로 어떤 수는 42입니다. ➡ $42\div\frac{7}{8}=(42\div7)\times8=48$

8쪽 수행 평가 ❶회

1 (1) 2 (2) 2
2 (1) 5, 3, $\frac{5}{3}$, $1\frac{2}{3}$ (2) 10, 7, $\frac{10}{7}$, $1\frac{3}{7}$
3 (1) 2 (2) $1\frac{1}{7}$ 4 >
5 3개

3 (1) $\frac{8}{9}\div\frac{4}{9}=8\div4=2$
(2) $\frac{8}{13}\div\frac{7}{13}=8\div7=\frac{8}{7}=1\frac{1}{7}$

4 $\frac{6}{7}\div\frac{5}{7}=6\div5=\frac{6}{5}=1\frac{1}{5}$
$\frac{9}{17}\div\frac{8}{17}=9\div8=\frac{9}{8}=1\frac{1}{8}$ ➡ $1\frac{1}{5}>1\frac{1}{8}$

5 (담을 수 있는 병 수)
=(전체 식혜의 양)÷(한 병에 나누어 담는 양)
$=\frac{9}{14}\div\frac{3}{14}=9\div3=3$(개)

9쪽 수행 평가 ❷회

1 12
2 (1) 10, 9, 10, 9, $\frac{10}{9}$, $1\frac{1}{9}$
(2) 15, 2, 15, 2, $\frac{15}{2}$, $7\frac{1}{2}$
3 (1) $\frac{9}{10}$ (2) $1\frac{1}{15}$ 4 $1\frac{5}{7}$
5 $9\frac{1}{3}$ m

3 (1) $\frac{9}{14}\div\frac{5}{7}=\frac{9}{14}\div\frac{10}{14}=9\div10=\frac{9}{10}$
(2) $\frac{8}{9}\div\frac{5}{6}=\frac{16}{18}\div\frac{15}{18}=16\div15=\frac{16}{15}=1\frac{1}{15}$

4 $\square\times\frac{7}{15}=\frac{4}{5}$
➡ $\square=\frac{4}{5}\div\frac{7}{15}=\frac{12}{15}\div\frac{7}{15}$
$=12\div7=\frac{12}{7}=1\frac{5}{7}$

5 (1분 동안 만들 수 있는 실의 길이)
$=\frac{7}{9}\div\frac{1}{12}=\frac{28}{36}\div\frac{3}{36}=28\div3=\frac{28}{3}=9\frac{1}{3}$ (m)

10쪽 수행 평가 ❸회

1 2, 9, 36
2 $15\div\frac{3}{7}=(15\div3)\times7=35$
3 (1) 28, 33 (2) 32, 39
4 ㉠, ㉢, ㉡ 5 3300원

2 보기 는 자연수를 분수의 분자로 나눈 다음 분모를 곱하여 계산하는 방법입니다.

4 ㉠ $10\div\frac{2}{9}=(10\div2)\times9=45$
㉡ $8\div\frac{4}{5}=(8\div4)\times5=10$
㉢ $9\div\frac{3}{7}=(9\div3)\times7=21$
➡ 45(㉠) > 21(㉢) > 10(㉡)

5 (설탕 1 kg의 가격)
=(설탕의 가격)÷(설탕의 무게)
$=1320\div\frac{2}{5}=(1320\div2)\times5=3300$(원)

11쪽 수행 평가 ❹회

1 (1) $\frac{5}{2}$, $\frac{15}{4}$, $3\frac{3}{4}$ (2) 11, 11, $\frac{7}{6}$, $\frac{77}{36}$, $2\frac{5}{36}$
2 (1) $\frac{45}{56}$ (2) $1\frac{1}{7}$
3 $2\frac{3}{4}\div\frac{5}{7}=\frac{11}{4}\div\frac{5}{7}=\frac{11}{4}\times\frac{7}{5}=\frac{77}{20}=3\frac{17}{20}$
4 방법 1 예 $\frac{4}{9}\div\frac{5}{3}=\frac{4}{9}\div\frac{15}{9}=4\div15=\frac{4}{15}$
방법 2 예 $\frac{4}{9}\div\frac{5}{3}=\frac{4}{\cancel{9}_3}\times\frac{\cancel{3}^1}{5}=\frac{4}{15}$
5 $\frac{3}{10}$

3 보기 는 대분수를 가분수로 나타낸 다음 분수의 나눗셈을 분수의 곱셈으로 나타내어 계산하는 방법입니다.

4 두 분수를 통분하여 분자끼리 나누어 계산하거나, 분수의 나눗셈을 분수의 곱셈으로 나타내어 계산할 수 있습니다.

5 어떤 수를 □라 하면 $\square\times2\frac{1}{2}=\frac{3}{4}$입니다.
➡ $\square=\frac{3}{4}\div2\frac{1}{2}=\frac{3}{4}\div\frac{5}{2}=\frac{3}{\cancel{4}_2}\times\frac{\cancel{2}^1}{5}=\frac{3}{10}$

❷ 소수의 나눗셈

12쪽~14쪽 단원 평가 기본

1 (위에서부터) 6, 6, 10

2 150, 6, 150, 6, 25

3 $3.24 \div 0.54 = \frac{324}{100} \div \frac{54}{100} = 324 \div 54 = 6$

4 4.9 **5** 1.3 / 3, 1.3

6 3.4 **7** 7, 70, 700

8 6도막 **9** 4.61

10 <

11 ❶ 예

$$\begin{array}{r} 2.4 \\ 1.7 \overline{)\,4.08} \\ 34 \\ \hline 68 \\ 68 \\ \hline 0 \end{array}$$

/ ❷ 예 나누는 수와 나누어지는 수의 소수점을 각각 오른쪽으로 한 자리씩 또는 두 자리씩 똑같이 옮겨 계산해야 하는데 똑같이 옮기지 않았습니다.

12 $3.2 \div 0.4 = 8$, 8개

13 ❶ ㉠ $34.5 \div 2.3 = 15$, ㉡ $34 \div 1.36 = 25$, ㉢ $46.08 \div 2.88 = 16$

❷ $25 > 16 > 15$이므로 몫이 큰 것부터 차례로 기호를 쓰면 ㉡, ㉢, ㉠입니다. 답 ㉡, ㉢, ㉠

14 1.2배 **15** 27개, 2.4 g

16 5 cm **17** 20.7

18 ❶ 9분 36초가 몇 분인지 소수로 나타내면

9분 36초 $= 9\frac{36}{60}$분 $= 9\frac{6}{10}$분 $= 9.6$분입니다.

❷ (케이블카가 1 km를 가는 데 걸리는 시간)

$= 9.6 \div 1.6 = 6$(분) 답 6분

19 3 **20** 2, 5, 4 / 45

3 보기 는 소수 두 자리 수를 각각 분모가 100인 분수로 바꾸어 분수의 나눗셈으로 계산하는 방법입니다.

5 $25.3 - 8 = 17.3$, $17.3 - 8 = 9.3$, $9.3 - 8 = 1.3$이므로 25.3에서 8을 3번 덜어 내면 1.3이 남습니다.

➡ 몫: 3, 남는 수: 1.3

6 $7.2 < 24.48$

➡ $24.48 \div 7.2 = 2448 \div 720 = 3.4$

7 $56 \div 8 = 7$이고 나누는 수가 8의 $\frac{1}{10}$배, $\frac{1}{100}$배가 되므로 몫은 7의 10배, 100배가 됩니다.

8 (도막 수)

=(전체 종이띠의 길이)÷(한 도막의 길이)

$= 21 \div 3.5 = 210 \div 35 = 6$(도막)

9 $32.3 \div 7 = 4.614\cdots$ ➡ 4.61

10 $0.27 \div 0.09 = 27 \div 9 = 3$

$7.84 \div 1.6 = 78.4 \div 16 = 4.9$ ➡ $3 < 4.9$

11

채점 기준			
	❶ 바르게 계산한 경우	2점	5점
	❷ 잘못 계산한 이유를 쓴 경우	3점	

[평가 기준] 이유에서 '나누는 수와 나누어지는 수의 소수점을 같은 자리만큼 옮기지 않았다.'라는 표현이 있으면 정답으로 인정합니다.

12 (필요한 컵의 수)

=(전체 수정과의 양)÷(컵 한 개에 담을 수정과의 양)

$= 3.2 \div 0.4 = 8$(개)

13

채점 기준			
	❶ ㉠, ㉡, ㉢의 몫을 각각 구한 경우	3점	5점
	❷ 몫이 큰 것부터 차례로 기호를 쓴 경우	2점	

14 (아버지의 앉은키)÷(민성이의 앉은키)

$= 92.5 \div 78 = 1.18\cdots$

소수 둘째 자리 숫자가 8이므로 올림합니다. ➡ 1.2배

15

$$\begin{array}{r} 27 \\ 3 \overline{)\,83.4} \\ 6 \\ \hline 23 \\ 21 \\ \hline 2.4 \end{array}$$

➡ 과자를 27개까지 만들 수 있고, 남는 설탕은 2.4 g입니다.

16 (직사각형의 넓이)=(가로)×(세로)

➡ (세로)=(직사각형의 넓이)÷(가로)

$= 47.5 \div 9.5 = 475 \div 95 = 5$(cm)

17 어떤 수를 □라 하면 □$\times 3.7 = 76.59$,

□$= 76.59 \div 3.7 = 765.9 \div 37 = 20.7$입니다.

따라서 어떤 수는 20.7입니다.

18

채점 기준			
	❶ 9분 36초가 몇 분인지 소수로 나타낸 경우	2점	5점
	❷ 케이블카가 1 km를 가는 데 걸리는 시간을 구한 경우	3점	

19 $17 \div 6 = 2.8333333\cdots$

몫의 소수 둘째 자리부터 숫자 3이 반복되므로 소수 24째 자리 숫자는 3입니다.

20 몫이 가장 크려면 수 카드 3장 중 2장으로 가장 큰 두 자리 수를 만들어 나누어지는 수에 쓰고, 남은 수 카드의 수를 나누는 수에 쓰면 됩니다.

➡ $54 \div 1.2 = 45$

15쪽~17쪽 단원 평가 심화

1 14
2 702÷5.4=7020÷54=130
3 5, 15, 2.1 4 3
5

6 ❶ 128 / ❷ 예 나눗셈에서 나누어지는 수와 나누는 수에 같은 수를 곱하여도 몫은 변하지 않습니다. 5.12, 0.04에 각각 100을 곱하면 512, 4이므로 5.12÷0.04=512÷4=128입니다.
7 40.8÷6.8=6, 6명
8 ( ) (○) ( )
9 ❶

```
          1 6
   2.4) 3 8.4
        2 4
        1 4 4
        1 4 4
            0
```

/ ❷ 예 몫의 소수점은 나누어지는 수의 소수점을 옮긴 위치에 맞추어 찍어야 하는데 처음 위치에 맞추어 찍었으므로 잘못되었습니다.

10 < 11 4.85배
12 ㉢ 13 16컵, 0.2 L
14 4 15 20 kg
16 32, 8 17 쑥쑥 우유
18 9 19 0.5 kg
20 ❶ (평행사변형의 높이)
=(넓이)÷(밑변의 길이)
=47.04÷8.4=470.4÷84=5.6(cm)
❷ (밑변의 길이)÷(높이)=8.4÷5.6=1.5(배)

답 1.5배

2 보기 는 나누어지는 수와 나누는 수를 10배 하여 자연수의 나눗셈으로 계산하는 방법입니다.

4 18.6÷7=2.6⋯
소수 첫째 자리 숫자가 6이므로 올림합니다. ➡ 3

6

채점 기준			
	❶ □ 안에 알맞은 수를 써넣은 경우	2점	5점
	❷ 계산 방법을 알맞게 쓴 경우	3점	

[평가 기준] 방법에서 '나누는 수와 나누어지는 수에 각각 100을 곱하여 계산하였다.'라는 표현이 있으면 정답으로 인정합니다.

7 (나누어 줄 수 있는 사람 수)
=(전체 철사의 길이)
÷(한 사람에게 나누어 주는 철사의 길이)
=40.8÷6.8=408÷68=6(명)

9

채점 기준			
	❶ 바르게 계산한 경우	2점	5점
	❷ 잘못 계산한 이유를 쓴 경우	3점	

[평가 기준] 이유에서 '몫의 소수점을 잘못 찍었다.'라는 표현이 있으면 정답으로 인정합니다.

10 59÷7=8.42⋯이므로 반올림하여 소수 첫째 자리까지 나타내면 8.4입니다.
➡ 8.4<8.42⋯

11 (우산의 길이)÷(가위의 길이)=82.5÷17=4.852⋯
소수 셋째 자리 숫자가 2이므로 버림합니다. → 4.85
따라서 반올림하여 소수 둘째 자리까지 나타내면 4.85배입니다.

12 ㉠ 79.8÷3.8=21 ㉡ 53.52÷4.46=12
㉢ 50.85÷4.5=11.3 ㉣ 42.5÷2.5=17
➡ ㉢ 11.3<㉡ 12<㉣ 17<㉠ 21

13

```
         1 6
   0.3) 5.0
        3
        2 0
        1 8
        0.2
```

몫을 자연수까지 구하면 16이므로 16컵에 나누어 담을 수 있습니다.
(나누어 담은 주스)=0.3×16=4.8(L)
(남는 주스)=5−4.8=0.2(L)

14 49÷9.8=490÷98=5 ➡ □<5
따라서 □ 안에 들어갈 수 있는 자연수는 1, 2, 3, 4이므로 가장 큰 자연수는 4입니다.

15 일주일은 7일이므로 140.8÷7=20.1⋯입니다.
➡ 반올림하여 일의 자리까지 나타내면 20 kg입니다.

16
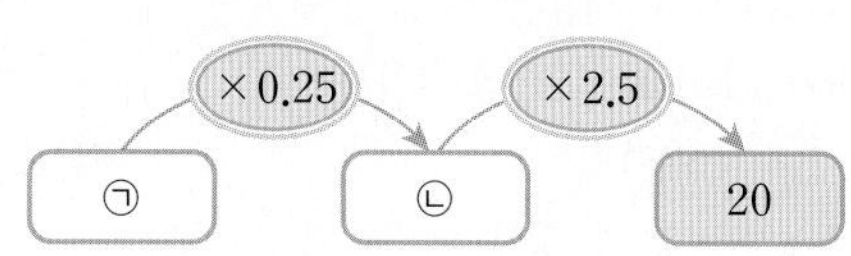

㉡×2.5=20 ➡ ㉡=20÷2.5=8
㉠×0.25=8 ➡ ㉠=8÷0.25=32

17 우유의 가격을 우유의 양으로 나누어 우유 1 L의 가격을 각각 구합니다.
• 꿀꺽 우유: 2340÷0.9=2600(원)
• 쑥쑥 우유: 5750÷2.3=2500(원)
➡ 2600원>2500원이므로 같은 양일 때 쑥쑥 우유가 더 저렴합니다.

18 어떤 수를 □라 하여 잘못 계산한 식을 쓰면 □×4.5=182.25입니다.
□=182.25÷4.5=40.5 ➡ (어떤 수)=40.5
따라서 바르게 계산하면 40.5÷4.5=9입니다.

19
$$\begin{array}{r} 7 \\ 0.7\overline{)5.1} \\ 4\,9 \\ \hline 0.2 \end{array}$$
호두를 7통에 담을 수 있고 남는 호두는 0.2 kg입니다.

➡ 호두를 남김없이 모두 담으려면 남는 0.2 kg도 담아야 하므로 0.7−0.2=0.5 (kg) 더 필요합니다.

20

채점 기준			
	❶ 평행사변형의 높이를 구한 경우	3점	5점
	❷ 밑변의 길이는 높이의 몇 배인지 구한 경우	2점	

18쪽 수행 평가 ❶회

1 (1) 459, 9, 51 / 51 (2) 244, 4, 61 / 61
2 (1) 13, 19 (2) 46, 8
3 $9.6 \div 0.6 = \frac{96}{10} \div \frac{6}{10} = 96 \div 6 = 16$
4 (1) 4 (2) 7 **5** 7 kg

2 (1) 24.7과 1.3을 각각 10배 하여 계산합니다.
(2) 3.68과 0.46을 각각 100배 하여 계산합니다.

3 보기 는 소수 한 자리 수를 각각 분모가 10인 분수로 바꾸어 분수의 나눗셈으로 계산하는 방법입니다.

5 (막대 1 m의 무게)
=(전체 무게)÷(막대의 길이)
=12.25÷1.75=1225÷175=7 (kg)

19쪽 수행 평가 ❷회

1 1.6, 1.6
2 (1) 3, 6, 36, 72 (2) 3, 6, 360, 720
3 (1) 2.9 (2) 3.4 **4** ㉢
5 3.1배

3 소수점을 오른쪽으로 한 자리씩 또는 두 자리씩 옮겨 계산합니다.

4 ㉠ 5.04÷2.8=50.4÷28=1.8
㉡ 8.17÷4.3=81.7÷43=1.9
㉢ 6.24÷3.9=62.4÷39=1.6
➡ ㉢ 1.6<㉠ 1.8<㉡ 1.9이므로 몫이 가장 작은 것은 ㉢입니다.

5 (집~도서관)÷(집~학교)
=5.58÷1.8=55.8÷18=3.1(배)

20쪽 수행 평가 ❸회

1 (위에서부터) 10, 8, 8, 10
2 (1) 28, 280, 2800 (2) 4, 40, 400
3 20, 48 **4** (1) > (2) >
5 8개

2 (1) 나누는 수가 같을 때 나누어지는 수가 10배, 100배가 되면 몫도 10배, 100배가 됩니다.
(2) 나누어지는 수가 같을 때 나누는 수가 $\frac{1}{10}$배, $\frac{1}{100}$배가 되면 몫은 10배, 100배가 됩니다.

4 (1) 12÷1.5=8, 13÷2.6=5 ➡ 8>5
(2) 40÷2.5=16, 51÷3.4=15 ➡ 16>15

5 (전체 찰흙의 무게)
÷(작품 한 개를 만드는 데 필요한 찰흙의 무게)
=28÷3.5=8(개)
➡ 찰흙 28 kg으로 작품을 8개 만들 수 있습니다.

21쪽 수행 평가 ❹회

1 0.6 **2** (1) 0.29 (2) 0.57
3 (1) 2.5 / 5, 2.5 (2) 5, 2.5 / 5, 2.5
4 21.6배 **5** 4명, 1.6 L

2 (1) 2÷7=0.285… ➡ 0.29
(2) 1.7÷3=0.566… ➡ 0.57

3 32.5에서 6을 5번 덜어 낼 수 있으므로 5봉지에 나누어 담을 수 있고, 남는 땅콩은 2.5 kg입니다.

4 (지금 무게)÷(어릴 때의 무게)
=5.62÷0.26=21.61…
➡ 반올림하여 소수 첫째 자리까지 나타내면 21.6배입니다.

5
$$\begin{array}{r} 4 \\ 6\overline{)2\,5.6} \\ 2\,4 \\ \hline 1.6 \end{array}$$
➡ 4명에게 나누어 줄 수 있고, 남는 소독약은 1.6 L입니다.

BOOK ❷ 평가북 2 단원

3 공간과 입체

22쪽~24쪽 단원 평가 기본

1 ㉤

2 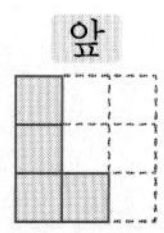

3 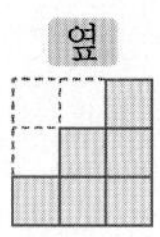

4 3, 2, 3, 2, 1, 1

5 12개

6 (○)( )

7 다

8 ❶ 쌓기나무가 1층에 6개, 2층에 4개, 3층에 1개입니다.
❷ (필요한 쌓기나무의 개수)=6+4+1=11(개)
답 11개

9 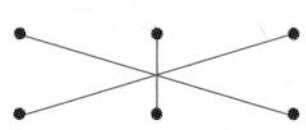

10 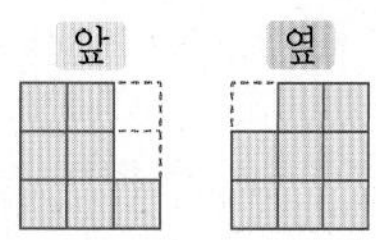

11 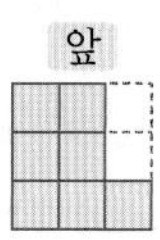

12 ㉠, ㉣

13 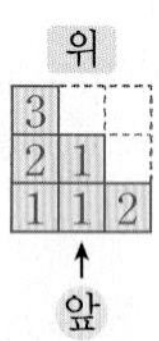

/ 10개

14 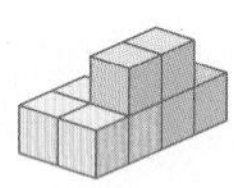

15 ❶ 앞에서 보면 가장 높은 층만큼 보이므로 왼쪽부터 3층, 3층, 2층으로 보입니다.
❷ (앞에서 보았을 때 보이는 쌓기나무의 개수)
=3+3+2=8(개)
답 8개

16 7가지

17 나, 다

18 ❶ 쌓기나무가 1층에 5개, 2층에 4개, 3층에 1개이므로 사용한 쌓기나무는 5+4+1=10(개)입니다.
❷ 42÷10=4…2이므로 똑같은 모양으로 쌓는다면 4개까지 만들 수 있습니다.
답 4개

19 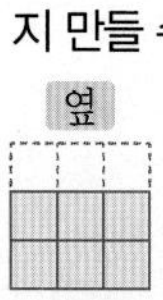

20 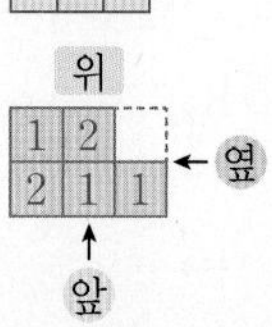

/ 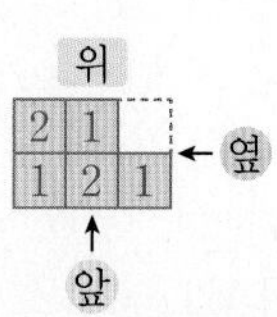

1 사진을 보면 왼쪽부터 빵, 컵, 꽃병의 순서이고 컵의 손잡이가 정면으로 보이므로 ㉤에서 찍은 사진입니다.

8

채점 기준			
	❶ 각 층에 쌓인 쌓기나무의 개수를 구한 경우	3점	5점
	❷ 필요한 쌓기나무의 개수를 구한 경우	2점	

[평가 기준] 각 층에 쌓인 쌓기나무를 세어 개수를 구하거나 각 자리에 쌓인 쌓기나무를 세어 개수를 구하는 등 해결 과정을 바르게 설명하여 답을 구했다면 정답으로 인정합니다.

11 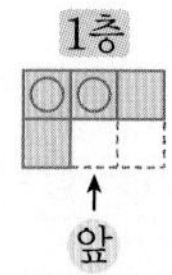

쌓기나무로 쌓은 모양을 층별로 나타낸 모양에서 1층의 ○ 부분은 쌓기나무가 3층까지 있고, 나머지 부분은 1층만 있습니다.
따라서 앞에서 본 모양은 왼쪽부터 3층, 3층, 1층으로 그립니다.

12 4층은 3층 위에 쌓아야 하므로 3층에 쌓기나무가 있는 곳에만 4층을 더 쌓을 수 있습니다.
➡ 4층 모양이 될 수 있는 것은 ㉠, ㉣입니다.

13 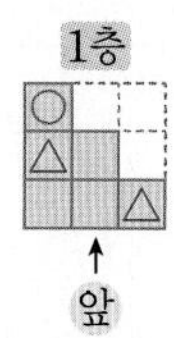

위에서 본 모양은 1층 모양과 같습니다. 층별로 나타낸 모양에서 1층의 ○ 부분은 쌓기나무가 3층까지 있고, △ 부분은 쌓기나무가 2층까지 있습니다. 나머지 부분은 1층만 있습니다.
➡ (필요한 쌓기나무의 개수)
=3+2+1+1+1+2=10(개)

15

채점 기준			
	❶ 쌓은 모양을 앞에서 본 모양을 설명한 경우	3점	5점
	❷ 앞에서 보았을 때 보이는 쌓기나무의 개수를 구한 경우	2점	

16 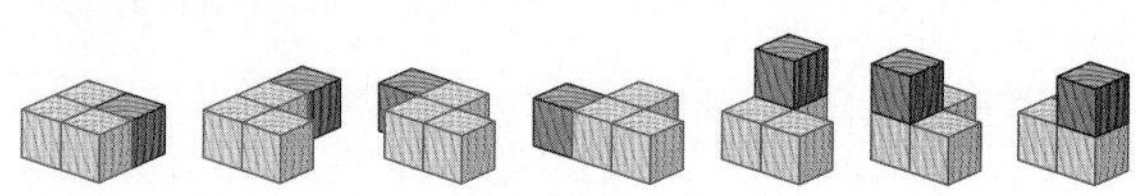
➡ 7가지

17 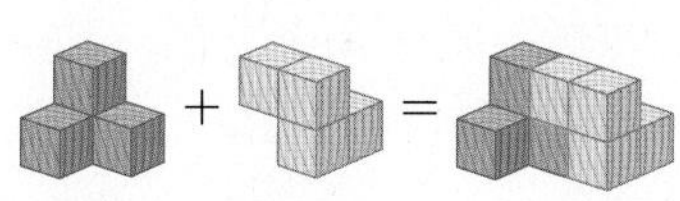

18

채점 기준			
	❶ 사용한 쌓기나무의 개수를 구한 경우	3점	5점
	❷ 모양을 몇 개까지 만들 수 있는지 구한 경우	2점	

19 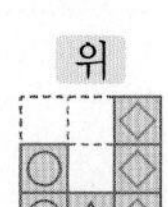

앞에서 본 모양을 보면 ○ 부분은 쌓기나무가 1개, △ 부분은 쌓기나무가 2개로 확실하고 ◇ 부분은 쌓기나무가 1개 또는 2개입니다. ○ 부분과 △ 부분에 쌓은 쌓기나무가 모두 1+1+2=4(개)이므로 ◇ 부분에 쌓은 쌓기나무는 모두 10−4=6(개)이어야 합니다. 따라서 ◇ 부분은 쌓기나무가 모두 2개씩입니다.

20 위에서 본 모양을 보면 1층에 쌓은 쌓기나무는 5개이므로 2층 이상에 쌓은 쌓기나무는 2개입니다. 1층에 쌓은 쌓기나무를 제외하고 남은 2개의 위치를 이동하면서 놓아 앞, 옆에서 본 모양이 서로 같은 두 모양을 만듭니다.

25쪽~27쪽 단원 평가 심화

1 ㉢

2 5, 3, 1

3 9개

4 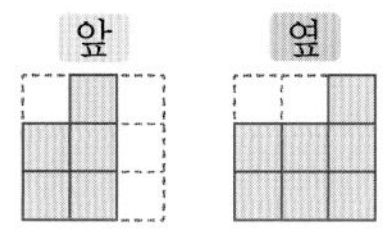

5 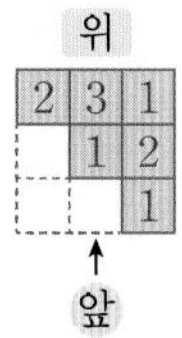

6 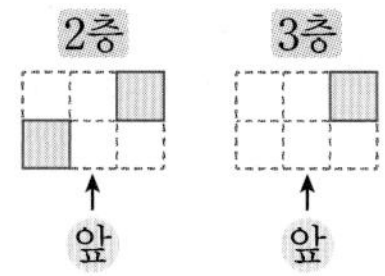

7 ( )( )(×)

8 나

9 가, 라 / 나, 다

10 ❶ 3, 1, 2 / ❷ 예 각 자리에서 1층에 쌓기나무가 있어야 2층에 쌓을 수 있고, 2층에 쌓기나무가 있어야 3층에 쌓을 수 있기 때문입니다.

11 8개

12 2개

13 9가지

14 ❶ 위에서 본 모양의 각 자리에 쌓인 쌓기나무의 개수를 쓰면 오른쪽과 같습니다.

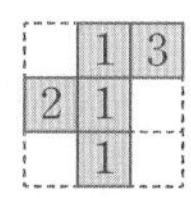

❷ 옆에서 본 모양은 각 줄의 가장 큰 수의 층만큼 그려야 하므로 왼쪽부터 1층, 2층, 3층으로 그립니다.

답 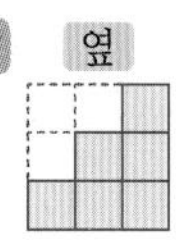

15 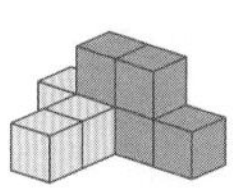

16 6개

17 ❶ 앞에서 보면 가는 왼쪽부터 1층, 2층, 3층으로 보이고, 나는 왼쪽부터 1층, 3층, 2층으로 보이고, 다는 왼쪽부터 1층, 3층, 2층으로 보입니다.

❷ 따라서 앞에서 본 모양이 다른 하나는 가입니다. 답 가

18 9개

19 15개

20 48 cm^2

6 쌓은 모양과 1층 모양을 보면 보이지 않는 부분에 숨겨진 쌓기나무가 없습니다. ➡ 2층의 쌓기나무 2개와 3층의 쌓기나무 1개를 위치에 맞게 그립니다.

7 첫 번째 모양과 두 번째 모양은 오른쪽과 같이 만들 수 있습니다.

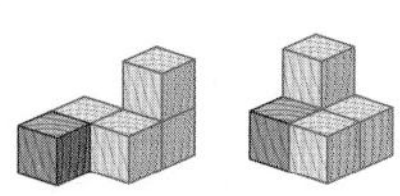

10

채점 기준			
	❶ 몇 층을 나타낸 모양인지 찾아 수를 써넣은 경우	2점	5점
	❷ 그 이유를 바르게 쓴 경우	3점	

[평가 기준] 이유에서 '아래층에 쌓기나무가 있어야 위층에 쌓기나무를 쌓을 수 있다.'는 표현이 있으면 정답으로 인정합니다.

11 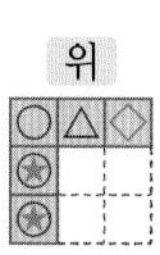

• 앞에서 본 모양을 보면 ○ 부분은 쌓기나무가 3개 이하, △ 부분은 쌓기나무가 1개, ◇ 부분은 쌓기나무가 2개입니다.

• 옆에서 본 모양을 보면 ○ 부분 중 ★ 부분은 쌓기나무가 1개이고, 나머지는 3개입니다.

➡ (필요한 쌓기나무의 개수)
$=3+1+2+1+1=8$(개)

12 위에서 본 모양에 수를 쓰는 방법으로 나타내면 오른쪽과 같습니다.
2 이상인 수가 쓰인 자리가 2곳이므로 2층에 쌓은 쌓기나무는 2개입니다.

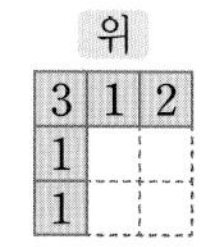

13 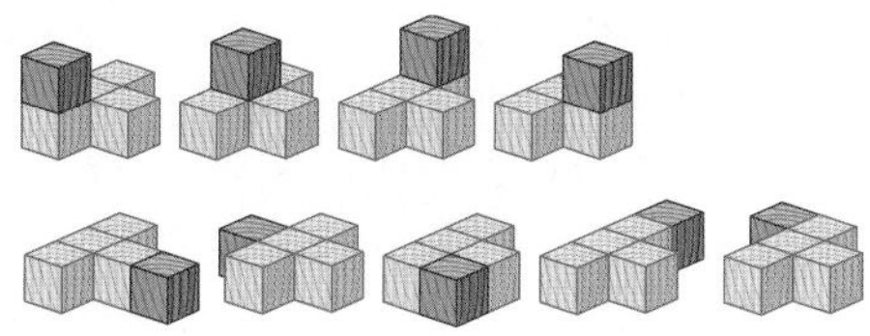 ➡ 9가지

14

채점 기준			
	❶ 위에서 본 모양의 각 자리에 쌓인 쌓기나무의 개수를 구한 경우	3점	5점
	❷ 옆에서 본 모양을 그린 경우	2점	

15 주어진 모양에서 4개짜리 쌓기나무 모양 한 가지를 먼저 생각한 다음 남은 부분이 또 다른 4개짜리 쌓기나무 모양이 되는지 확인합니다.

주의 4개씩 붙여 만든 모양이 둘로 나누어지지 않아야 합니다.

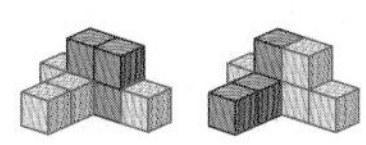

16 1층에 6개, 2층에 4개, 3층에 2개이므로 주어진 모양과 똑같이 쌓으려면 쌓기나무가
$6+4+2=12$(개) 필요합니다.
➡ (더 필요한 쌓기나무의 개수)$=12-6=6$(개)

17

채점 기준			
	❶ 각 모양의 앞에서 본 모양을 설명한 경우	4점	5점
	❷ 앞에서 본 모양이 다른 하나를 구한 경우	1점	

18 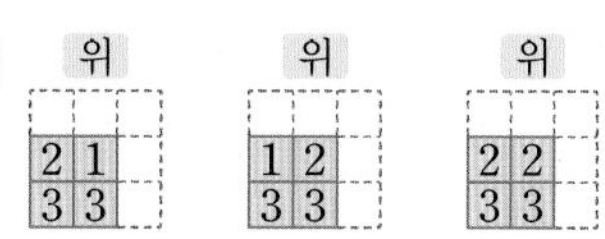

9개 9개 10개

19 (정육면체 모양으로 쌓은 쌓기나무의 개수)
$=3\times3\times3=27$(개)
쌓기나무를 빼낸 모양은 쌓기나무가 1층에 7개, 2층에 4개, 3층에 1개이므로 모두 $7+4+1=12$(개)입니다. ➡ (빼낸 쌓기나무의 개수)$=27-12=15$(개)

20 쌓은 모양을 위, 앞, 옆에서 보면 보이는 면은 각각 8개, 7개, 7개이고 어느 방향에서도 보이지 않는 면은 4개입니다.
➡ (쌓은 모양의 겉넓이)
$=(8+7+7)\times2+4=48\,(cm^2)$

28쪽 수행 평가 ①회

1 (1) ㉢ (2) ㉤
2 (1) 왼쪽 (2) 뒤 (3) 위
3 4, 3, 7
4 9개

1 (1) 집이 정면으로 보이고 나무가 집의 왼쪽에 보이므로 ㉢에서 찍은 사진입니다.
(2) 집의 옆면이 보이고 나무가 집의 오른쪽에 보이므로 ㉤에서 찍은 사진입니다.

4 위에서 본 모양은 1층에 쌓인 쌓기나무의 모양과 같으므로 1층에 6개이고 2층에 3개입니다.
➡ (똑같이 쌓는 데 필요한 쌓기나무의 개수)
$=6+3=9$(개)

29쪽 수행 평가 ②회

1 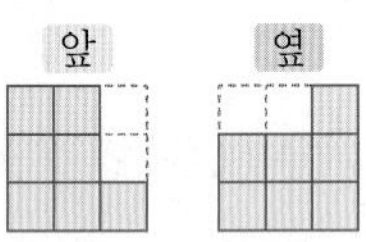

2 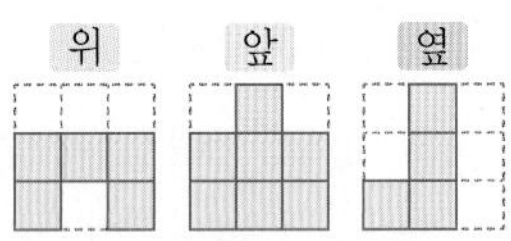

3 (○) (   )
4 10개

1 앞에서 본 모양은 왼쪽부터 3층, 3층, 1층으로 그리고, 옆에서 본 모양은 왼쪽부터 2층, 2층, 3층으로 그립니다.

2 쌓기나무 9개로 쌓은 모양이므로 뒤에 숨겨진 쌓기나무가 없습니다.
위에서 본 모양은 1층에 쌓은 쌓기나무의 모양과 같게 그리고, 앞과 옆에서 본 모양은 각 줄의 가장 높은 층만큼 그립니다.

3 • 위, 앞에서 본 모양을 보면 쌓은 모양은 두 모양 모두 될 수 있습니다.
• 옆에서 본 모양을 보면 쌓은 모양은 왼쪽 모양입니다.

참고 오른쪽 모양을 옆에서 본 모양은 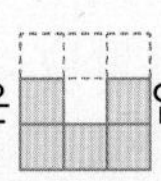 입니다.

4 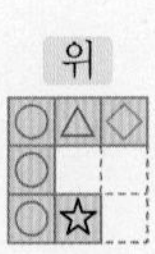

• 앞에서 본 모양을 보면 ○ 부분은 쌓기나무가 1개씩, ◇ 부분은 쌓기나무가 2개입니다.
• 옆에서 본 모습을 보면 ☆ 부분은 쌓기나무가 2개, △ 부분은 쌓기나무가 3개입니다.
따라서 똑같은 모양으로 쌓는 데 필요한 쌓기나무는 $1+3+2+1+1+2=10$(개)입니다.

30쪽 수행 평가 ③회

1 1, 1, 2, 2 / 9
2 (1) 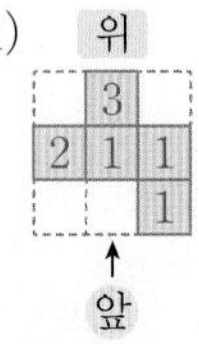 / 8개 (2) 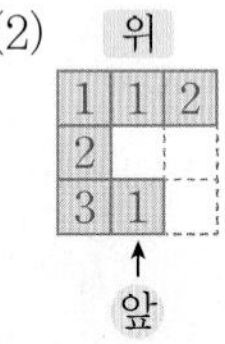 / 10개

3 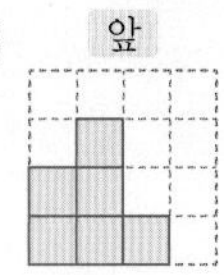

4 5개

3 앞에서 보면 가장 높은 층만큼 보이므로 앞에서 본 모양은 왼쪽부터 2층, 3층, 1층으로 그립니다.

4 옆에서 보면 가장 높은 층만큼 보이므로 왼쪽부터 2층, 3층으로 보입니다.
(옆에서 보았을 때 보이는 쌓기나무의 개수)
$=2+3=5$(개)

31쪽 수행 평가 ④회

1 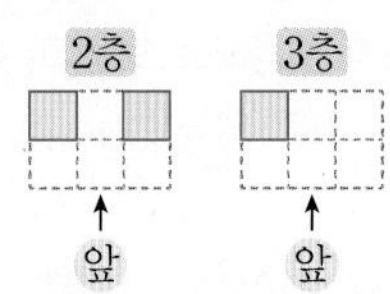

2 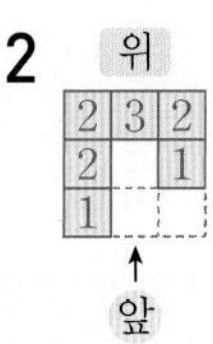 / 11개

3 나
4 (1) 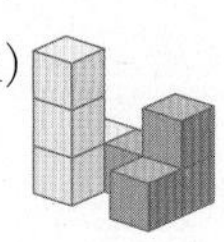 (2) 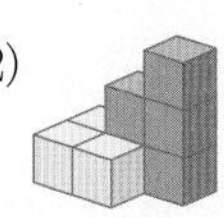

1 2층의 쌓기나무 2개와 3층의 쌓기나무 1개를 위치에 맞게 그립니다.

2 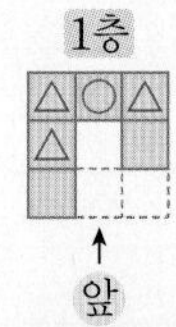

쌓은 모양을 위에서 본 모양은 1층의 모양과 같습니다. 쌓기나무로 쌓은 모양을 층별로 나타낸 모양에서 1층의 ○ 부분은 쌓기나무가 3층까지 있고, △ 부분은 쌓기나무가 2층까지 있습니다. 나머지 부분은 1층만 있습니다.
➡ (필요한 쌓기나무의 개수)
$=2+3+2+2+1+1=11$(개)

3 가  다 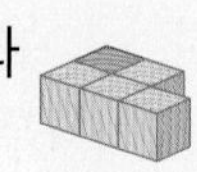

4 비례식과 비례배분

32쪽~34쪽 단원 평가 기본

1 56, 8 / 64, 7
2 35, 5
3 ②, ⑤
4 11 : 6
5 예 6 : 7
6 72
7 70, 50
8 예 126 : 72, 7 : 4
9

10 ❶ 비례식에서 외항의 곱과 내항의 곱이 같습니다.
❷ $24\times3=㉠\times㉡$이므로 $㉠\times㉡=72$입니다. 답 72

11 ㉣

12 ❶ 가로와 세로의 비는 0.6 : 0.45이고 전항과 후항에 100을 곱하면 60 : 45가 됩니다.
❷ 60 : 45의 전항과 후항을 15로 나누면 4 : 3이 됩니다.
답 예 4 : 3

13 2 kg, 16 kg
14 21 cm
15 153 cm
16 9시간
17 250 g
18 예 9 : 5
19 16, 15, 40

20 ❶ 둘레가 52 cm이므로 (가로)+(세로)=26 (cm)입니다.
❷ $(가로)=26\times\frac{8}{8+5}=26\times\frac{8}{13}=16$ (cm)
$(세로)=26\times\frac{5}{8+5}=26\times\frac{5}{13}=10$ (cm)
❸ (직사각형의 넓이)$=16\times10=160$ (cm^2)
답 160 cm^2

5 $\frac{2}{7}:\frac{1}{3}$의 전항과 후항에 두 분모의 최소공배수인 21을 곱하면 6 : 7이 됩니다.

6 $9\times32=4\times\square$, $4\times\square=288$, $\square=72$

7 $120\times\frac{7}{7+5}=120\times\frac{7}{12}=70$

$120\times\frac{5}{7+5}=120\times\frac{5}{12}=50$

10

채점 기준			
채점 기준	❶ 비례식에서 외항의 곱과 내항의 곱이 같음을 아는 경우	2점	5점
	❷ ㉠×㉡의 값을 구한 경우	3점	

11 ㉠ $45\times\square=36\times5$, $45\times\square=180$, $\square=4$
㉡ $0.6\times\square=0.8\times3$, $0.6\times\square=2.4$, $\square=4$
㉢ $9\times\frac{1}{9}=\square\times\frac{1}{4}$, $\square\times\frac{1}{4}=1$, $\square=4$
㉣ $\square\times7=21\times1$, $\square\times7=21$, $\square=3$
➡ □ 안에 들어갈 수가 다른 하나는 ㉣입니다.

12

채점 기준			
채점 기준	❶ 가로와 세로의 비를 자연수의 비로 나타낸 경우	2점	5점
	❷ 간단한 자연수의 비로 나타낸 경우	3점	

[평가 기준] 전항과 후항에 0이 아닌 같은 수를 곱하거나 전항과 후항을 0이 아닌 같은 수로 나누어 간단한 자연수의 비로 나타냈으면 계산 순서나 결과의 수의 크기에 관계없이 정답으로 인정합니다.

13 • 철사: $18\times\frac{1}{1+8}=18\times\frac{1}{9}=2$ (kg)
• 찰흙: $18\times\frac{8}{1+8}=18\times\frac{8}{9}=16$ (kg)

14 높이를 □ cm라 하고 비례식을 세우면
15 : 7=45 : □입니다.
➡ $15\times\square=7\times45$, $15\times\square=315$, $\square=21$

15 $255\times\frac{3}{3+2}=255\times\frac{3}{5}=153$ (cm)
$255\times\frac{2}{3+2}=255\times\frac{2}{5}=102$ (cm)
➡ 더 긴 끈의 길이는 153 cm입니다.

16 하루는 24시간이므로
낮은 $24\times\frac{3}{3+5}=24\times\frac{3}{8}=9$(시간)입니다.

17 1 kg=1000 g이고, 1 kg을 증발시킬 때 얻을 수 있는 소금의 양을 □ g이라 하고 비례식을 세우면
300 : 75=1000 : □입니다.
➡ $300\times\square=75\times1000$, $300\times\square=75000$,
$\square=250$

18 (지민이가 나누어 가진 용돈)
=7000−4500=2500(원)
4500 : 2500의 전항과 후항을 전항과 후항의 최대공약수인 500으로 나누면 9 : 5가 됩니다.

19 6 : ㉠=㉡ : ㉢
• 6 : ㉠의 비율이 $\frac{3}{8}$이므로 $\frac{6}{㉠}=\frac{3}{8}=\frac{6}{16}$에서
㉠=16입니다.
• 6 : 16=㉡ : ㉢에서 내항의 곱 $16\times㉡=240$이므로 ㉡=15입니다.
• 15 : ㉢의 비율이 $\frac{3}{8}$이므로 $\frac{15}{㉢}=\frac{3}{8}=\frac{15}{40}$에서
㉢=40입니다.

20

채점 기준			
채점 기준	❶ 직사각형의 가로와 세로의 합을 구한 경우	1점	5점
	❷ 직사각형의 가로와 세로를 각각 구한 경우	2점	
	❸ 직사각형의 넓이를 구한 경우	2점	

35쪽~37쪽 단원 평가 심화

1 (위에서부터) 9, 4

2 ○ ○ ×

3 4, 3, $\frac{4}{7}$, 80 / 4, 3, $\frac{3}{7}$, 60

4 60, 60

5 12, 32

6 가, 라

7 예 $24\times3=72$, $16\times2=32$로 외항의 곱과 내항의 곱이 다르므로 비례식이 아닙니다.

8 예 15 : 7

9 35

10 32개, 24개

11 15 g

12 예 11 : 9

13 ❶ 귤 30개의 가격을 □원이라 하고 비례식을 세우면 6 : 2000=30 : □입니다.
❷ 외항의 곱과 내항의 곱은 같으므로 $6\times□=2000\times30$, $6\times□=60000$, □=10000입니다. 답 10000원

14 32 kg

15 4

16 1반, 80권

17 예 4 : 6=14 : 21

18 ❶ (평행사변형 모양 종이의 넓이)$=14\times12=168\,(cm^2)$
❷ • $168\times\frac{3}{3+5}=168\times\frac{3}{8}=63\,(cm^2)$
• $168\times\frac{5}{3+5}=168\times\frac{5}{8}=105\,(cm^2)$
❸ 63<105이므로 나누어진 두 개의 종이 중 더 넓은 종이의 넓이는 $105\,cm^2$입니다. 답 $105\,cm^2$

19 $150\,cm^2$

20 예 10 : 7

5 ㉠ : 16=24 : ㉡
• $\frac{㉠}{16}=\frac{3}{4}=\frac{3\times4}{4\times4}$에서 ㉠$=3\times4=12$입니다.
• $\frac{24}{㉡}=\frac{3}{4}=\frac{3\times8}{4\times8}$에서 ㉡$=4\times8=32$입니다.

7

채점 기준		
채점 기준	비례식이 아닌 이유를 알맞게 쓴 경우	5점

[평가 기준] '외항의 곱과 내항의 곱이 다르다.' 또는 '두 비의 비율이 다르다.'라는 표현이 있으면 정답으로 인정합니다.

11 넣어야 할 설탕을 □g이라 하고 비례식을 세우면 4 : 1=60 : □입니다.
➡ $4\times□=1\times60$, $4\times□=60$, □=15

12 (흰 바둑돌 수)=80−44=36(개)
검은 바둑돌 수와 흰 바둑돌 수의 비는 44 : 36이고, 전항과 후항을 전항과 후항의 최대공약수인 4로 나누면 11 : 9가 됩니다.

13

채점 기준			
채점 기준	❶ 귤 30개의 가격을 □원이라 하고 비례식을 세운 경우	2점	5점
	❷ 비례식의 성질을 이용하여 □의 값을 구한 경우	3점	

14 4.2 : 3.2의 전항과 후항에 각각 10을 곱하면 42 : 32이고, 42 : 32의 전항과 후항을 2로 나누면 21 : 16입니다.
➡ 식혜를 만드는 데 사용한 쌀의 양:
$74\times\frac{16}{21+16}=74\times\frac{16}{37}=32\,(kg)$

15 $\frac{3}{8}$: $\frac{□}{9}$의 전항과 후항에 두 분모의 최소공배수인 72를 곱하면 27 : (□×8)이 됩니다.
➡ □×8=32, □=4

16 1반과 2반의 학생 수의 비는 22 : 18이고 전항과 후항을 2로 나누면 11 : 9가 됩니다.
• 1반: $800\times\frac{11}{11+9}=800\times\frac{11}{20}=440$(권)
• 2반: $800\times\frac{9}{11+9}=800\times\frac{9}{20}=360$(권)
➡ 1반이 440−360=80(권) 더 많이 갖게 됩니다.

17 두 수의 곱이 같은 카드를 찾으면 $4\times21=84$, $6\times14=84$입니다.
4와 21을 외항(또는 내항), 6과 14를 내항(또는 외항)에 각각 놓아 비례식을 세웁니다.
➡ 4 : 6=14 : 21, 4 : 14=6 : 21,
21 : 6=14 : 4, 21 : 14=6 : 4 등

18

채점 기준			
채점 기준	❶ 평행사변형 모양 종이의 넓이를 구한 경우	1점	5점
	❷ 비례배분하여 두 값을 구한 경우	3점	
	❸ 더 넓은 종이의 넓이를 구한 경우	1점	

19 색칠하지 않은 부분의 넓이를 □cm^2라 하고 비례식을 세우면 3 : 7=45 : □입니다.
$3\times□=7\times45$, $3\times□=315$, □=105
➡ (사각형의 전체 넓이)$=105+45=150\,(cm^2)$

20 겹쳐진 부분의 넓이는 같으므로
(㉮의 넓이)$\times\frac{1}{5}$=(㉯의 넓이)$\times\frac{2}{7}$입니다.
따라서 비례식으로 나타내면
(㉮의 넓이) : (㉯의 넓이)$=\frac{2}{7}:\frac{1}{5}$입니다.
➡ $\frac{2}{7}:\frac{1}{5}$의 전항과 후항에 두 분모의 최소공배수인 35를 곱하면 10 : 7이 됩니다.

38쪽 수행 평가 ①회

1 (1) 9 : 21 (2) 32 : 20
2 10, 4, 7
3 (1) 예 2 : 1 (2) 예 3 : 7
4 다 5 예 5 : 6

2 비의 전항과 후항에 10을 곱하여 간단한 자연수의 비로 나타낼 수 있습니다.

4 다: 가로와 세로의 비 15 : 10의 전항과 후항을 5로 나누면 3 : 2가 되므로 15 : 10과 3 : 2는 비율이 같습니다.

5 연수와 민기가 각각 1시간 동안 한 숙제의 양의 비는 $\frac{1}{2} : \frac{3}{5}$입니다. $\frac{1}{2} : \frac{3}{5}$의 전항과 후항에 두 분모의 최소공배수인 10을 곱하면 5 : 6이 됩니다.

39쪽 수행 평가 ②회

1 (위에서부터) (1) 24, 4 / 12, 8 (2) 25, 2 / 10, 5
2 ㉣ 3 ㉢
4 16, 12
5 2 : 5=1.4 : 3.5 (또는 1.4 : 3.5=2 : 5)

4 비율을 구하면 $4 : 3 \rightarrow \frac{4}{3}$, $6 : 8 \rightarrow \frac{6}{8}\left(=\frac{3}{4}\right)$, $16 : 12 \rightarrow \frac{16}{12}\left(=\frac{4}{3}\right)$, $10 : 8 \rightarrow \frac{10}{8}\left(=\frac{5}{4}\right)$, $28 : 15 \rightarrow \frac{28}{15}$입니다.
4 : 3과 16 : 12의 비율이 같으므로 비례식으로 나타내면 4 : 3=16 : 12입니다.

5 비율을 구하면 $2 : 5 \rightarrow \frac{2}{5}$, $6 : 10 \rightarrow \frac{6}{10}\left(=\frac{3}{5}\right)$, $1.4 : 3.5 \rightarrow 14 : 35 \rightarrow \frac{14}{35}\left(=\frac{2}{5}\right)$, $15 : 6 \rightarrow \frac{15}{6}\left(=\frac{5}{2}\right)$입니다.
비율이 같은 두 비를 찾으면 2 : 5와 1.4 : 3.5이므로 비례식을 세우면
2 : 5=1.4 : 3.5 또는 1.4 : 3.5=2 : 5입니다.

40쪽 수행 평가 ③회

1 (위에서부터) 4, 21, 84, 7, 12, 84 /
예 비례식에서 외항의 곱과 내항의 곱은 같습니다.
2 (1) 25 (2) 4 3 ㉡
4 15 cm 5 72초

2 (1) 5×45=9×□, 9×□=225, □=25
(2) □×44=11×16, □×44=176, □=4

3 ㉠ 5.7×2=3.8×□, 3.8×□=11.4, □=3
㉡ $\square \times \frac{3}{4} = 9 \times \frac{1}{3}$, $\square \times \frac{3}{4} = 3$, □=4
➡ 3<4이므로 □ 안에 알맞은 수가 더 큰 비례식은 ㉡입니다.

4 세로를 □ cm라 하고 비례식을 세우면
8 : 5=24 : □입니다.
➡ 8×□=5×24, 8×□=120, □=15

5 45장을 복사하는 데 걸리는 시간을 □초라 하고 비례식을 세우면 8 : 5=□ : 45입니다.
외항의 곱과 내항의 곱이 같으므로 8×45=5×□, 5×□=360, □=72입니다.

41쪽 수행 평가 ④회

1 1, 4, $\frac{1}{5}$, 2 / 1, 4, $\frac{4}{5}$, 8
2 (1) 45, 27 (2) 64, 60 3 ㉡
4 280명, 210명 5 25개, 35개

3 ㉡ • $66 \times \frac{1}{1+2} = 66 \times \frac{1}{3} = 22$
• $66 \times \frac{2}{1+2} = 66 \times \frac{2}{3} = 44$
따라서 잘못 계산한 것은 ㉡입니다.

4 • (남학생 수)$=490 \times \frac{4}{4+3} = 490 \times \frac{4}{7} = 280$(명)
• (여학생 수)$=490 \times \frac{3}{4+3} = 490 \times \frac{3}{7} = 210$(명)

5 1 : 1.4의 전항과 후항에 10을 곱하면 10 : 14, 10 : 14의 전항과 후항을 2로 나누면 5 : 7이 됩니다.
• 성우: $60 \times \frac{5}{5+7} = 60 \times \frac{5}{12} = 25$(개)
• 도현: $60 \times \frac{7}{5+7} = 60 \times \frac{7}{12} = 35$(개)

5 원의 넓이

42쪽~44쪽 단원 평가 기본

1	3, 4	2	원주율
3	11, 3.14, 34.54	4	다
5	3.1, 3.14		

6 예 원주율은 나누어떨어지지 않고, 끝없이 계속되기 때문입니다.

7	두석	8	6
9	200, 400	10	예 $300\,cm^2$
11	$446.4\,cm^2$		

12 ❶ 컴퍼스를 이용하여 원을 그릴 때에는 컴퍼스를 원의 반지름만큼 벌리므로 그린 원의 반지름은 9 cm입니다.
❷ (원의 넓이)$=9\times9\times3.14=254.34\,(cm^2)$

답 $254.34\,cm^2$

13	㉠, ㉢, ㉡	14	43.4 cm
15	868 cm	16	$83.7\,cm^2$
17	$111.6\,cm^2$	18	17 cm

19 ❶ 색칠한 부분의 넓이는 직사각형의 넓이에서 지름이 22cm인 원 2개의 넓이를 빼서 구할 수 있습니다.
❷ (색칠한 부분의 넓이)
$=44\times22-11\times11\times3\times2$
$=968-726=242\,(cm^2)$

답 $242\,cm^2$

20 80.6 cm

1 (정육각형의 둘레)=(원의 지름)×3
(정사각형의 둘레)=(원의 지름)×4
➡ 원주는 원의 지름의 3배보다 길고, 4배보다 짧습니다.

2 원의 지름에 대한 원주의 비율을 원주율이라고 합니다.
➡ (원주율)=(원주)÷(지름)

4 지름이 5 cm인 원의 원주는 지름의 3배인 15 cm보다 길고, 지름의 4배인 20 cm보다 짧으므로 원주와 가장 비슷한 길이는 다입니다.

5 (원주)÷(지름)$=37.7\div12=3.141\cdots$

6

채점 기준		
	원주율을 어림하여 사용하는 이유를 알맞게 쓴 경우	5점

[평가 기준] '원주율은 끝없이 계속된다.'라는 표현이 있으면 정답으로 인정합니다.

7 정민: 지름이 길어지면 원주도 길어집니다.

8 (지름)=(원주)÷(원주율)
$=18\div3=6\,(cm)$

10 **[평가 기준]** 원의 넓이를 $200\,cm^2$보다 넓고, $400\,cm^2$보다 좁게 썼으면 정답으로 인정합니다.

11 (원의 반지름)$=24\div2=12\,(cm)$
(원의 넓이)=(반지름)×(반지름)×(원주율)
$=12\times12\times3.1=446.4\,(cm^2)$

12

채점 기준			
	❶ 원의 반지름을 구한 경우	2점	5점
	❷ 원의 넓이를 구한 경우	3점	

13 ㉠ (원의 넓이)$=10\times10\times3.14=314\,(cm^2)$
㉡ (원의 넓이)$=530.66\,cm^2$
㉢ (원의 넓이)$=12\times12\times3.14=452.16\,(cm^2)$
➡ ㉠ $314\,cm^2<$ ㉢ $452.16\,cm^2<$ ㉡ $530.66\,cm^2$

14 (정사각형의 한 변의 길이)$=56\div4=14\,(cm)$
정사각형 안에 그릴 수 있는 가장 큰 원의 지름이 14 cm이므로 (원주)$=14\times3.1=43.4\,(cm)$입니다.

15 바퀴가 한 바퀴 굴러간 거리는 바퀴의 원주와 같습니다.
(바퀴가 한 바퀴 굴러간 거리)
$=28\times2\times3.1=173.6\,(cm)$
➡ (바퀴가 5바퀴 굴러간 거리)
$=173.6\times5=868\,(cm)$

16 (색칠한 부분의 넓이)
=(반지름이 6 cm인 원의 넓이)
−(반지름이 3 cm인 원의 넓이)
$=6\times6\times3.1-3\times3\times3.1$
$=111.6-27.9=83.7\,(cm^2)$

17 (거울의 지름)$=37.2\div3.1=12\,(cm)$
(거울의 반지름)$=12\div2=6\,(cm)$
➡ (거울의 넓이)$=6\times6\times3.1=111.6\,(cm^2)$

18 (원의 원주)$=55.8+50.96=106.76\,(cm)$
➡ (원의 지름)$=106.76\div3.14=34\,(cm)$
따라서 만든 원의 반지름은 $34\div2=17\,(cm)$입니다.

19

채점 기준			
	❶ 색칠한 부분의 넓이 구하는 방법을 설명한 경우	1점	5점
	❷ 색칠한 부분의 넓이를 구한 경우	4점	

20 원의 반지름을 □cm라 하면
(원의 넓이)=(반지름)×(반지름)×(원주율)이므로
$\square\times\square\times3.1=523.9$,
$\square\times\square=523.9\div3.1=169$입니다.
$13\times13=169$이므로 □$=13$입니다.
➡ (원주)$=13\times2\times3.1=80.6\,(cm)$

45쪽~47쪽 단원 평가 심화

1 21 cm　　2 5, 5, 78.5
3 20 cm　　4 (위에서부터) 31.4, 10
5 ❶ 원의 반지름이 30 cm이므로
(원의 지름)=30×2=60 (cm)입니다.
❷ (그린 원의 원주)=60×3.1=186 (cm) 답 186 cm
6 588 m^2　　7 =
8 ㉠　　9 336 cm^2, 252 cm^2
10 예 294 cm^2　　11 675 cm^2
12 ❶ 한 원에서 반지름의 길이는 모두 같으므로 26 cm에서 작은 원의 반지름인 6 cm를 뺀 26−6=20 (cm)가 큰 원의 지름입니다.
❷ (큰 원의 원주)=20×3.1=62 (cm) 답 62 cm
13 38 cm　　14 595.2 cm^2
15 ❶ (굴렁쇠의 원주)=35×3.14=109.9 (cm)
❷ 따라서 굴렁쇠를 989.1÷109.9=9(바퀴) 굴린 것입니다.
답 9바퀴
16 45그루　　17 56.25 cm^2
18 12 cm　　19 130.2 cm
20 790.4 m^2

5

채점 기준			
	❶ 그린 원의 지름을 구한 경우	2점	5점
	❷ 그린 원의 원주를 구한 경우	3점	

7 • 왼쪽 원: 27.9÷9=3.1
• 오른쪽 원: 18.6÷6=3.1
➡ 두 원의 (원주)÷(지름)은 같습니다.

8 ㉠ 반지름이 10 cm인 원의 지름은 20 cm입니다.
㉡ 원주가 58.9 cm인 원의 지름은
58.9÷3.1=19 (cm)입니다.
➡ 20 cm＞19 cm이므로 지름이 더 긴 원은 ㉠입니다.

9 • (원 밖의 정육각형의 넓이)
=(삼각형 ㄱㅇㄴ의 넓이)×6
=56×6=336 (cm^2)
• (원 안의 정육각형의 넓이)
=(삼각형 ㄷㅇㄹ의 넓이)×6
=42×6=252 (cm^2)

10 **[평가 기준]** 원의 넓이를 252 cm^2보다 넓고, 336 cm^2보다 좁게 썼으면 정답으로 인정합니다.

11 만들 수 있는 가장 큰 원의 지름은 30 cm이므로
(지름이 30 cm인 원의 반지름)=15 cm입니다.
(만들 수 있는 가장 큰 원의 넓이)
=15×15×3=675 (cm^2)

12

채점 기준			
	❶ 큰 원의 지름을 구한 경우	2점	5점
	❷ 큰 원의 원주를 구한 경우	3점	

13 (피자의 지름)=117.8÷3.1=38 (cm)
따라서 상자의 밑면의 한 변의 길이는 적어도 38 cm 이어야 합니다.

14 (작은 원의 반지름)=16÷2=8 (cm)이므로
(작은 원의 넓이)=8×8×3.1=198.4 (cm^2)입니다.
(큰 원의 넓이)=16×16×3.1=793.6 (cm^2)
➡ (두 원의 넓이의 차)=793.6−198.4
=595.2 (cm^2)

15

채점 기준			
	❶ 굴렁쇠의 원주를 구한 경우	3점	5점
	❷ 굴렁쇠를 몇 바퀴 굴린 것인지 구한 경우	2점	

16 (호수의 원주)=60×3=180 (m)
➡ (필요한 나무의 수)=180÷4=45(그루)

17 (색칠한 부분의 넓이)
=(정사각형의 넓이)
−(반지름이 15 cm인 원의 넓이)÷4
=15×15−15×15×3÷4
=225−168.75=56.25 (cm^2)

18 (평행사변형의 넓이)=27×16=432 (cm^2)
원의 반지름을 □cm라 하면 □×□×3=432,
□×□=144이고 12×12=144이므로 □=12입니다.

19 (큰 반원의 곡선 부분의 길이)
=42×3.1÷2=65.1 (cm)
(작은 반원의 곡선 부분의 길이의 합)
=14×3.1÷2×3=65.1 (cm)
➡ (색칠한 부분의 둘레)
=65.1+65.1=130.2 (cm)

20 반원의 지름을 □m라 하면
(도형의 둘레)
=(지름이 □m인 원의 원주)+37×2입니다.
□×3.1+37×2=123.6, □×3.1+74=123.6,
□×3.1=49.6, □=16
➡ (도형의 넓이)
=(직사각형 부분의 넓이)
+(지름이 16 m인 원의 넓이)
=37×16+8×8×3.1
=592+198.4=790.4 (m^2)

48쪽 수행 평가 ①회

1 (1) 예
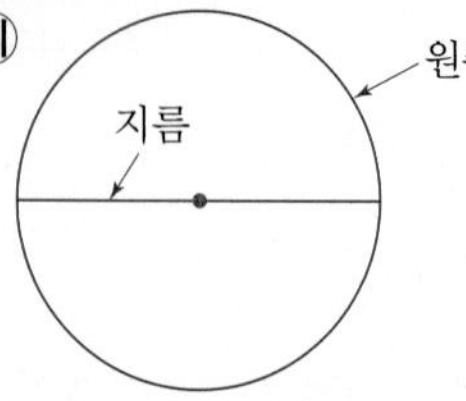

(2) 예
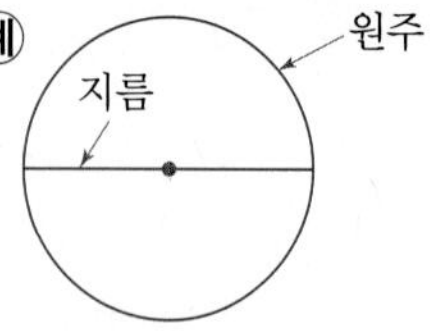

2 (1) ○ (2) × (3) ○ (4) ○
3 (1) 3.1, 3.14 (2) 3.1, 3.14
4 예 원의 크기가 달라도 원주율은 같습니다.

3 (원주율)=(원주)÷(지름)
(1) $94.27 \div 30 = 3.1423\cdots$
(2) $18.85 \div 6 = 3.1416\cdots$

4 • 첫 번째 원: (원주)÷(지름)$=37.2 \div 12 = 3.1$
• 두 번째 원: (원주)÷(지름)$=24.8 \div 8 = 3.1$
• 세 번째 원: (원주)÷(지름)$=46.5 \div 15 = 3.1$
➡ (원주)÷(지름)은 원주율이라 하고 세 원의 원주율은 같습니다.
[평가 기준] '원주율은 같다.'는 표현이 있으면 정답으로 인정합니다.

49쪽 수행 평가 ②회

1 (1) 40.3 (2) 31
2 (1) 8 cm (2) 28 cm
3 50 cm
4 125.6 cm
5 수지

1 (1) (원주)=(지름)×(원주율)
$=13 \times 3.1 = 40.3$ (cm)
(2) (원주)=(반지름)×2×(원주율)
$=5 \times 2 \times 3.1 = 31$ (cm)

2 (1) (지름)=(원주)÷(원주율)$=24 \div 3 = 8$ (cm)
(2) (지름)=(원주)÷(원주율)$=86.8 \div 3.1 = 28$ (cm)

3 길이가 150 cm인 종이띠로 만든 원의 원주는 150 cm입니다.
➡ (지름)=(원주)÷(원주율)$=150 \div 3 = 50$ (cm)

4 (바퀴가 한 바퀴 굴러간 거리)
=(바퀴의 원주)$=20 \times 2 \times 3.14 = 125.6$ (cm)

5 (수지의 훌라후프의 바깥쪽 원주)
$=82 \times 3 = 246$ (cm)
246 cm > 234 cm이므로 수지의 훌라후프가 더 큽니다.

50쪽 수행 평가 ③회

1 32, 32 / 60, 60
2 32, 60
3 28.26, 9 / 254.34 cm^2
4 (1) 111.6 cm^2 (2) 523.9 cm^2
5 28.26 cm^2

3 (직사각형의 가로)=(원주)$\times \frac{1}{2}$
$=9 \times 2 \times 3.14 \times \frac{1}{2} = 28.26$ (cm)
(직사각형의 세로)=(반지름)=9 cm
➡ (원의 넓이)=(직사각형의 넓이)
$=28.26 \times 9 = 254.34$ (cm^2)

4 (원의 넓이)=(반지름)×(반지름)×(원주율)
(1) $6 \times 6 \times 3.1 = 111.6$ (cm^2)
(2) $13 \times 13 \times 3.1 = 523.9$ (cm^2)

5 (렌즈의 반지름)$=6 \div 2 = 3$ (cm)
➡ (렌즈의 넓이)$=3 \times 3 \times 3.14 = 28.26$ (cm^2)

51쪽 수행 평가 ④회

1 (위에서부터) 3 / 12, 48, 108 / 4, 9
2 22, 11, 242
3 192 cm^2
4 (1) 129.6 cm^2 (2) 206.4 cm^2

1 (반지름이 2 cm인 원의 넓이)$=2 \times 2 \times 3 = 12$ (cm^2)
(반지름이 4 cm인 원의 넓이)$=4 \times 4 \times 3 = 48$ (cm^2)
(반지름이 6 cm인 원의 넓이)$=6 \times 6 \times 3$
$=108$ (cm^2)
반지름이 2배, 3배가 되면 넓이는 4배, 9배가 됩니다.

3 색칠한 부분의 넓이는 지름이 16 cm인 원 1개의 넓이와 같습니다.
지름이 16 cm인 원의 반지름은 8 cm이므로
(원의 넓이)$=8 \times 8 \times 3 = 192$ (cm^2)입니다.

4 (1) (색칠한 부분의 넓이)
=(정사각형의 넓이)−(원의 넓이)
$=24 \times 24 - 12 \times 12 \times 3.1$
$=576 - 446.4 = 129.6$ (cm^2)
(2) (색칠한 부분의 넓이)
=(정사각형의 넓이)−(지름이 8 cm인 원의 넓이)
$=16 \times 16 - 4 \times 4 \times 3.1$
$=256 - 49.6 = 206.4$ (cm^2)

6 원기둥, 원뿔, 구

52쪽~54쪽 단원 평가 기본

1 

2 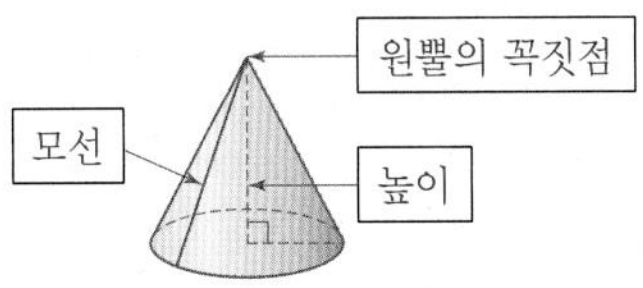

3 구의 중심 4 높이

5 나

6 ❶ 만들어지는 입체도형은 구입니다.
❷ 구의 반지름은 반원의 반지름과 같으므로 $8 \div 2 = 4$ (cm)입니다. 답 4 cm

7 8, 8 8 ③

9 4 cm 10 18.84 cm

11 10 cm, 무수히 많습니다.

12 은하 13 구

14 예 밑면의 모양이 원입니다. /
예 밑면의 수가 다릅니다.

15 3 cm 16 ㉢, ㉠, ㉡

17 3 cm

18 ❶ 구를 위에서 본 모양은 반지름이 14 cm인 원입니다.
❷ (구를 위에서 본 모양의 둘레)
$= 14 \times 2 \times 3.1 = 86.8$ (cm) 답 86.8 cm

19 117 cm^2 20 165.6 cm

4 원기둥에서 두 밑면에 수직인 선분의 길이를 높이라고 합니다.

5 원뿔에서 꼭짓점과 밑면인 원의 둘레의 한 점을 이은 선분의 길이를 잰 것은 나입니다.
참고 가는 높이, 다는 밑면의 지름을 재는 그림입니다.

6

채점 기준			
	❶ 만들어지는 입체도형을 아는 경우	2점	5점
	❷ 구의 반지름을 구한 경우	3점	

7 • 위에서 본 모양은 한 밑면이므로 밑면의 지름은 반지름의 2배입니다. ➡ $4 \times 2 = 8$ (cm)
• 앞에서 본 모양이 정사각형이므로 높이는 밑면의 지름과 같은 8 cm입니다.

8 ① 옆면이 직사각형이 아닙니다.
② 밑면이 서로 겹쳐지는 위치에 있습니다.
④ 두 밑면이 합동이 아닙니다.
⑤ 두 밑면이 합동이 아니고, 옆면이 직사각형도 아닙니다.

9 원기둥의 높이는 원기둥의 전개도에서 옆면의 세로와 같습니다.

10 원기둥의 한 밑면의 둘레는 원기둥의 전개도에서 옆면의 가로와 같습니다.

11 밑면의 지름이 12 cm, 높이가 8 cm, 모선의 길이가 10 cm인 원뿔입니다.
한 원뿔에서 모선은 무수히 많습니다.

12 지성: 밑면인 두 원은 서로 평행합니다.

13 구는 어느 방향에서 보아도 모양이 원으로 같습니다.

14

채점 기준		
	공통점과 차이점을 모두 쓴 경우	5점
	공통점과 차이점 중 한 가지만 쓴 경우	3점

[평가 기준] 공통점으로 '위에서 본 모양', '밑면의 모양', '평면도형을 한 바퀴 돌려 만들 수 있다.', 차이점으로 '앞 · 옆에서 본 모양', '밑면의 수' 등을 이용하여 바르게 설명하면 정답으로 인정합니다.

15 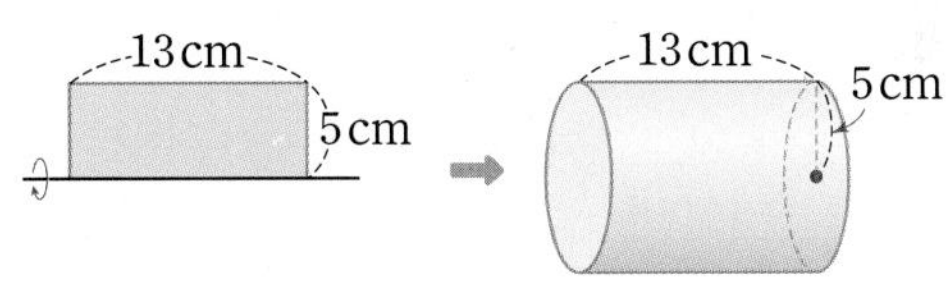

밑면의 반지름이 5 cm, 높이가 13 cm인 원기둥이 만들어집니다.
밑면의 지름이 $5 \times 2 = 10$ (cm)이므로 지름과 높이의 차는 $13 - 10 = 3$ (cm)입니다.

16 ㉠ $6 \times 2 = 12$ (cm) ㉡ 11 cm ㉢ 13 cm
➡ 13 cm > 12 cm > 11 cm이므로 길이가 긴 것부터 차례로 기호를 쓰면 ㉢, ㉠, ㉡입니다.

17 원뿔을 앞에서 본 모양은 삼각형 모양입니다.
모선의 길이는 모두 같으므로
(밑면의 지름) $= 28 - 11 - 11 = 6$ (cm)입니다.
➡ (밑면의 반지름) $= 6 \div 2 = 3$ (cm)

18

채점 기준			
	❶ 구를 위에서 본 모양을 설명한 경우	2점	5점
	❷ 구를 위에서 본 모양의 둘레를 구한 경우	3점	

19 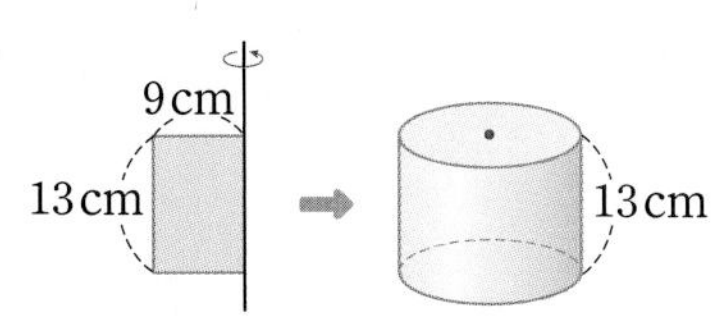

돌리기 전의 평면도형은 가로가 $18 \div 2 = 9$ (cm), 세로가 13 cm인 직사각형입니다.
➡ (돌리기 전 평면도형의 넓이)
$= 9 \times 13 = 117$ (cm^2)

20 (옆면의 가로)
$=$(옆면의 넓이)$\div$(옆면의 세로)
$=628\div20=31.4$ (cm)
(밑면의 둘레)$=$(옆면의 가로)$=31.4$ cm
➡ (전개도의 둘레)
$=$(밑면의 둘레)$\times2$
$+$(옆면의 가로$+$옆면의 세로)$\times2$
$=31.4\times2+(31.4+20)\times2$
$=62.8+102.8=165.6$ (cm)

55쪽~57쪽 단원 평가 심화

1 가
2 나, 라
3 구
4 (위에서부터) 원 / 2, 1
5 18 cm
6 ③
7

8 2 cm
9 7 cm, 30 cm
10 ❶ ㉡
❷ 예 옆면의 가로의 길이는 밑면의 둘레와 같습니다.
11 24 cm, 15 cm
12 49.6 cm
13 ㉡
14 예
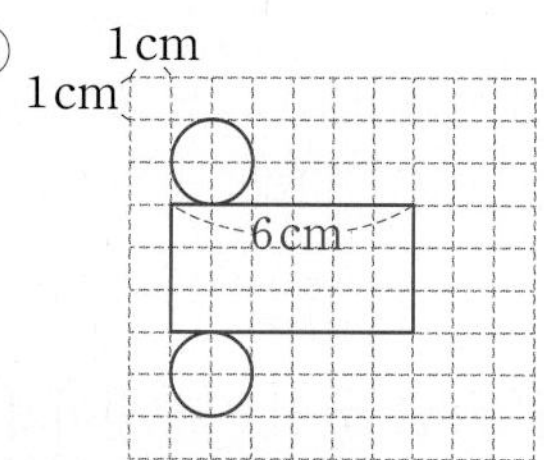

15 462 cm^2
16 ❶ (옆면의 가로)$=$(밑면의 지름)$\times$(원주율)
➡ (밑면의 지름)$=$(옆면의 가로)$\div$(원주율)
$=30\div3=10$ (cm)
❷ (밑면의 반지름)$=10\div2=5$ (cm)
답 5 cm
17 12 cm^2
18 ❶ (옆면의 넓이)$=$(밑면의 둘레)$\times$(높이)
$=(4\times2\times3.14)\times20=502.4$ (cm^2)
❷ (색칠된 부분의 넓이)$=$(옆면의 넓이)$\times3$
$=502.4\times3=1507.2$ (cm^2)
답 1507.2 cm^2
19 10 cm
20 8 cm

1 위와 아래에 있는 면이 서로 평행하고 합동인 원으로 이루어진 모양의 물건을 찾습니다.

3 지름을 기준으로 반원 모양의 종이를 한 바퀴 돌렸을 때 만들어지는 입체도형은 구입니다.

5 (구의 반지름)$=9$ cm
➡ (구의 지름)$=9\times2=18$ (cm)

6 ① 원기둥에 꼭짓점은 없습니다.
② 둥근 기둥 모양의 도형입니다.
④ 앞에서 본 모양은 직사각형입니다.
⑤ 두 밑면에 수직인 선분의 길이를 높이라고 합니다.

7 원뿔을 위에서 본 모양은 원이고, 앞과 옆에서 본 모양은 삼각형입니다.

8 원기둥의 높이는 6 cm, 원뿔의 높이는 8 cm이므로 높이의 차는 $8-6=2$ (cm)입니다.

9 (선분 ㄱㄴ의 길이)$=$(원기둥의 높이)$=7$ cm
(선분 ㄴㄷ의 길이)$=$(밑면의 둘레)
$=5\times2\times3=30$ (cm)

10

채점 기준			
	❶ 잘못 설명한 것을 찾아 기호를 쓴 경우	2점	5점
	❷ 잘못 설명한 내용을 바르게 고친 경우	3점	

참고 바르게 고친 내용에 '옆면의 세로의 길이는 원기둥의 높이와 같습니다.'라고 쓸 수도 있습니다.

11 한 변을 기준으로 직각삼각형 모양의 종이를 돌리면 다음과 같은 원뿔이 만들어집니다.
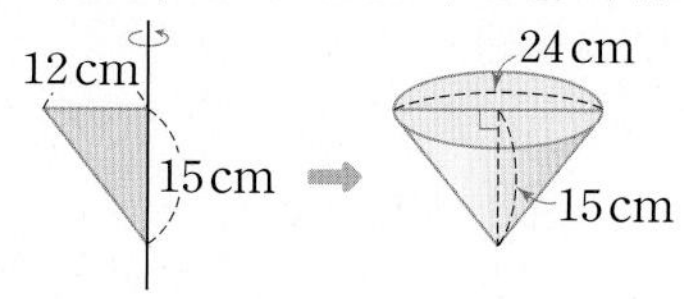

12 (구의 반지름)$=$(원기둥의 밑면의 반지름)이므로
(밑면의 둘레)$=8\times2\times3.1=49.6$ (cm)입니다.

13 ㉡ 원뿔의 옆면은 굽은 면으로 1개이고, 각뿔의 옆면은 3개 이상입니다.
㉢ 원뿔은 밑면이 원이고, 각뿔은 밑면이 다각형입니다.

14 (옆면의 가로)$=$(밑면의 둘레)
$=1\times2\times3=6$ (cm)

15 (옆면의 가로)$=$(밑면의 둘레)$=14\times3=42$ (cm)
(옆면의 세로)$=$(원기둥의 높이)$=11$ cm
➡ (옆면의 넓이)$=42\times11=462$ (cm^2)

16

채점 기준			
	❶ 밑면의 지름을 구한 경우	3점	5점
	❷ 밑면의 반지름을 구한 경우	2점	

17 원뿔을 앞에서 본 모양은 밑변의 길이가 $3\times2=6$ (cm)이고 높이가 4 cm인 삼각형입니다.
➡ (삼각형의 넓이)$=6\times4\div2=12$ (cm^2)

18

채점 기준			
	❶ 옆면의 넓이를 구한 경우	3점	5점
	❷ 색칠된 넓이를 구한 경우	2점	

19 (밑면의 둘레)$=6\times2\times3.1=37.2$(cm)
➡ (높이)=(옆면의 넓이)÷(밑면의 둘레)
$=372\div37.2=10$(cm)

20 높이와 밑면의 지름이 같으므로 원기둥의 높이를 □cm라 하면 밑면의 지름도 □cm입니다.
(옆면의 가로)=(밑면의 둘레)=(□×3) cm
(옆면의 세로)=(원기둥의 높이)=□cm
➡ (둘레)
=(옆면의 가로+옆면의 세로)×2
=(□×3+□)×2=(□+□+□+□)×2
=(□×4)×2=64
□×8=64, □=8
따라서 원기둥의 높이는 8 cm입니다.

58쪽 수행 평가 ①회

1 가, 마
2
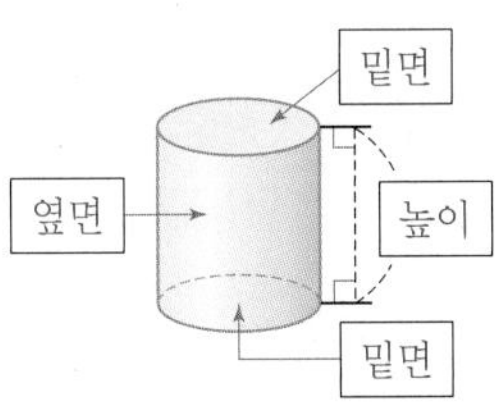

3 (1) 9, 12 (2) 6, 10
4

1 위와 아래에 있는 면이 서로 평행하고 합동인 원으로 이루어진 입체도형은 가, 마입니다.

4 원기둥을 위에서 본 모양은 원이고, 앞과 옆에서 본 모양은 직사각형입니다.

59쪽 수행 평가 ②회

1 라
2 (위에서부터) 3, 18.6, 5
3 (1) 4 cm (2) 2.5 cm
4 672 cm^2

1 가: 두 밑면이 합동이 아니므로 잘못 그린 것입니다.
나: 두 밑면이 겹쳐지므로 잘못 그린 것입니다.
다: 옆면이 직사각형이 아니므로 잘못 그린 것입니다.

2 (밑면의 반지름)$=6\div2=3$(cm)
(옆면의 가로)=(밑면의 둘레)$=6\times3.1=18.6$(cm)
(옆면의 세로)=(원기둥의 높이)=5 cm

3 (1) (밑면의 지름)$=24\div3=8$(cm)
(밑면의 반지름)$=8\div2=4$(cm)
(2) (밑면의 지름)$=15\div3=5$(cm)
(밑면의 반지름)$=5\div2=2.5$(cm)

4 (옆면의 가로)=(밑면의 둘레)$=8\times2\times3=48$(cm)
(옆면의 세로)=(원기둥의 높이)=14 cm
➡ (옆면의 넓이)$=48\times14=672$(cm^2)

60쪽 수행 평가 ③회

1 나, 라
2
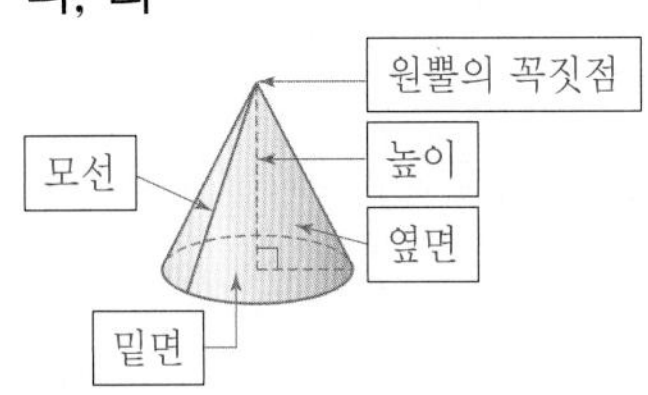

3 나
4 (1) 6, 5 (2) 22, 6

1 평평한 면이 원이고 옆을 둘러싼 면이 굽은 면인 뿔 모양의 입체도형은 나, 라입니다.

3 가는 밑면의 지름을, 다는 모선의 길이를 잰 것입니다.

4 직각삼각형 모양의 종이를 한 바퀴 돌리면 원뿔이 만들어집니다.

61쪽 수행 평가 ④회

1 2개
2 (왼쪽부터) 구의 중심, 구의 반지름
3 (1) 8 cm (2) 5 cm
4 (1) 7, 14 (2) 6, 12

1 공 모양의 입체도형을 모두 찾아보면 2개입니다.

3 (1) (구의 지름)=16 cm
➡ (구의 반지름)$=16\div2=8$(cm)
(2) (구의 지름)=10 cm
➡ (구의 반지름)$=10\div2=5$(cm)

4 반원 모양의 종이를 한 바퀴 돌리면 구가 만들어집니다.

62쪽~64쪽 2학기 총정리

1 $\frac{7}{3}$, $\frac{14}{27}$　　2 <

3 20일　　4 $2\frac{1}{29}$ cm

5 $39.96 \div 0.74$
$= \frac{3996}{100} \div \frac{74}{100} = 3996 \div 74 = 54$

6 35

7 $2.88 \div 0.9 = 3.2$, 3.2배

8 ❶ $67.9 \div 3$의 몫을 자연수까지만 구하면 22이므로 접시 22개에 담을 수 있고 이때 남는 반죽은 1.9 kg입니다.
❷ 반죽을 남김없이 모두 담으려면 남는 1.9 kg도 담아야 하므로 적어도 $3 - 1.9 = 1.1$ (kg) 더 필요합니다.
답 1.1 kg

9
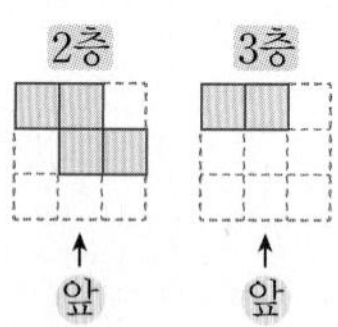

10 ❶ 쌓기나무는 1층에 6개, 2층에 3개, 3층에 1개입니다.
❷ (똑같이 쌓는 데 필요한 쌓기나무의 개수)
$= 6 + 3 + 1 = 10$(개)
답 10개

11 11개　　12 ③
13 예 5 : 8　　14 240 mL, 400 mL
15 18　　16 ㉡
17 36 cm^2
18 (위에서부터) 3, 18.6, 7
19 준서
20 예 밑면이 1개입니다. /
예 원뿔은 밑면이 원이고, 각뿔은 밑면이 다각형입니다.

3 (전체 쌀의 양)÷(하루에 먹는 쌀의 양)
$= 15 \div \frac{3}{4} = (15 \div 3) \times 4 = 20$(일)

4 (직사각형의 세로)=(넓이)÷(가로)
$= 7\frac{3}{8} \div 3\frac{5}{8} = \frac{59}{8} \div \frac{29}{8}$
$= 59 \div 29 = \frac{59}{29} = 2\frac{1}{29}$ (cm)

5 보기 는 소수 두 자리 수를 분모가 100인 분수로 바꾸어 분수의 나눗셈으로 계산하는 방법입니다.

7 (집에서 공원까지의 거리)÷(집에서 은행까지의 거리)
$= 2.88 \div 0.9 = 288 \div 90 = 3.2$(배)

8

채점 기준			
	❶ 나눗셈식을 세우고 계산하여 몫을 자연수까지 구하고 남는 반죽의 양을 구한 경우	3점	5점
	❷ 더 필요한 반죽의 양을 구한 경우	2점	

10

채점 기준			
	❶ 각 층에 쌓인 쌓기나무의 개수를 구한 경우	3점	5점
	❷ 똑같이 쌓는 데 필요한 쌓기나무의 개수를 구한 경우	2점	

11 위에서 본 모양에 확실한 쌓기나무의 개수를 쓰면 오른쪽과 같습니다.
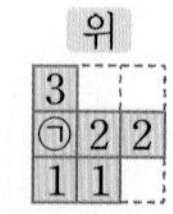

㉠ 부분의 쌓기나무는 1개 또는 2개일 수 있으므로 쌓기나무가 가장 많을 때 쌓기나무의 개수는 $3+2+2+2+1+1=11$(개)입니다.

12 외항의 곱과 내항의 곱이 같은 것을 찾습니다.
③ $\frac{1}{3} \times 18 = 6$, $\frac{1}{2} \times 12 = 6$ ➡ 옳은 비례식입니다.

13 후항을 분수 $\frac{28}{10}$로 바꾸면 $\frac{7}{4} : \frac{28}{10}$이 됩니다.
전항과 후항에 두 분모의 최소공배수인 20을 곱하면 35 : 56이 되고,
전항과 후항을 35와 56의 최대공약수인 7로 나누면 5 : 8이 됩니다.

14 지수: $640 \times \frac{3}{3+5} = 640 \times \frac{3}{8} = 240$ (mL)
미나: $640 \times \frac{5}{3+5} = 640 \times \frac{5}{8} = 400$ (mL)

15 (지름)=(원주)÷(원주율)
$= 56.52 \div 3.14 = 18$ (cm)

16 ㉠ $5 \times 5 \times 3.1 = 77.5$ (cm^2)
㉡ $7 \times 7 \times 3.1 = 151.9$ (cm^2)
㉢ 49.6 cm^2
➡ ㉡ 151.9 cm^2 > ㉠ 77.5 cm^2 > ㉢ 49.6 cm^2

17 (정사각형의 넓이)$= 12 \times 12 = 144$ (cm^2)
(색칠하지 않은 부분의 넓이)
=(반지름이 12 cm인 원의 넓이)÷4
$= 12 \times 12 \times 3 \div 4 = 108$ (cm^2)
➡ (색칠한 부분의 넓이)$= 144 - 108 = 36$ (cm^2)

18 (밑면의 반지름)=3 cm
(전개도에서 옆면의 가로)
=(밑면의 둘레)$= 3 \times 2 \times 3.1 = 18.6$ (cm)
(전개도에서 옆면의 세로)=(원기둥의 높이)=7 cm

20

채점 기준		
	공통점과 차이점을 모두 쓴 경우	5점
	공통점과 차이점 중 한 가지만 쓴 경우	3점

[평가 기준] 공통점으로 '밑면의 수', '뿔 모양', 차이점으로 '밑면의 모양', '옆면의 수' 등을 이용하여 바르게 설명하면 정답으로 인정합니다.

친절한 해설북

백점 수학 6·2

초등학교 학년 반 번 이름